高等学校计算机公共课程“十三五”规划教材

全国高等院校计算机基础教育研究会计算机基础教学改革课题研究成果

计 算 机 基 础

廖海红　李　熹　主　编

葛丽娜　李永胜　贺忠华　卢凤兰　副主编

中国铁道出版社
CHINA RAILWAY PUBLISHING HOUSE

内 容 简 介

本书根据全国高等院校计算机基础教育研究会及广西高校计算机基础教学与考试指导委员会对计算机基础教学的基本要求而编写，并将“计算思维”能力培养的最新教学改革思想融入教材中，使学生逐步掌握利用计算思维和计算工具分析和解决问题的方法。

全书共分9章，内容包括计算机概述、计算机系统组成、操作系统、文字处理、电子表格处理、数据库技术基础、多媒体技术基础、计算机网络基础与信息安全、网络信息检索与发布等。本书与《计算机基础实验指导与习题集》（贺忠华、卢凤兰主编，中国铁道出版社出版）配套使用。

本书内容丰富，层次清晰，图文并茂，通俗易懂，适合作为高等学校非计算机专业计算机公共基础课的教材，也可作为高职高专和继续教育院校计算机基础课程的教材，还适用于其他读者自学。

图书在版编目（CIP）数据

计算机基础/廖海红，李熹主编．—北京：中国铁道出版社，2018.8（2019.1 重印）
高等学校计算机公共课程“十三五”规划教材
ISBN 978-7-113-24718-8

Ⅰ.①计… Ⅱ.①廖… ②李… Ⅲ.①电子计算机-高等学校-教材 Ⅳ.①TP3

中国版本图书馆 CIP 数据核字（2018）第 176129 号

书　　名： 计算机基础
作　　者： 廖海红　李　熹　主编

策　　划： 刘丽丽　　　　**读者热线：**（010）63550836
责任编辑： 刘丽丽　包　宁
封面设计： 穆　丽
责任校对： 张玉华
责任印制： 郭向伟

出版发行： 中国铁道出版社（100054，北京市西城区右安门西街 8 号）
网　　址： http://www.tdpress.com/51eds/
印　　刷： 三河市燕山印刷有限公司
版　　次： 2018 年 8 月第 1 版　2019 年 1 月第 2 次印刷
开　　本： 787 mm×1 092 mm　1/16　**印张：** 19　**字数：** 462 千
书　　号： ISBN 978-7-113-24718-8
定　　价： 43.80 元

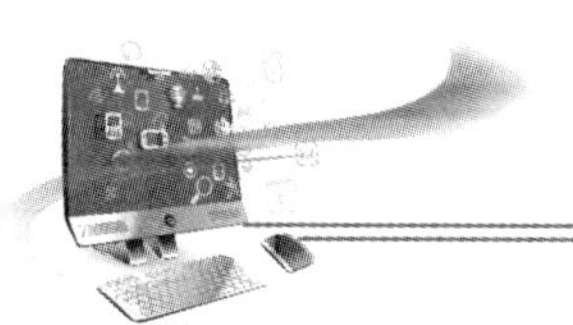

前言

PREFACE

随着经济社会的发展，信息技术在社会上的普及率越来越高，各行各业的信息化进程加速。大学计算机基础是面向高校非计算机专业的计算机基础教育课程，是培养信息时代大学生综合素质和创新能力不可或缺的环节。

本书根据全国高等院校计算机基础教育研究会以及广西高校计算机基础教学与考试指导委员会对计算机基础教学的基本要求而编写，以 Windows 7 和 Office 2010 为教学平台，共分 9 章，内容包括计算机概述、计算机系统组成、操作系统、文字处理、电子表格处理、数据库技术基础、多媒体技术基础、计算机网络基础与信息安全、网络信息检索与发布等。

国际学术界和教育界提出的先进的教育理念——计算思维，被认为是近些年来产生的最具基础性、长期性的学术思想，必须思考如何在计算机基础教学过程中培养大学生的计算思维能力。2010 年 7 月，包括清华大学、北京大学在内的 9 所我国一流高校在西安举办的首届“九校联盟（C9）计算机基础课程研讨会”上旗帜鲜明地提出把“计算思维能力的培养”作为计算机基础教学的核心任务。2013 年 5 月，教育部高等学校大学计算机课程教学指导委员会的新老两届主任和副主任共聚深圳，就进一步推动项目进展、在高校计算机教育中加强计算思维的研究和教育进行了深入的讨论，并发表了旨在大力推进以计算思维为切入点的计算机教学改革宣言。本书的编写以培养学生对计算机的认知能力和应用计算机解决问题的能力为目标，体现计算思维的两个核心要素：计算环境和问题求解，努力使学生逐步掌握利用计算思维和计算工具分析和解决问题的方法，以满足社会对大学生在计算机应用能力方面的要求。

本书内容新颖，层次清晰，图文并茂，通俗易懂，可操作性和实用性强，适合作为高等学校非计算机专业的公共计算机基础课程的教材，也可作为高职高专和继续教育院校的计算机基础课程教材，还适用于其他读者自学。

本书由廖海红、李熹任主编，葛丽娜、李永胜、贺忠华、卢凤兰任副主编。参与本书编写和审校工作的还有黄勇、曲良东、莫愿斌、陆培汶等老师。在本书的编写和出版过程中，中国铁道出版社的编辑给予了大力支持和鼓励，在此表示感谢。此外，在本书的编写过程中还参阅了大量的教材和文献，借此机会向这些教材和文献的作者一并表示衷心的感谢!

为了便于教学，本书与《计算机基础实验指导与习题集》（贺忠华、卢凤兰主编，中国铁道出版社出版）配套使用。另外，本书提供了一个配套资源包（包括PPT课件和相关素材），读者可以通过http://www.tdpress.com/51eds/免费下载。

由于计算机技术发展迅速，新技术层出不穷，加之编者水平有限，书中难免有疏漏和不足之处，恳请广大读者批评指正。

编　者

2018年5月

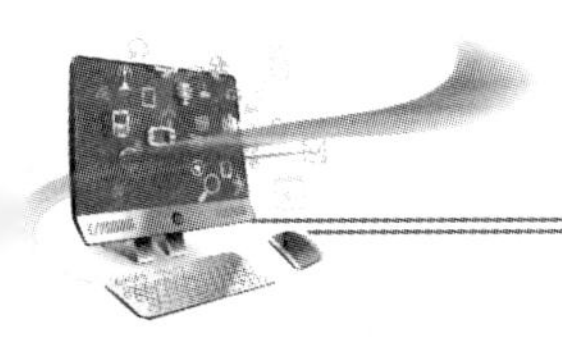

目录

CONTENTS

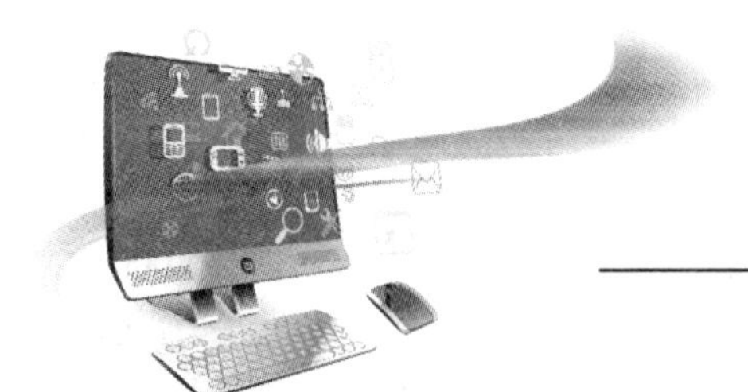

第 1 章 计算机概述

教学目标：

通过学习本章内容，读者可以理解计算机的工作原理和特点，了解计算机的发展、应用及分类，理解计算机中的数制与编码知识，掌握二进制与十进制之间的转换。

教学重点和难点：

- 计算机的工作原理
- 计算机的特点、应用及分类
- 二进制与十进制之间的转换

人类社会已经进入了信息时代，计算机已广泛应用于各行各业，并极大地推动了社会的进步与发展。

1.1 计算机的发展

1.1.1 计算机的产生

远古时代，人类的祖先用石子和绳结来计数。随着社会的发展，需要计算的问题越来越多，石子和绳结已不能适应社会的需要，于是人们发明了计算工具。世界上最早的计算工具是算筹。随着科学的发展，在研究中遇到大量繁重的计算任务，促使科学家们对计算工具进行了改进。17 世纪以后，计算工具在西方呈现出较快的发展趋势。具有代表意义的计算机工具有：

① 帕斯卡的加法机：1642 年，法国数学家、物理学家和思想家布莱斯·帕斯卡开始研制机械加法机，借助精密的齿轮传动原理，帕斯卡制成了世界上第一台能自动进行加减运算的加法机，如图 1-1 所示。

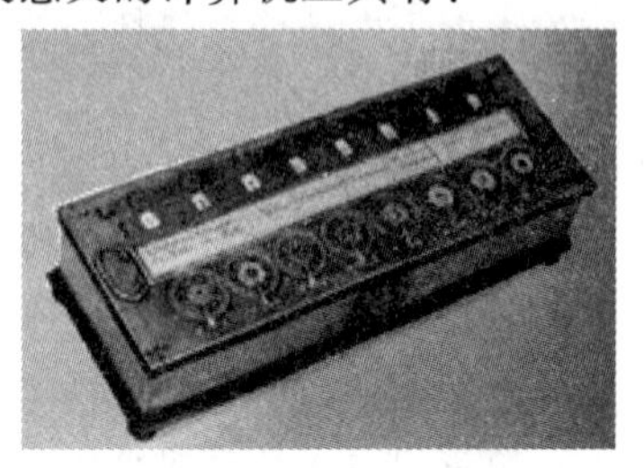

图 1-1 帕斯卡的加法机

② 莱布尼茨的乘法机：1674 年，德国数学家莱布尼茨制成了第一台可以进行加、减、乘、除运算的乘法机。

③ 巴贝奇的差分机和分析机：1822 年，英国人巴贝奇制成了差分机，如图 1-2 所示。所谓“差分”就是把函数表示的复杂

算式转化为差分运算。1834 年，巴贝奇又完成了分析机的设计方案，其设计思想与现代计算机非常接近，从结构上来看大致与现代电子计算机相似，但巴贝奇没有在他有生之年制造出分析机。

④ 霍勒瑞斯的穿孔制表机：这台机器大约在 1880 年由美国统计学家霍勒瑞斯发明。穿孔制表机的发明使计算工具开始从机械时代向电子时代迈进，计算机技术进入萌芽时期。

第二次世界大战期间，美国军方为了解决大量军用数据需要计算的难题，由美国宾夕法尼亚大学莫尔学院物理学家莫克利（John W. Mauchly）和工程师埃克特（J. Presper Eckert）领导的科研小组于 1946 年 2 月 14 日研制成功世界上第一台电子数字积分计算机（Electronic Numerical Integrator And Computer，ENIAC），如图 1-3 所示。它由 18 000 多个电子管、7 000 多个电阻器、10 000 多个电容器以及 6 000 多个开关组成，占地面积约 170 m^2，整个机器质量为 30 多吨，运算速度只有每秒 300 次混合运算或 5 000 次加法运算。尽管 ENIAC 有许多不足之处，但它毕竟是计算机的始祖，拉开了计算机时代的序幕。

图 1-2　差分机

图 1-3　第一台电子数字积分计算机

1.1.2　计算机的发展阶段

从第一台计算机诞生到现在，在这期间，计算机以惊人的速度发展，首先是晶体管取代了电子管，继而是微电子技术的发展，处理器和存储器上的元件越做越小，计算机的体积越来越小，功能越来越强，价格越来越低，应用越来越广泛。1975 年，美国 IBM 公司推出了个人计算机（Personal Computer，PC），从此，人们对计算机不再陌生，计算机开始深入到人类生活的各个方面。

1. 计算机的年代划分

按计算机所采用的物理元件来划分，可以将计算机的发展划分为 4 代，其特点如表 1-1 所示。

（1）第一代电子计算机（1946—1958 年）

第一代电子计算机以电子管为逻辑元件。电子管的寿命最长只有 3 000 h，计算机运行时常常发生由于电子管被烧坏而使计算机死机的现象，因此这一代电子计算机寿命短、体积大、耗电量大、成本高。

（2）第二代电子计算机（1959—1964 年）

第二代电子计算机以晶体管为逻辑元件。由于晶体管在体积上比电子管小很多，所以第二代电子计算机体积小、质量小、能耗低、成本低，计算机的可靠性和运算速度均得到提高。

（3）第三代电子计算机（1965—1970 年）

第三代电子计算机采用中小规模集成电路，因此计算机体积更小、质量更小、耗电更少、寿命更长、成本更低、可靠性更高、运算速度更快。

（4）第四代电子计算机（1971 年至今）

第四代电子计算机采用大规模集成电路和超大规模集成电路，使计算机进入一个新时代。

表 1–1　四代计算机的比较

比较项目＼年代	第一代 1946—1958 年	第二代 1959—1964 年	第三代 1965—1970 年	第四代 1971 年至今
逻辑元件	电子管	晶体管	中小规模集成电路	大规模和超大规模集成电路
内存储器	延迟线	磁芯	半导体存储器	集成度很高的半导体存储器
外存储器	磁鼓、磁带	磁带、磁盘	磁盘	磁盘、光盘、闪存盘、移动硬盘等
运算速度	几千次/秒至几万次/秒	几万次/秒至几十万次/秒	几十万次/秒至几百万次/秒	几百万次/秒至千万亿次/秒
软件	机器语言和汇编语言	汇编语言和高级语言	高级语言不断发展，出现了操作系统	操作系统不断完善，开发了应用软件
应用领域	军事和科学计算	扩大到数据处理和过程控制	扩大到企业管理和辅助设计等领域	各行各业

2．我国计算机的研究成果

我国计算机的研制工作虽然起步较晚，但是发展较快。1958 年，中科院计算所研制出我国第一台小型电子管通用计算机——103 机（八一型），标志着我国第一台电子计算机诞生。1965 年，中科院计算所研制出第一台大型晶体管计算机——109 乙机，之后又研制出 109 丙机。20 世纪 90 年代以来，计算机进入快速发展阶段。目前，我国已具备自行研制国际先进水平超级计算机系统的能力，并形成了神威、银河、曙光、联想和浪潮等几个自己的产品系列和研究队伍。

2009 年，在国家相关政策的支持下，我国高性能计算机的研发和应用跨入世界先进行列，摆脱了在高性能计算领域对国外技术的依赖。中国研制的曙光 4000A 和曙光 5000A（见图 1–4）超级计算机曾两次位居世界第 10 名。德国莱比锡举行的“2013 国际超级计算大会”上，正式发布了第 41 届世界超级计算机 500 强排名。由中国国防科技大学研制的天河二号超级计算机系统（见图 1–5），以峰值计算速度每秒 5.49 亿亿次、持续计算速度每秒 3.39 亿亿次双精度浮点运算的优异性能位居榜首。“2015 国际超级计算大会”上，由国防科技大学研制的天河二号超级计算机系统，在国际超级计算机 TOP 500 组织发布的第 45 届世界超级计算机 500 强排行榜上再次位居第一。这是天河二号自 2013 年 6 月问世以来，连续 5 次位居世界超算 500 强榜首。2016 年，中国“神威 · 太湖之光”再次问鼎世界超级计算机冠军。2018 年美国高性能超级计算机运算速度超越“神威 · 太湖之光”，“神威 · 太湖之光”荣获亚军，第 3 名为我国的“天河二号”。

图 1–4　曙光 5000A

图 1–5　“天河二号”超级计算机系统

1.1.3 计算机的发展趋势

计算机技术是当今世界发展最快的科学技术之一，未来的计算机将向巨型化、微型化、网络化和智能化这 4 个方向发展。

1. 巨型化（或功能巨型化）

巨型化是指计算机向高速度、大容量、高精度和多功能的方向发展，其运算速度一般在每秒百亿次以上。

2. 微型化（或体积微型化）

微型化是指利用微电子技术和超大规模集成电路技术，把计算机的体积进一步缩小，价格进一步降低，计算机的微型化已成为计算机发展的重要方向。目前市场上已出现的各种笔记本式计算机、膝上型和掌上型计算机都是向这一方向发展的产品。

3. 网络化

计算机联网可以实现计算机之间的通信和资源共享。网络化能够充分利用计算机的宝贵资源，为用户提供可靠、及时、广泛和灵活的信息服务。

4. 智能化

智能化是指使计算机具有模拟人的感觉和思维过程的能力。智能化的研究包括自然语言的生成和理解、博弈、自动证明定理、自动程序设计、专家系统、学习系统和智能机器人等。目前已研制出多种具有人的部分智能的“机器人”，可以代替人在一些危险的工作岗位上工作。

1.1.4 未来新型计算机

1. 光子计算机

光子计算机是一种由光信号进行数字运算、逻辑操作、信息存储和处理的新型计算机。光子计算机的基本组成元件是集成光路。与传统硅芯片的计算机不同，它是用光束代替电子进行数据运算、传输和存储。光的并行和高速决定了光子计算机的并行处理能力很强，并且具有很高的运算速度，可以对复杂度高和计算量大的任务进行快速的并行处理。光子计算机将使运算速度在目前基础上呈指数上升。

光子计算机具有很多优点，主要表现在以下几个方面：

① 具有超高的运算速度。电子的传播速度是 593 km/s，而光子的传播速度却达 3×10^5 km/s，光子计算机的运算速度要比电子计算机快得多，对使用环境条件的要求也比电子计算机低得多。

② 具有超大规模的信息存储容量。光子计算机具有极为理想的光辐射源——激光器，光子的传导可以不需要导线，即使在相交的情况下，它们之间也不会互相影响。

③ 能量消耗低，散发热量少，是一种节能型产品。光子计算机的驱动只需要同类规格的电子计算机驱动能量的一小部分，从而降低了电能消耗，并且减少了散发的热量，为光子计算机的微型化和便携化的研制提供了便利的条件。

2. 生物计算机

科学家通过对生物组织体进行研究，发现组织体是由无数细胞组成的，细胞又由水、盐、蛋白质和核酸等物质组成。有些有机物中的蛋白质分子像开关一样，具有“开”与“关”的功能，因此人们可以利用遗传工程技术仿制出这种蛋白质分子，用来作为元件制成计算机，科学

家把这种计算机称作生物计算机。生物计算机的主要原材料是生物工程技术产生的蛋白质分子，并以此作为生物芯片，利用有机化合物存储数据，通过控制 DNA 分子间的生物化学反应来完成运算。

生物计算机具有很多优点，主要表现在以下几个方面：

① 体积小。在 1 mm^2 面积上可容纳数亿个电路，比目前的集成电路小得多，用它制成的计算机体积小，已经不像现在计算机的形状了。

② 具有永久性和很高的可靠性。生物计算机的内部芯片出现故障时，不需要人工修理就能自我修复，这就如同人们在运动中不小心碰伤了身体，有的人不必使用药物，过几天伤口就愈合了，这是因为人体具有自我修复功能。生物计算机也具有自我修复功能，所以生物计算机具有永久性和很高的可靠性。

③ 需要很少的能量就可以工作。生物计算机的元件是由有机分子组成的生物化学元件，它们是利用化学反应工作的，所以只需要很少的能量就可以工作。

目前，生物芯片仍处于研制阶段，但在生物元件，特别是在生物传感器的研制方面已取得很多的实际成果，这将促使计算机、电子工程和生物工程这 3 个学科的专家通力合作，加快研究开发生物芯片的速度，早日研制出生物计算机。

3. 超导计算机

超导现象是指某些物质在低温条件下呈现电阻趋于零和排斥磁力线的现象，这种物质称为超导体。超导计算机是利用超导技术生产的计算机。

超导计算机的优点主要表现在以下两方面：

① 运算速度快。目前制成的超导开关元件的开关速度已达到几皮秒（10^{-12} s）的高水平，这是当今所有电子、半导体和光电元件都无法比拟的，比集成电路要快几百倍。超导计算机的运算速度比现在的电子计算机快 100 倍。

② 耗电少。一台超导计算机只需一节干电池就可以工作。

小知识

超导现象被发现以后，超导研究进展缓慢。其原因是实现超导的温度太低，要实现这种低温，消耗的电能远远超过超导节省的电能。目前，科学家还在为此奋斗，试图寻找出一种高温超导材料，甚至一种室温超导材料。一旦找到这些材料，人们就可以利用它制成超导开关元件和超导存储器，进而利用这些元件制成超导计算机。

4. 量子计算机

量子计算机与传统计算机的原理不同，它建立在量子力学的基础上，用量子位存储数据。它的优点主要表现在以下两方面：

① 能够进行量子并行计算。

② 具有与大脑类似的容错性。当系统的某部分发生故障时，输入的原始数据会自动绕过损坏或出错的部分进行正常运算，并不影响最终的计算结果。

1.2　计算机的工作原理

计算机的工作原理是存储程序与程序控制。这一原理最初由美籍匈牙利数学家冯·诺依曼（见图 1-6）提出，并成功将其运用于计算机的设计中。根据这一原理制造的计算机称为冯·诺依曼体系结构计算机。

存储程序是指人们事先把计算机的指令序列（即程序）及运行中所需的数据通过一定的方式输入并存储在计算机的存储器中。

程序控制是指计算机运行时能自动地逐一取出程序中的一条条指令，然后加以分析并执行规定的操作。计算机具有内部存储能力，可以将指令事先输入到计算机中存储起来，在计算机开始工作以后，从存储单元中依次取指令，用来控制计算机的操作，从而使人们不必干预计算机的工作，实现操作的自动化，这种工作方式称为程序控制方式。

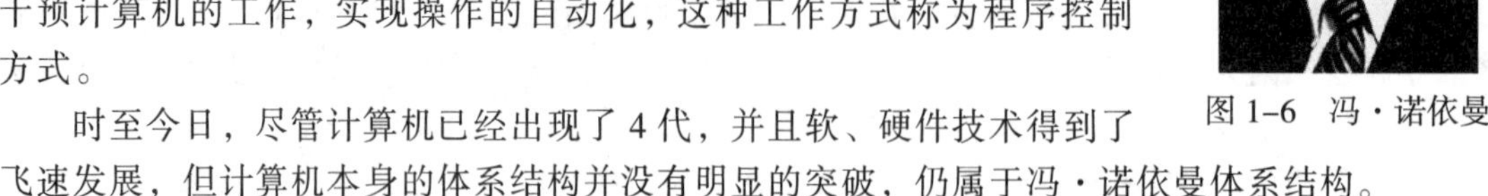

图 1-6　冯·诺依曼

时至今日，尽管计算机已经出现了 4 代，并且软、硬件技术得到了飞速发展，但计算机本身的体系结构并没有明显的突破，仍属于冯·诺依曼体系结构。

1.3　计算机的特点

总的来说，计算机具有如下特点：

1. 自动运行程序，实现操作自动化

计算机在程序控制下自动连续地进行高速运算。因为计算机采用程序控制的方式，所以一旦输入编写好的程序，就能自动地执行下去直至任务完成，实现操作的自动化。这是计算机最突出的特点。

2. 运算速度快

计算机的运算速度通常用每秒执行定点加法的次数或平均每秒执行指令的条数来衡量。计算机内部承担运算的元件是由一些数字逻辑电路构成的，运算速度远非其他计算工具所能比拟。计算机运算速度快，使得许多过去无法处理的问题都能得以解决。例如，天气预报要分析大量的资料，如用手摇计算机需要计算一两个星期，就失去了预报的意义，而使用计算机不到 1 min 就可以完成。

3. 精确度高

计算机可以满足计算结果的任意精确度要求。例如，圆周率的计算从古至今已有 1 000 多年的历史。我国古代数学家祖冲之只算出 π 值小数点后 8 位；德国人鲁道夫用了一生的精力把 π 值精确到 35 位；法国的谢克斯花了 15 年时间，把 π 值精确到了 707 位。1946 年，数学家弗格森发现谢克斯计算的 π 值在第 528 位上出了错，当然，528 位以后都错了。1948 年 1 月弗格森和伦奇两人共同发表了 808 位正确小数的 π 值，这是人工计算 π 值的最高纪录。计算机问世后，π 值的人工计算宣告结束。1949 年第一台电子计算机包括准备和整理时间在内仅用了 70 h，就把 π 值精确到 2 035 位。现在，电子计算机已把 π 值计算到 10 亿位以上。

4. 具有记忆（存储）能力

计算机的存储性是计算机区别于其他计算工具的重要特征。计算机的存储器可以把原始数据、程序、中间结果和运算指令等存储起来，以备随时调用。例如，一台计算机能将一个图书馆的全部图书资料信息存储起来，读者能迅速查到所需的资料，这使从浩如烟海的资料中查找所需要的信息成为一件容易的事情。

5．具有逻辑判断能力

计算机不仅能进行算术运算和逻辑运算，还能对文字和符号进行判断或比较，进行逻辑推理和定理证明。借助于逻辑运算让计算机做出逻辑判断，分析命题是否成立，并可根据命题成立与否做出相应的对策。例如，数学中著名的四色问题，它是指任意复杂的地图，要使相邻区域的颜色不同，最多只需 4 种颜色。100 多年来不少数学家一直想去证明它或者推翻它，却一直没有结果，成了数学中著名的难题。1976 年，两位美国数学家阿佩尔与哈肯使用计算机进行了非常复杂的逻辑推理，用了 1 200 h 终于验证了这个著名的猜想，轰动了全世界。

1.4　计算机的分类

计算机从 1946 年诞生发展到今天，种类繁多，可以从不同的角度对计算机进行分类。

1．按信息表示形式和处理方式的不同进行分类

（1）数字计算机

数字计算机内部的信息用数字“0”和“1”来表示。数字计算机精度高，存储量大，通用性强，能胜任科学计算、信息处理、实时控制和智能模拟等方面的工作。人们通常所说的计算机就是指电子数字计算机。

（2）模拟计算机

模拟计算机是用连续变化的模拟量来表示信息的。模拟计算机解题速度极快，但计算精度较低，应用范围较窄，目前已很少生产。

（3）数字模拟混合计算机

数字模拟混合计算机是综合了上述两种计算机的长处设计出来的。它既能处理数字量，又能处理模拟量。但是这种计算机结构复杂，设计困难，造价昂贵，目前已很少生产。

2．按照计算机的用途进行分类

（1）通用计算机

通用计算机是为了能解决各种问题，并具有较强的通用性而设计的计算机。一般的数字计算机多属此类。

（2）专用计算机

专用计算机是为解决一个或一类特定问题而设计的计算机。它的硬件和软件的配置依据解决特定问题的需要而定，并不求全。专用计算机功能单一，配有解决特定问题的固定程序，能高速可靠地解决特定问题。

3．按照计算机的规模与性能进行分类

计算机按运算速度的快慢、存储数据量的大小、功能的强弱以及软、硬件的配套规模等不同，分为巨型计算机、大中型计算机、小型计算机、微型计算机、工作站与服务器，具体介绍如下：

（1）巨型计算机

巨型计算机是所有计算机类型中价格最贵和功能最强的一类计算机。其主要应用于天文、气象、核技术、航天飞机和卫星轨道计算等尖端科学技术领域。巨型计算机的技术水平是衡量一个国家科学技术和工业发展水平的重要标准，它推动计算机系统结构、硬件及软件的理论和技术、计算数学以及计算机应用等多个科学分支的发展。

（2）大中型计算机

大中型计算机也有很高的运算速度和很大的存储量。它在量级上不及巨型计算机，结构上也较巨型计算机简单一些，价格相对巨型计算机便宜，因此使用的范围较巨型计算机广泛，是事务处理、商业处理、信息管理、大型数据库和数据通信的主要支柱。

（3）小型计算机

小型计算机结构简单，其规模和运算速度比大中型计算机要差，但具有体积小、价格低和性能价格比高等优点，适合中小企业和事业单位用于工业控制、数据采集、分析计算、企业管理以及科学计算等，也可作为巨型计算机或大中型计算机的辅助机。

（4）微型计算机

微型计算机又称个人计算机，包括台式计算机和笔记本式计算机。它是当今使用最普遍且产量最大的一类计算机，具有体积小、功耗低、成本低和性价比高等优点，因而得到了广泛应用。

（5）工作站

工作站是一种高档微型机系统，通常配备有大屏幕显示器和大容量存储器，具有较高的运算速度和较强的网络通信能力，兼有微型机的操作便利性和良好的人机界面。其较突出的特点是具有很强的图形交互能力，因此在工程领域特别是计算机辅助设计领域得到了迅速应用。

（6）服务器

服务器是一种可供网络用户共享的高性能计算机。服务器一般具有大容量的存储设备和丰富的外部接口，由于运行网络操作系统要求较快的运行速度，所以很多服务器都配置双 CPU。常见的资源服务器有域名解析（Domain Name System，DNS）服务器、网页（Web）服务器、电子邮件（E-mail）服务器和电子公告板（Bulletin Board System，BBS）服务器等。

1.5 计算机在信息社会中的应用

目前，计算机的应用已渗透到社会的各行各业，改变着传统的工作、学习和生活方式，推动着社会的发展。计算机的主要应用领域如下：

1. 科学计算

科学计算是指利用计算机来完成科学研究和工程技术中提出的数学问题的计算。随着现代科学技术的进一步发展，经常遇到许多数学问题，这些问题用传统的计算工具难以完成，有时人工计算需要几个月甚至几年，而且不能保证计算的准确性，使用计算机则只需要几天、几小时甚至几分钟就可以精确地计算出来。例如，天气预报数据的分析和计算、人造卫星飞行轨迹的计算、火箭和宇宙飞船的研究设计都离不开计算机。利用计算机的高速计算、大容量存储和连续运算的能力，可以实现人工无法解决的各种科学计算问题。

2. 数据处理（或信息处理）

在科学研究和工程技术中会得到大量的原始数据，其中包括图片、文字和声音等。数据处理是对各种数据进行收集、排序、分类、存储、整理、统计和加工等一系列活动的统称。目前，数据处理已广泛应用于人口统计、办公自动化、邮政业务、机票订购、医疗诊断、企业管理、情报检索、图书管理和影视动画设计等领域。数据处理已成为当代计算机的主要任务，是现代化管理的基础，在计算机应用中数据处理所占的比重最大。

3. 计算机辅助技术

计算机辅助技术包括计算机辅助设计、计算机辅助制造和计算机辅助教学等。

（1）计算机辅助设计

计算机辅助设计（Computer Aided Design，CAD）是指利用计算机系统辅助设计人员进行工程或产品设计，以实现最佳设计效果的一种技术。CAD 技术已广泛应用于飞机、船舶、建筑、机械和大规模集成电路设计等领域。例如，在建筑设计过程中，可以利用 CAD 技术进行力学计算、结构计算和绘制建筑图纸等。使用 CAD 技术可以提高设计质量，缩短设计周期，提高设计自动化水平。

（2）计算机辅助制造

计算机辅助制造（Computer Aided Manufacturing，CAM）是指利用计算机通过各种数值控制生产设备，完成产品的加工、装配、检测和包装等生产过程的技术。例如，在产品的制造过程中，通过计算机控制机器的运行，处理生产过程中所需要的数据，控制和处理材料的流动以及对产品进行检测等。使用 CAM 技术可以提高产品质量，降低成本和降低劳动强度，缩短生产周期，提高生产率和改善劳动条件。

目前有些国家已把 CAD、CAM、CAT（Computer Aided Test，计算机辅助测试）及 CAE（Computer Aided Engineering，计算机辅助工程）组成一个集成系统，使设计、制造、测试和管理有机地组成一体，形成高度的自动化系统，实现了自动化生产线和“无人工厂”或“无人车间”。

（3）计算机辅助教学

计算机辅助教学（Computer Aided Instruction，CAI）是指将教学内容、教学方法以及学生的学习情况等存储在计算机中，用计算机来辅助完成教学计划或模拟某个实验过程，帮助学生轻松地学习所需要的知识。CAI 的主要特色是交互教育、个别指导和因人施教。CAI 不仅能减轻教师的负担，还能激发学生的学习兴趣，提高教学质量，为培养现代化高质量人才提供有效的方法，在现代教育技术中起着相当重要的作用。

除了上述计算机辅助技术外，还有其他的辅助功能，如计算机辅助出版、计算机辅助排版、计算机辅助管理和计算机辅助绘图等。

4. 过程控制（或实时控制）

过程控制是指利用计算机即时采集检测数据，按最佳值迅速地对控制对象进行自动调节或自动控制。采用计算机进行过程控制，不仅可以大大提高控制的自动化水平，而且可以提高控制的及时性和准确性，从而降低生产成本和劳动强度，改善劳动条件，提高产品质量及合格率。目前，计算机过程控制已在机械、冶金、石油、化工、纺织、水电和航天等领域得到广泛的应用。

计算机过程控制还在国防和航空航天领域中起决定性作用。例如，人造卫星、无人驾驶飞机和宇宙飞船等飞行器的控制都是通过计算机来实现的，因此计算机是现代国防和航空航天领域的神经中枢。

5. 多媒体技术应用

多媒体技术借助普及的高速信息网实现信息资源共享。目前，多媒体技术已经应用在医疗、教育、图书、商业、银行、保险、行政管理、工业、咨询服务、广播和出版等领域。随着计算机技术和通信技术的发展，多媒体技术已成为现代计算机技术的重要应用领域之一。

6．人工智能（或智能模拟）

人工智能是指用计算机模拟人类的智能活动，如判断、理解、学习、图像识别和问题求解等。它涉及计算机科学、信息论、神经学、仿生学和心理学等诸多学科，在医疗诊断、定理证明、语言翻译和机器人等方面已经有了显著的成效。例如，我国已成功开发一些中医专家诊断系统，用于模拟名医给患者诊病、开处方。

小知识

机器人是计算机人工智能的典型例子，它的核心是计算机。机器人的应用前景非常广阔，目前世界上有许多机器人工作在各种恶劣环境中，如高温、低温、高辐射、剧毒等。第一代机器人是机械手；第二代机器人对外界信息能够反馈，有一定的视觉、触觉和听觉能力；第三代机器人是智能机器人，具有感知和理解周围环境的能力，能够使用语言，具有推理、规划和操纵工具的技能，可以模仿人完成某些动作。

7．网络应用

计算机技术与现代通信技术的结合构成了计算机网络。硬件资源的共享可以提高设备的利用率，避免设备的重复投资，如利用计算机网络建立网络打印机。软件资源和数据资源的共享可以充分利用已有的信息资源，减少软件开发过程中的劳动，避免大型数据库的重复设置。用户还可以通过计算机网络传送电子邮件、发布新闻消息和进行电子商务活动。计算机网络已在工业、农业、交通运输、邮电通信、商业、文化教育、国防以及科学研究等各个领域和各个行业获得了越来越广泛的应用。

1.6　数制与编码

现实生活中数据的表现形式多种多样，包括数值、文字、图形、图像和视频等各种数据形式。对数据进行计算和加工处理是计算机最基本的功能。

计算机所使用的数据可分为数值数据和字符数据。数值数据表示数的大小，有确定的值，如正数和负数。字符数据也称非数值数据，用于表示一些符号或标记。例如，英文字母、标点符号，以及作为符号使用的阿拉伯数字、汉字、声音和图形等。

在计算机内部一律采用二进制表示数据，即任何形式的数据进入计算机都必须进行 0 和 1 的二进制编码转换。

本节主要介绍常用数制及二进制与十进制之间的转换、西文字符及中文字符的编码方法。

1.6.1　计算机为什么采用二进制编码

二进制并不符合人们的习惯，但是计算机内部仍采用二进制表示信息，其主要原因有以下 4 个方面：

1．电路简单，容易实现

计算机是由逻辑电路组成的，逻辑电路通常只有两个状态。例如，开关的接通与断开、电压电平的高与低等。这两种状态正好用来表示二进制数的两个数码——0 和 1。

2．可靠性强

两个状态代表的两个数码在数字传输和处理中不容易出错，分工明确，因而电路更加可靠。

3．简化运算

二进制运算法则简单，运算速度大大提高。例如，二进制的求积运算法则只有 3 条，而十进制的求积运算法则（九九乘法表）共有 55 条，让计算机去实现相当麻烦。

4．逻辑性强

计算机的工作是建立在逻辑运算基础上的，逻辑代数是逻辑运算的理论依据。计算机中有两个数码，正好代表逻辑代数中的“真”与“假”。

1.6.2　数制的概念

人们在生产实践和日常生活中创造了各种表示数的方法，这些数的表示方法和规则称为数制。凡是按照进位方式进行计数的数制称为进位计数制。例如，十进制、二进制和十六进制等。R 进制数用 R 个数码（0，1，2，…，$R-1$）表示数值，R 称为该数制的基数。表 1–2 所示为计算机中常用的几种进位计数制。

表 1–2　各种进制数的表示

进　　制	数　　码	进 位 规 则	基　　数
十进制	0，1，2，…，9	逢十进一	10
二进制	0，1	逢二进一	2
八进制	0，1，2，…，7	逢八进一	8
十六进制	0，1，2，…，9，A，B，…，F	逢十六进一	16

对于任意一个 R 进制数 N 都可以表示为：

$$(N)_R = a_{n-1}a_{n-2}\ldots a_1a_0a_{-1}\ldots a_{-m}$$
$$= a_{n-1}\times R^{n-1} + a_{n-2}\times R^{n-2} + \cdots + a_1\times R^1 + a_0\times R^0 + a_{-1}\times R^{-1} + \cdots + a_{-m}\times R^{-m}$$
$$= \sum_{i=-m}^{n-1} a_i \times R^i$$

其中，a_i 是数码，R 是基数，R^i 是权。不同的基数表示了不同的进制数。

例如，在十进制数中，546 可表示为

$$546=5\times 10^2 + 4\times 10^1 + 6\times 10^0$$

则 10^i 称为第 i 项的权，如 10^2、10^1、10^0 分别称为百位、十位、个位的权。

【实战 1–1】将下列各进制数写成按位权展开的多项式之和。

$(11101.101)_2 = 1\times 2^4 + 1\times 2^3 + 1\times 2^2 + 0\times 2^1 + 1\times 2^0 + 1\times 2^{-1} + 0\times 2^{-2} + 1\times 2^{-3}$

$(375)_8 = 3\times 8^2 + 7\times 8^1 + 5\times 8^0$

$(ED)_{16} = 14\times 16^1 + 13\times 16^0$

1.6.3　二进制与十进制之间的转换

在计算机内部，只能识别二进制编码的信息，而计算机中输入和输出的数据一般来说不是二进制，这就要研究不同数制之间的转换规则。

1．二进制数转换成十进制数

方法：将一个二进制数按位权展开成一个多项式，然后按十进制的运算规则求和，即可得到该二进制数等值的十进制数。

【实战 1-2】将下列二进制数、十六进制数转换成十进制数。

$$(1101)_2=1\times2^3+1\times2^2+0\times2^1+1\times2^0=8+4+0+1=(13)_{10}$$

2．十进制数转换成二进制数

方法：将十进制整数除以基数 2，取余数，把得到的商再除以基数 2，取余数，…，这个过程一直继续进行下去，直到商为 0，然后将所得余数以相反的次序排列，就得到对应的二进制数。

【实战 1-3】将$(30)_{10}$ 转换成二进制数。

			取余数	↑ 低位
2	30			
2	15	…	0	
2	7	…	1	
2	3	…	1	
2	1	…	1	
	0	…	1	高位

因此：$(30)_{10}=(11110)_2$

1.6.4 字符数据的编码

计算机除了能处理数值数据外，还能处理非数值数据。对于英文字符、汉字和特殊符号等非数值数据在计算机中也要转换为二进制编码的信息。为了便于计算机应用的推广，非数值数据必须用统一的编码方法来表示。下面介绍两种重要编码，即西文字符的编码和汉字编码。

1．西文字符的编码

目前在国际上广泛采用美国标准信息交换码表示英文字符、标点符号和作为符号使用的阿拉伯数字等。美国标准信息交换码（American Standard Code for Information Interchange，ASCII 码）用 7 位二进制编码，见附录 A。

ASCII 码表中，第 000～001 列共 32 个字符，称为控制字符，它们在传输、打印或显示输出时起控制作用。第 010～111 列共有 94 个可打印或显示的字符，称为图形字符，这些字符有确定的结构形状，可在显示器或打印机等输出设备上输出，在计算机键盘上能找到相应的键，按键后就可将对应字符的二进制编码送入计算机内。此外，图形字符集的首尾还有 2 个字符也可归入控制字符，即 SP（空格符）和 DEL（删除符）。

（1）ASCII 码的编码规则

① ASCII 码用 7 位二进制数来表示一个字符，由于 $2^7=128$，所以共有 128 种不同的组合，可以表示 128 个不同的字符，7 位编码的取值范围为 0000000～1111111。其中包括数码 0～9、

26 个大写英文字母、26 个小写英文字母以及各种运算符号、标点符号及控制字符等。

② 在计算机内，每个字符的 ASCII 码用 1 个字节（8 位）来存放，字节的最高位为校验位，通常用“0”来填充，后 7 位为编码值。

（2）ASCII 码的特点

① 使用列 3 位、行 4 位，即 7 位 0 和 1 代码串来编码。

例如，大写字母 A 字符的编码为 1000001；大写字母 B 字符的编码为 1000010。

② 相邻字符的 ASCII 码值后面比前面大 1。

例如，A 为 65（ASCII 码转换为十进制数），B 为 66（ASCII 码转换为十进制数）。

③ 常用的数字字符、大写英文字母字符、小写英文字母字符的 ASCII 码值按从小到大的顺序依次为数字字符、大写英文字母字符、小写英文字母字符。

ASCII 码字符集包括 128 个字符，称为标准的 ASCII 码字符集。

2．中文字符的编码

ASCII 码只是给出了英文字母、数字和其他特殊字符编码的规则，不能用于汉字的编码。用计算机来处理汉字，也必须先对汉字进行编码。汉字编码主要有汉字输入码、汉字机内码、汉字地址码和汉字字形码等。汉字信息在系统内传送的过程就是汉字编码转换的过程。下面分别对各种汉字编码进行介绍。

（1）汉字输入码

汉字输入码是为了通过键盘把汉字输入到计算机中而设计的一种编码。输入码因编码方式不同而不同。输入英文时，想输入什么字符便按什么键，输入码和机内码一致。输入汉字时可能要按几个键才能输入一个汉字。目前汉字输入方案已有几百个，不管操作者使用哪种输入码输入汉字，到计算机内后都会转换成统一的机内码。不管采用什么样的编码输入法来输入一个汉字，其机内码都是相同的。汉字输入方案大致可分为音码、形码和音形码 3 种类型。

① 音码：以汉语拼音为基础的编码方案，如全拼、双拼等。其优点是容易掌握，但重码率高。

② 形码：以汉字字形结构为基础的编码方案，如五笔字型输入法、郑码输入法等。其优点是重码少，但不容易掌握。

③ 音形码：将音码和形码结合起来的编码方案，如智能 ABC 输入法、自然码输入法等。其优点是能减少重码率，并提高汉字输入速度。

（2）国标码

我国原国家标准总局于 1981 年 5 月实施了《信息交换用汉字编码字符集　基本集》国家标准，即 GB 2312—1980，称为国标码，也称汉字交换码，简称 GB 码，它给出了每个汉字的二进制编码的国家标准。该标准规定了汉字交换用的基本汉字字符和一些图形字符，共计 7 445 个，其中汉字有 6 763 个，这些汉字按其使用频率和用途，又可分为一级常用汉字 3 755 个，二级次常用汉字 3 008 个。其中，一级汉字按拼音字母顺序排列，二级汉字按偏旁部首排列。

GB 2312—1980 规定每个汉字的二进制编码占 2 个字节，每个字节均采用 7 位二进制编码表示，习惯上称第一个字节为“高字节”，第二个字节为“低字节”。GB 2312—1980 编码表（局部）如图 1-7 所示。

第一字节 $b_6\ b_5\ b_4\ b_3\ b_2\ b_1\ b_0$	第二字节 / 区＼位							
	b_6	0	0	0	0	0	0	0	0
	b_5	0	0	0	0	0	0	0	0
	b_4	0	0	0	0	0	0	0	0
	b_3	0	0	0	0	0	0	0	1
	b_2	0	0	0	1	1	1	1	0
	b_1	0	1	1	0	0	1	1	0
	b_0	1	0	1	0	1	0	1	0
	区＼位	1	2	3	4	5	6	7	8
…	…	…	…	…	…	…	…	…	…
0 0 1 0 1 1 0	16	啊	阿	埃	挨	哎	唉	哀	皑
0 0 1 0 1 1 1	17	薄	雹	保	堡	饱	宝	抱	报
0 0 1 1 0 0 0	18	病	并	玻	菠	播	拨	钵	波
0 0 1 1 0 0 1	19	场	尝	常	长	偿	肠	厂	敞

图 1-7　GB 2312—1980 编码表（局部）

（3）汉字机内码

汉字处理系统要保证中西文的兼容，当系统中同时存在 ASCII 码和汉字国标码时，将会产生二义性。例如，有两个字节的内容为 30H 和 21H，它既可表示汉字“啊”的国标码，又可表示西文“0”和“!”的 ASCII 码。因此，应对国标码加以适当的处理和变换，即将国标码的每个字节最高位上由“0”变为“1”，变换后的国标码称为汉字机内码。首位上的“1”就可以作为识别汉字代码的标志，计算机在处理到首位是“1”的代码时把它理解为汉字的信息，在处理到首位是“0”的代码时把它理解为 ASCII 码。汉字的机内码是计算机处理汉字信息时使用的编码。

（4）汉字字形码

汉字字形码又称汉字字模，用于汉字的输出，汉字输出有显示和打印两种方式。目前，汉字信息处理系统中大多数以点阵方式形成汉字字形。以点阵表示字形时，汉字字形码是指确定一个汉字字形点阵的编码。

输出汉字时都采用图形方式，无论汉字的笔画多少，每个汉字都可以写在同样大小的方块中。所谓点阵就是将字符（包括汉字图形）看成一个矩形框内一些横竖排列的点的集合，有笔画的位置用黑点表示，无笔画的位置用白点表示。在计算机中用一组二进制数表示点阵，用 0 表示白点，用 1 表示黑点。根据输出汉字的要求不同，点阵的多少也不一样。一般的汉字系统中简易型汉字为 16×16 点阵，普通型汉字为 24×24 点阵，提高型汉字为 32×32 点阵。一般来说，表现汉字时使用的点阵越大，则汉字字形的质量也越好，打印质量也就越高，每个汉字点阵所需的存储量也越大。图 1-8 所示为“庆”字的 16×16 点阵字形示意图。

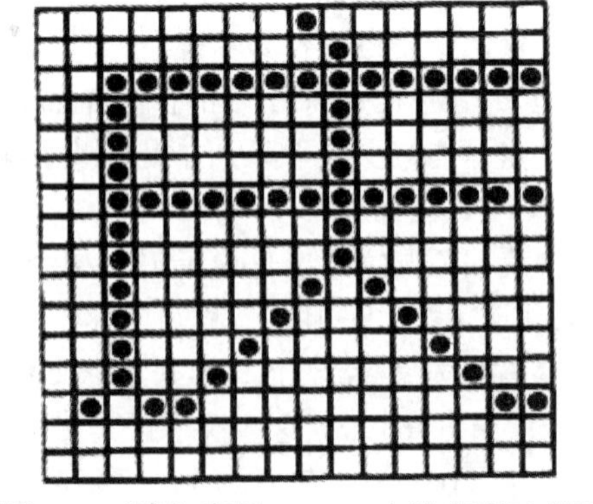

图 1-8　“庆”字的 16×16 点阵字形示意图

已知汉字点阵的大小，就可以计算出存储一个汉字所需占用的字节空间。如用 16×16 点阵表示一个汉字，就是将每个汉字用 16 行，每行 16 个点表示，一个点须用 1 位二进制代码，16

个点须用 16 位二进制代码（即 2 字节），所以需要 16 行 × 2 字节/行=32 字节（B），即 16 × 16 点阵表示一个汉字，字形码须用 32 B，即字节数=点阵行数 ×（点阵列数/8）。这 32 B 中的信息是汉字的点阵代码，即汉字字形码（或汉字字模）。汉字字模按国标码的顺序排列，以二进制文件形式存放在存储器中，构成汉字字形库（或汉字字模库），称为汉字库。汉字库分为软字库和硬字库。软字库以文件的形式存放在硬盘上，现多用这种方式。硬字库则将字库固化在一个单独的存储芯片中，再和其他必要的器件组成接口卡，并插接在计算机上，通常称为汉卡。硬字库目前已很少使用。

小知识

汉字的点阵字形的缺点是放大后会出现锯齿现象，很不美观。中文版 Windows 系统中广泛采用 TrueType 类型的字形码，它采用数学方法来描述一个汉字的字形码，可以实现无限放大而不产生锯齿现象。

（5）汉字地址码

汉字地址码是指汉字库（主要指字形的点阵字模库）中存储汉字字形信息的逻辑地址码。在汉字库中，字形信息都是按一定的顺序（大多数按国标码中汉字的排列顺序）连续存放在存储介质上，所以汉字地址码大多是连续有序的。当向输出设备输出汉字时，要通过地址码才能在汉字库中取到所需的字形码，最后在输出设备上形成可见的汉字字形，实现汉字的显示或打印输出。

（6）各种汉字代码之间的关系

汉字的输入、处理和输出的过程实际上是汉字的各种代码之间的转换过程。汉字信息处理中各种编码及转换流程如图 1-9 所示，其中点画线框中的编码是相对国标码而言的。

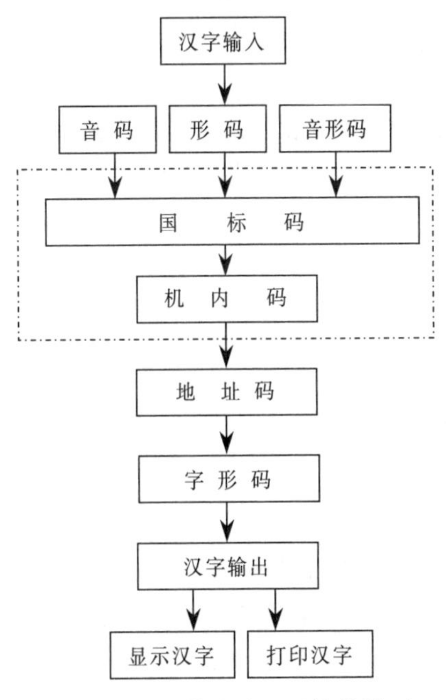

图 1-9　汉字信息处理系统的模型

（7）其他内码

为了统一表示全世界各国、各地区的文字，方便全世界的信息交流，各级组织公布了各种内码。表 1-3 所列为几种内码。

表 1-3　几 种 内 码

汉字内码	内　容　简　介
GBK 码	GBK 码是中文编码扩展国家标准（GB 即“国标”，K 是“扩展”的汉语拼音第一个字母），全称为《汉字内码扩展规范》，是对 GB 2312 国标码的扩充，共收录 21 003 个汉字和 883 个符号，并提供 1 894 个造字码位，简体字和繁体字融为一库
GB 18030 码	GB 18030 码是在国标码和汉字内码扩展规范 GBK 1.0 规范基础上的扩充。它采用单字节、双字节、四字节混合编码，共收录了 27 000 多个汉字，且在统一的编码框架下，为未来的扩充提供了充足的空间。该标准的实施将为制定统一的应用软件中文接口标准规范创造条件
BIG 5 码	BIG 5 码是一个繁体字编码方案，它广泛地应用于计算机和网络中。它是一个双字节编码方案，包括 440 个符号，一级常用汉字 5 401 个，二级次常用汉字 7 652 个，共计 13 000 多个汉字
UCS 码	UCS 码（universal character set，通用字符集）是国际标准化组织（ISO）为各种语言字符制定的编码标准
Unicode 码	Unicode 码是可以容纳世界上所有文字和符号的字符编码方案。它为每种语言中的每个字符设定了统一并且唯一的二进制编码，以满足跨语言、跨平台进行文本转换和处理的要求。在创造 Unicode 之前，没有一种编码可以包含足够的字符。即使是一种语言，例如英语，也没有哪一个编码可以适用于所有的字母、标点符号和常用的技术符号。目前，许多操作系统和其他产品都支持它。Unicode 标准的出现和支持此标准工具的存在是全球软件技术最重要的发展趋势

1.7　计算机的基本运算

计算机的“计算”可以分为数值计算和非数值计算两大类。无论哪一种计算，都是通过一些基本运算来实现的。数值基本运算是四则运算，非数值基本运算是基本逻辑运算。

1.7.1　四则运算

乘法可以由加法实现，除法可以由减法实现。在计算机中通过补码的方式减法可由加法实现，由此可见，除法也可由加法实现。所以说，计算机只要做加法运算就可以完成各种数值运算。

二进制数的加法运算规则如下：

$0+0=0$　　$1+0=1$　　$0+1=1$　　$1+1=10$

二进制数的乘法运算规则如下：

$0\times0=0$　　$1\times0=0$　　$0\times1=0$　　$1\times1=1$

以上运算规则简单，容易在计算机上实现。

1.7.2　逻辑运算

任何复杂的逻辑运算都可以由 3 种基本逻辑运算来实现，即逻辑与（AND）、逻辑或（OR）、逻辑非（NOT），简称与、或、非。逻辑变量的取值和运算结果只有“真（True）”和“假（False）”两个值。在计算机中，可用 1 表示“真”，用 0 表示“假”。

基本的逻辑运算规则如下：

1. “与”运算规则

“与”运算用 AND 或“·”表示，如 A AND B 或 A·B。A、B 的取值为 0 或 1。

运算规则如下：

0 AND 0 = 0　　0 AND 1 = 0　　1 AND 0 = 0　　1 AND 1 = 1

或表示为：

0 · 0 = 0　　0 · 1 = 0　　1 · 0 = 0　　1 · 1 = 1

上面 4 条规则表示只有当两个命题 A、B 都为“真”时，A“与”B 运算的结果才为“真”，其余情况运算结果都为“假”。

2. “或”运算规则

“或”运算用 OR 或“+”表示，如 A OR B 或 A+B。A、B 的取值为 0 或 1。

运算规则如下：

0 OR 0 = 0　　0 OR 1 = 1　　1 OR 0 = 1　　1 OR 1 = 1

或表示为：

0 + 0 = 0　　0 + 1 = 1　　1 + 0 = 1　　1 + 1 = 1

上面 4 条规则表示只有当两个命题 A、B 都为“假”时，A“或”B 运算的结果才为“假”，其余情况运算结果都为“真”。

3. “非”运算规则

“非”运算用 NOT 表示，如 NOT A。

运算规则为：NOT 0 = 1，NOT 1 = 0。

上面两条规则表示当命题 A 为“假”时，“非”A 运算结果为“真”；当命题 A 为“真”时，“非”A 运算结果为“假”。

归纳以上运算规则并将其列成表，称为基本逻辑运算的真值表，表示逻辑变量取值与逻辑运算结果之间的关系，如表 1–4 所示。

表 1–4　基本逻辑运算真值表

A	B	A AND B	A OR B	NOT A
0	0	0	0	1
0	1	0	1	1
1	0	0	1	0
1	1	1	1	0

1.8　计算思维

1.8.1　计算的概念和模式

1. 计算的概念

广义的计算包括数学计算、逻辑推理、数理统计、问题求解、图形图像的变换、网络安全、代数系统理论、上下文表示、感知与推理、智能空间等，甚至包括程序设计、机器人设计、建筑设计等设计问题。

传统的科学方法一般是指科学实验和逻辑演绎，现在认为计算是第 3 种科学方法。计算作为一种相对独立的方法出现在科学研究之中，天文学家发现海王星就是一个典型的实例，而且成为一种典型的科学方法。海王星不是直接通过观测发现的，而是数学计算的结果。1845 年，英国剑桥大学的约翰·柯西·亚当斯和法国天文学家勒威耶分别独立在理论上计算出这颗海王星的轨道。勒威耶在得到结果后就立即联系当时的柏林天文台副台长、天文学家J·G·伽勒。伽勒在收到信的当晚向预定位置观看，就看到了这颗较暗的太阳系第8颗行星。

2. 新的计算模式

（1）普适计算

随着计算机及相关技术的发展，通信能力和计算能力的获得正变得越来越容易，其相应的设备所占用的体积也越来越小，各种新形态的传感器、计算／联网设备蓬勃发展；同时，由于对生产效率、生活质量的不懈追求，人们希望能随时、随地、无困难地享用计算能力和信息服务，由此引发了计算模式的新变革，这就是计算模式的第3个时代——普适计算时代。

普适计算的思想是由Mark Weiser在1991年提出的。他根据所从事的研究工作，预测计算模式将来会发展为普适计算模式。在这种模式中，人们能够在任何时间（Anytime）、任何地点（Anywhere）、以任何方式（Anyway）访问到所需要的信息。

普适计算将计算机融入人们的生活，形成一个"无时不在、无处不在、不可见"的计算环境。在这种环境下，所有具备计算能力的设备都可以联网，通过标准的接口提供公开的服务，设备之间可以在没有人的干预下自动交换信息，协同工作，为终端用户提供一项服务。

（2）网格计算

网格计算是伴随着互联网技术而迅速发展起来的，是专门针对复杂科学计算的新型计算模式。这种计算模式是利用互联网把分散在不同地理位置的计算机组织成一个"虚拟的超级计算机"，其中每一台参与计算的计算机就是一个"结点"，而整个计算是由成千上万个"结点"组成的"一张网格"，所以这种计算方式称为网格计算。这样组织起来的"虚拟的超级计算机"有两个优势：一是数据处理能力超强；二是能充分利用网上的闲置处理能力。简单地讲，网格是把整个网络整合成一台巨大的超级计算机，实现计算资源、存储资源、数据资源、信息资源、知识资源、专家资源的全面共享。

网格计算研究如何把一个需要非常巨大的计算能力才能解决的问题分成许多小的部分，然后把这些部分分配给许多低性能的计算机来处理，最后把这些计算结果综合起来从而攻克了难题。

（3）云计算

计算模式大约每15年就会发生一次变革。至今，计算模式经历了主机计算、个人计算、网格计算，现在云计算也被普遍认为是计算模式的一个新阶段。20世纪60年代中期是大型计算机的成熟时期，这时的主机－终端模式是集中计算，一切计算资源都集中在主机上；1981年IBM推出个人计算机（PC）用于家庭、办公室和学校，推进信息技术发展进入PC时代，此时变成了分散计算，主要计算资源分散在各个PC上；1995年随着浏览器的成熟，以及互联网时代的来临，使分散的PC连接在一起，部分计算资源虽然还分布在PC上，但已经越来越多地集中到互联网；直到2010年，云计算概念的兴起实现了更高程度的集中，它可将分布在世界范围内的计算资源整合为一个虚拟的统一资源，实现按需服务、按量计费，使计算资源的利用犹如电力和自来水般快捷和方便。

云计算的核心思想是将大量用网络连接的计算资源进行统一管理和调度，从而构成一个计算资源池向用户按需服务。提供资源的网络被称为"云"。"云"中的资源在使用者看来是可以无限扩展的，并且可以随时获取，随时扩展，按需使用，按需付费。

继个人计算机变革、互联网变革之后，云计算被看作第 3 次 IT 浪潮，它意味着计算能力也可作为一种商品通过互联网进行流通。

1.8.2　思维的概念和类型

思维是一种复杂的高级认识活动，是人脑对客观现实进行间接的、概括的反映过程，它可以揭露事物的本质属性和内部规律性。经过人的思维加工，就能够更深刻、更完全、更正确地认识客观事物。一切科学概念、定理、法则、法规、法律都是通过思维概括出来的，思维是一种高级认识过程，包括理论思维、实验思维、计算思维 3 种类型。

1．理论思维

理论思维又称推理思维，以推理和演绎为特征，以数学学科为代表。理论思维支撑着所有的学科领域，正如数学一样，定义是理论思维的灵魂，定理和证明是理论思维的精髓，公理化方法是最重要的理论思维方法。

2．实验思维

实验思维又称实证思维，以观察和总结自然规律为特征，以物理学科为代表。实验思维的先驱是意大利科学家伽利略，他被人们誉为“近代科学之父”。与理论思维不同，实验思维往往需要借助于某些特定的设备，并用它们来获取数据以供以后分析。

3．计算思维

计算思维又称构造思维，以设计和构造为特征，以计算机学科为代表。计算思维运用计算机科学的基础概念进行问题求解、系统设计等工作。

1.8.3　计算思维的概念

1．计算思维产生的背景

2006 年 3 月，美国卡耐基梅隆大学计算机科学系系主任周以真（Jeannette M. Wing）教授在美国计算机权威期刊 *Communications of the ACM* 杂志上首次提出了计算思维（Computational Thinking）的概念。

2007 年美国国家科学基金会制定了“振兴大学本科计算教育的途径（CPATH）”计划。该计划将计算思维的学习融入计算机、信息科学、工程技术和其他领域的本科教育中，以增强学生的计算思维能力，促成造就具有基本计算思维能力的、在全球有竞争力的美国劳动大军，确保美国在全球创新企业的领导地位。

2011 年度美国国家科学基金会又启动了“21 世纪计算教育”计划，计划建立在 CPATH 项目成功的基础上，其目的是提高中小学和大学一、二年级教师与学生的计算思维能力。

2．计算思维的定义

国际上广泛认同的计算思维定义来自周以真教授：计算思维是人们运用计算机科学的基础概念去求解问题、设计系统以及理解人类行为。它包括了涵盖计算机科学之广度的一系列思维活动。

计算思维融合了数学思维、工程思维和科学思维。它如同所有人都具备的“读、写、算”能力一样，是必须具备的思维能力。

计算思维本身并不是新的东西，长期以来都在被不同领域的人们自觉或不自觉地采用。为什么现在需要特别强调计算思维？这与人类社会的发展直接相关。我们现在所处的时代，称为“大数据”时代，人类社会方方面面的活动从来没有像现在这样被充分的数字化和网络化。人们在商场的消费信息，就会实时地在国家信用中心的计算机系统中反映出来。移动通信运营商原则上可以随时知道每个人的地理位置。呼啸在京广线上的高铁列车的状态，随时被传给指挥控制中心。也就是说，对于任何现实的活动，都伴随着相应数据的产生。数据成为现实活动所留下的“痕迹”。现实活动难以重演，但数据分析可以反复进行。对数据的分析研究实质上就是计算，这就是计算思维的用武之地。

3. 计算思维的本质

抽象和自动化是计算思维的本质。计算思维中的抽象完全超越物理的时空观，并完全用符号来表示。与数学和物理科学相比，计算思维中的抽象显得更为丰富，也更为复杂。

计算思维通过约简、嵌入、转化和仿真等方法，把一个困难的问题表示为求解它的算法，可以通过计算机自动执行，所以具有自动化的本质。

1.8.4 计算思维的方法

计算思维是每个人的基本技能，不仅仅属于计算机科学家。因此每个学生在培养解析能力时不仅应掌握阅读、写作和算术（Reading, wRiting, and aRithmetic，3R），还要学会计算思维，用计算思维方法对问题进行求解。

计算思维方法很多，周以真教授将其阐述成以下几大类：

① 计算思维通过约简、嵌入、转化和仿真等方法，把一个困难的问题重新阐释成一个如何求解它的问题。

② 计算思维是一种递归思维，是一种并行处理，是一种把代码译成数据又能把数据译成代码的方法。

③ 计算思维采用抽象和分解的方法来控制复杂的任务或进行巨型复杂系统的设计，基于关注点分离的方法（SOC 方法）。由于关注点混杂在一起会导致复杂性大大增加，把不同的关注点分离开来分别处理是处理复杂性任务的一个原则。

④ 计算思维选择合适的方式对一个问题的相关方面进行建模，使其易于处理，在不必理解每一个细节的情况下就能够安全地使用、调整和影响一个大型复杂系统。

⑤ 计算思维采用预防、保护及通过冗余、容错、纠错的方法，从最坏情形进行系统恢复。

⑥ 计算思维是一种利用启发式推理来寻求解答的方法，即在不确定情况下进行规划、学习和调度。

⑦ 计算思维是一种利用海量数据来加快计算，在时间和空间之间，在处理能力和存储容量之间进行折中处理的方法。

1.8.5 计算思维在中国

计算思维不是今天才有的，它早就存在于中国的古代数学之中，只不过周以真教授使之清晰化和系统化了。

中国古代学者认为，当一个问题能够在算盘上解算的时候，这个问题就是可解的，这就是中国的“算法化”思想。

随着以计算机科学为基础的信息技术的迅猛发展，计算思维的作用日益凸显。正像天文学

有了望远镜，生物学有了显微镜，音乐产业有了麦克风一样，计算思维的力量正在随着计算机速度的快速增长而被加速地放大。

计算思维的重要作用引起了中国学者与美国学者的共同注意。

由李国杰院士任组长的中国科学院信息领域战略研究组撰写的《中国至 2050 年信息科技发展路线图》指出：长期以来，计算机科学与技术这门学科被构造成一门专业性很强的工具学科。“工具”意味着它是一种辅助性学科，并不是主业，这种狭隘的认知对信息科技的全民普及极其有害。针对这个问题，报告认为计算思维的培育是克服“狭义工具论”的有效途径，是解决其他信息科技难题的基础。

孙家广院士在《计算机科学的变革》一文中明确指出：（计算机科学界）最具有基础性和长期性的思想是计算思维。

国家自然科学基金委员会信息科学部刘克教授特别强调大学推进计算思维这一基本理念的必要性。

中国科学院计算技术研究所研究员徐志伟认为：计算思维是一种本质的、所有人都必须具备的思维方式，就像识字、做算术一样；在 2050 年以前，地球上每一个公民都应具备计算思维的能力。

中科院自动化所王飞跃教授率先将国际同行倡导的“计算思维”引入国内，并翻译了周以真教授的《计算思维》一文，撰写了相关的论文《计算思维与计算文化》。他认为：在中文里，计算思维不是一个新的名词。在中国，从小学到大学教育，计算思维经常被朦朦胧胧地使用，却一直没有提高到周以真教授所描述的高度和广度，以及那样的新颖、明确和系统。

教育部高等学校计算机基础课程教学指导委员会对计算思维的培育非常重视。2010 年 7 月，在西安会议上，发布了《九校联盟（C9）计算机基础教学发展战略联合声明》，确定了以计算思维为核心的计算机基础课程的教学改革。

2012 年 7 月，由教育部高等学校计算机基础课程教学指导委员会主办、西安交通大学和高等教育出版社共同承办的第一届“计算思维与大学计算机课程教学改革研讨会”在西安交通大学召开。来自全国 120 多所高校分管计算机基础课程教学的院长、主任及骨干教师 260 余名代表参加了本次会议。陈国良院士、李廉教授、徐志伟研究员等介绍了计算思维研究的问题及进展情况。

1.8.6　计算思维与科学发现和技术创新

计算思维改变了大学计算机教育沿袭了几十年的教学模式，能够培养造就具有计算思维能力的、训练有素的科技人才、劳动大军和现代公民，是大学计算机教育振兴的途径。

计算思维在其他学科中有着越来越深刻的影响。计算生物学正在改变着生物学家的思考方式，计算博弈理论改变着经济学家的思考方式，纳米计算改变着化学家的思考方式，量子计算改变着物理学家的思考方式。融合多学科方法，通过计算思维对计算概念、方法、模型、算法、工具与系统等的改进和创新，使科学与工程领域产生新理解、新模式，从而可创造出革命性的研究成果。

计算思维代表着人们的一种普遍的认识和一类普适的能力，不仅是计算机科学家，而且是每一个人都应该热心地学习和运用的，用计算思维方法去思考和解决问题。

思考与练习

1. 计算机的发展经历了哪几个阶段？各阶段的主要特征是什么？
2. 计算机的工作原理是什么？有哪些特点？
3. 计算机与计算器的本质区别是什么？
4. 计算机如何分类？
5. 计算机主要应用于哪些方面？
6. 未来计算机的发展方向是什么？
7. 为什么计算机采用二进制表示数据？
8. 将二进制数 10011 转换成十进制数。
9. 将十进制数 100 转换成二进制数。
10. 将二进制数 11100 转换成十进制数。

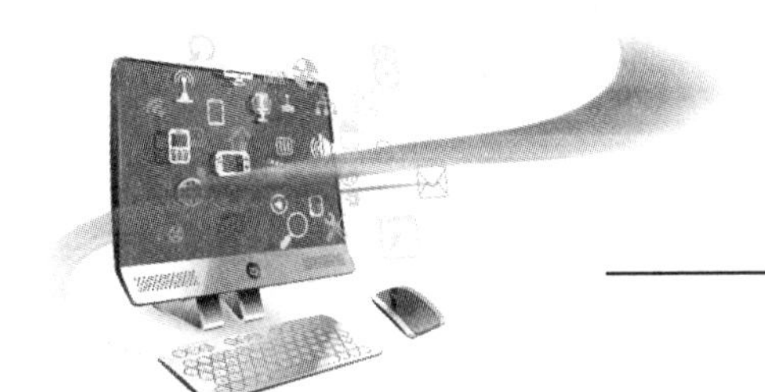

第 2 章 计算机系统组成

教学目标：

通过本章的学习，读者可以掌握计算机系统的基本构成，计算机硬件系统的主要组成部分和软件的分类，存储器的基本原理以及计算机的指令、指令系统和程序等概念，了解 CPU、内存、外存等硬件的作用及计算机的主要性能指标，为计算机操作打下良好的基础。

教学重点和难点：

- 计算机系统组成
- 计算机的硬件组成
- 存储器原理
- 输入/输出设备
- 软件分类
- 微型计算机的性能指标

一个完整的计算机系统由硬件系统和软件系统两部分组成。硬件是软件运行的基础，离开硬件，软件无法运行，软件是硬件功能的扩充和完善，硬件和软件协同工作，缺一不可。

2.1 计算机系统组成概述

计算机系统包括硬件系统和软件系统。计算机的硬件系统是计算机系统中由电子、机械和光电元件等组成的各种物理装置的总称，是计算机中看得见，摸得着的实体部分。计算机软件系统是指在计算机中运行的各种程序及其相关的数据及文档。计算机系统组成如图 2-1 所示。

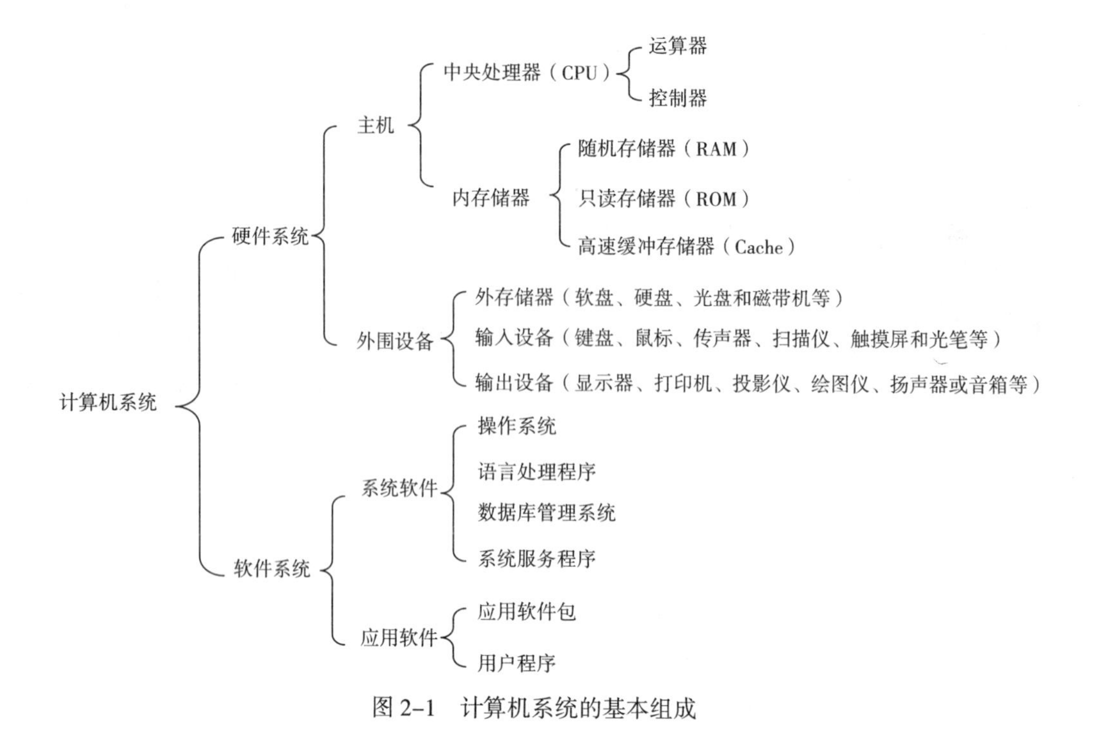

图 2-1　计算机系统的基本组成

2.2　计算机硬件系统的构成

计算机硬件是构成计算机的实体部分，是计算机工作的物质基础。计算机的 CPU、内存、硬盘、显示器、键盘、鼠标等，都是计算机的硬件。从 1946 年世界第一台电子计算机 ENIAC 的诞生到现在，计算机的功能不断增强，应用不断扩展，外形上也发生了很大的变化，但在基本硬件结构方面都大同小异，都属于冯·诺依曼计算机，都由五大部件组成。

计算机的硬件由运算器、控制器、存储器、输入设备、输出设备五大部件组成的，它们之间的关系如图 2-2 所示。在计算机系统工作时，输入设备将程序与数据输入并存于存储器中；在运算过程中，数据从存储器读入运算器进行运算，运算的结果存于存储器中或通过输出设备输出。控制器从存储器中逐条取出指令并加以解析，然后根据指令向其余部件发送控制命令，指挥各部件工作。

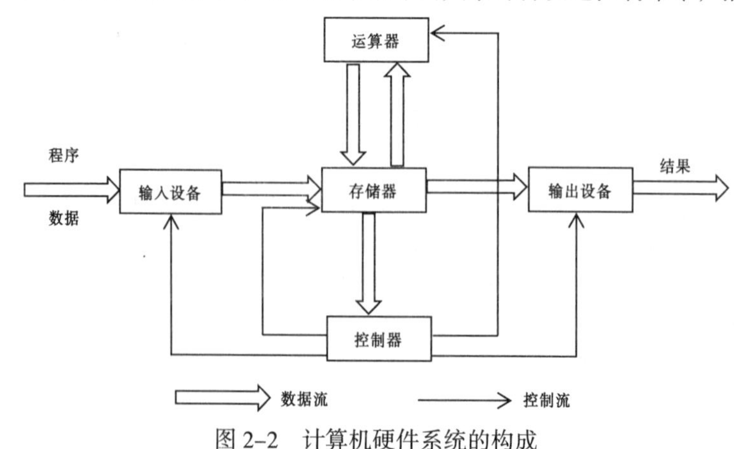

图 2-2　计算机硬件系统的构成

1. 运算器

运算器又称算术逻辑部件（ALU），是计算机中执行各种算术运算和逻辑运算的部件。运算器的主要功能是在控制器的控制下，从内存中取出数据送到运算器中进行运算，运算后再把结果送回存储器中。

2. 控制器

控制器是对输入的指令进行分析，并统一控制和指挥计算机各个部件完成一定任务的部件，是计算机的控制中心。控制器一般由指令寄存器、状态寄存器、指令译码器、时序电路和控制电路组成。在控制器的控制下，计算机能够自动、连续地按照人们编制好的程序，实现一系列指定的操作，完成指定的任务。

运算器和控制器通常集成在一块芯片上，构成中央处理器（Central Processing Unit，CPU）。中央处理器是计算机的核心部件，是计算机的心脏。

3. 存储器

存储器是用来存放程序和数据的部件。计算机的存储器分为内存储器、外存储器两大类。常见的存储器有内存条、硬盘、光盘、U 盘等。

CPU、内存储器构成了计算机的主机，是计算机硬件系统的主体。

4. 输入设备

输入设备是向计算机输入数据和信息的设备，它是计算机与用户或其他设备通信的桥梁，可以将各种外部信息和数据转换成计算机可以识别的电信号，从而使计算机能够接收。常见的输入设备有键盘、鼠标、扫描仪和数码照相机等。

5. 输出设备

输出设备是用来输出计算机处理结果的设备。其主要功能是把计算机处理的数据、计算结果等内部信息按人们需要的形式输出。常见的输出设备有显示器、打印机、绘图仪等。

输入设备、输出设备和外存储器等在计算机主机以外的硬件设备通常称为计算机的外围设备，简称外设。外围设备对数据和信息起着传输、转送和存储的作用，是计算机系统中的重要组成部分。

2.3　微型计算机硬件构成

微型计算机又称个人计算机，是应用最广泛的一种计算机。其主要特点是体积小、灵活性大、造价低、使用方便。常见的微型计算机有台式机、笔记本式计算机、智能手机、平板电脑和桌面一体机等。图 2–3 所示为部分类型的微型计算机的外观。

一台典型的微型计算机由主机、键盘、鼠标、显示器、打印机等部分构成，如图 2–4 所示。本节主要以台式机为例介绍微型计算机的硬件系统。

笔记本式计算机　桌面一体机

平板电脑　智能手机

图 2-3　微型计算机的外观

图 2-4　台式计算机的外观

2.3.1　中央处理器

中央处理器是计算机的运算控制中心，是用超大规模集成电路（VLSI）工艺制成的芯片。CPU 由运算器、控制器和寄存器以及实现它们之间联系的数据、控制和状态总线构成。它是计算机最重要的部件，不仅控制着数据的处理、交换，还指挥计算机各部件协调工作。

CPU 是计算机的核心部件，其性能的优劣直接影响整个计算机的性能。CPU 有两个重要的性能指标，即字长和主频。字长是计算机在单位时间内能作为一个整体参与运算、处理和传送的二进制数的位数。字长越长，计算精度越高，运算速度也越快。字长一般有 16 位、32 位或 64 位几种。主频是 CPU 内核工作时的时钟频率，它反映了计算机的工作速度。一般而言，主频越高，计算机工作速度越快。例如 Core i7 4790 CPU 的字长为 64 位，主频为 3.6GHz。主频受到外频和倍频的影响，外频是指 CPU 和外围设备传输数据的频率，倍频是指 CPU 主频与外频之间的相对比例关系，主频=外频×倍频。

目前微型计算机的 CPU 主要有 Intel 公司的酷睿（Core）、赛扬、奔腾等系列产品及 AMD 公司的 A10、FX、A8、羿龙、速龙等系列产品。如图 2-5 所示为 Intel 公司的 Core i7 CPU。

图 2-5　Core i7 CPU

2.3.2　存储器

存储器由存储单元组成，是计算机中存储数据和程序的设备，有了存储器，计算机才具有记忆功能，才能把程序和数据保存起来，才能在运行时自动地工作。计算机的存储器分为内存储器和外存储器两大类。

1. 信息存储原理

存储器可容纳的数据总量称为存储容量，存储容量的大小决定存储器所能存储内容的多少。计算机只能接收和处理二进制信息。因此，计算机中的信息都是以二进制数形式来表示。二进制的一个数位是计算机中存储容量的最小单位，称为"位"（bit），通常把 8 位二进制数称为一个字节（Byte，简写为"B"），字节是计算机中数据处理和存储容量的基本单位。此外，常用的存储容量单位还有 KB、MB、GB、TB 等，它们之间的换算关系为：

$$1\ B=8\ bit$$

$$1\ KB=2^{10}\ B=1\ 024\ B$$

$$1\ MB=2^{10}\ KB=1\ 024\ KB$$

$$1\ GB=2^{10}\ MB=1\ 024\ MB$$

$$1\ TB=2^{10}\ GB=1\ 024\ GB$$

为了便于对存储器进行数据存入和取出操作，把存储器划分成大量存储单元，每个存储单元存放 1 个字节的信息。为了区分不同的存储单元，按一定的规律和顺序给每个存储单元分配一个编号，这个编号称为存储单元的地址（Address）。

2. 内存储器

内存储器又称主存储器，简称内存，一般用来存放当前正在使用或即将使用的数据和程序，它可以直接与 CPU 交换信息。微型计算机的内存通常采用半导体存储器，存取速度快而容量相对较小。微型计算机内存分为两类：只读存储器和随机存储器。

（1）只读存储器

只读存储器简称 ROM（Read Only Memory），用于存储由计算机厂家写入的磁盘引导程序、自检程序和系统配置等常驻程序。其特点是存储的信息只能读出，不能写入，断电后信息不会丢失。如微型计算机中的 BIOS ROM 芯片其材质就是 ROM，如图 2-6 所示。

图 2-6　主板上的 BIOS ROM 芯片

（2）随机存储器

随机存储器简称 RAM（Random Access Memory），用于存放当前正在使用或将要使用的程序和数据。RAM 有以下两个特点：一是可以读出，也可以写入。读出时并不损坏原来存储的内容，只有写入时才修改原来所存储的内容。二是 RAM 只能用于暂时存放信息，一旦断电，存储内容立即消失，即具有易失性。

根据数据存储原理的不同，RAM 又可分为动态随机存取存储器（Dynamic RAM，DRAM）和静态随机存取存储器（Static RAM，SRAM）。

DRAM 是最为常见的系统内存，DRAM 使用电容存储信息，由于电容会放电，如果存储单元没有被刷新，存储的信息就会丢失，所以必须周期性地对其进行刷新。DRAM 集成度高，功耗小，价格较低，一般用于微型计算机中的内存条。常见的内存条种类有 DDR、DDR2、DDR3、DDR4 等，如图 2-7 所示。

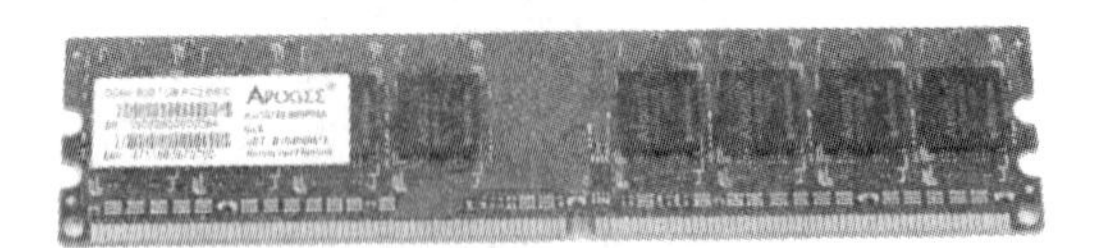

DDR2 内存条

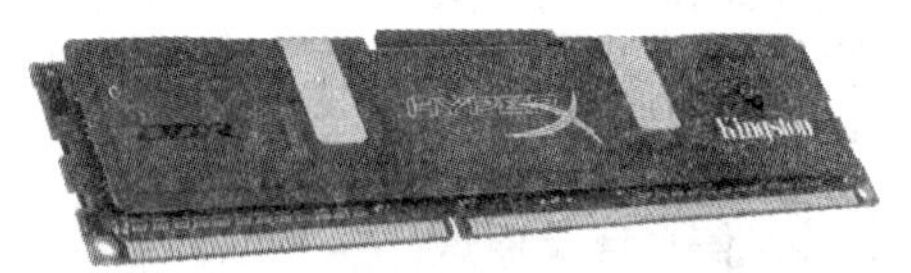

DDR3 内存条

DDR4 内存条

图 2-7　内存条

SRAM 存储单元电路以双稳态电路为基础，只要不掉电即可稳定地存储数据，而无需刷新，因此 SRAM 存取速度更快。相比而言，SRAM 集成度低，功耗较大，成本高，价格贵，但工作速度快，一般用作高速缓冲存储器（Cache）。

高速缓冲存储器是一种容量相对较小但速度较快的内存，其主要作用是缓解高速 CPU 与低速 RAM 的速度冲突问题。随着技术的发展，CPU 的运行速度不断提高，RAM 的读写速度相对较慢，为了解决内存速度与 CPU 速度不匹配，从而影响系统运算速度的问题，在 CPU 与内存之间设计了一个容量相对较小但速度较快的高速缓冲存储器。把当前要执行的程序和要处理的数据传送到高速缓冲存储器，CPU 读写时先访问高速缓冲存储器，从而大大减少了因访问低速 RAM 而耗费的等待时间。

3．外存储器

外存储器又称辅助存储器，简称外存，用于长期存放暂时不处理的程序与数据。与内存相比较，外存的存取速度较慢而容量相对较大，价格便宜，断电后仍然能保存数据。执行程序时，外存中的程序以及相关的数据必须先传送到内存才能被 CPU 使用。常见的外存储器有硬盘、光盘和可移动存储设备等。

（1）硬盘

硬盘是微型计算机必不可少的外存储设备。微型计算机的操作系统及各种应用软件都存储在硬盘中。硬盘由磁头、盘片、主轴、传动手臂和控制电路等组成，它们全部密封在一个金属盒中，防尘性能好，可靠性高，对环境要求不高。硬盘外观与内部结构如图 2-8 所示。

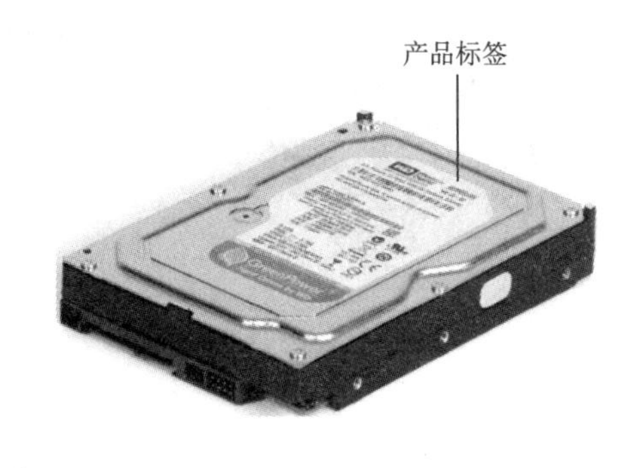

图 2-8　硬盘外观与内部结构图

硬盘通常由多个盘片组成，盘片由铝合金或玻璃材料制成，盘片外覆盖有磁性材料，通过磁层的磁化来记录数据。每个盘片都固定在主轴上，并利用磁头进行盘片定位读写。盘片由外向里分成许多同心圆，每个同心圆称为一条磁道，每条磁道还要分成若干个扇区，每个扇区能存储 512 B 的数据。在由多个盘片组成的硬盘存储器中，所有盘片上直径相同的一组磁道称为柱面。硬盘的存储结构如图 2-9 所示。

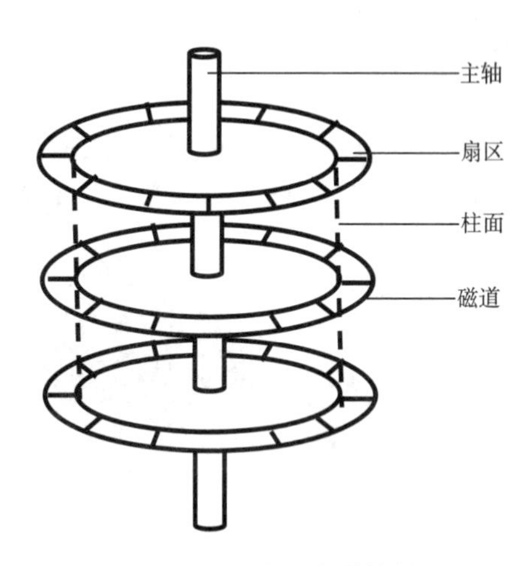

图 2-9　硬盘的存储结构

硬盘在第一次使用时，必须首先格式化。格式化的主要作用就是将磁盘进行分区，划分磁道与扇区，同时给磁道、柱面和扇区进行编号，设置目录表和文件分配表，检查有无坏磁道并给坏磁道标上不可用的标记。要注意的是，格式化操作命令会清除硬盘中原有的全部信息，所以对硬盘进行格式化操作之前一定要做好备份工作。

硬盘的主要性能指标有存储容量、转速、平均存取时间、Cache 容量和数据传输速率等。存取速度是其中一个很重要的指标。影响存取速度的因素主要有：平均寻道时间、数据传输率、盘片的旋转速度和缓冲存储器的容量等。一般情况下，转速越高，其平均寻道时间就越短，数据传输率也就越高，存取速度就越快。目前微型计算机的硬盘转速主要有 7 200 r/min 和 4 500 r/min 两种。随着硬盘技术的发展，硬盘的存储容量也越来越大，目前常用硬盘的容量有 500 GB、640 GB、750 GB、1 TB、2 TB 等。与光盘相比，硬盘具有容量大、读写速度快的优点。

固态硬盘（Solid State Drives，SSD）是用固态电子存储芯片阵列而制成的硬盘，由控制单元和存储单元组成。固态硬盘是一块基于传统机械硬盘诞生出来的新硬盘，在接口的规范和定义、功能及使用方法上与普通硬盘完全相同，在产品外形和尺寸上也完全与普通硬盘一致。固态硬盘被广泛应用于军事、车载、视频监控、网络监控、网络终端等领域。与传统硬盘相比较，固态硬盘具有读写速度快、质量轻、能耗低、防震抗摔以及体积小等优点，但其价格仍较为昂贵，容量较低，损坏后数据难恢复。图 2-10 所示为 SSD 硬盘。

图 2-10　SSD 硬盘

小知识

在使用硬盘时应轻拿轻放，避免震动和受到外力的撞击，杜绝硬盘在工作时移动计算机。因为在硬盘读写时，盘片处于高速旋转状态中，若此时强行关掉电源或产生震动，会使磁头与盘片撞击摩擦，导致盘片数据区损坏或擦伤表面磁层，以致丢失硬盘内的文件信息；此外，尽量不要让硬盘靠近强磁场，如音箱、CRT 显示器等，以免硬盘中所记录的数据因磁化而受到破坏。

（2）光驱和光盘

光盘存储器是利用光学方式进行读写信息的存储设备，主要由光盘、光盘驱动器和光盘控制器组成。图 2-11 所示为光盘及光盘驱动器。

图 2-11　光盘及光盘驱动器

光盘是一种利用激光技术存储信息的设备。光盘主要分为五层：基板、记录层、反射层、保护层、印刷层等。在写入原始信息时，先用激光束对在基板上涂的有机染料进行烧录，直接烧录成不同形状的凹坑，并用此凹凸形式存储数据信息。读出光盘中的信息时需将光盘插入光盘驱动器中，驱动器中的激光光束照射在凹凸不平的盘面上，被反射后的强弱不同光束经解调后，即可得到相应的不同数据并输入到计算机中。图 2-12 所示为光盘的基本存储原理。

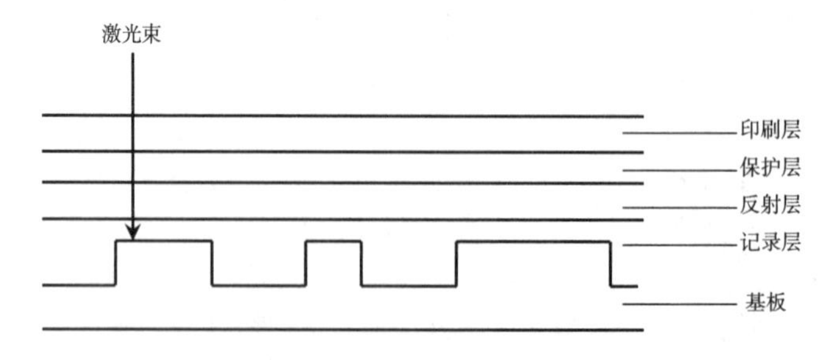

图 2-12　光盘的基本存储原理

光盘按其信息读写特性可分为只读光盘、一次可写光盘和可擦写光盘等，按其存储容量可分为 CD、DVD 和蓝光光盘等。光盘具有存储容量大、价格低廉、信息保存时间长等特点，适用于保存声音、图像、动画、视频、电影等多媒体信息。

光盘驱动器也称光驱，是用于读写光盘信息的设备。常见的光驱有 CD-ROM 光驱、DVD-ROM 光驱、COMBO 光驱、DVD 刻录机和蓝光光驱等。CD-ROM 光驱只能读取 CD 的信息；DVD-ROM 光驱只能读取 CD 和 DVD 的信息；COMBO 光驱又称康宝，能读取 CD、DVD，还能刻录 CD；DVD 刻录机不仅能读取 CD 和 DVD，而且能刻录 CD 和 DVD 等；蓝光光驱能读取蓝光光盘的信息。

光驱的技术指标主要有数据传输率、平均寻道时间、CPU 占用时间和接口类型等。其中数据传输率是以单倍速为基准，单倍速光驱每秒存取 150 KB 的数据，24 倍速的光驱每秒读取的数据为 24 × 150 KB。

（3）可移动存储设备

目前广泛使用的可移动存储设备有闪存盘、移动硬盘、闪存卡、MP3、MP4、MP5 等。

闪存盘也称为“U 盘”，它采用闪存 Flash 存储技术，通过 USB 接口直接连接计算机，不需要驱动器，即插即用，使用非常方便。U 盘的体积小，重量轻，存取速度快，断电的情况下不丢失数据，并且具有很强的抗震和防潮特性，数据保存安全。U 盘的这种易用性、实用性、稳定性，使得它的应用非常广泛。图 2-13 所示为常见 U 盘的外观。

图 2-13　常见 U 盘的外观

移动硬盘是以硬盘为存储介质，便于计算机之间交换大容量数据，强调便携性的存储设备。移动硬盘一般由硬盘体加上带有 USB 的配套硬盘盒构成，具有容量大、存取速度快、兼容性好，良好的抗震性能等特点。图 2-14 所示为移动硬盘的外观。

图 2-14　移动硬盘的外观

闪存卡也称“存储卡”，是利用闪存技术来存储电子信息的存储器，一般应用在手机、数码相机，MP3 等小型数码产品中作为存储介质，一般是卡片的形态，所以称之为闪存卡。闪存卡具有体积小巧、携带方便、良好的兼容性、使用简单的优点，便于在不同的数码产品之间交换数据。根据不同的生产厂商和不同的应用，闪存卡分为 SD 卡、CF 卡、记忆棒、MMC 卡、XD 卡和微硬盘等种类。各类闪存卡虽然外观、规格不同，但是技术原理都是相同的。图 2-15 所示为常见的闪存卡。

SD 卡

CF 卡

记忆棒

图 2–15　常见的闪存卡

2.3.3　主板

主板（Mainboard）是计算机系统中最大的一块集成电路板，如图 2–16 所示，它安装在机箱内，是微型计算机最基本也是最重要的部件之一。主板上通常安装有 CPU 插槽、芯片组、存储器插槽、扩充插槽、BIOS 芯片等元器件。它为 CPU、内存和各种功能卡提供安装插槽，为各种存储设备和 I/O 设备以及媒体和通信设备提供接口。微型计算机通过主板将 CPU 等各种元器件和外围设备有机地结合起来形成一个完整的系统。

由于计算机运行时，对系统内存、存储设备和其他 I/O 设备的操作和控制都必须通过主板来完成。因此，计算机的整体运行速度和稳定性在相当大的程度上取决于主板的性能。主板的主要技术指标包括所用的芯片组、工作的稳定性和速度、提供插槽的种类和数量等。

图 2–16　主板外观

小知识

主板的南桥芯片和北桥芯片：芯片组是固定在主板上的一组超大规模集成电路芯片的总称，是主板的核心部件，芯片组的功能决定着主板的功能。芯片组按功能分为南桥芯片和北桥芯片两种。南桥芯片主要负责 IDE 设备的控制、I/O 接口电路的控制以及高级能源管理等。北桥芯片主要负责管理 CPU、控制内存、AGP 以及 PCI 的数据传输等。

2.3.4　总线与接口

1. 总线

在计算机系统中，各部件之间传送信息需要通过公共通信线路，这些通信线路称为总线（Bus）。总线是连接 CPU、存储器和外围设备的公共信息通道，采用总线连接系统中各个功能部件使微型计算机系统具有组合灵活、扩展方便等特点。按照总线内所传输的信息总类，可将总线分为数据总线、控制总线和地址总线。图 2–17 所示为总线与 CPU、存储器、输入/输出设备等部件的连接。

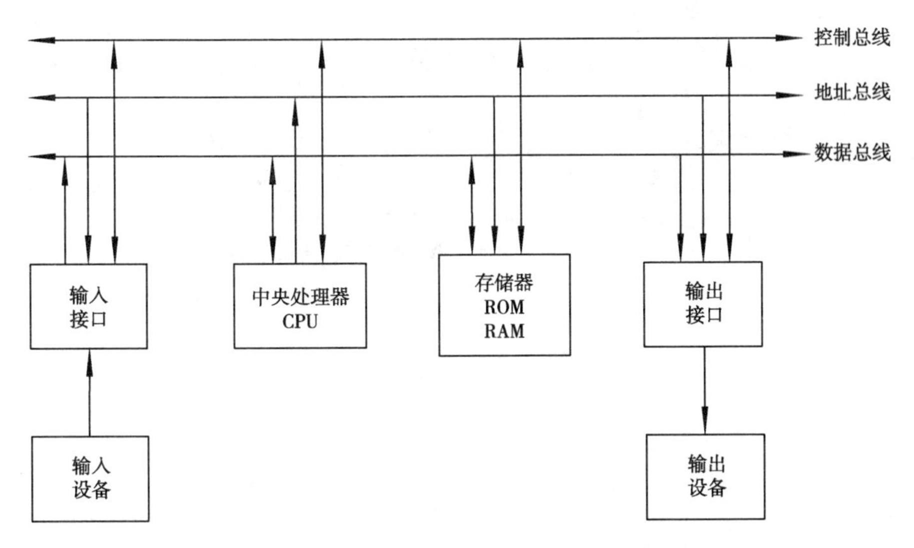

图 2–17　微型计算机的总线化硬件结构图

（1）数据总线（Data Bus）

数据总线主要负责在 CPU、内存及输入或输出设备之间传送数据。数据总线位数的多少，反映了 CPU 一次可接收数据能力的大小。数据总线上传送的数据信息是双向的，有时是送入 CPU，有时是从 CPU 送出。

（2）控制总线（Control Bus）

控制总线用来传送各种控制和应答信号。它传送的信号基本上分为两类，一类是由 CPU 向内存或外设发送的控制信号；另一类是由外设或有关接口电路向 CPU 送回的反馈信号，包括内存的应答信号。

（3）地址总线（Address Bus）

地址总线用来传送存储单元或输入/输出接口的地址信息。由于地址信息只能从 CPU 传向外部存储器或输入/输出端口，所以地址总线总是单向三态的，地址总线的位数限制了 PC 系统的最大内存容量。不同的 CPU 芯片，地址总线的位数不同。

计算机硬件系统各个部件都是通过系统总线有效传输各种信息实现通信与控制的，总线的主要技术指标包括总线的带宽、总线的位宽、总线的工作频率等。

2. 接口

CPU 与外围设备、存储器的连接和数据交换都需要通过接口来实现，前者被称为 I/O 接口，而后者则被称为存储器接口。存储器通常在 CPU 的同步控制下工作，接口电路比较简单，而 I/O 设备品种繁多，其相应的接口电路也各不相同，因此，习惯上说到接口只是指 I/O 接口。不同的外围设备与主机相连都要配备不同的接口。目前常见的接口类型有并行接口、串行接口、硬盘接口、USB 接口等。图 2–18 所示为微型计算机常用的接口。

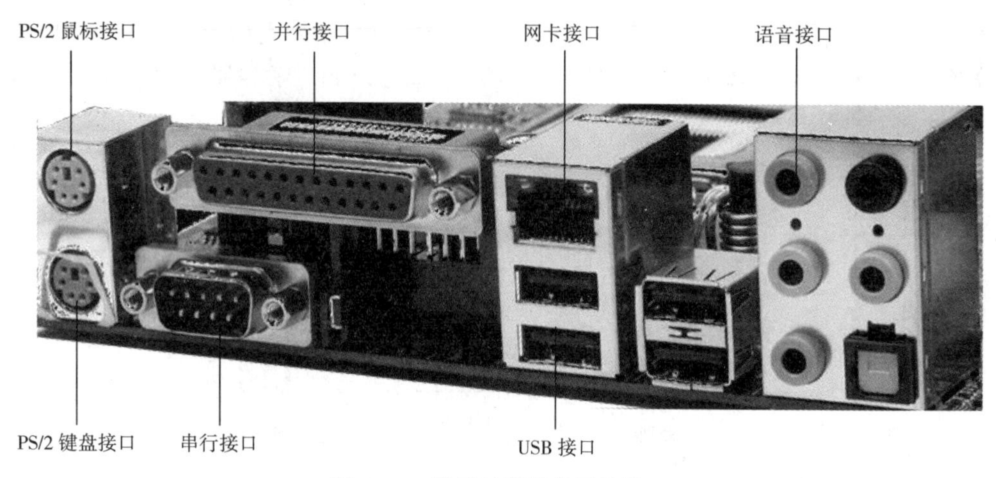

图 2-18　微型计算机常用的接口

（1）并行接口

并行接口又称并口，主要连接设备有打印机、外置光驱和扫描仪等。微型计算机中一般配置一个并行端口，采用的是 25 针 D 形接头，一般被称为 LPT 接口或打印接口。所谓“并行”是指 8 位数据同时通过并行线进行传送，这样数据传送速度大大提高，但并行传送的线路长度受到限制，因为长度增加，干扰就会增加，数据也就容易出错。

（2）串行接口

计算机中采用串行通信协议的接口称为串口。一般微型计算机有两个串口：COM1 和 COM2。串行口不同于并行口之处在于它的数据和控制信息是一位接一位地传送出去的。虽然这样速度会慢一些，但传送距离较并行口更长，因此若要进行较长距离的通信时，应使用串口。串口一般用于连接鼠标、键盘和调制解调器等，但目前新配置的微型计算机已开始取消该接口，一般都使用 USB 接口。

（3）硬盘接口

硬盘接口是硬盘与主机系统间的连接部件，其作用是在硬盘缓存和主机内存之间传输数据。不同的硬盘接口决定着硬盘与计算机之间的连接速度，在整个系统中，硬盘接口的优劣直接影响着程序运行快慢和系统性能好坏。目前常用的硬盘接口有 IDE、SCSI、SATA、SAS 等，SATA 是目前微型计算机的主流硬盘接口。主板上常见的硬盘接口如图 2-19 所示。

IDE 接口

SCSI 接口

SATA 接口

图 2-19　主板上常见的硬盘接口

（4）USB 接口

最新的 USB 串行接口标准是由 Microsoft、Intel、Compaq、IBM 等大公司共同推出的，它支持设备的热插拔和即插即用连接。USB 接口可用于连接鼠标、键盘、打印机、扫描仪、电话系统、数字音响等。

2.3.5　输入设备

输入设备是向计算机输入数据和信息的设备。它可以将各种外部信息和数据转换成计算机可以识别的电信号，从而使计算机能够接收。微型计算机常见的输入设备有键盘、鼠标、扫描仪、数码照相机、数码摄像机、光笔、摄像头、条形码阅读器等。

1. 键盘

键盘是微型计算机最常用的一种输入设备，通过键盘，可以将各种程序和数据输入到微型计算机中。图 2-20 所示为常见的键盘外观。

按工作原理，键盘可分为机械键盘、塑料薄膜式键盘、导电橡胶式键盘和无接点静电电容键盘等。键盘的按键数有 83 键、87 键、93 键、101 键、102 键、104 键、107 键等，目前绝大部分 PC 使用标准 101 键、104 键、107 键的键盘，笔记本式计算机大多使用 83 键的键盘。

键盘与主机相连接的接口有多种形式，通常采用 PS/2 接口或 USB 接口。

图 2-20　常见的键盘外观

2. 鼠标

在 Windows 等图形用户界面使用环境中，鼠标已成为不可缺少的输入工具。它能方便地控制屏幕上的鼠标箭头，准确地定位在指定的位置处，并通过按键完成各种操作。按工作原理，鼠标可分为机械型鼠标和光电型鼠标、光机鼠标、光学鼠标等。按鼠标按键，可分为两键鼠标、三键鼠标和滚轮鼠标。按接口类型可分为串行鼠标、PS/2 鼠标、总线鼠标、USB 鼠标四种。图 2-21 所示为常见鼠标的外观与内部结构图。

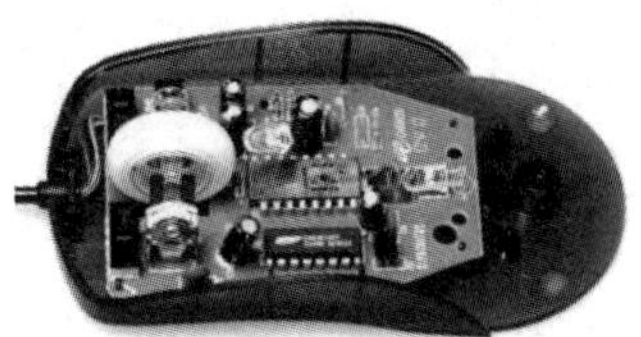

光电鼠标

机械鼠标

图 2-21　常见鼠标的外观与内部结构图

2.3.6 输出设备

输出设备是用来输出计算机处理结果的设备。其主要功能是把计算机处理的数据、计算结果等内部信息按人们需要的形式输出。微型计算机常见的输出设备有显示器、打印机、绘图仪、音箱、投影机等。

1. 显示器

显示器又称监视器，是计算机必备的输出设备。其功能是将表示信息的电信号转换为可视的字符、图形或图像等。它可以在荧屏上显示用户输入的各种数据、程序或命令，并输出计算机的运行结果。

显示器根据制造材料的不同，可分为阴极射线管（CRT）显示器、等离子显示器（PDP）、液晶显示器（LCD）、发光二极管显示器（LED）等。目前，微型计算机大多采用 LCD 液晶显示器，CRT 显示器开始逐渐退出市场。图 2-22 所示为常见的显示器的外观。

LCD 显示器

CRT 显示器

图 2-22 常见的显示器外观

显示器的主要技术指标有分辨率、屏幕尺寸、刷新频率、响应时间、色彩位数等。分辨率是指全屏幕可显示的水平像素数×垂直像素数，如 1 280×800。色彩位数是指每一个像素点表示色彩的二进制位数，位数越多，表示的颜色数量越多，色彩层次越丰富。

2. 打印机

打印机可将各种文本、图形、图像或报表等打印到纸上，以方便阅读或备份。常见的打印机有针式打印机、喷墨打印机和激光打印机等。图 2-23 所示为常见的打印机外观。

针式打印机

喷墨打印机

激光打印机

图 2-23 常见的打印机外观

针式打印机又称点阵式打印机，它利用打印针撞击色带，从而将色带上的墨水印在纸上。其价格便宜，耗材成本低，但打印质量不高，工作噪声大。常用于银行、超市打印票单。

喷墨打印机利用很细的喷嘴将墨盒中的墨水喷到纸张上，以达到打印文字或影像的效果。喷墨打印机较便宜，打印质量比针式打印机好，打印速度较快，声音较小，但所用耗材较贵。

激光打印机利用激光在感光滚轮上产生正负静电，当感光滚轮经过墨粉时，感光部分就吸

附上墨粉，然后将墨粉转印到纸上，纸上的墨粉经加热熔化形成永久性的字符和图形。激光打印机打印质量好，速度快，噪声低，性价比高，一般家用和办公所用多为激光打印机。

2.4　计算机软件系统

计算机的硬件与软件是紧密联系，相辅相成，缺一不可的。硬件是软件存在的物质基础，是软件功能的体现，软件对计算机功能发挥起决定作用，软件可以充分发挥计算机硬件资源的效益，为用户使用计算机提供方便。没有配备任何软件的计算机称为“裸机”，不能独立完成任何具有实际意义的工作。计算机硬件、软件及用户之间的关系如图 2-24 所示。

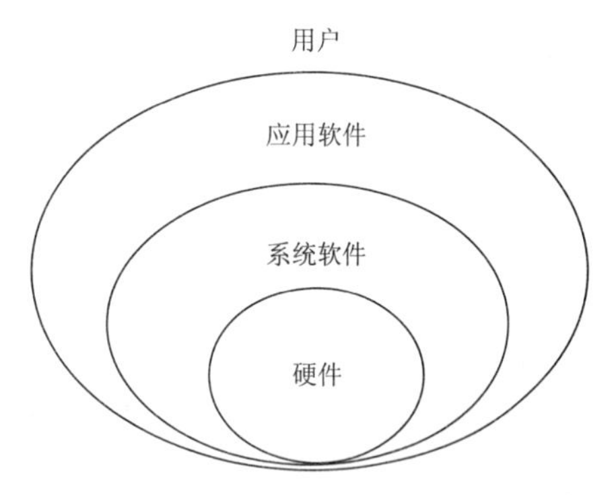

图 2-24　计算机硬件、软件和用户之间的关系

软件是指为运行、管理与维护计算机而编制的程序、数据及相关文档的集合。根据软件的不同用途，可将计算机系统的软件分为系统软件和应用软件两大类。

2.4.1　软件的分类

1. 系统软件

系统软件指的是为了计算机能正常、高效的工作而配备的各种管理、监控和维护系统的程序及其有关资料。系统软件是计算机系统正常运行必不可少的软件。它包括操作系统、语言处理程序以及一些服务性程序等。

操作系统是最基本、最重要的系统软件。操作系统是用户和计算机之间的接口，也是计算机硬件和其他软件的接口，它负责管理和控制计算机系统的软、硬件资源，合理组织计算机各部分协调工作，为用户提供操作和编程界面。计算机常见的操作系统有 UNIX、Linux、Windows、Mac OS、Android 等。其中 Windows 是微型计算机主流操作系统。

2. 应用软件

应用软件是为了解决用户的各种实际问题而开发的软件。应用软件的种类非常多，例如办公自动化软件、多媒体应用软件、安全防护软件、娱乐休闲软件等，表 2-1 列出了常用的应用软件。应用软件通常不能独立地在计算机上运行，必须要有系统软件的支持。

表 2-1　常用的应用软件

类　别	功　能	流行软件举例
办公自动化软件	用于日常办公，包括文字处理排版、电子表格数据处理和演示文稿的制作等	Office、WPS 等
多媒体应用软件	图形处理、图像处理、动画设计等	Photoshop、Flash 等
辅助设计软件	建筑设计、机械制图、服装设计等	AutoCAD、Protel 等
网络应用软件	网页浏览、通信、电子商务等	QQ、IE 等
安全防护软件	防范、查杀病毒，保护计算机和网络安全等	瑞星杀毒软件、360 杀毒软件等
数据库应用软件	财务管理、学籍管理、人事管理等	学籍管理系统、超市管理系统等
娱乐休闲软件	游戏和娱乐	QQ 游戏、DotA 等

2.4.2 指令与指令系统

指令就是指示计算机执行某种操作的命令。计算机指令是一组二进制代码，通常，一条指令由两部分组成：

操作码	操作数地址码

操作码表明该指令进行何种操作，例如加法、减法、乘法、除法、取数、存数等操作。操作数地址码则指明操作对象或操作数据在存储器中的存放位置。

通常一条指令对应于一种基本操作，许多条指令的功能实现了计算机复杂功能。计算机能执行的全部指令称为计算机的指令系统，指令系统决定了一台计算机的基本功能。不同类型的计算机，指令系统有所不同，但无论是哪种类型的计算机，指令系统一般具有数据传输、运算、程序控制、输入/输出等四类指令。

2.4.3 程序设计语言和语言处理程序

人们利用计算机来解决问题时，需要计算机按一定的步骤完成各种操作，这就要对计算机发布一系列的指令。程序是为解决某一问题而设计的一系列指令的有序集合。计算机之所以能够自动而连续地完成预定的操作，就是运行特定程序的结果。

1. 程序设计语言

程序设计语言是用户与计算机之间进行交互的工具。计算机不能识别人们日常使用的自然语言，要让计算机按照人的意愿进行工作，就必须利用程序设计语言编写符合用户意图和程序语言规范的程序，并交由计算机执行才能最终解决问题。

程序设计语言一般分为机器语言、汇编语言和高级语言三类。

（1）机器语言

机器语言是由“0”和“1”组成的二进制代码编写的，能被计算机直接识别和执行的语言。

例 2.1 计算“A=8+12”的机器语言程序如下：

```
10110000  00001000        把 8 放入累加器 A 中
00101100  00001100        12 与累加器 A 中的值相加，结果仍放入 A 中
11110100                  结束，停机
```

从上例可以看出，机器语言是一系列的二进制代码，不需要翻译就能被计算机直接识别，占用内存少，执行的速度快，效率高。用机器语言编写的程序称为目标程序，可以被计算机直接执行。不同型号的计算机具有不同的机器语言，针对一种计算机编写的机器语言程序，不能在另一种计算机上执行。在计算机发展的初期，人们用机器语言编写程序，由于机器语言很难记忆，难理解，编写程序时易出错且难修改，目前绝大多数的程序员已经不再使用机器语言来编写程序。

（2）汇编语言

由于机器语言存在难记忆、难理解等缺点，为克服这些缺点，而产生了汇编语言。汇编语言用英文助记符来表示指令和数据，是一种由机器语言符号化而成的语言。

例 2.2 上述计算“A=8+12”的汇编语言程序如下：

```
MOV A,8                   把 8 放入累加器 A 中
ADD A,12                  12 与累加器 A 中的值相加，结果仍放入 A 中
HLT                       处理器暂停执行指令
```

从上例可以看出，汇编语言与机器语言相比有了较大的进步，编写程序更为直观，易于理解和记忆，使用起来更方便。用汇编语言编写的程序计算机不能直接识别，必须由语言处理程序将其翻译为计算机能直接识别的目标程序才能执行。汇编语言的每条指令对应一条机器语言代码，所以，汇编语言和机器语言一样都是面向机器的语言，不能在不同类型的计算机之间移植。

（3）高级语言

为了克服机器语言和汇编语言依赖于机器、通用性差的缺点，提高编写和维护程序的效率，从而产生了高级语言。高级语言是一种接近自然语言和数学表达式的计算机程序设计语言。

例 2.3 上述计算“A=8+12”的高级语言程序如下：

```
A=8+12        8 与 12 相加的结果放入 A 中
PRINT A       输出 A
END           程序结束
```

从上例可以看出，高级语言更易被人们理解，它具有易学、易用、易维护的特点，人们可以更有效、更方便地用它来编制各种用途的计算机程序。高级语言与具体的计算机硬件无关，通用性强，具有可移植性。用高级语言编写的源程序，计算机也不能直接执行，要经过语言处理程序的“翻译”，变为目标程序，计算机才能执行。相对于机器语言和汇编语言，高级语言所编写的程序所占存储空间相对较大，执行速度相对较慢。

目前绝大多数的程序员使用高级语言来编写程序。当前流行的高级语言程序有：C、C++、C#、Java、Visual Basic、PHP、Python 等。

2. 语言处理程序

使用汇编语言或高级语言编写的程序称为源程序，使用机器语言编写的程序称为目标程序。尽管用汇编语言和高级语言编写的源程序更易于理解，更具有可读性，可维护性更强，可靠性更高，但是计算机只能识别使用机器语言编写的目标程序，因此需要有一种程序能够将源程序翻译成目标程序，具有这种翻译功能的程序就是语言处理程序。

语言处理程序共有三种：汇编程序、解释程序和编译程序。它们的处理过程如图 2-25 所示。

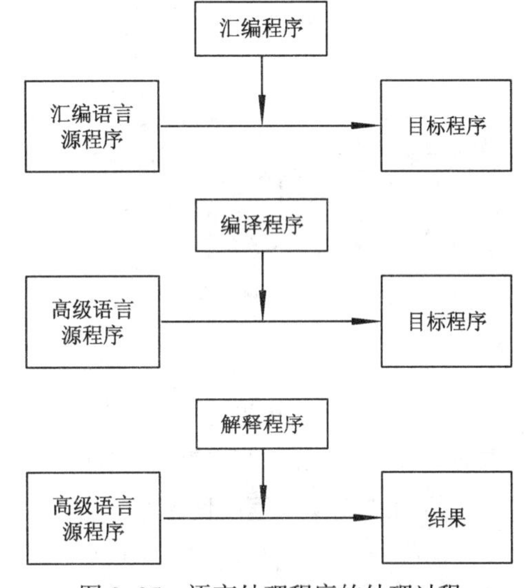

图 2-25　语言处理程序的处理过程

汇编程序的作用是将汇编语言源程序翻译成能被计算机识别的目标程序。不同类型的计算机有不同的汇编程序。

编译程序是将高级语言源程序整体编译成目标程序，然后通过连接程序将目标程序连接为可执行程序后交给计算机运行。这种方式类似于翻译人员的笔译。

解释程序是将高级语言源程序逐行逐句解释，解释一句执行一句，可以立即得到运行结果，不产生目标程序。这种方式类似于翻译人员的口译。

2.4.4　程序设计

当我们需要用计算机解决某个具体的问题时，必须事先设计好解决这个问题所采用的方法和步骤，把这些步骤用计算机能够识别的指令编写出来并送入计算机执行，计算机才能按照人的意图完成指定的工作。我们把指挥计算机实现某一特定功能的指令序列称为程序，而编写程序的过程称为程序设计。程序设计是利用程序设计语言来表述出要解决问题的方法和步骤并送入计算机执行的过程。

程序设计包括分析问题、设计算法、编写代码、调试运行程序等过程，它可以描述为：

程序设计=数据结构+算法

数据结构是指相互之间存在一种或多种特定关系的数据元素的集合，是计算机存储、组织数据的方式。计算机算法是由计算机执行的、为解决某个问题所采取的方法和步骤。

程序设计方法主要有面向过程的结构化程序设计方法和面向对象的程序设计方法两大类。

1. 面向过程的结构化程序设计方法

面向过程的结构化程序设计最早由 E.W.Dijkstra 在 1965 年提出的，是软件发展的一个重要的里程碑。结构化程序设计的基本思想是“自顶向下、逐步求精”及“单入口单出口”的控制结构。按照结构化程序设计的观点，任何程序都可由顺序、分支、循环三种基本控制结构构造，如图 2-26 所示。

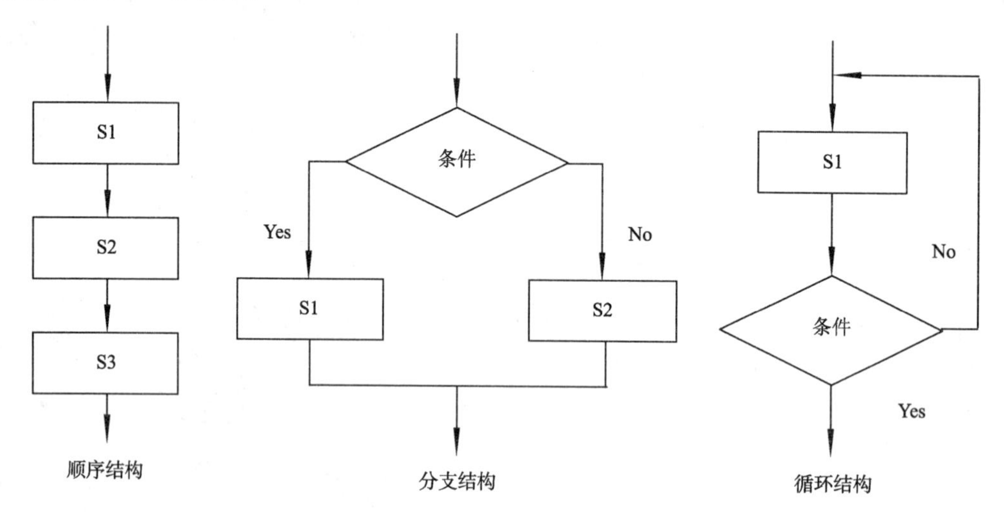

图 2-26　结构化程序设计基本结构

面向过程的结构化程序设计方法有很大的局限性，如开发软件的生产效率低下、无法应付庞大的信息量和多样的数据类型、难以适应新环境等。

2. 面向对象的程序设计方法

面向对象程序设计是建立在结构化程序设计基础之上的程序设计方法，是目前比较流行的软件开发方法，面向对象技术的实质是：把程序要处理的任务分解成若干“对象”，并对其进行程序设计，再将相关对象组合在一起构成程序。面向对象程序设计方法以客观世界中的对象为中心，采用符合人们思维方式的分析和设计思想，分析和设计的结果与客观世界的实际比较接近，容易被人们接受。

对象是面向对象程序设计中的一个重要概念。所谓“对象”就是对客观存在事物的一种表示，是包含现实世界物体特征的抽象实体，是物体属性和行为的一个组合体。从程序设计的角度看，对象是指将数据和使用这些数据的一组基本操作封装在一起的统一体，它是程序的基本运行单位，具有一定的独立性。

面向对象程序设计中的另一个重要概念是类。类是具有相同行为和相同属性的对象的抽

象。对象是某个类的具体实现。面向对象程序设计以类作为构造程序的基本单位，具有封装、数据抽象、继承、多态性等特征。

2.5　计算机主要性能指标和基本配置

2.5.1　计算机主要性能指标

计算机的性能涉及体系结构、软/硬件配置、指令系统等多种因素，一般来说主要有下列技术指标：

1. 字长

字长是指计算机在单位时间内能作为一个整体参与运算、处理和传送的二进制数的位数。字长越长，表明计算机的运算能力越强，运算精度越高，速度也越快。通常字长是 8 的整数倍，如 8 位、16 位、32 位、64 位等。

2. 主频

主频是 CPU 内核工作时的时钟频率，单位为 MHz、GHz。它反映了计算机的工作速度。一般而言，主频越高，计算机工作速度越快。

3. 运算速度

运算速度是指计算机每秒能够执行的指令条数，单位为 MIPS（每秒百万条指令），它更能直观地反映微机的速度。

4. 存取速度

存储器连续进行读/写操作所允许的最短时间间隔被称为存取周期。存取周期越短，则存取速度越快，它是反映存储器性能的一个重要参数。通常，存取速度的快慢决定了运算速度的快慢。

5. 内存容量

内存容量是指内存储器能够存储信息的总字节数。它反映了计算机即时存储信息的能力。内存容量越大，能处理的数据量就越大，其处理数据能力就越强。

6. 外存容量

外存容量指外存储器所能容纳的总字节数，是反映计算机存储数据能力强弱的一项技术指标。外存容量越大，可存储的信息就越多。

除了以上的各项指标外，计算机的兼容性、可靠性、可维护性，所配置的外围设备的性能指标以及所配置的系统软件等也是衡量计算机性能的指标。各项指标之间应综合起来考虑，由于性能与价格有着直接的关系，因此，在关注性能的前提下尚需顾及价格，以“性能价格比”作为综合指标才是合理的。

2.5.2　微型计算机基本配置

微型计算机主要由主机、显示器、键盘、鼠标等部件组成，主机又包括机箱、电源、主板、CPU、内存、硬盘驱动器、显卡、声卡等。不同用途、不同档次的微型计算机的配置不完全一致。表 2–2 所示为两款计算机的配置单。

表 2-2 两款计算机的配置单

基本参数	联想 T4900V 台式机	华硕 A450E47JF-SL 笔记本式计算机
处理器	Intel Core i7-4770/四核/3.4GHz/L3 8 MB	Intel Core i7-4700HQ/四核/2.4 GHz/L3 6 MB
显卡	独立显卡，1 GB	双显卡（性能级独立显卡 + 集成显卡），2 GB
内存	DDR3，8 GB	DDR3L，4 GB
硬盘	1TB，7 200 r/min SATA 硬盘	1TB，5 400 r/min SATA 硬盘
光驱	DVD-ROM	内置 DVD 刻录机
显示器	20 英寸 1 600 × 900 CCFL 宽屏	14 英寸 16:9 1 366 × 768 LED 背光
网卡	内置 1 000 Mbit/s 网卡	1 000 Mbit/s 网卡
操作系统	Windows 7 Home Basic	Windows 8 64 bit
电源	100V～240V 180W 交流电源供电器	2 950 毫安 4 芯锂电池，100V～240V 90W 自适应交流电源适配器
其他	前面板 I/O 接口 2 × USB2.0;1 × 耳机输出接口;1 × 麦克风输入接口;背板 I/O 接口 4 × USB2.0+ 2 × USB3.0；1 × DVI-D；1 × HDMI；1 × VGA；1 × RJ45（网络接口）；3 × S/PDIF 输出；1 × 电源接口，立式机箱，396.5×399.6×160mm，内置声卡，浮岛式键盘，光电鼠标	笔记本重量 2.3 kg，长度 348 mm，宽度 241 mm，厚度 24.8 ~ 31.7 mm，外壳材质镁铝合金；数据接口 2 × USB 2.0+ 1 × USB 3.0；视频接口 HDMI，VGA/Mini D-sub 15-pin；耳机输出接口，麦克风输入接口；RJ-45（网络接口），1 × 电源接口；读卡器 3 合 1 读卡器(SD，SDHC，SDXC)；集成摄像头，内置音效芯片，内置扬声器，内置麦克风
售后服务	整机 3 年	2 年全球联保，1 年电池保修
价格	¥5 699	¥5 500

目前微型计算机的购置有两种选择：一种是购买品牌机，品牌机是具有一定规模和技术实力的计算机厂商生产，注册商标，有独立品牌的计算机。品牌机出厂前经过严格的兼容性测试，性能稳定，品质有保证，具有完整的售后服务，但往往价格较高，配置不够好，搭配不灵活。另外一种选择是组装计算机，就是购买计算机配件，如 CPU、主板、内存、硬盘、显卡、机箱等，经过自己或者是计算机技术人员组装起来，成为一台完整的计算机。与品牌机不同的是，组装机可以自己买硬件组装，也可以到配件市场组装，可根据用户自己的要求，随意搭配，升级方便，价格便宜，性价比高。

思考与练习

1. 微型计算机的硬件系统由哪几部分组成？
2. 计算机的存储器可分为几类？它们的主要区别是什么？
3. 什么是 ROM 和 RAM？它们各有什么特点？
4. 简述计算机中数据的存储单位。
5. 计算机中常见的输入/输出设备有哪些？
6. 什么是计算机的总线？按照总线内所传输的信息总类，可将总线分为哪几种类型？
7. 简述软件的分类。
8. 什么是计算机指令？什么是计算机指令系统？
9. 简述机器语言、汇编语言、高级语言的特点。
10. 语言处理程序的作用是什么？简述编译方式和解释方式的区别。
11. 计算机的主要性能指标有哪些？

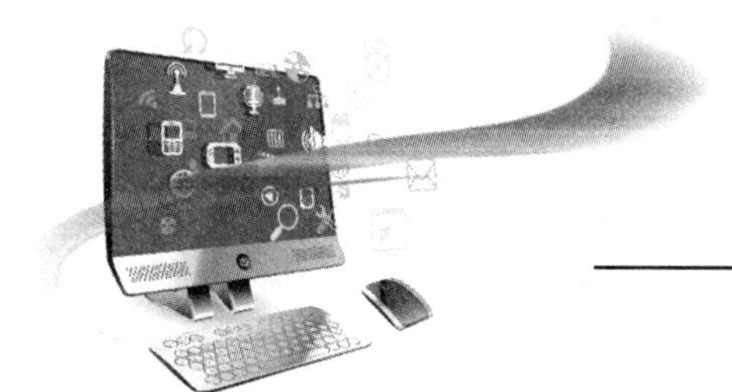

第3章 操作系统

教学目标：

通过本章的学习，读者可以掌握计算机操作系统的基本知识，掌握文件和文件夹的管理方法，学习控制面板、附件以及常用工具的使用方法。

教学重点和难点：

- 操作系统概述
- Windows 7 基本操作
- 控制面板
- 文件与文件夹管理
- 常用工具的使用方法

操作系统经历了从无到有，从简单的监控程序到目前可以并发执行的多用户、多任务的高级系统软件的发展变化过程，在计算机科学的发展过程中起着重要的作用，为人们建立各种各样的应用环境奠定了重要基础。

3.1 操作系统概述

计算机技术发展到今天，操作系统已经成为现代计算机系统不可分割的重要组成部分，是计算机系统中最基本、最重要的系统软件。

3.1.1 操作系统的定义与功能

操作系统（Operating System，OS）是用户和计算机之间的“桥梁”，负责安全有效地管理计算机系统的一切软、硬件资源，控制程序运行。操作系统是计算机硬件与其他软件的接口。操作系统的作用如图 3-1 所示。

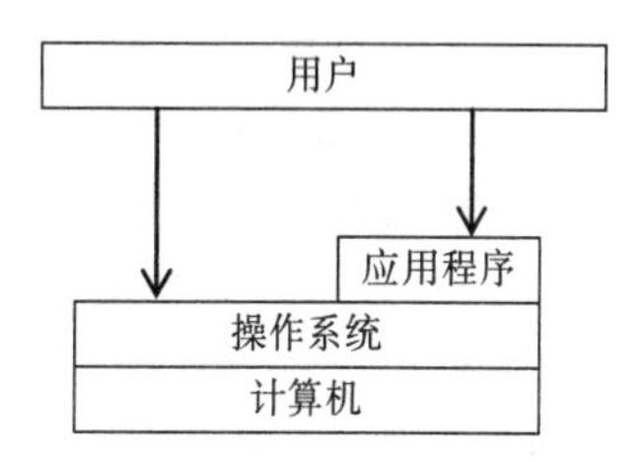

图 3-1 操作系统的作用

操作系统是一个庞大的管理控制程序，大致包括 4 个方面的管理功能，即处理器管理、存储管理、I/O 设备管理、文件管理。

① 处理器管理：根据一定的策略将处理器交替地分配给系统内等待运行的程序。

② 存储管理：管理内存资源，主要实现内存的分配与回收，存储保护以及内存扩充。

③ I/O 设备管理：负责分配和回收外围设备，以及控制外围设备按用户程序的要求进行操作。

④ 文件管理：向用户提供创建文件、撤销文件、读/写文件、打开和关闭文件等功能。

用户使用操作系统有两种方式，即命令行方式（Command-Line Interface，CLI）和图形界面调用方式（Graphical User Interface，GUI）。

3.1.2 操作系统的分类

操作系统种类很多，很难用单一的标准将它们统一分类。按照服务功能可把操作系统大致分成 6 类，即批处理操作系统、分时操作系统、实时操作系统、嵌入式操作系统、网络操作系统和分布式操作系统。

1. 批处理操作系统

批处理操作系统工作方式：用户将作业交给系统操作员，系统操作员将许多用户的作业组成一批作业，然后输入计算机中并在系统中形成一个自动转接的连续的作业流，启动操作系统后，系统会自动、依次执行每个作业，最后由操作员将作业结果交给用户。典型的批处理操作系统有 MVX 和 DOS 等。

2. 分时操作系统

分时操作系统是一种联机的多用户交互式的操作系统。工作方式如下：多个用户通过终端同时使用一台主机，各用户可以同时和主机进行交互操作而互不干扰。分时操作系统主要采用时间片轮转的方式使一台计算机为多个终端服务，对每个用户能保证足够快的响应时间，并提供交互会话能力。分时操作系统对用户要求应能快速响应，较适用于多用户小计算量的作业，如订票系统、银行系统、学生上机系统等。常见的通用操作系统是分时系统与批处理系统的结合，如 UNIX、Windows、XENIX 和 Mac OS 等。

3. 实时操作系统

实时操作系统是指计算机能及时响应外部事件的请求，在规定的严格时间内完成对该事件的处理，并控制所有实时设备和实时任务协调一致地工作的操作系统。实时操作系统的目标是对外部请求在严格时间范围内做出反应。实时操作系统具有高可靠性和完整性，如股市交易、天气预报等。典型的实时操作系统有 RTOS、RT Linux、iEMX 和 VRTX 等。

4. 嵌入式操作系统

嵌入式操作系统是运行在嵌入式系统环境中，对整个嵌入式系统以及它所操作、控制的各种部件装置等资源进行统一协调、调度、指挥和控制的系统软件。典型的嵌入式操作系统有 Linux、Palm OS、Windows CE 等，以及在智能手机和平板电脑上使用的 Android 和 iOS 等操作系统。

5. 分布式操作系统

分布式操作系统是指能直接对系统中的各类资源进行动态分配和管理，有效控制和协调任务的并行执行，允许系统中的处理单元无主次之分，并向用户提供统一的、有效的接口的软件集合。分布式操作系统的主要特点是分布式、并行性、透明性和可靠性。大量的计算机通过网络被连接在一起，可以获得较高的运算能力及广泛的数据共享，典型的分布式操作系统主要有 Mach、Chorus 和 Amoeba 等。

6. 网络操作系统

网络操作系统是基于计算机网络的，是在各种计算机操作系统上按网络体系结构协议标准开

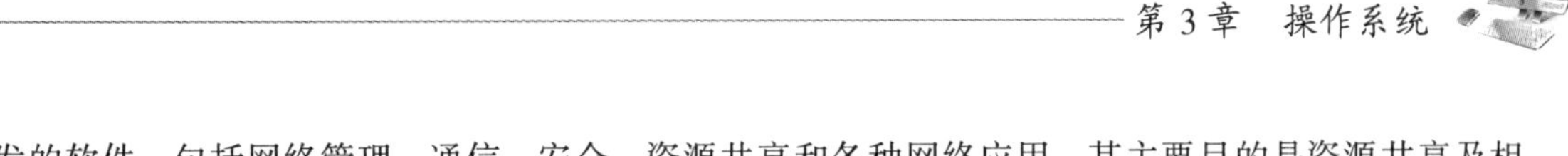

发的软件，包括网络管理、通信、安全、资源共享和各种网络应用。其主要目的是资源共享及相互通信。典型的网络操作系统有 UNIX、Linux、NetWare、Windows NT、OS/2 Warp 等。

3.1.3 常见操作系统

常见的操作系统有 DOS、UNIX、Linux、Mac OS、Windows、Andriod、NetWare 和 Free BSD 等，下面简要介绍其中常见的 6 种操作系统。

1. DOS

DOS 最初是微软公司为 IBM-PC 开发的操作系统，因此它对硬件平台的要求很低，适用性较广。从 1981 年问世至今，DOS 经历了 7 次大的版本升级，从 1.0 版到 7.0 版，并不断地改进和完善。但是，DOS 系统的单用户、单任务、字符界面和 16 位的大格局没有变化，它对于内存的管理也局限在 640 KB 的范围内。常用的 DOS 有 3 种不同的品牌，它们是 Microsoft 公司的 MS-DOS、IBM 公司的 PC-DOS 以及 Novell 公司的 DR DOS，这 3 种 DOS 中使用最多的是 MS-DOS。

2. UNIX

UNIX 系统是一种分时计算机操作系统，于 1969 在 AT&TBell 实验室诞生，最初是在中小型计算机上运用。最早移植到 80286 微机上的 UNIX 系统称为 XENIX。XENIX 系统的特点是系统开销小，运行速度快。UNIX 能够同时运行多进程，支持用户之间共享数据。同时，UNIX 支持模块化结构，安装 UNIX 操作系统时，只需要安装用户工作需要的部分。UNIX 有很多种，许多公司都有自己的版本，如惠普公司的 HP-UX，西门子公司的 Reliant UNIX 等。

3. Linux

Linux 系统是是一个支持多用户、多任务的操作系统，最初由芬兰人 Linus Torvalds 开发，其源程序在 Internet 上公开发布，由此引发了全球计算机爱好者的开发热情，许多人下载该源程序并按自己的意愿完善某一方面的功能，再发回网上，Linux 也因此被雕琢成一个全球较稳定的、有发展前景的操作系统。Linux 系统是目前全球较大的一款自由免费软件，是一个功能可与 UNIX 和 Windows 相媲美的操作系统，具有完备的网络功能，在源代码上兼容绝大部分 UNIX 标准，支持几乎所有的硬件平台，并广泛支持各种周边设备。

4. Mac OS

Mac OS 是美国苹果计算机公司开发的一套运行于 Macintosh 系列计算机的操作系统，是首个在商用领域成功的图形用户界面。该机型于 1984 年推出，Mac 率先采用了一些至今仍为人称道的技术，例如，图形用户界面、多媒体应用、鼠标等。Macintosh 在影视制作、印刷、出版和教育等领域有着广泛的应用，Microsoft Windows 系统至今在很多方面还有 Mac 的影子。

5. Windows

Windows 系统是由微软公司研发，是一款为个人计算机和服务器用户设计的操作系统，是目前世界上用户较多、并且兼容性较强的操作系统。第 1 个版本于 1985 年发行，并最终获得了世界个人计算机操作系统软件的垄断地位。它使 PC 开始进入所谓的图形用户界面时代。在图形用户界面中，每一种应用软件（即由 Windows 系统支持的软件）都用一个图标（Icon）来表示，用户只需把鼠标指针移动到某图标上，双击即可进入该软件，这种界面方式为用户提供了很大的方便，把计算机的使用提高到了一个新的阶段。常见的 Windows 系统的版本有 Windows 2000、

Windows XP、Windows Vista、Windows 7、Windows 8 和 Windows 10 等。

6. Android

Android（中文名称为“安卓”）是一种基于 Linux 为基础的开放源代码操作系统，主要使用于便携设备。最初由 Andy Rubin 开发，主要用在手机设备上。2005 年由 Google 收购注资，并组建开放手机联盟对 Android 进行开发改良，逐渐扩展到平板计算机及其他领域上。2011 年第一季度，Android 在全球的市场份额首次超过塞班系统，跃居全球第一。目前 Android 占据全球智能手机操作系统市场非常大。

3.2　Windows 7 系统的基本操作

Windows 7 系统是微软公司于 2009 年推出的，是目前使用较为广泛的一套操作系统。主要包括家庭普通版（Windows 7 Home Basic）、家庭高级版（Windows 7 Home Premium）、专业版（Windows 7 Professional）、旗舰版（Windows 7 Ultimate）和企业版（Windows Enterprise）5 个版本。本章将重点介绍中文版 Windows 7 Ultimate 系统。

3.2.1　Windows 7 的安装、启动及退出

1. Windows 7 的安装

Windows 7 硬件最低配置要求为：

① 1 GHz 32 位或 64 位处理器。

② 1 GB 内存（基于 32 位）或 2 GB 内存（基于 64 位）。

③ 16 GB 可用硬盘空间（基于 32 位）或 20 GB 可用硬盘空间（基于 64 位）。

④ 带有 WDDM1.0 或更高版本驱动程序的 DirectX 9 图形设备。

Windows 7 系统安装过程比较简单，除了需要输入序列号、时间、网络、密码等信息外，基本不需要人工干预。

【实战 3-1】使用光盘安装 Windows 7 系统。

① 在开机自检通过后按<F2>键（或<F10>键或<Delete>键，不同厂商设置的快捷键可能不同）进入 BIOS 界面，在 BIOS 中将光盘驱动器（简称光驱）设置为第一启动项，设置如图 3-2 所示。

② 将 Windows 7 系统安装光盘插入光驱，并重新启动计算机。

③ 光盘自启动后将弹出安装向导，根据提示进行安装。

④ 安装完成后取出光盘，重新启动计算机并根据提示激活系统即可。

小知识

大部分上网笔记本式计算机都不配置 DVD 光驱，要安装 Windows 7 系统可借助闪存盘来实现。首先将 Windows 7 安装光盘中的文件复制到闪存盘，然后在 BIOS 中将闪存盘设置为第一启动项，即可从闪存盘启动系统并安装 Windows 7，具体步骤可上网查询相关内容。

如果要安装多个系统，为避免引起不必要的麻烦，安装顺序建议遵循“从低版本到高版本”的安装原则。例如，在一台计算机中同时安装 Windows XP 和 Windows 7 双系统，要先安装 Windows XP，然后在另一个硬盘分区安装 Windows 7。

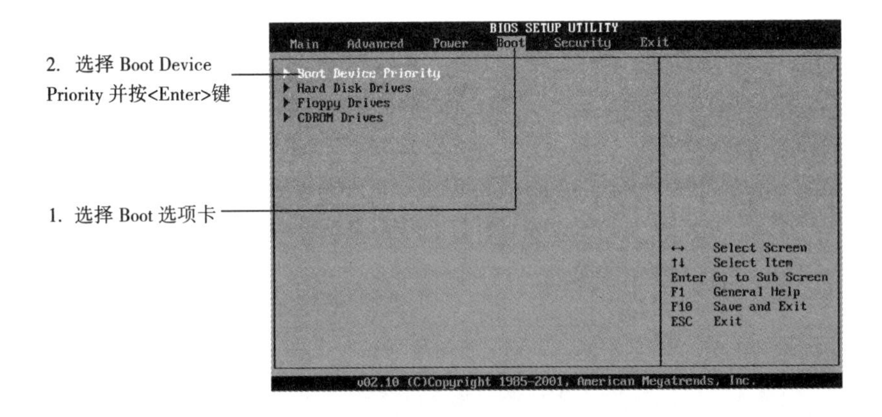

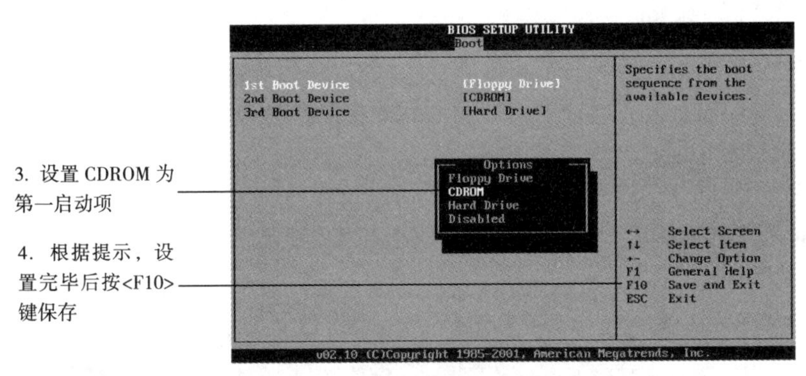

图 3-2　BIOS 中将光驱设置为第一启动项的方法

2. 登录、注销和切换用户

打开计算机电源开关后，系统会自动进行硬件自检、引导操作系统启动等一系列复杂的动作，如果系统只有一个账户且未设置密码，则开机后会自动登录到 Windows 桌面，否则用户选择账户并输入密码后即可登录系统进行操作。

如果用户希望退出当前账户时，可选择“开始”→“关机”→“注销”命令，返回到登录界面。注销后，打开的所有程序都会关闭，但计算机不会关闭。注销后，其他用户可以登录计算机而无须重新启动计算机。

如果计算机上有多个用户账户，若另一用户登录该计算机的快捷方法是选择“开始”→“关机”→“切换用户”命令，使用此方法则不需要注销或关闭文件和程序。

3. 重新启动、关机、锁定与睡眠

“关机”命令是指关闭操作系统并断开主机电源。在图 3-3 所示的“关机”菜单中有重新启动、锁定与睡眠的操作选项。其中，“重新启动”命令是指计算机在不断电的情况下重新启动操作系统。而“锁定”命令则经常用于用户保护隐私。当计算机被锁定后，只有重新登录并输入密码才能使用计算机，从而保护用户隐私。

“睡眠”命令自动将打开的文档和程序保存在内存中并关闭所有不必要的功能。睡眠的优点是只几秒便可使计算机恢复到用户离开时的状态，且耗电量非常少。对于处于睡眠状态的计算机，可通过按键盘上的任意键、单击、打开笔记本式计算机的盖子来唤醒计算机或通过按下计算机电源按钮恢复工作状态。

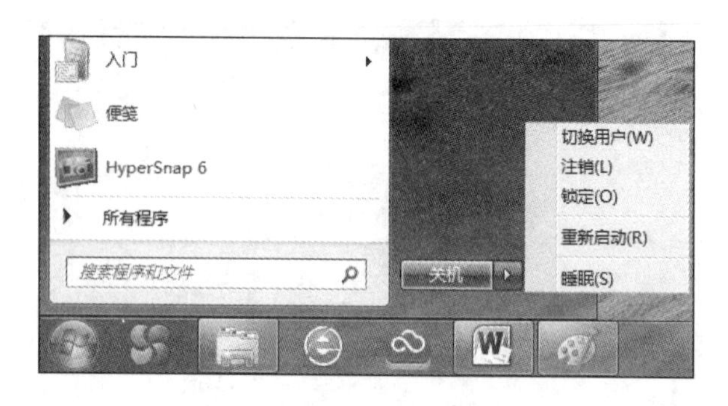

图 3-3　Windows 7 关机菜单

3.2.2　Windows 7 系统的桌面

桌面是 Windows 操作系统和用户之间的桥梁，几乎 Windows 中的所有操作都是在桌面上完成的。Windows 7 系统的桌面如图 3-4 所示。Windows 系统的各种组成元素，包括程序、驱动器、文件夹以及文件等均可称为对象。图标则是代表这些对象的小图像，双击图标或选中图标后按<Enter>键，即可启动或打开图标所代表的应用程序、文件和信息。刚安装完成的 Windows 7 系统桌面只出现一个“回收站”图标，用户可以根据需要将其他图标添加到桌面上。

图 3-4　Windows 7 系统的桌面

3.2.3　桌面图标

图标是标识某个对象的小图案，该对象可以是一个程序、一个文件、文件夹等。Windows 7 提供的图标不仅十分精致，而且具有更加实用的文件预览功能。Windows 7 的图标最大尺寸为 256 × 256 像素，能呈现精致设计的细节和高分辨率显示器的优势。“计算机”图标如图 3-5 所示。

图 3-5　“计算机”图标

3.2.4　任务栏

任务栏默认的位置是屏幕下方，从左到右由“开始”按钮、应用程序图标、空白区域和通知区域4部分组成如图3-6所示。任务栏通过拖动可使它置于屏幕的上方、左侧或右侧，也可通过拖动栏边调节栏高，拖动任务栏中的分隔线还可控制各区域的宽度。任务栏的主要作用是显示当前运行的任务、任务的切换等。

图3-6　任务栏

在任务栏的空白处右击，将弹出图3-7所示的快捷菜单。

① 工具栏：可在“工具栏”子菜单中选中需要出现在任务栏中的选项。

② 显示桌面：选中后，把打开的窗口全部最小化，并显示桌面。

③ 启动任务管理器：选中后，打开“Windows任务管理器”窗口。

④ 锁定任务栏：选中后，不能再调整任务栏的高度和位置。

⑤ 属性：选中后，弹出“任务栏和「开始」菜单属性”对话框，如图3-8所示。

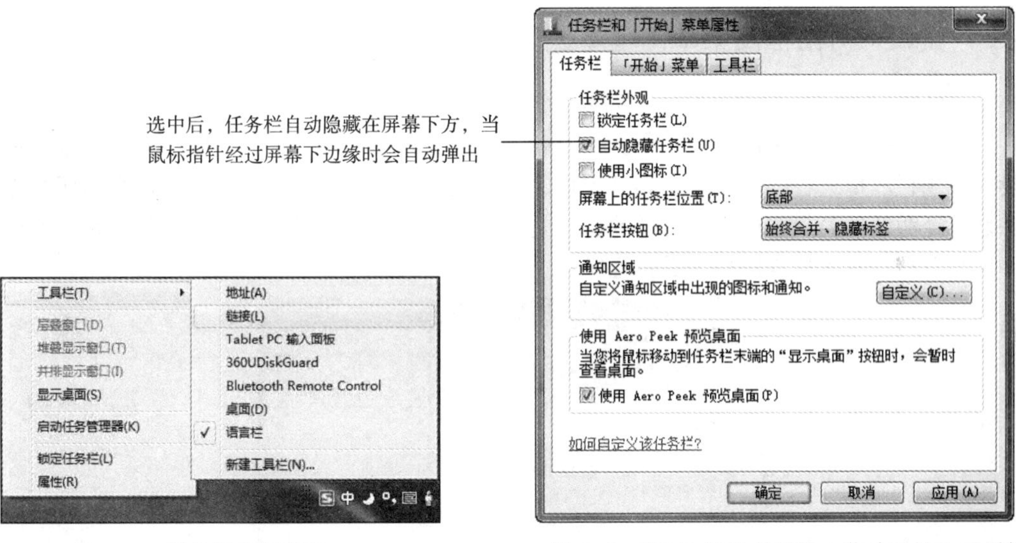

图3-7　任务栏快捷菜单　　　图3-8　“任务栏和「开始」菜单属性”对话框

Windows 7允许用户把程序图标锁定在任务栏上。操作步骤是：首先启动应用程序，右击位于任务栏的该程序图标，然后在弹出的图3-9所示的菜单中选择“将此程序锁定到任务栏”命令，完成上述操作之后，即使关闭该程序，该程序图标也不会消失。另外，也可以直接从桌面上拖动快捷方式到任务栏上进行锁定。

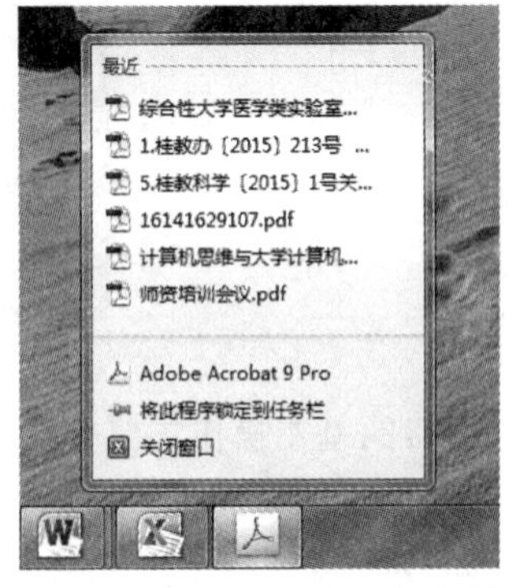

图3-9　将程序锁定在任务栏

3.2.5　“开始”菜单

“开始”按钮位于任务栏最左端，单击“开始”按钮就可以打开“开始”菜单，“开始”菜单是运行Windows 7应用程序的入口，是执行程序常用的方式。通过 “开始”菜单，用户可以打开特定的文件夹，例如文档、音乐、图片等，并且能够在“所有程序”子菜单中看到计算机中安装的大部分应用程序，这些应用程序都以小文件夹的形式显示。

小知识

按<Ctrl+Esc>组合键可以显示或隐藏“开始”菜单。

“开始”菜单如同简化的 Windows 资源管理器，采用了树形目录结构，所有的应用程序都罗列在“文件夹树”中，用户只需单击相应的文件夹，就可展开“文件夹树”。

通过“开始”菜单的搜索框查找计算机中被索引的内容，如搜索文档、照片、邮件、网页收藏夹等内容。输入搜索内容后，与所输入文本相匹配的项将出现在“开始”菜单上。在搜索框中输入程序名就可以启动程序，输入网页地址后按<Enter>键，便可以使用浏览器打开相应网站。

在 Windows 7 中新增了“跳转表”功能，为用户记录最近使用的文件、项目以及频繁使用的项目等其他类似的功能。使用跳转表可以让用户快速打开最近使用过的文件。

3.2.6 窗口、对话框及菜单的基本操作

1. 窗口

用户打开一个应用程序或者一个文档时就意味着打开了一个窗口，如图 3-10 所示。窗口一般由标题栏、地址栏、工具栏、导航窗格、工作区、滚动条、状态栏等组成。当前所操作的窗口是已经激活的窗口，而其他打开的窗口是未激活的窗口。激活窗口对应的程序称为前台程序，未激活窗口对应的程序称为后台程序。

图 3-10 窗口

窗口的基本操作主要包括以下几个方面：

① 调整窗口的大小：包括窗口的最大化、最小化和窗口还原，改变窗口的高度和宽度等。

② 窗口的切换：单击任务栏上的任务按钮或单击窗口进行切换。

③ 移动窗口：拖动标题栏移动窗口到合适位置后释放鼠标。

④ 滚动窗口内容：拖动滚动条可滚动内容，单击滚动条的▲和▼按钮可实现单行滚动，单击滚动条的空白处可实现单屏滚动。

⑤ 窗口排列：在任务栏空白处右击，在弹出的快捷菜单中选择“层叠窗口”“堆叠显示窗口”或“并排显示窗口”命令，可按指定方式排列所有打开的窗口。

小知识

Windows 7 旗舰版采用一种称为 Aero 效果的可视化系统主体特效，体现在任务栏、标题栏等位置的透明玻璃效果，同时在最大化、最小化、关闭窗口等细节操作上多了一些绚丽的动态特效。

2. 对话框

对话框是人机交互的一种重要手段，当系统需要进一步的信息才能继续运行时，就会打开对话框，让用户输入信息或做出选择，如图 3-11 所示。

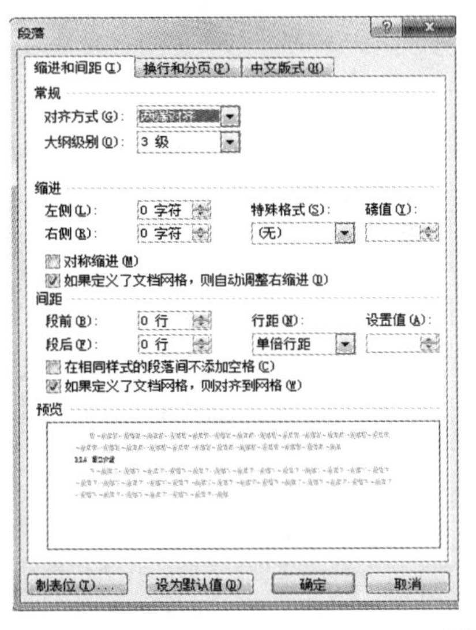

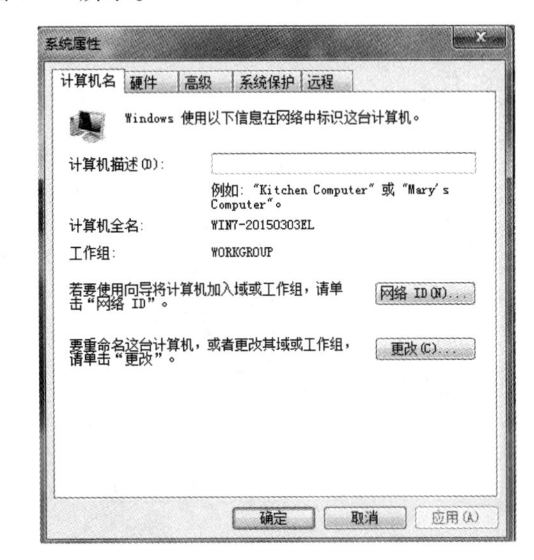

图 3-11　对话框

对话框中一般有命令按钮、文本框、下拉列表框、单选按钮、复选按钮等基本元素。

① 命令按钮：用来确认选择执行某项操作，如“确定”和“取消”按钮等。

② 文本框：用来输入文字或数字等。

③ 下拉列表框：提供多个选项，单击右侧的下拉按钮可以打开下拉列表框，从中选择一项。

④ 复选框：用来决定是否选择该项功能，通常前面有一个方框，方框中带有对号表示被选中，可同时选择多项。

⑤ 单选按钮：一组选项中只能选择一个，通常前面有一个圆圈，圆圈中带有圆点表示被选中。

⑥ 微调按钮：一种特殊的文本框，其右侧有向上和向下两个三角形按钮，用于调整数值。

⑦ 选项卡：将类似功能的所有选项集中用一个界面呈现，单击标签切换选项卡。

3. 菜单

在 Windows 系统中执行命令最常用的方法之一就是选择菜单中的命令，菜单主要有“开始”菜单、下拉菜单和快捷菜单几种类型。在菜单中，“▶”标记表示包含下级子菜单；“...”标记表示将打开对话框以便做进一步选择。

（1）“开始”菜单

单击任务栏最左端“开始”按钮就可以打开“开始”菜单，“开始”菜单在前面已经介绍，在这里不再重复。

（2）下拉菜单

Windows 7 大部分窗口都有菜单栏，单击菜单栏选项就会出现下拉菜单，如图 3-12 所示。

（3）快捷菜单

在某一个对象上右击，弹出的菜单称为快捷菜单，如图 3-13 所示。在不同的对象上右击，弹出的快捷菜单内容也不同。

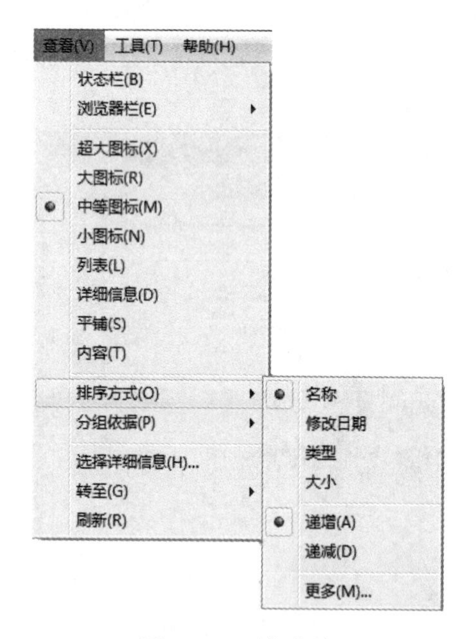

图 3-12　下拉菜单

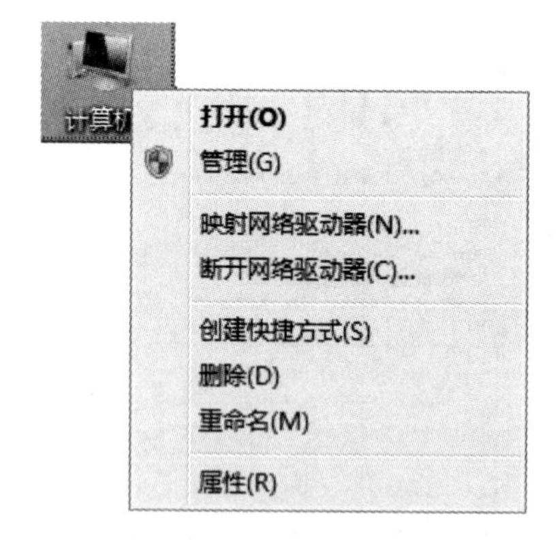

图 3-13　快捷菜单

3.2.7　应用程序的运行和退出

启动一个软件、运行一个程序或打开一个文件时，大致有 4 种方法。

1. 通过快捷方式

如果该对象在桌面上设置有快捷方式，直接双击快捷方式图标即可运行软件或打开文件。

2. 通过“所有程序”子菜单

一般情况下，软件安装后都会在“所有程序”子菜单中自动生成对应的菜单项，用户通过“所有程序”子菜单快速运行软件。

3. 通过可执行文件

通常情况下，软件安装完成后将在 Windows 注册表中留下注册信息，并且在默认安装路径 C:\Program Files 中生成一系列文件夹和文件。例如，360 安全卫士 的主程序文件默认存储路径是 C:\Program Files\360\360Safe.exe，用户可直接双击 360Safe.exe 可执行文件启动 360 安全卫士软件。

4. 通过搜索条

在“开始”菜单的搜索框中输入特定的命令后，可快速打开 Windows 的大部分程序或文件，如图 3-14 所示。随着用户输入进度的不同，搜索条会智能动态在上方出现一个窗口显示相关搜索结果。

图 3-14　搜索框

Windows 是一款支持多用户、多任务的操作系统，能同时打开多个窗口，运行多个应用程序。但是应用程序使用完之后，应及时关闭，以释放它所占用的内存资源，减小系统负担。关闭应用程序有以下几种方法：

① 单击程序窗口右上角的“关闭”按钮。

② 在程序窗口中选择“文件”→“退出”命令。

③ 在任务栏上右击对应的程序按钮，在弹出的跳转列表中选择“关闭窗口”命令。

④ 对于出现未响应，用户无法通过正常方法关闭的程序，可以在任务栏空白处右击弹出快捷菜单，选择“启动任务管理器”命令，通过强制终止程序或进程的方式进行关闭操作。

3.2.8　帮助功能

Windows 7 自带的帮助功能主要有以下 4 种：

1. 帮助和支持

选择“开始”→“帮助和支持”命令，打开图 3-15 所示的“Windows 帮助和支持”窗口，输入关键词，通过超链接的形式打开相关的主题。

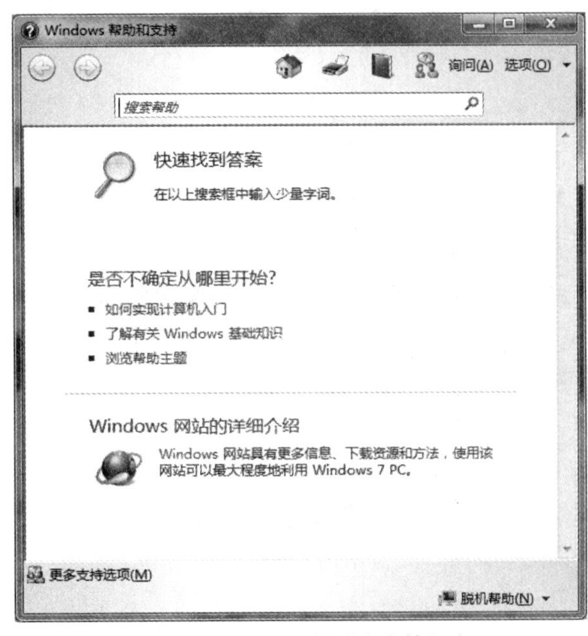

图 3-15　“Windows 帮助和支持”窗口

2. Windows 7 入门知识

选择“开始”→“所有程序”→“附件”→“入门”命令，即可浏览 Windows 7 的简介和主要功能，如图 3-16 所示。

图 3-16　Windows 7 的简介和主要功能

3. 屏幕提示

把鼠标指针放到系统图标或按钮上会自动出现屏幕提示，说明这个对象的含义或功能，如图 3-17 所示。

4. 求助问号

Windows 7 中一些窗口和对话框的右上角有一个问号按钮，如图 3-18 所示，单击它就会打开“Windows 帮助和支持”窗口并显示出有关该对话框的帮助信息。

图 3-17　屏幕提示

图 3-18　求助问号

5. 对话框中的帮助信息

在一些参数设置型对话框中常常看到类似图 3-19 所示的帮助信息链接项，用户单击它就会打开“Windows 帮助和支持”窗口并显示出相关的帮助信息。

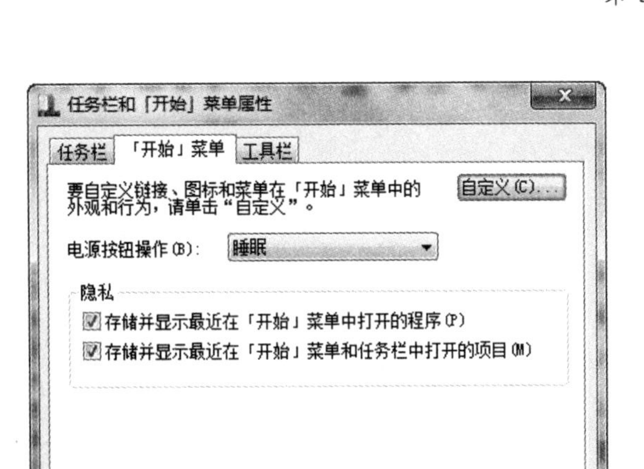

图 3-19　对话框中的帮助信息链接项

3.3　控制面板的应用

控制面板是 Windows 7 系统提供给用户进行个性化系统设置和管理的一个综合工具箱，所包含的设置几乎控制了有关 Windows 外观和工作方式的所有参数设置，限于篇幅，下面仅介绍一部分功能。

选择“开始”→“控制面板”命令即可打开控制面板，如图 3-20 所示。控制面板有三种显示方式：类别、大图标或小图标方式，默认为按类别视图方式显示。

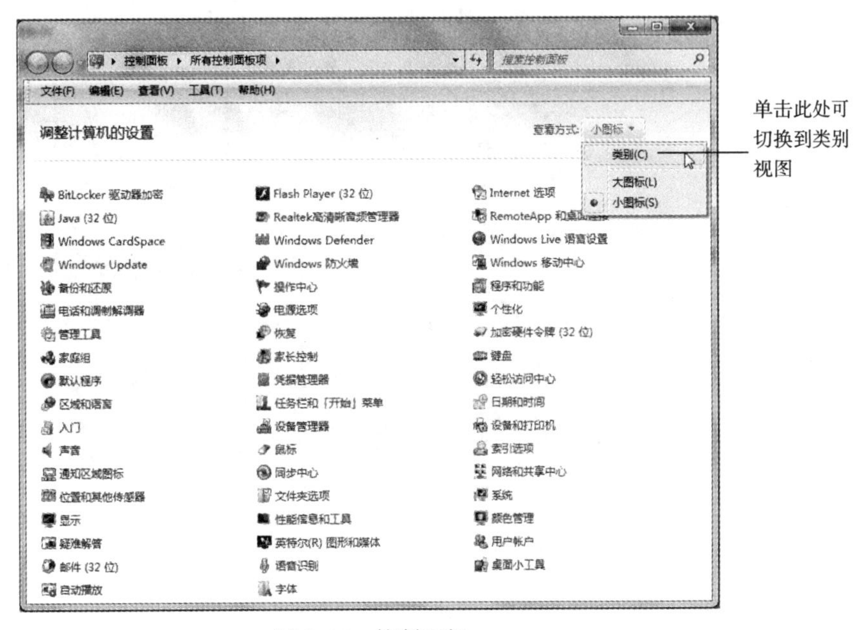

图 3-20　控制面板

3.3.1　添加桌面小工具

Windows 7 的“小工具”应用程序可以提供即时信息以及可轻松访问常用工具的途径，能直接附着在桌面上。小工具包括日历、时钟、天气、源标题、幻灯片放映和图片拼图板等。用户可以改变桌面小工具的尺寸及改变小工具的位置。另外，通过网络可下载网络中已经开发完成的各种小工具。

【实战 3-2】在桌面上添加“时钟”小工具。

① 在控制面板中单击“桌面小工具”链接项，如图 3-21 所示，或在桌面空白处右击，在弹出的快捷菜单中选择“小工具”命令，打开“小工具”窗口。

② 直接用鼠标指针拖动“时钟”“小工具到桌面上，如图 3-22 所示。

③ 当鼠标指针移到桌面小工具上时，将出现“关闭”“选项”“拖动”等按钮，供用户选择。

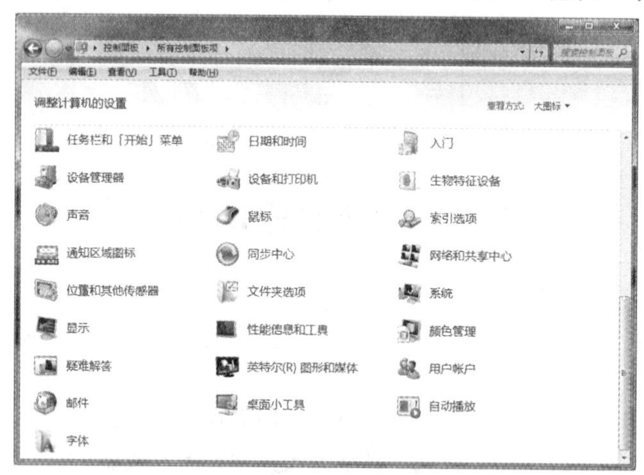

图 3-21　控制面板中桌面小工具

图 3-22　桌面小工具

3.3.2　应用程序的安装与卸载

1. 应用程序的安装

应用程序的安装主要途径有：

① 许多软件是以光盘形式提供的，光盘上面带有 Autorun.inf 文件，表示光盘打开后将自动打开安装向导，用户根据安装向导逐步安装即可。

② 直接运行安装盘中的安装程序 Setup.exe（或 Install.exe），用户根据提示逐步安装即可。

③ 如果软件是从网上下载的，通常整套软件被捆绑成一个 EXE 可执行文件或 RAR 压缩文件。对于 EXE 文件直接双击即可安装，对于 RAR 文件则需要解压后再安装。

2. 应用程序的卸载

对于不再使用的应用程序，用户应将其卸载，以释放其所占的磁盘空间以及系统资源等。用户通过控制面板的“程序和功能”进行应用程序的卸载如图 3-23 所示。

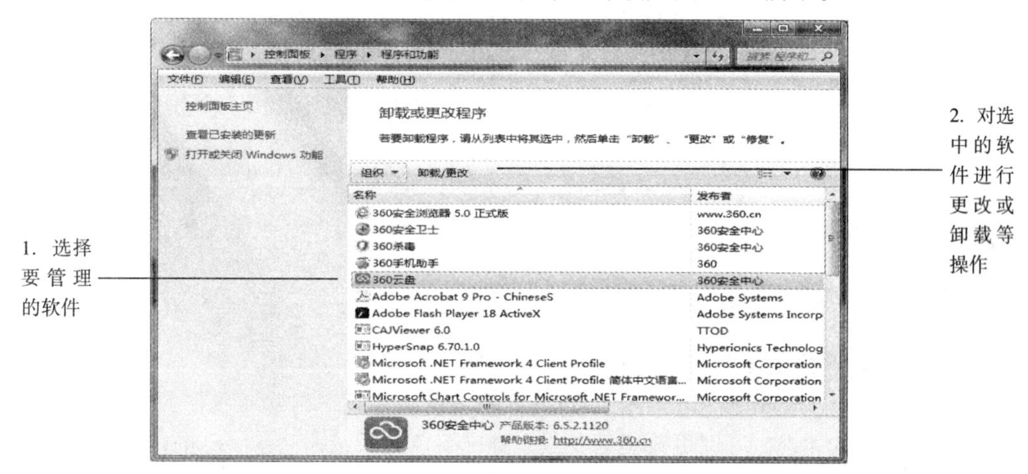

图 3-23　卸载或更改程序

3.3.3　输入法的设置

单击图 3-24 所示中“区域和语言”分类下的“更改键盘或其他输入法”链接，弹出“区域和语言”对话框，如图 3-25 所示，单击“更改键盘”按钮，弹出图 3-26 所示的对话框，单击“添加”按钮，弹出图 3-27 所示的对话框，在弹出的的“添加输入语言”对话框中选择相应的输入法即可，比如添加“微软拼音输入法 ”。

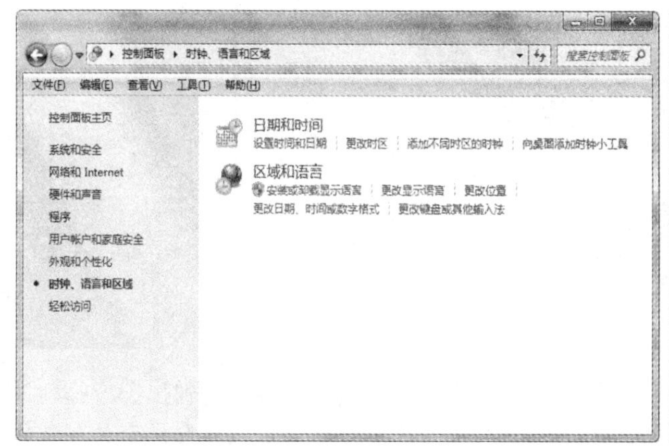

图 3-24　语言和区域设置

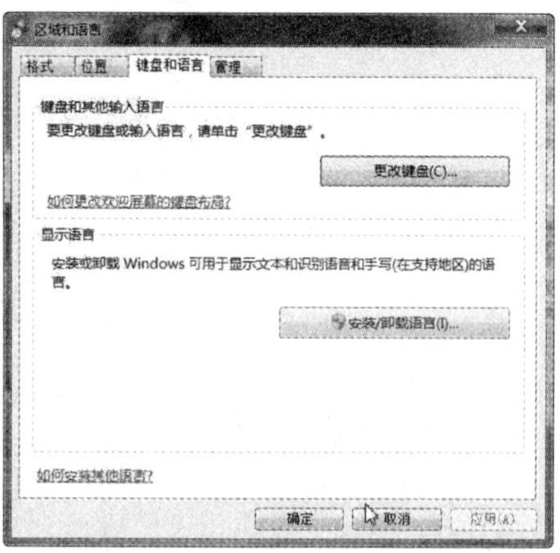

图 3-25　“区域和语言”对话框

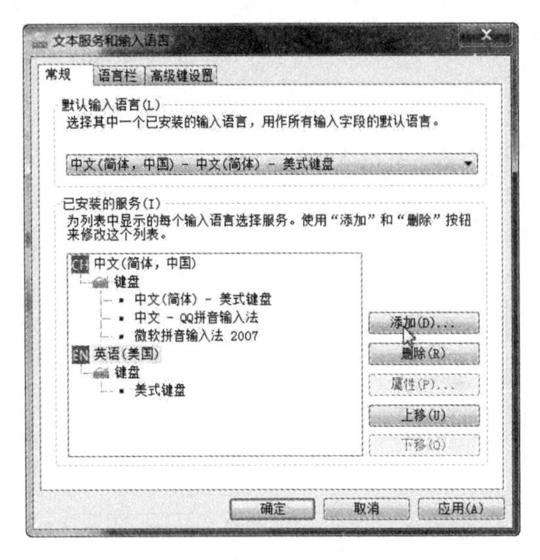

图 3-26 “文本服务和输入语言”对话框

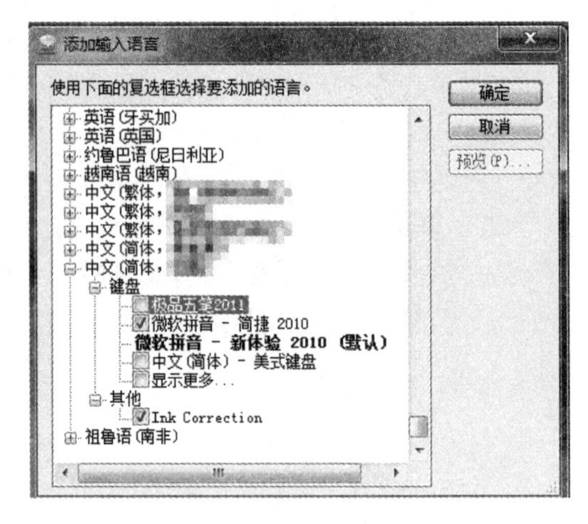

图 3-27 “添加输入语言”对话框

3.3.4 外观和个性化设置

1. 更改桌面背景和主题

在控制面板中单击“外观和个性化”分类下的“更改主题”链接（见图 3-28），在弹出的窗口中选择可选的主题，可以更改桌面背景、窗口颜色和系统声音等；单击窗口下方的“桌面背景”链接，可以在所选主题提供的壁纸中选择喜欢的壁纸让 Windows 自动更换，更换时间可以自己设置。

图 3-28 外观和个性化

2. 更改屏幕分辨率

在控制面板中单击“外观和个性化”分类下的“调整屏幕分辨率”链接，弹出图 3-29 所示的窗口。单击“高级设置”链接，可弹出图 3-30 所示的高级显示属性设置对话框，在此设置屏幕的刷新频率、颜色等。

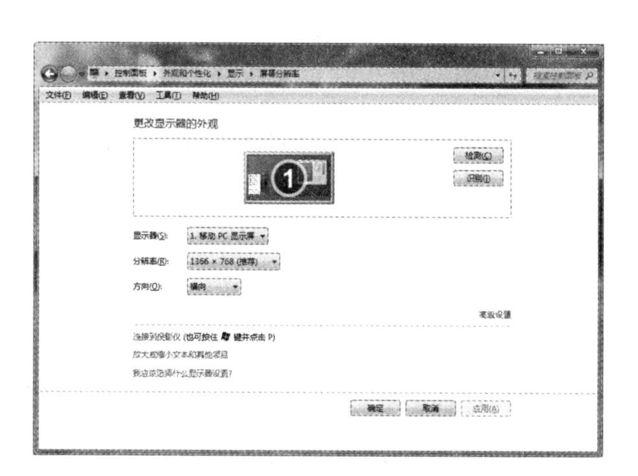

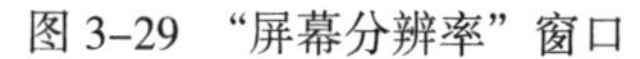

图 3-29 “屏幕分辨率”窗口

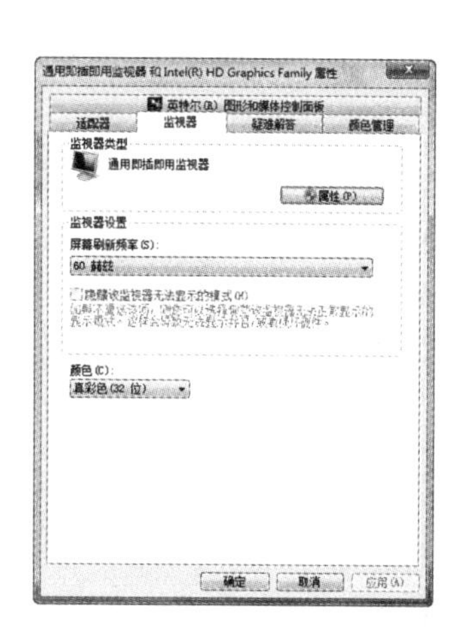

图 3-30 高级显示属性设置对话框

3.3.5 系统属性设置

本机硬件配置信息、计算机名、远程访问设置等可通过“控制面板”中的“系统”链接项查看。系统属性的设置关系到计算机是否能正常运行。

【实战 3-3】设置系统属性。

① 单击控制面板中的“系统”链接项，或右击桌面中的“计算机”图标，在弹出的快捷菜单中选择“属性”命令，都可以打开“系统”窗口，如图 3-31 所示。

图 3-31 “系统”窗口

② 在图 3-31 中单击左窗格的“高级系统设置”链接项，弹出“系统属性”对话框，如图 3-32 所示。该对话框包含“计算机名”“硬件”“高级”“系统保护”和“远程”5 个选项卡，通过各选项卡可查看计算机安装了哪些硬件设备、计算机名称、系统还原点设置以及是否允许远程控制等信息并做出适当的调整。

③ 选择“系统属性”对话框中“计算机名”选项卡，可从中查看计算机名称等详细信息，如图 3-33 所示。

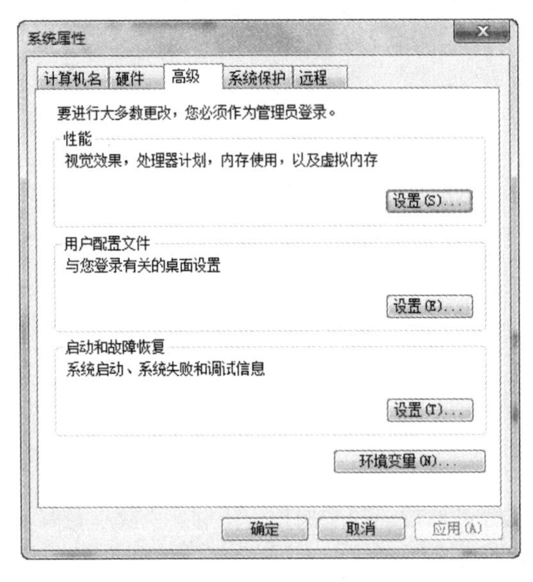

图 3-32 “高级”选项卡

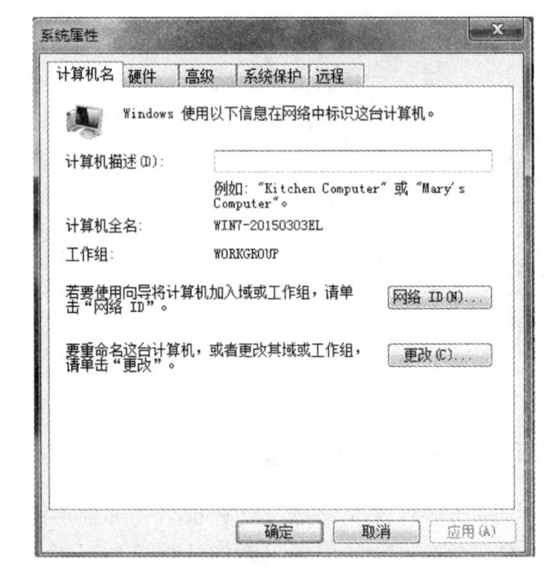

图 3-33 查看计算机名称信息

④ 选择“系统属性”对话框中“硬件”选项卡，如图 3-34 所示。单击“设备管理器”按钮，打开“设备管理器”窗口，如图 3-35 所示，从中可查看硬件配置及驱动等详细信息。

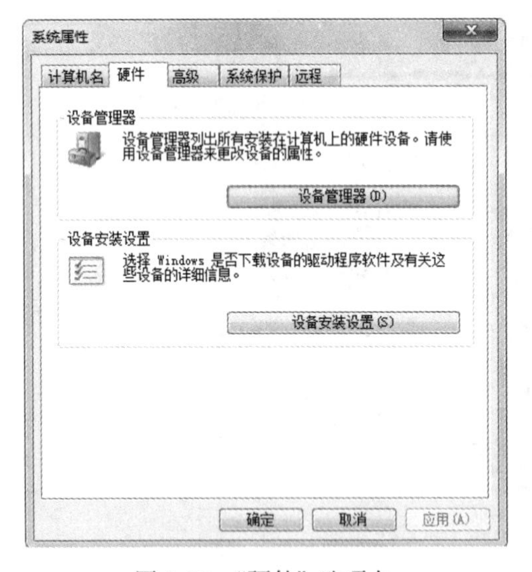

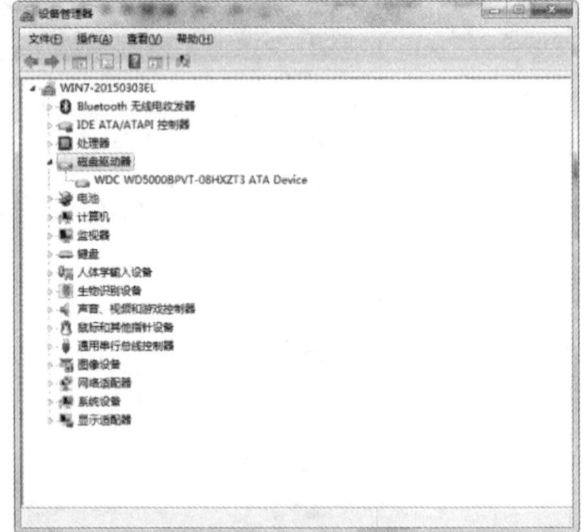

图 3-34 “硬件”选项卡

图 3-35 查看硬件设备信息

3.3.6 账户管理

单击控制面板中的“用户账户”链接项，可打开图 3-36 所示的“用户账户”窗口。Windows 7 允许设置和使用多个账户，通过控制面板中的“用户账户”管理功能，实现创建账户、更改和删除账户密码、更改账户名称等功能。

图 3-36　“用户账户”窗口

【实战 3-4】创建新账户 aabb。

单击控制面板中的“用户账户”链接项，打开“用户账户”窗口，如图 3-37 所示。

单击图 3-37 中的“管理其他账户”链接，打开图 3-38 所示的窗口，单击“创建一个新账户”链接，弹出图 3-39 所示的窗口；输入账户名称 aabb，并选择账户权限，单击“创建账户”按钮，即可完成账户创建。

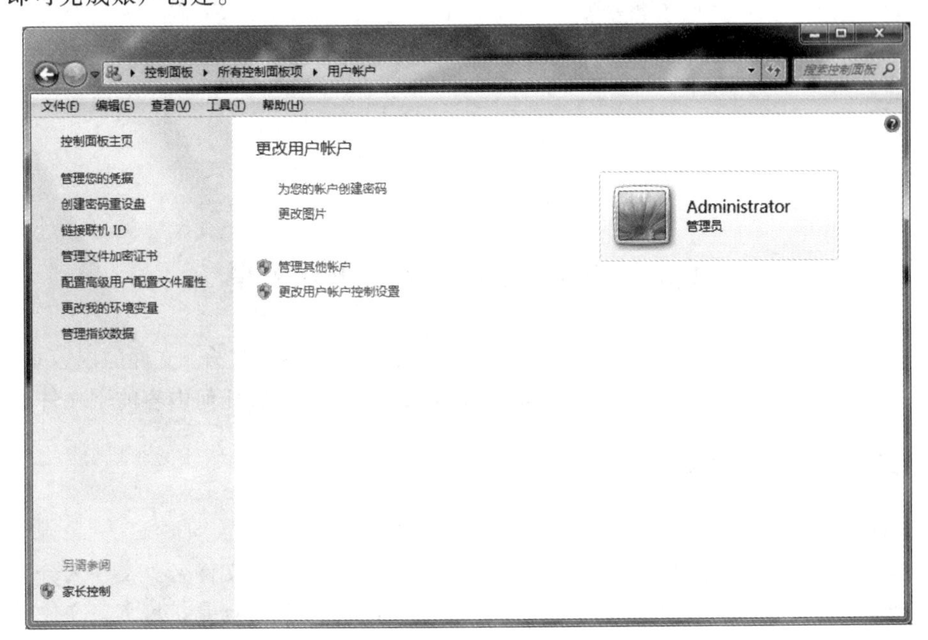

图 3-37　“用户账户”窗口

图 3-38 “管理账户”窗口

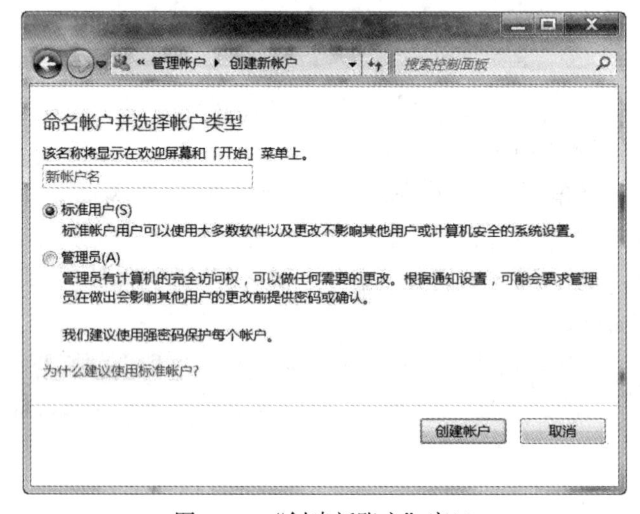

图 3-39 “创建新账户”窗口

3.4 Windows 7 文件管理

文件是计算机存储和管理信息的基本形式，是相关数据的有序集合。文件的内容多种多样，可以是文本、数值、图像、视频、声音或者可执行的程序等，没有任何内容的空文件也可以。

3.4.1 文件的基本概念

1. 文件名

文件名用来标识每一个文件，在计算机中，任何一个文件都有文件名。文件名分为文件基本名和扩展名两部分。例如，在 test.txt 文件名中，test 是基本名，.txt 是扩展名。文件基本名与扩展名之间用“.”隔开。不同的操作系统其文件名命名规则有所不同，Windows 7 操作系统的文件命名规则如表 3-1 所示。

表 3-1　Windows 7 系统的文件命名规则

命　名　规　则	规　　则　　描　　述
文件名长度	包括扩展名在内最多 255 个英文字符的长度，不区分大小写
不允许包含的字符	\、/、?、:、"、<、>、|、*
不允许命名的文件名	如设备文件名、系统文件名等。例如： Aux、Com1、Com2、Com3、Com4、Con、Lpt1、Lpt2、Lpt3、Prn、Nul
其他限制	必须要有基本名；同一文件夹下不允许同名的文件存在

另外，为文件命名时，除了要符合规定外，还要考虑使用是否方便。文件的基本名应反映文件的特点，并易记易用，顾名知义，以便用户识别。

小知识

为了方便使用，操作系统把一些常用的标准设备也当作文件看待，这些文件称为设备文件，如 COM1 表示第一串口，Prn 表示打印机等。操作系统通过对设备文件名的读/写操作来驱动与控制外围设备，显然，不能用这些设备名去命名其他文件。

2. 文件类型

文件的扩展名用来区别不同类型的文件，当双击某一个文件时，操作系统会根据文件的扩展名决定调用哪一个应用软件来打开该类型的文件。表 3-2 所示为 Windows 7 系统的文件扩展名。

表 3-2　Windows 7 系统的文件扩展名

扩　展　名	文　　件　　类　　型
.exe、.com	可执行程序文件
.docx、.xlsx、.pptx	Microsoft Office 文档文件
.bak	备份文件
.bmp、.jpg、.gif、.png	图像文件
.mp3、.wav、.wma、.mid	音频文件
.rar、.zip	压缩文件
.html、.aspx、.xml	网页文件
.bat	可执行批处理文件
.rm、.wmv、.qt	流媒体文件
.sys、.ini	配置文件
.obj	目标文件
.bas、.c、.cpp、.asm	源程序文件

在默认情况下，Windows 7 系统中的文件是不显示扩展名的，如果希望所有文件都显示扩展名，可使用以下方法进行设置：

【实战 3-5】显示文件扩展名。

① 在桌面上双击“计算机”图标，打开“资源管理器”窗口。

② 选择“工具”→“文件夹选项”命令，弹出“文件夹选项”对话框，如图 3-40 所示。

③ 选择“查看”选项卡，取消选择“隐藏已知文件类型的扩展名”复选框，单击“确定”按钮，如图 3-40 所示。

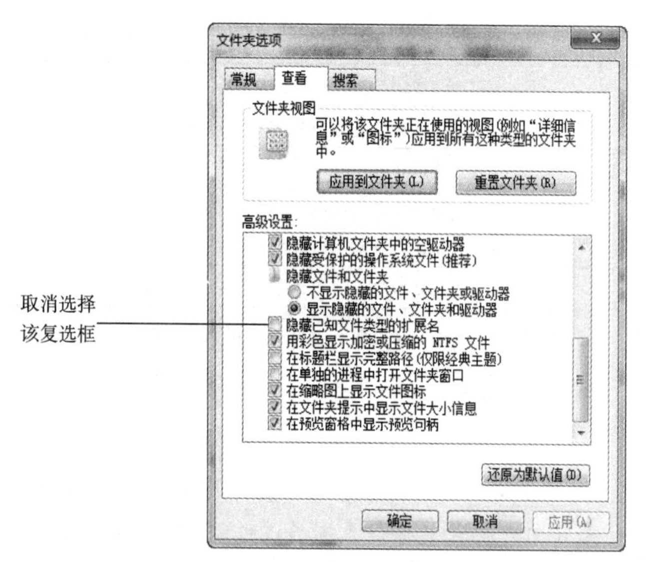

图 3-40 “文件夹选项”对话框

3. 文件通配符

文件通配符是指“*”和“?”符号，“*”代表任意一串字符，“?”代表任意一个字符，利用通配符“?”“*”可使文件名对应多个文件，如表 3-3 所示，便于查找文件。

表 3-3 文件通配符

文 件 名	含 义
*.docx	表示以.docx 为扩展名的所有文件
.	表示所有文件
A*.txt	表示文件名以 A 开头，以.txt 为扩展名的文件
A*.*	以 A 打头的所有文件
??T*.*	第三个字符为 T 的所有文件

3.4.2 文件目录结构和路径

1. 文件目录结构

为了方便管理和查找文件，Windows 7 系统采取树形结构对文件进行分层管理。每个硬盘分区、光盘、可移动磁盘都有且仅有一个根目录（目录又称文件夹），根目录在磁盘格式化时创建，根目录下可以有若干子目录，子目录下还可以有下级子目录。文件的树形结构如图 3-41 所示。

2. 路径

操作系统中使用路径来描述文件存放在存储器中的具体位置。从当前（或根）目录到达文件所在目录所经过的目录和子目录名，即构成“路径”（目录名之间用反斜杠\分隔）。从根目录开始的路径方式属于绝对路径，比如 C:\myfile\bak\ student\class01.xlsx。而从当前目录开始到达文件所经过的一系列目录名则称为相对路径。如图 3-41 所示，假设当前目录为 C:\myfile\bak\student，则 class02.xls 文件的绝对路径表示为 C:\myfile\bak\student\class02.xls 或者\myfile\bak\student\class02.xls；class02.xls 文件的相对路径表示为..\student\class02.xls。

类似 C:\myfile\bak\student\class01.xls 这种详细的文件描述方式又称文件说明。文件说明是文件的唯一性标识，是对文件完整的描述。

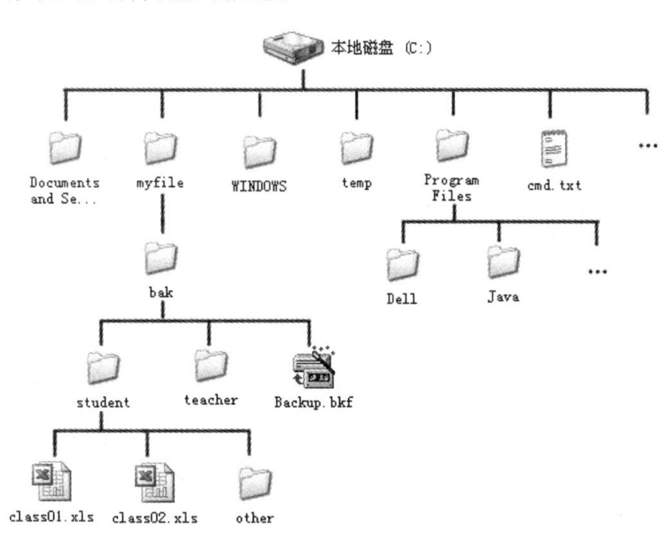

图 3-41　文件的树形结构

3.4.3　资源管理器基本操作

1．资源管理器

资源管理器是 Windows 系统的重要组件，利用“资源管理器”可完成创建文件夹（即目录）、查找、复制、删除、重命名（即改名）、移动文件或文件夹等文件管理工作。Windows 7 资源管理器布局清晰，主要由地址栏、搜索栏、工具栏、导航窗格、资源管理窗格以及细节窗格 6 个部分组成，如图 3-42 所示。打开资源管理器的方式很多：一是通过双击桌面上的“计算机”图标打开；二是通过单击任务栏上的资源管理器图标打开；三是通过选择“开始”→“所有程序”→“附件”→“资源管理器”命令打开。

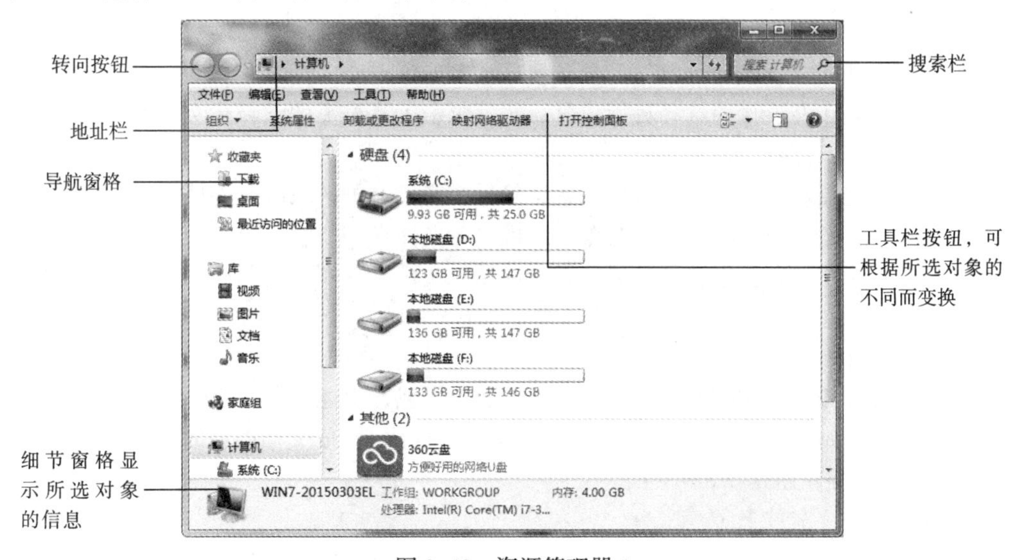

图 3-42　资源管理器 1

在 Windows 7 中，资源管理器的地址栏使用了新的显示方式和操作按钮，如图 3-43 所示。在首次打开某文件夹时，如果目标文件夹中有许多内容，则会在地址栏中看到绿色的进度条，表示正在进行索引操作和建立缩略图操作。新的地址栏还引入了“按钮”的概念，用户能够更快地切换文件夹。无论当前打开的文件夹与根目录之间的差距有多远，都能通过单击跳转按钮快速定位。

小知识

如果资源管理器不出现菜单栏，可选择“组织”→“布局”选项，在弹出的列表中选择“菜单栏”选项。

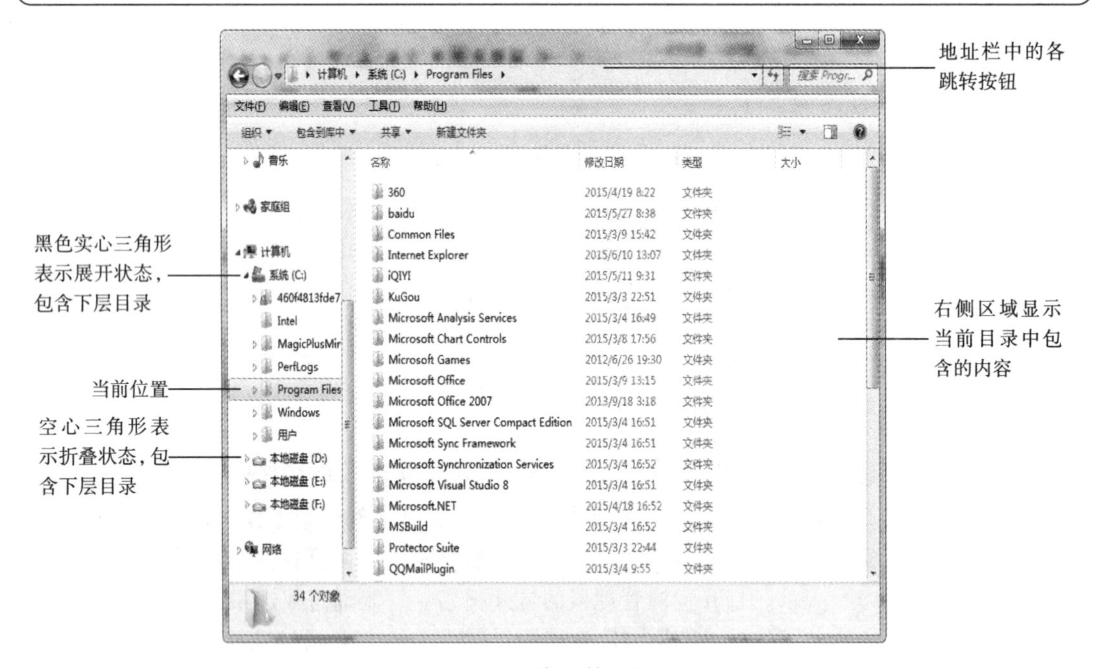

图 3-43　资源管理器 2

2. 文件与文件夹操作

(1) 新建文件夹

方法 1：首先在左窗格中选择目标位置，然后单击工具栏上的“新建文件夹”按钮，最后命名文件夹。

方法 2：首先在左窗格中选择目标位置，然后在窗口右侧区域的空白处右击，在弹出的快捷菜单中选择“新建”→“文件夹”命令，最后命名文件夹。

方法 3：首先在左窗格中选择目标位置，选择“文件”→“新建”→“文件夹”选项，然后命名文件夹。

(2) 新建文件

新建文件的方法与新建文件夹的方法 2 和方法 3 类似，上述的“新建”菜单中罗列了一些常见的文件类型，如 Microsoft Word 文档，直接单击将创建 Word 文档类型的文件，也可直接应用 Microsoft Word 程序新建 Word 文档。

(3) 选定文件（文件夹）

在 Windows 中，对文件或文件夹进行操作前，必须先选定文件或文件夹。具体操作如表 3-4 所示。

表 3-4　文件（文件夹）的选定操作

选 定 对 象	操　　作
单个文件（文件夹）	直接单击即可
连续的多个文件（文件夹）	先单击第一个对象，按住<Shift>键的同时单击最后一个对象
选择不连续的多个文件（文件夹）	按住<Ctrl>键的同时逐个单击对象

取消选择全部对象：在空白处单击即可。

取消选择单个对象：在选择多个对象时按住<Ctrl>键的同时单击要取消选择的对象。

（4）复制和移动

复制（移动）的操作包括复制（移动）对象到剪贴板和从剪贴板粘贴对象到目的地这两个步骤。剪贴板是内存中的一块空间，Windows 剪贴板只保留最后一次存入的内容。

方法 1：在所选源对象上右击，在弹出的快捷菜单中选择“复制”或“剪切”命令，然后打开目标文件夹，在窗口右侧的空白处右击，在弹出的快捷菜单中选择“粘贴”命令。

方法 2：首先选择源对象，在菜单栏中选择“编辑”→“复制”或“剪切”命令，然后打开目标文件夹，选择“编辑”→“粘贴”命令。

方法 3：当源对象和目标文件夹均在同一个驱动器上时，按住<Ctrl>键（不按键）的同时直接把窗口右侧区域的源对象拖动到左窗格的目标位置，即可实现复制（移动）操作，如图 3-44 所示。

方法 4：当源对象和目标文件夹在不同的驱动器上时，不按键（按住<Shift>键）直接把窗口右侧区域的源对象拖动到左窗格的目标位置，即可实现复制（移动）操作。

小知识

在 Windows XP 版本中，用户可以利用 clipbrd 命令来打开剪贴板查看器窗口，查看文本内容、图片、文件、文件夹等多类内容，并且还能进行查看、复制、粘贴、移动和删除等操作。但 Vista 版本和 Windows 7 版本都没有自带剪贴板查看器，如果用户希望加入此功能，可以自行到网上下载相关程序。

图 3-44　复制和移动操作

3．删除

删除硬盘中的文件后将被放入回收站，需要时可以从回收站还原文件。可是对于可移动磁盘、网络磁盘或者以 MS-DOS 方式删除的文件，删除后不放入回收站，也就是说不能还原，所以这些文件在删除前要慎重考虑。

① 删除方法 1：首先选择对象，然后选择“文件”→“删除”命令，或者按<Delete>键，在弹出的提示对话框中单击“是”按钮。

② 删除方法 2：直接把对象拖到回收站，在弹出的提示对话框中确认删除操作。

③ 还原文件（回收站中有该文件）：打开回收站，选择要还原的对象，单击窗口上方的“还原此项目”链接项或右击要还原的对象，选择“还原”命令。

④ 清空回收站：打开回收站，单击窗口左侧的“清空回收站”链接项，或者在“回收站”图标上右击，在弹出的快捷菜单中选择“清空回收站”命令。

⑤ 永久性删除文件：首先选择对象，按<Shift+Delete>组合键，或者在按住<Shift>键的同时选择“文件”→“删除”命令，在弹出的提示对话框中单击“是”按钮。采用此方法删除的文件将不会出现在回收站中，也不可恢复。

4．重命名和属性设置

① 单个文件重命名：在对象上右击，弹出快捷菜单，选择“重命名”命令，输入新名称。

② 多个文件重命名：首先选中多个文件，按<F2>键，然后重命名其中的一个文件，所有被选择的文件将会被重命名为新的文件名（在末尾处加上递增的数字），如图 3-45 所示。

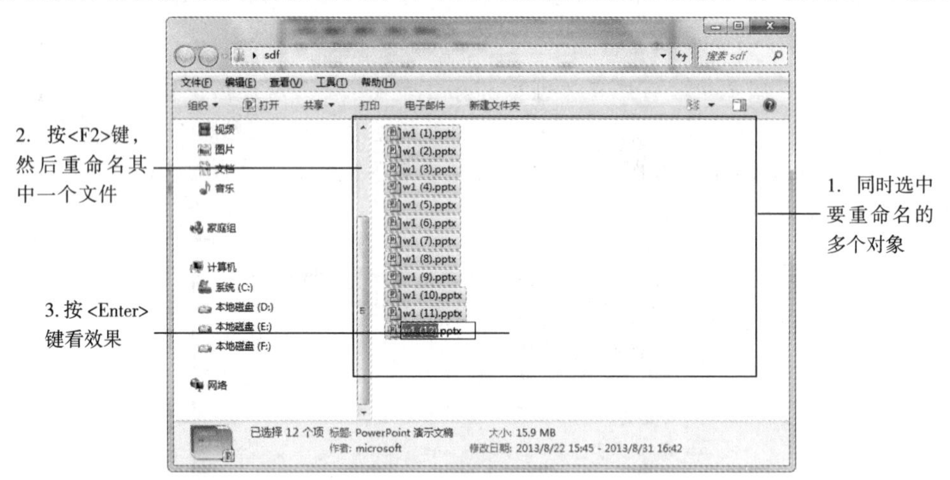

图 3-45 多个文件重命名

③ 设置文件（文件夹）属性：右击文件或文件夹图标，弹出快捷菜单，选择“属性”命令，将弹出图 3-46 或图 3-47 所示的对话框，对话框中的参数说明如下：

- 只读：只能读，不能修改，起保护作用。
- 隐藏：默认情况下不显示隐藏文件（文件夹），若在控制面板中更改了参数设置让其显示，则隐藏文件（文件夹）以浅色调显示。
- 存档：任何一个新创建或修改的文件都有存档属性。

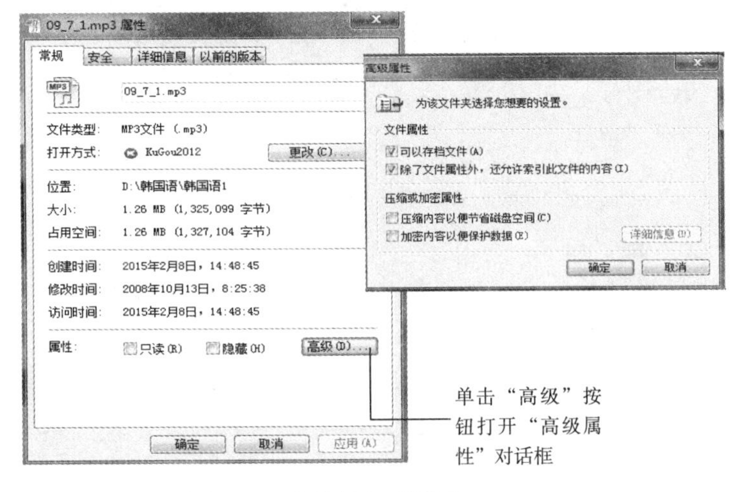

图 3-46　文件属性对话框

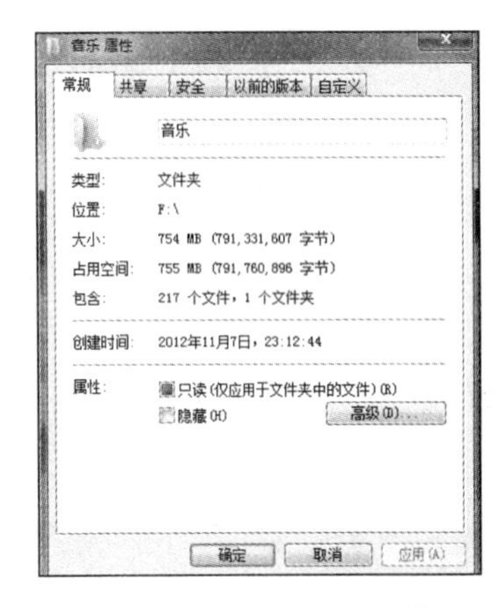

图 3-47　文件夹属性对话框

5．更改图标显示方式和排列方式

① 更改图标显示方式：在窗口工具栏右侧的“更改您的视图”图标上单击下拉按钮，在弹出的菜单中选择相应的选项，如图 3-48 所示。

② 更改图标排列方式：在窗口右侧的空白处右击，在弹出的快捷菜单中选择“排序方式”子菜单中相应的命令，如图 3-49 所示。

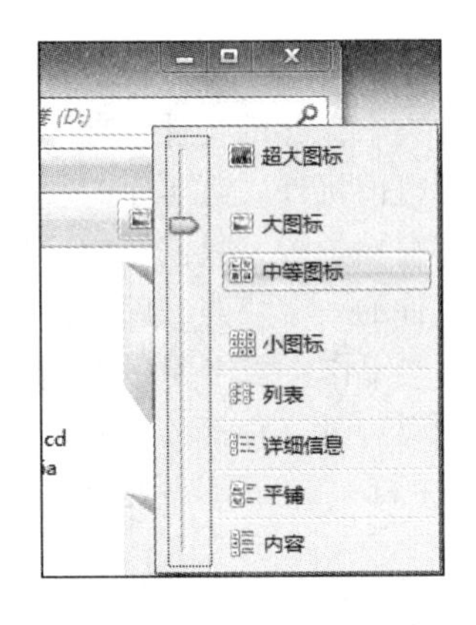

图 3-48　图标显示方式

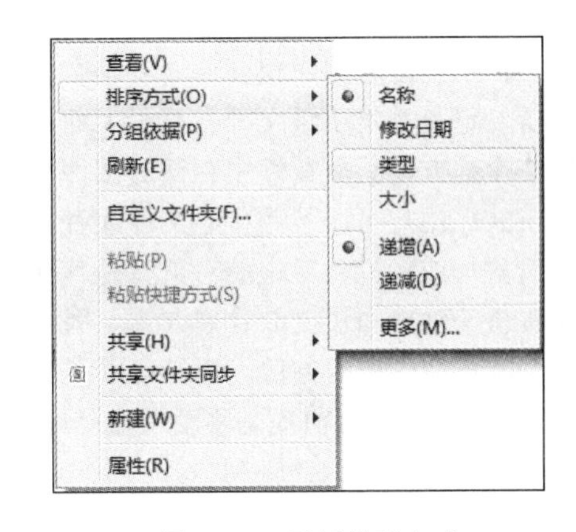

图 3-49　图标排列方式

3.4.4　库

库是 Windows 7 操作系统推出的新一代文件管理模式。库能够快速地组织、查看、管理存在于多个位置的内容，甚至可以像在本地一样管理远程的文件夹。例如，办公室中有 5 台计算机，则可通过库将它们联系起来。无论用户把文档、音乐、视频、图片存放在哪一台计算机，只要将这些资源添加到库中，用户就可以在一台计算机中浏览并搜索这些文件。每个库都有自己的默认保存位置。例如，“文档”库的默认保存位置是“我的文档”。这个默认位置是可以改变的。如果在库中新建文件夹，表示将在库的默认保存位置内创建该文件夹。可以把库看成一个虚拟的搜索类型，它可以搜索多个地点的某一特定文件类型。用户也可创建新的库，并指明哪些地方应该放置什么文件类型。Windows 7 把“库”功能内置在“资源管理器”中，如图 3-50 所示。

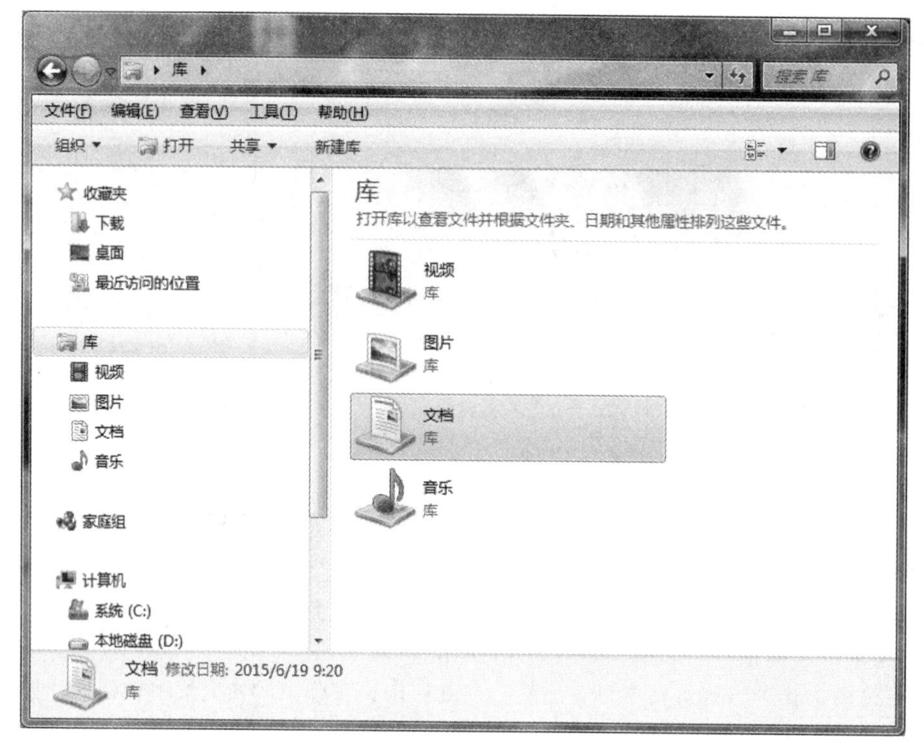

图 3-50　库

从图 3-50 中可以看到库跟文件夹有很多相似的地方。比如在库中也可以包含各种各样的子库与文件等。但是其本质跟文件夹有很大的不同。在文件夹中保存的文件或者子文件夹，都是存储在同一个地方的。而在库中存储的文件则可以来自于机内机外。其实库的管理方式更加接近于快捷方式。用户可以不用关心文件或者文件夹的具体存储位置，只需把它们都链接到一个库中进行管理。或者说，库中的对象就是各种文件夹与文件的一个快照，库中并不真正存储文件，而是提供一种更加快捷的管理方式。例如，用户有一些工作文档主要存在本地 E 盘和移动硬盘中。为了以后工作的方便，用户可以将 E 盘与移动硬盘中的文件都放置到库中。在需要使用时，直接打开库即可（前提是移动硬盘已经连接到用户主机上），而不需要再去定位到移动硬盘上。

3.4.5　文件与文件夹的基本操作

1. 文件压缩

为了减小文件所占的存储空间，便于远程传输，我们通常把一个或多个文件（或文件夹）压缩成一个文件包。常见的压缩软件有 WinRAR、好压和 WinZip 等。本节以 WinRAR 为例介绍压缩方法。

① 把多个对象打包：在要压缩的对象上右击，弹出快捷菜单，选择“添加到*.rar”命令，如图 3-51 所示，即可在当前目录生成一个 rar 压缩包。

② 解压缩整个压缩包：在 rar 压缩包上右击，弹出快捷菜单，选择“解压到当前文件夹”命令，即可把整个压缩包解压到当前目录。

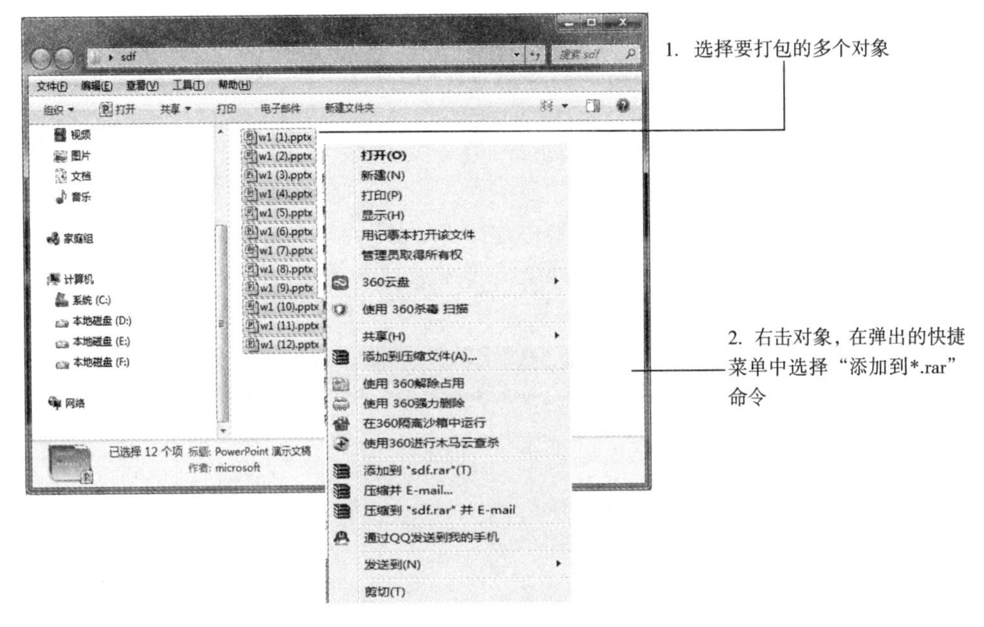

图 3-51　文件压缩

③ 解压缩包中的指定文件：双击打开 rar 压缩包，选中指定文件，单击“解压到”按钮，选择解压位置后单击“确定”按钮即可，如图 3-52 所示。

④ 在压缩包中增加文件：双击打开 rar 压缩包，单击“添加”按钮，选择要添加的文件即可。

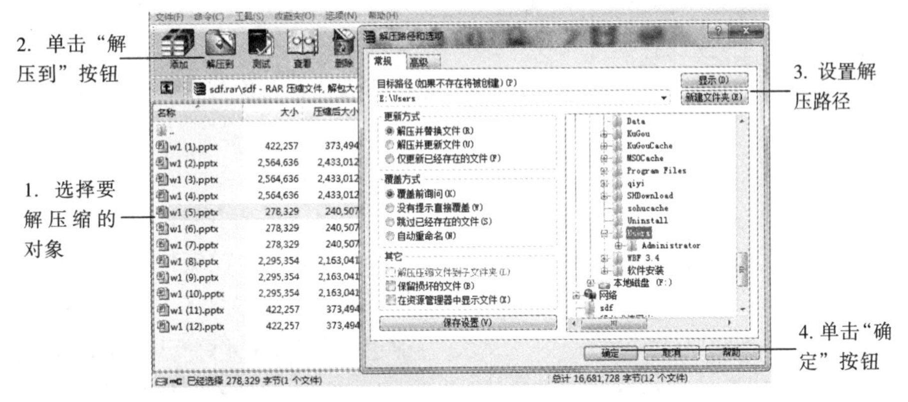

图 3-52　单个文件解压缩

2. 文件搜索

当计算机中的文档很多时，有时可能会忘记某一文件的具体路径。这时可以利用文件搜索功能进行查找。有以下几种方法执行搜索：一种方法是在任何打开的窗口顶部的搜索框中，或在“开始”菜单的搜索框中输入内容。开始输入时，搜索将自动开始。窗口顶部的搜索框带有条件筛选器，如果要根据修改日期或文件大小进行搜索文件，则可以单击搜索框下的相应搜索筛选器设置条件。搜索将查找文件名和文件内容中的文本，以及标记等文件属性中的文本。

【实战3-6】搜索文件。

假设要在 D:\Program Files 文件夹中搜索所有存储空间在 10～100 KB 之间的 mp3 文件，搜索步骤如下：

① 在资源管理器窗口，打开 D:\Program Files 文件夹，在窗口上方的搜索框中直接输入“*.mp3”。

② 单击搜索框，在下方的搜索筛选器中选择“大小”命令，在弹出的下拉菜单中选择“小（10–100 KB）”命令即可。此时资源管理器地址栏将会出现搜索进度条，搜索完毕后将在窗口下方显示出图 3–53 所示的搜索结果。

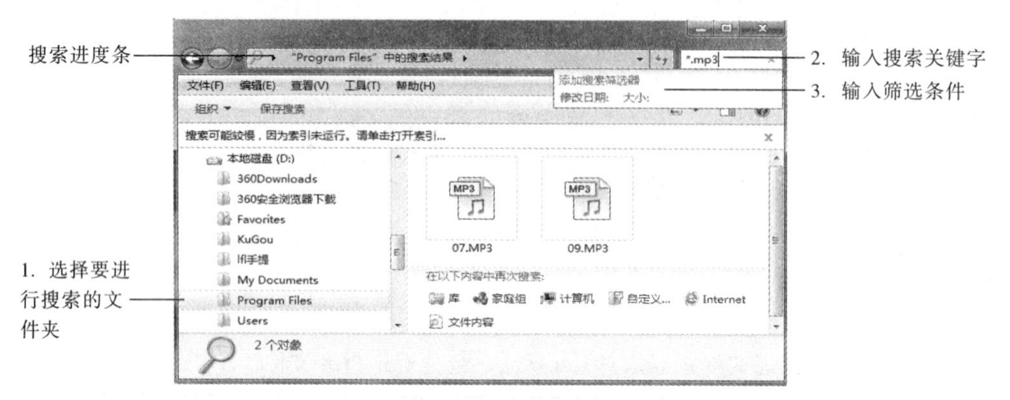

图 3–53 搜索结果

对于搜索结果，可以像普通文件一样进行复制、删除等操作。如果想保存搜索的条件参数，只需在搜索窗口工具栏中单击“保存搜索”按钮，保存为.search-ms 文件即可。如果在特定库或文件夹中无法找到要查找的内容，则可以使用扩展搜索，以便包括其他位置。操作方法为：执行搜索后，拖动到搜索结果列表的底部，在“在以下内容中再次搜索”下，选择需要扩展的搜索范围。

3. 快捷方式的创建

桌面快捷方式图标实际上是一种特殊的文件，仅占用 4 KB 的空间。双击快捷方式图标会触发某个程序的运行或打开文档。快捷方式图标仅代表程序或文件的链接，删除该快捷方式图标不会影响实际的程序或文件，因为它不是这个对象本身，而是指向这个对象的指针。

（1）创建某文档的桌面快捷方式

方法 1：按住<Alt>键的同时将该文档的图标拖到桌面上。

方法 2：在该文档的图标上右击，在弹出的快捷菜单中选择“创建快捷方式”命令，生成当前目录下的快捷方式，然后把该快捷方式复制或移动到桌面。

方法 3：在桌面的空白处右击，在弹出的快捷菜单中选择“新建”→“快捷方式”命令，弹出“创建快捷方式”对话框，如图 3–54 所示，根据提示进行创建。

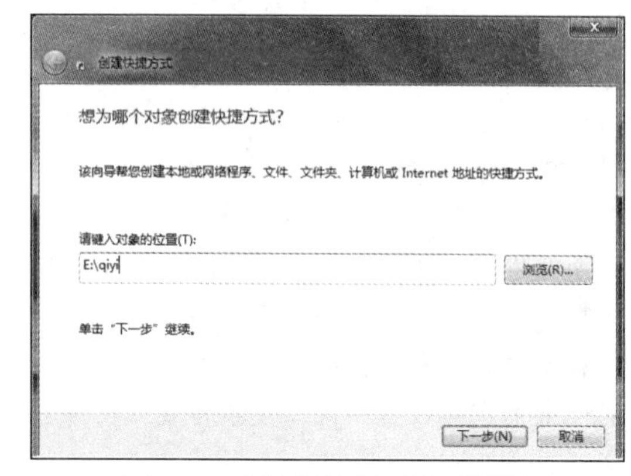

图 3–54 “创建快捷方式”对话框

（2）显示/隐藏桌面图标

在桌面的空白处右击，在弹出的快捷菜单中选择“显示”→“显示桌面图标”命令（前提是桌面上没有显示图标）。此时可再在桌面空白处右击，查看弹出快捷菜单的变化。

（3）更改快捷方式图标

方法 1：在该图标上右击，在弹出的快捷菜单中选择“属性”命令，在弹出的对话框中切换到“快捷方式”选项卡，单击“更改图标”按钮，选择其他图案后单击“确定”按钮，如图 3-55 所示。

图 3-55 更改图标

方法 2：对系统图标而言，可以在桌面的空白处右击，在弹出的快捷菜单中选择“个性化”命令，打开“个性化”面板，单击“更改桌面图标”链接项，在弹出的窗口中选择要设置的系统图标，然后单击“更改图标”按钮进行更改。

（4）常用热键介绍

Windows 7 系统在支持鼠标操作的同时也支持键盘操作，许多菜单功能仅利用键盘也能顺利执行。表 3-5 所示为替代鼠标操作的常用热键。

表 3-5 常 用 热 键

热键组合	功能	热键组合	功能
<Ctrl+C>	复制	<Windows+Tab>	临时 3D 窗口切换
<Ctrl+X>	剪切	<Windows+Ctrl+Tab>	暂时停留在 3D 窗口状态
<Ctrl+V>	粘贴	<Tab>	在选项之间向前移动
<Ctrl+Z>	撤销	<Shift+Tab>	在选项之间向后移动
<Delete>	删除	<Enter>	执行活动选项或按钮所对应的命令
<Shift+Delete>	永久删除	<Space>	如果活动选项是复选框，则选中或取消选择该复选框
<Ctrl+A>	全选	方向键	如果活动选项是一组单选按钮，则选中某个单选按钮
<Alt+Enter>	查看所选项目的属性	<Print Screen>	复制当前屏幕图像到剪贴板
<Alt+F4>	关闭或者退出当前程序	<Alt+Print Screen>	复制当前窗口图像到剪贴板

续表

热键组合	功　能	热键组合	功　能
<Alt+Enter>	显示所选对象的属性	<Windows+M>	最小化所有窗口
<Alt+Tab>	在打开的项目之间切换	<Windows+E>	打开资源管理器
<Ctrl+Esc>	显示“开始”菜单	<F1>	显示当前程序或 Windows 的帮助功能
<Alt +菜单名中带下画线的字母>	显示相应的菜单	<F2>	重命名当前选中的文件
<Esc>	取消当前任务	<F10>	激活当前程序的菜单栏

3.5　常用工具的使用

3.5.1　任务管理器

任务管理器是显示当前计算机上所运行的程序、进程和服务等信息的工具。当计算机执行的任务过多，导致打开的程序长时间不响应用户的操作时，可通过“Windows 任务管理器”对话框强制终止该程序。

1. 打开任务管理器

方法 1：按<Ctrl+Alt+Delete>组合键，在弹出的界面中选择“启动任务管理器”链接项。

方法 2：右击任务栏的空白处，在弹出的快捷菜单中选择“启动任务管理器”命令。

方法 3：按<Ctrl+Shift+Esc>组合键直接打开任务管理器。

方法 4：在“开始”菜单搜索条中输入 taskmgr，按<Enter>键直接打开任务管理器，如图 3-56 所示。

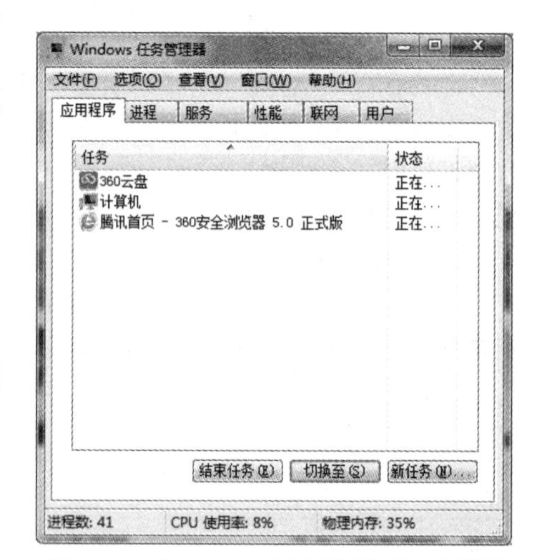

图 3-56　“Windows 任务管理器”对话框

2. 使用任务管理器终止正在运行的程序、进程或服务

（1）终止正在运行的程序

用户要结束一个正在运行的程序或已经停止响应的程序，只要在图 3-56 所示的“应用程序”选项卡中选择某一程序任务，单击“结束任务”按钮即可。

（2）终止正在运行的进程

用户要结束某一个进程，只要在图 3-57 所示的“进程”选项卡中选择某一进程，单击“结束进程”按钮，在弹出的警告对话框中单击“是”按钮即可。

（3）终止正在运行的服务

用户要结束某一个正在运行的服务，只要在图 3-58 所示的“服务”选项卡选中其中一项服务，右击，在弹出的快捷菜单中可选择启动、停止服务以及转到该服务的进程即可。

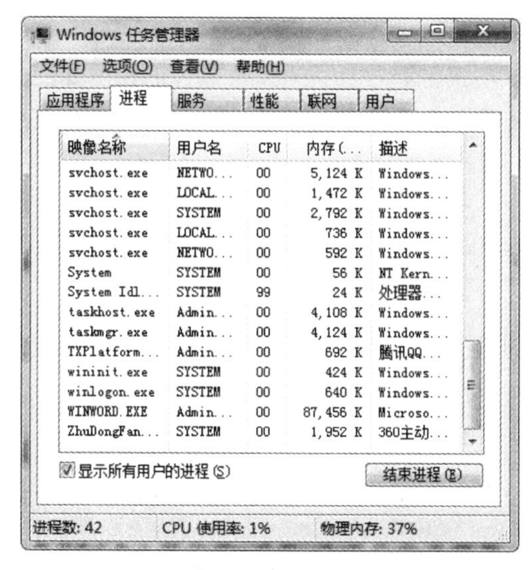

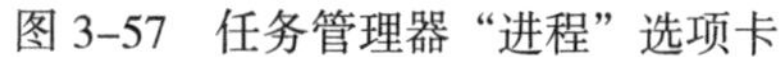
图 3-57 任务管理器“进程”选项卡

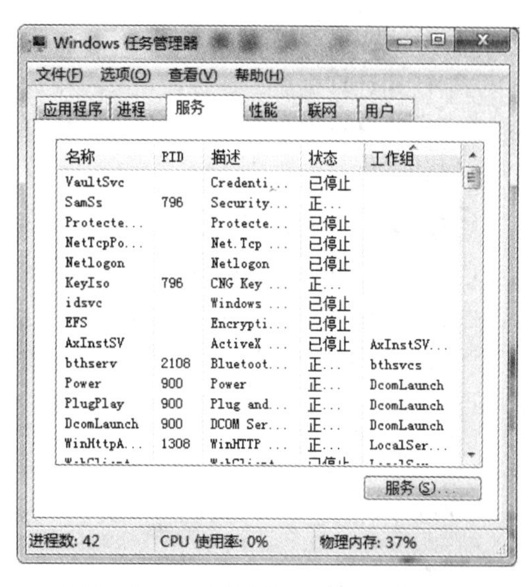

图 3-58 任务管理器“服务”选项卡

3.5.2 磁盘清理和碎片整理

1. 磁盘清理

使用计算机过程中会产生一些数据垃圾。比如，软件安装时带来的临时文件、上网时的网页缓存以及回收站中的文件等，因此要定期进行磁盘管理，使计算机的运行速度不会因为存在太多无用文件、过多磁盘碎片的而导致缓慢。

【实战 3-7】清理磁盘。

① 打开资源管理器，在需要整理的磁盘图标上右击，在弹出的快捷菜单中选择“属性”命令。

② 在弹出对话框的“常规”选项卡中单击“磁盘清理”按钮，开始计算释放多少空间，之后自动启动磁盘清理程序，如图 3-59 所示。

图 3-59 磁盘清理

2. 碎片整理

长期使用计算机后，在磁盘中会产生大量不连续的文件碎片，使得读写文件的速度变慢。利用磁盘碎片整理程序将每个文件或文件夹尽可能占用卷上单独而连续的磁盘空间，提高磁盘文件读写的速度。

【实战 3-8】碎片整理。

① 在图 3-59 所示的对话框中选择“工具”选项卡，单击“立即进行碎片整理”按钮，即启动磁盘碎片整理程序，如图 3-60 所示。

② 在图 3-60 中选择“(C:)”盘，单击“立即进行碎片整理”按钮，即可对磁盘进行碎片整理工作。

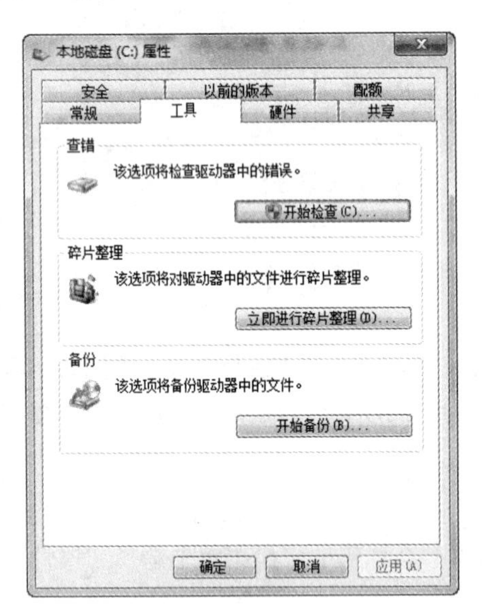

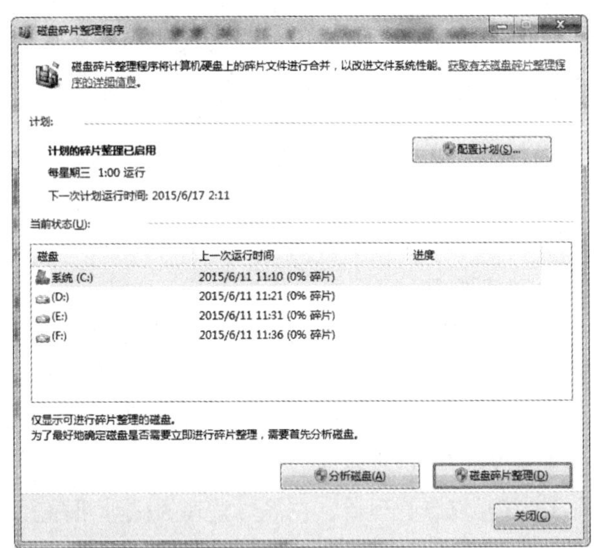

图 3-60　磁盘碎片整理

3.5.3　整理自启动程序

当启动 Windows 7 时通常会自动启动一些应用程序。过多的自启动程序将会占用大量资源，使系统启动变得很慢，甚至有些病毒或木马也在自启动行列，因此就要取消一些没有必要的自启动程序。

Windows 7 提供了一个系统配置实用程序 msconfig。它是 Windows 7 系统底层最先启动的程序，几乎所有的启动项目都能在这里找到。当然，经过特殊编程处理的程序可以通过其他的方法不在这里显示。

【实战 3-9】利用 msconfig 整理自启动程序。

首先在“开始”菜单的搜索框中输入 msconfig 后按<Enter>键，然后在弹出的“系统配置”对话框中选择“启动”选项卡，可以看到全部自启动程序，如图 3-61 所示。对于不需要自启动的项目，取消其对应的复选框后单击“应用”按钮或“确定”按钮，下次启动计算机时就不再自动加载。

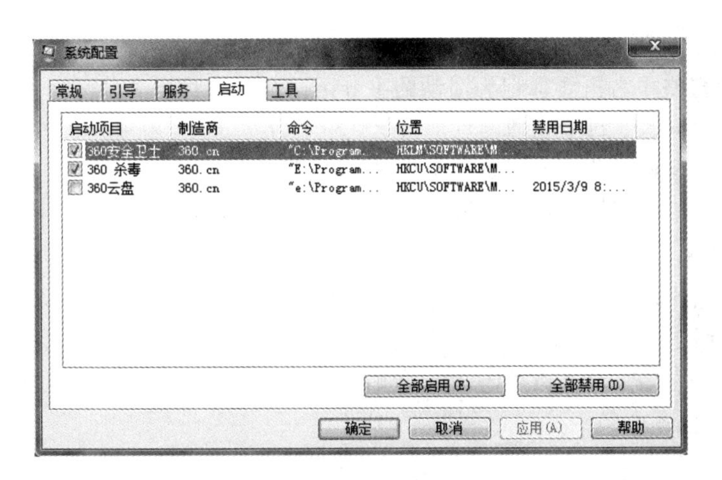

图 3-61　系统配置自启动程序

3.5.4　磁盘分区和管理

外存储器中最主要的存储设备就是硬盘。硬盘使用前必须进行分区。磁盘分区后，还必须经过格式化才能使用。格式化后常见的磁盘格式有：FAT（FAT16）、FAT32、NTFS、ext2、ext3等。在传统的磁盘管理中，将一个硬盘分为主分区和扩展分区两大类。主分区是能够安装操作系统、可以进行计算机启动的分区，直接格式化，最后安装系统，存放文件。

1. 磁盘分区

对于新硬盘，既可以借助一些第三方的软件如 DM、FDisk、Acronis Disk Director Suite、PQMagic 等来实现分区，也可以使用由操作系统提供的磁盘管理平台来进行分区。在控制面板中选择“管理工具”→“计算机管理”→“磁盘管理”选项，在右窗格中即可看到这台计算机所有外存储器的情况，如图 3-62 所示。在 Windows 7 中，可以使用“磁盘管理”中的“压缩”功能对硬盘进行重新分区。通过压缩现有的分区（或称卷）来创建未分配的磁盘空间，从而可以创建新分区。在磁盘管理窗格中右击未分配空间的方块，选择“新建简单卷”命令，根据提示经过指定分区大小、分配盘符、格式化等步骤后即可创建新分区。

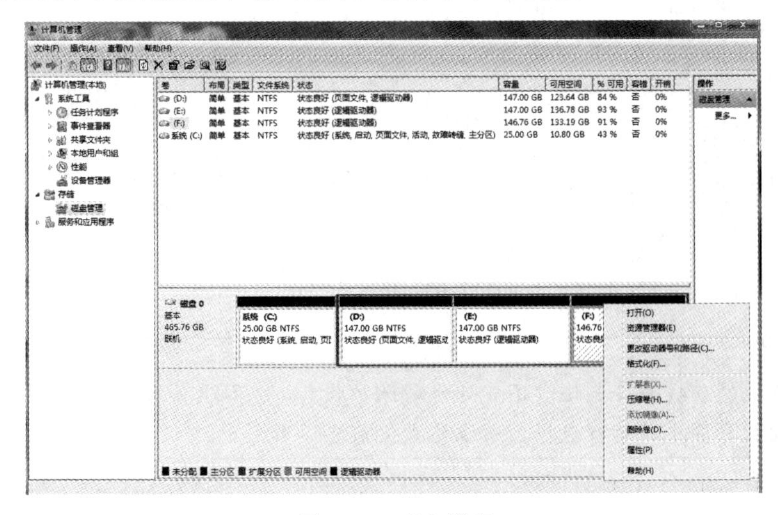

图 3-62　磁盘管理

2. 将分区标记为活动分区

在磁盘管理窗格中右击要标记为活动的主分区，选择“将磁盘分区标为活动的”，可将分区标记为“活动”分区。每个物理硬盘上只能有一个活动分区。在基本磁盘上将某分区标记为活动分区意味着计算机将对该分区使用加载程序以启动操作系统。注意，如果某个分区不包含操作系统加载程序，请勿将其标记为活动分区。否则，将导致计算机停止工作。

3. 格式化分区

硬盘都必须先分区再格式化才能使用。格式化就是把一张空白的盘划分成一个个小的区域并编号（也就是创建磁道和扇区），供计算机存储并读取数据。磁道和扇区创建好之后，计算机才可以使用磁盘来存储数据。磁盘坏道或者顽固病毒时也可以对老分区进行格式化。

【实战 3-10】格式化磁盘

① 打开资源管理器，在左窗格中选择“计算机”选项，在右窗格需要格式化的磁盘图标上右击，在弹出的快捷菜单中选择“格式化”命令，弹出图 3-63 所示的格式化对话框。

② 在“格式化”对话框中单击“开始”按钮将弹出提示对话框，单击“确定”按钮即可开始格式化操作。

图 3-63 左侧所示的对话框中有一个“快速格式化”复选框，此复选框的功能主要是删除目标盘上原有的文件分配表和根目录，不检测坏道，不备份数据，提高了格式化的速度，但牺牲了可靠性。正常格式化会将目标盘上的所有磁道扫描一遍，检测盘上的坏道，清除盘中的所有内容，但速度会慢一些。正常格式化后内容无法恢复，快速格式化后可以用工具软件恢复数据内容。

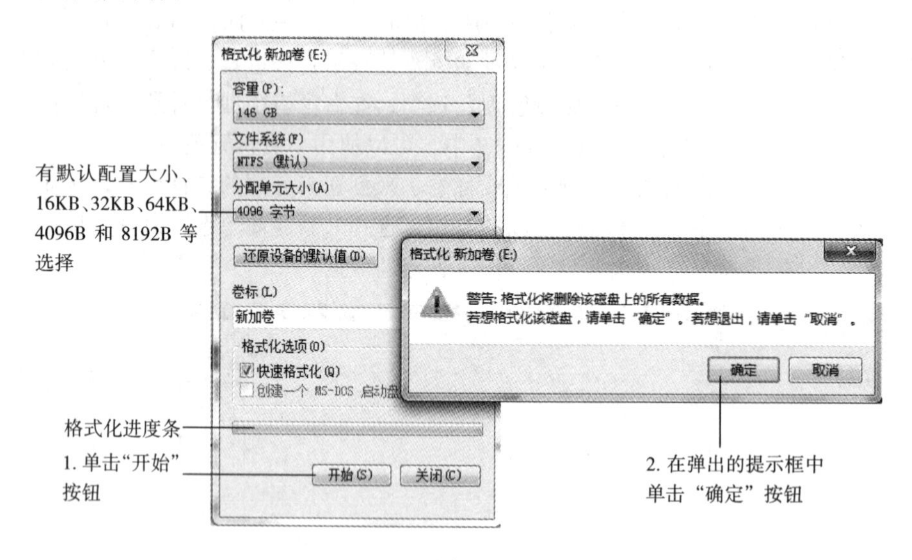

图 3-63 格式化操作

小知识

磁盘格式化的前提条件是磁盘不能处于写保护状态，也不能有正在编辑的文件。格式化后将彻底删除磁盘分区中的所有数据，所以格式化前要慎重考虑。

4. 更改、添加或删除驱动器号

默认情况下，盘符 A 和 B 是留给软盘的，硬盘盘符从 C 开始，第一个分区为 C，第二个分区为 D，依此类推，光盘的盘符紧跟在最后一个硬盘分区后面，之后是网络磁盘和移动磁盘的盘符。对于盘符，允许用户更改、添加及删除。在图 3-62 所示的磁盘管理窗格中右击要调整的磁盘分区，在弹出的快捷菜单中选择“更改驱动器号和路径”命令，可弹出对话框进行相关操作，如图 3-64 所示。

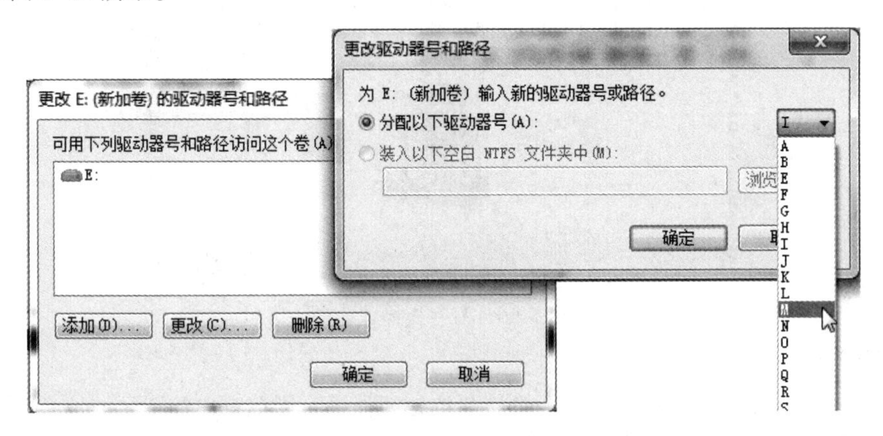

图 3-64　更改、添加或删除驱动器号

3.5.5　Windows 7 常用的附件

1. 记事本

记事本位于系统的“附件”子菜单中，其操作窗口如图 3-65 所示。利用记事本可创建*.txt 格式的文本文件、编写网页或编辑程序。记事本所产生的文件只能用来保留文字的编码，不能记录字体、大小、颜色及段落等属性格式。

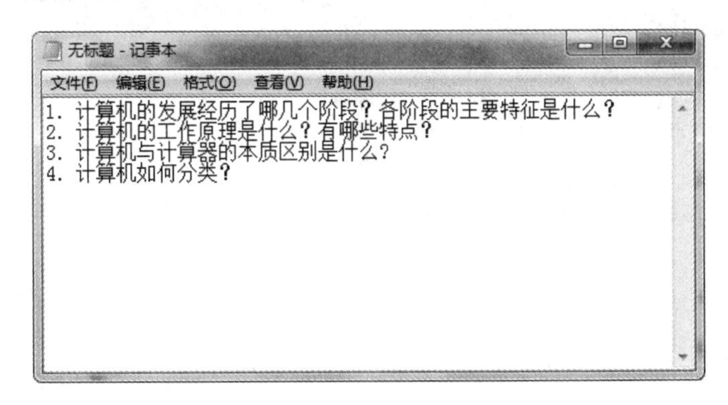

图 3-65　记事本操作窗口

2. 写字板

写字板用来处理*.txt、*.odt、*.docx 和*.rtf 等格式的文件，支持字体与段落的设置，而且能够插入图片。写字板采用了 Ribbon 菜单，如图 3-66 所示，其主要功能在界面上方一览无余，用户可便捷地使用各种功能对文档进行编辑、排版。

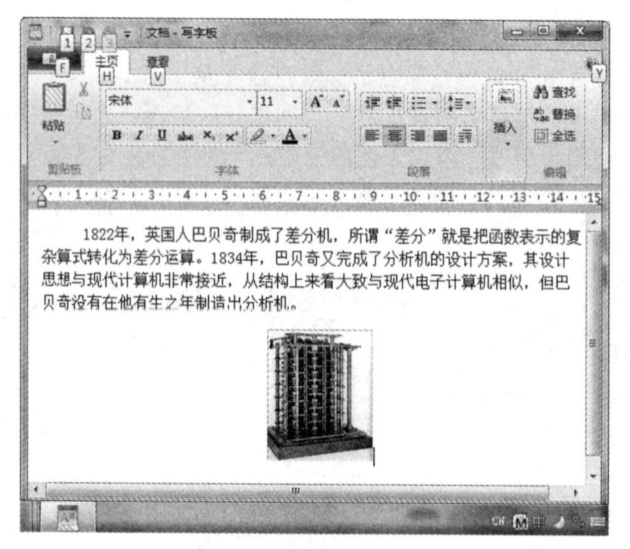

图 3-66　写字板操作窗口

3. 画图

Windows 7 自带的画图程序是一个简易图像处理程序，可在空白绘图区域或在现有图片上创建绘图，能进行简单绘画、着色、变形等操作。编辑完成后的绘画作品可保存为 GIF、BMP、JPG 或 TIF 等位图文件格式。选择“开始”→“所有程序”→“附件”→“画图”命令，打开画图程序，如图 3-67 所示。画图工具主要分为两个功能区，分别是“主页”与“查看”功能区，功能区位于“画图”窗口的顶部，包括许多绘图工具的集合，很多工具都可以在功能区中找到。利用这些工具可创建徒手画，也可向图片中添加各种形状。画图程序窗口下方是绘图区，用来绘制一些简单图形或粘贴外来图像。

图 3-67　画图程序

工具使用说明：

① 直线工具：选择此工具，设置线条的颜色以及宽度后，在绘图区拖动鼠标即可绘制直线，在拖动的同时按住<Shift>键，可画出水平线、垂直线或45°的线条。

② 曲线工具：先采用画直线的方法画出直线，然后在线条上选择一点，移动鼠标，线条会随之变化，调整至合适的弧度即可。

③ 文字工具：选择此工具后，在绘图区单击，即可显示出文字输入框和文字功能区，如图 3-68 所示，供用户输入文字并设置文本格式。

④ 选择工具：利用此工具围绕对象拖动出一个矩形选区，即可对选区内的对象进行复制、移动、剪切等操作。

⑤ 裁剪工具：先利用选择工具建立选区，然后单击"裁剪"按钮，此时画板只保留裁剪的内容。

⑥ 橡皮工具：用于擦除绘图区中不需要的部分。

⑦ 铅笔工具、刷子工具：这两种工具用于不规则线条的绘制，区别只在于笔触形状和着色浓度，绘制线条的颜色依前景色而改变。

⑧ 填充工具：先在调色板中选定颜色，然后运用此工具可在一块连续区域或一个选区内进行颜色的填充。

⑨ 取色工具：利用此工具在绘图区中单击，将吸取单击处像素点的颜色值，前景色也随之改变。

⑩ 其他绘图工具：除了直线和曲线工具，其他绘图工具均用于绘制不同形状的封闭几何图形。

⑪ 放大镜工具：选择该工具后，绘图区会出现一个矩形选区，单击即可放大，再次单击回到原来的状态。用户可以在工具选项框中选择放大的比例。

4．计算器

选择"开始"→"所有程序"→"附件"→"计算器"命令，打开计算器程序，如图 3-69 所示。Windows 7 系统中的计算器提供了科学计算、日期计算、编程计算、单位换算、统计计算等功能。

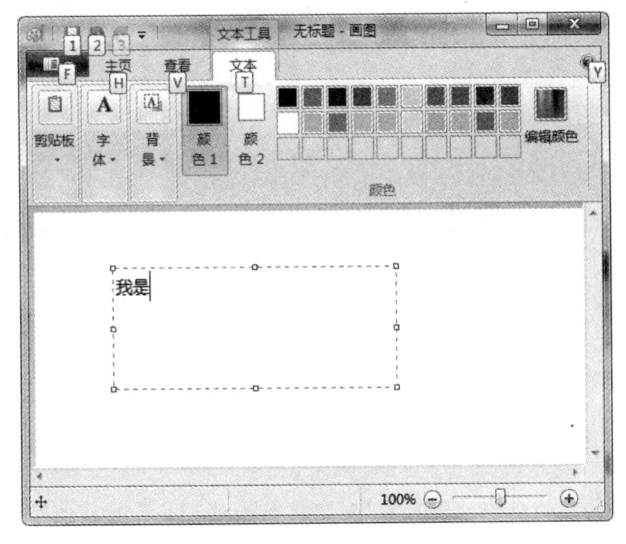

图 3-68　文字工具栏

图 3-69　计算器程序

3.6　Windows 操作系统的维护

Windows 7 使用不慎有时会导致系统受损或者瘫痪。当进行应用程序的安装与卸载时也会造成系统的运行速度降低、系统应用程序冲突明显增加等问题的出现。为了使 Windows 7 正常运行，有必要定期对操作系统进行日常维护。

1. 更新系统

对于新安装的操作系统或长时间不更新的系统，为了避免被病毒入侵或黑客通过新发现的安全漏洞进行攻击，应该连接 Internet 下载并更新补丁，修复系统漏洞及完善功能。Windows 7 提供多种途径进行更新，用户也可选择“开始”→“所有程序”→“Windows Update”命令主动下载更新文件，有时系统也会智能化地自动弹出建议更新的提示。用户应该在控制面板中设置自动更新，如图 3-70 所示，让 Windows Update 定期自动连接到 Internet 上下载并安装所需要的更新，无需用户手动更新。

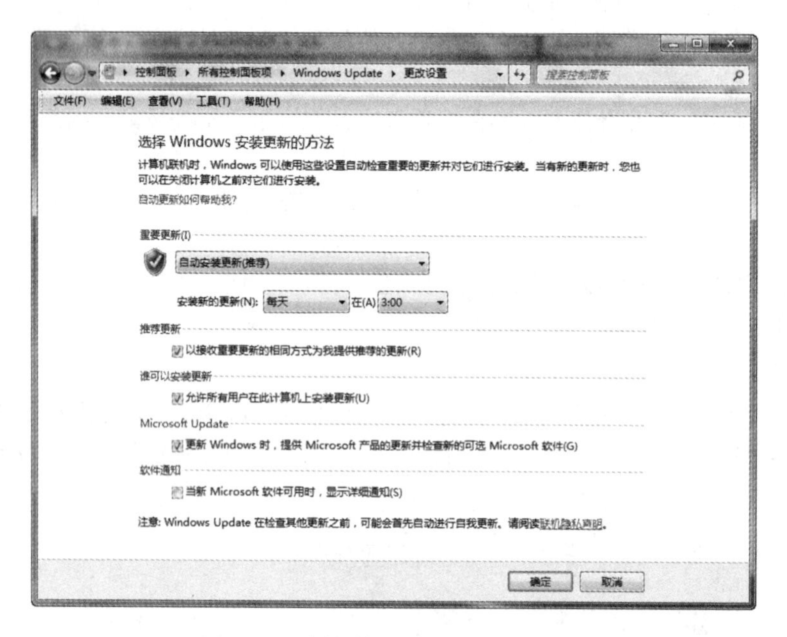

图 3-70　在控制面板中设置系统更新

2. 优化 Windows 7 系统

虽然 Windows 7 的自动化程度很高，但是还需适当做一些优化工作，对于提高系统的运行速度是很有效的，一些优化方法如下：

① 定期删除不再使用的应用程序及不再使用的字体。

② 日常使用过程中留意一下与自己机器有关的最新硬件驱动程序，并及时安装到系统中，这通常是不花钱就可提高系统性能的有效方法。

③ 关闭光盘或闪存盘等存储设备的自动播放功能。

3. 磁盘碎片整理和磁盘清理

可以使用 Windows 7 系统自身提供的“磁盘碎片整理程序”“磁盘清理”工具或其他第三方软件（如 Windows 优化大师等）来对磁盘文件进行优化。对于磁盘中的各种无用文件，使用这

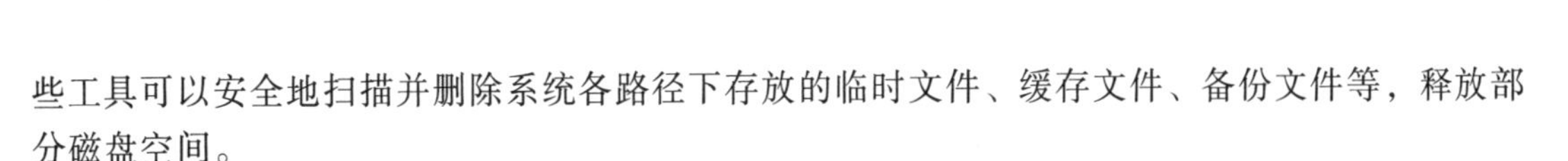

些工具可以安全地扫描并删除系统各路径下存放的临时文件、缓存文件、备份文件等，释放部分磁盘空间。

4. 系统的备份和还原

为了防止系统崩溃或出现问题，Windows 7 内置了系统保护功能，它能定期创建还原点，保存注册表设置及一些 Windows 重要信息，选择“开始”→“控制面板”→“系统”→“系统保护”命令，选择图 3-71 所示的选项卡，按照图中的步骤创建还原点，当系统出现故障时，将系统还原到某个时间之前能正常运行的版本。还原点功能只针对注册表及一些重要系统设置进行备份，而非对整个操作系统进行备份。

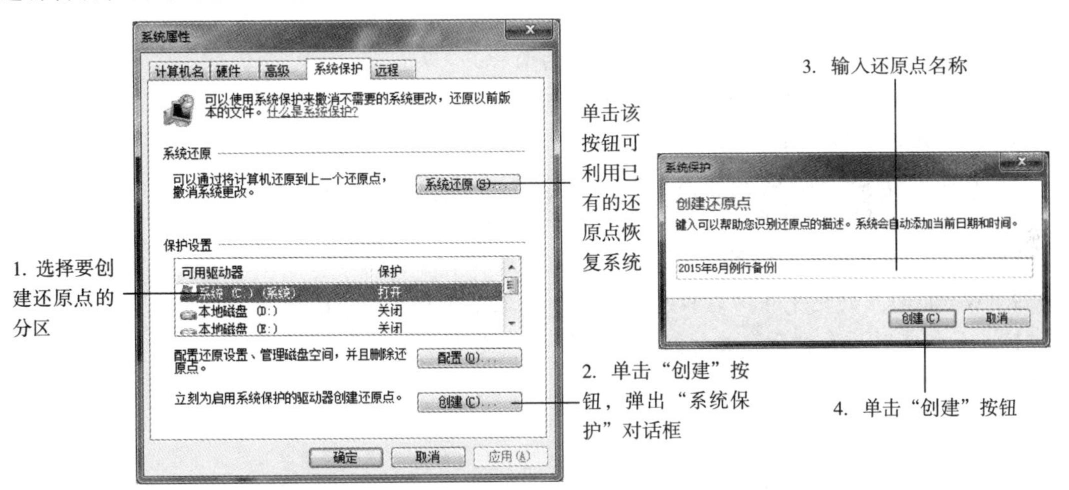

图 3-71　Windows 7 还原点功能

使用 Windows 7 自带的系统映像创建功能可以进行全面的备份及保护，方便以后系统彻底崩溃时快速还原。创建系统映像可选择“开始”→“控制面板”→“备份和还原”→“创建系统映像”命令，打开图 3-72 所示的对话框，按照图中的步骤创建系统映像即可。

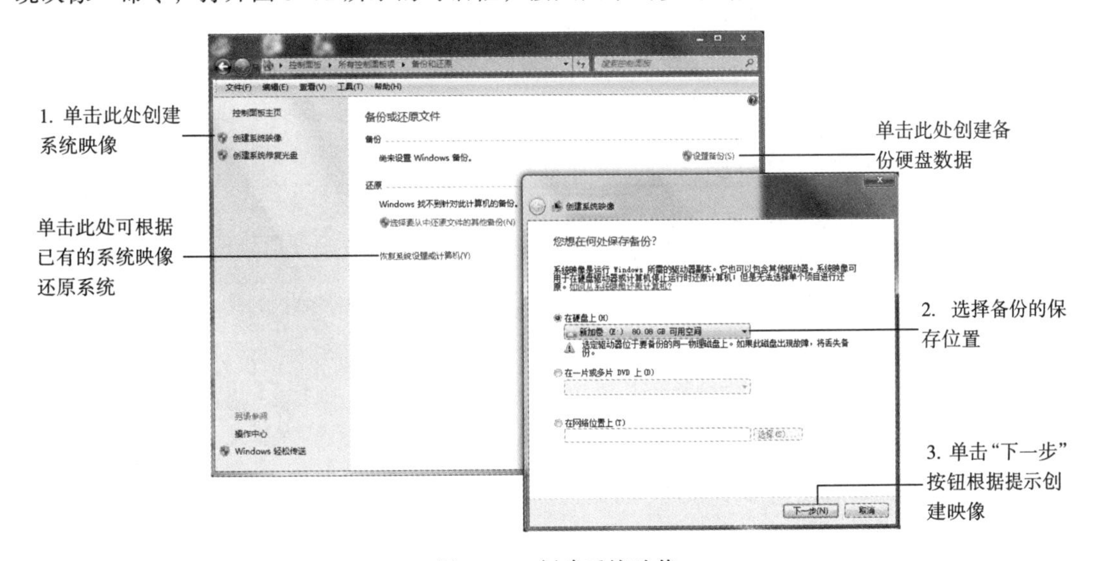

图 3-72　创建系统映像

另外，用户还应该对硬盘存储的重要数据进行定期备份。在图 3-72 所示的“备份和还原”窗口中，可以选择“设置备份”链接项，根据步骤向导提示对硬盘进行备份。利用 Windows 7 的备份还原功能，系统会自动跟踪上次的备份用来添加或修改文件，然后更新现有备份，而不是将所有文件重新备份，这样可以节省大量存储空间。

思考与练习

1. 描述操作系统的定义与功能。
2. 操作系统有哪些分类？
3. 常见的操作系统有哪些？请介绍其中的两种。
4. 在 Windows 7 中给文件命名有哪些限制？
5. 什么是任务栏？其作用是什么？
6. 程序运行主要有哪几种方式？
7. 任务管理器如何打开？它有什么功能？
8. 快速格式化与正常格式化的区别是什么？
9. Windows 7 的还原点功能和系统映像备份还原功能有什么区别？
10. 如何更改磁盘盘符？尝试把光盘盘符改为其他符号。

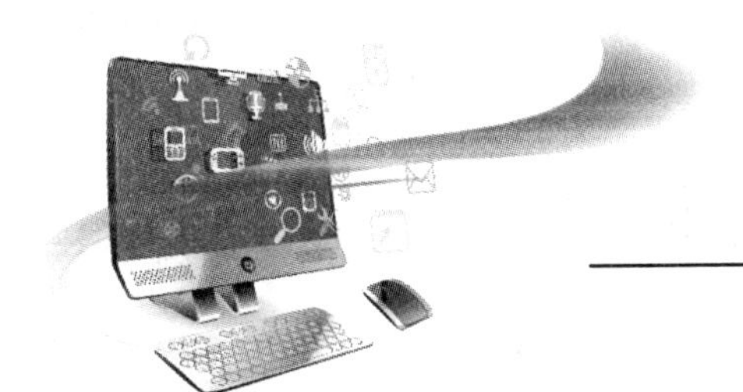

第 4 章 文字处理

教学目标：

通过本章的学习，掌握文字处理的基本过程，学会使用优秀的文字处理软件 Word 2010 进行编辑文档、生成各种表格、插入图片、页面排版和打印等操作。

教学重点和难点：

- 文字处理过程
- Word 的基本操作
- Word 基本格式设置
- Word 表格和图文混排
- 文档的打印

随着计算机的普及和计算机技术的发展，计算机文字处理技术的应用范围越来越广泛，如日常事务处理、办公自动化、印刷排版等都涉及计算机文字处理技术。计算机的文字处理技术是指利用计算机对文字资料进行录入、编辑、排版和文档管理的一种先进技术。文字处理软件是利用计算机进行文字处理工作而设计的应用软件，是办公自动化的常用工具。本章将介绍文字处理软件 Word 2010，涉及文档编辑、表格制作、图文混排等方面的运用。

4.1 文字处理过程

计算机文字处理的实质，是把文字信息数字化，即先用一串二进制代码代表一个字母或文字，经过计算机处理后，再把代替的二进制代码还原成字母或文字，从而实现文字信息处理的高效化。文字处理的过程大致可分为以下三方面：

1．文字的输入

输入文字的方法有多种，如键盘输入、语音输入、手写输入、扫描仪输入等，最常用的输入方法为键盘输入。从键盘输入英文字符时，键盘根据所按的键，通过译码电路产生对应英文字符的 ASCII 码，并输入到计算机的内存中；输入中文时，必须将汉字的输入码转换为其对应的国标码存入计算机内存中。

2．文字的处理

在实际应用中，文字的处理不仅仅局限于对文字的处理，还包括对段落、表格、图形图像等多种对象的综合处理。这些处理操作可通过文字处理软件来实现。

3．文字的输出

文字处理完成后，需要把处理结果的代码信息转换成文字形式输出。输出的方式包括显示、打印等。计算机先根据字符的机内码计算出地址码，再按地址码从字库中取出具有对应字形信息的字形码，即可将文字显示或打印出来。

4.2　Word 2010 基本知识

Word 2010 是目前最流行的文字编辑处理软件，是 Microsoft 公司开发的 Microsoft Office 办公软件套装的重要组件之一。Word 2010 具有文字编辑、表格制作、版面设计、图文混排等功能，采用了“所见即所得”的设计方式，简单易学，界面友好，广泛应用于制作信函、报告、论文、宣传文稿等各种文档。

4.2.1　Word 2010 的主要功能和特点

Word 2010 提供了大量易于使用的文档创建工具，可方便而快捷地创建出美观大方，层次分明，重点突出的文稿。其主要功能如下：

1．所见即所得

用 Word 2010 编排文档，无论是简单的文字格式设置，还是较为复杂的版面设计，都能在屏幕上精确地显示出文档打印输出的效果，真正做到了“所见即所得”。

2．多媒体混排

Word 2010 支持在文档中插入文字、图形、图像、声音、动画等多媒体对象，也可以用其提供的绘图工具进行图形制作，还可以编辑艺术字、插入数学公式，能够满足各种文档处理要求。

3．强大的制表功能

Word 2010 提供了多种制表工具，能够快速而方便地制作表格，还可以根据需要对表格进行各种格式化操作或对表格中的数据进行简单计算和排序。

4．自动纠错功能

Word 2010 提供了拼写和语法检查功能，如发现语法错误或拼写错误，则会在错误的单词或语句下方标上红色或绿色的波浪线，并提供修正的建议。

5．丰富的模板功能

Word 2010 提供了丰富的模板，使用户在编辑某一类文档时，能很快建立相应的格式，并且，Word 允许用户自己定义模板，为用户建立特殊需要的文档提供了高效而快捷的方法。

4.2.2　Word 2010 的启动和退出

1．启动 Word

启动 Word 文档就是将该文档加载到计算机的内存中，以便开始编辑处理。在 Windows 系统中可以使用多种方法启动 Word，以下是常用的 3 种方法：

方法 1：单击任务栏中的“开始”按钮，选择“所有程序”→“Microsoft Office”→“Microsoft Word 2010”命令。

方法 2：双击桌面上的 Word 快捷方式图标。

方法 3：双击已有的 Word 文档图标。

2. 退出 Word

完成文档的编辑后，可使用以下几种方法退出 Word：

方法 1：单击 Word 窗口标题栏右侧的“关闭”按钮。

方法 2：选择“文件”→“退出”选项。

方法 3：右击任务栏上的 Word 应用程序图标，在弹出快捷菜单中选择“关闭窗口”命令。

在退出 Word 之前，若正在编辑的文档中有内容尚未存盘，则系统会弹出保存提示对话框，询问是否保存被修改过的文档，可根据需要进行选择。

4.2.3　Word 2010 的工作界面

Word 2010 窗口由标题栏、功能区、功能选项卡、标尺、文本编辑区、任务窗格等部分组成，如图 4-1 所示。

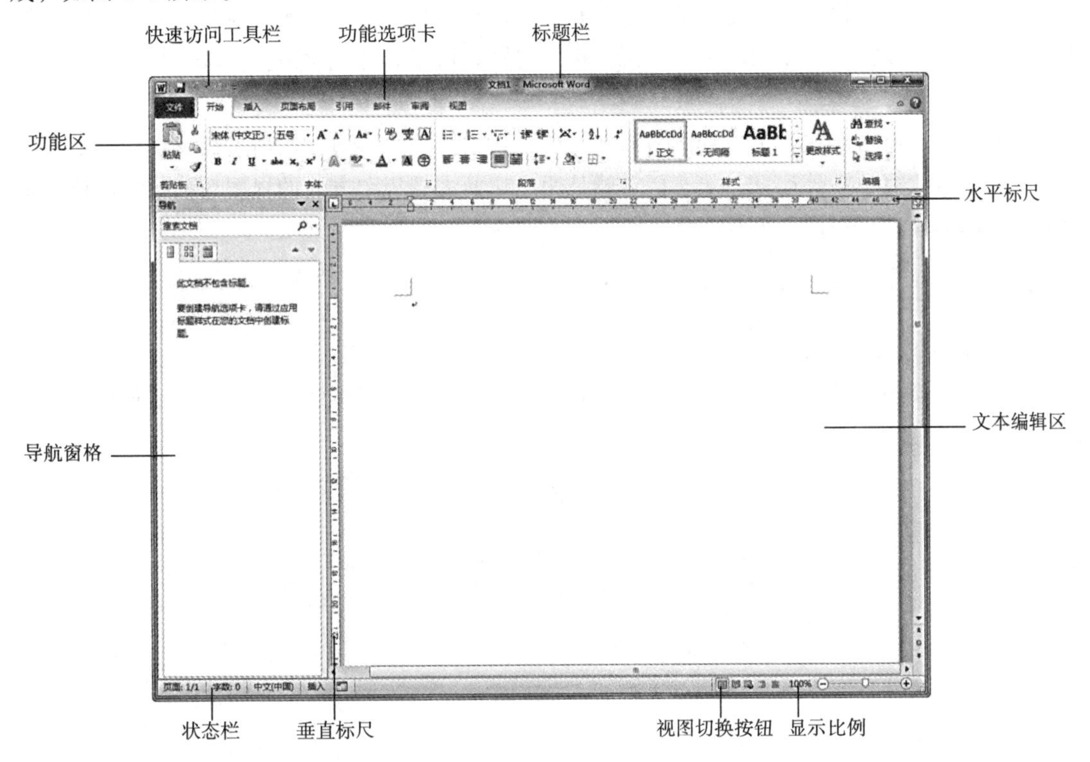

图 4-1　Word 2010 的工作界面

1. 快速访问工具栏

快速访问工具栏是一个可自定义的工具栏，通过它可以快速调用使用频繁的命令。单击快速访问工具栏右侧的下拉按钮，可以将所需的命令添加到快速访问工具栏。

2．标题栏

标题栏显示当前编辑的文档名称和应用程序名称。

3．功能区

Word 2010 以功能区取代了传统的菜单，功能区由功能选项卡、组和命令按钮三部分组成。Word 窗口有 8 个标准的功能选项卡：文件、开始、插入、页面布局、引用、邮件、审阅和视图。每个选项卡下，包含若干个组，每个组包含若干命令按钮。

某些功能选项卡在执行某些操作后才会自动出现，如当选中图片时，“图片工具/格式”选项卡会自动在功能区显示。除了 Word 提供的标准功能选项卡外，用户还可以自定义功能选项卡，把所需的各种命令按钮添加到自定义功能选项卡中。

4．文本编辑区

文本编辑区是显示和编辑文档的主要工作区域。在文本编辑区中有一个不断闪烁的垂直光标，称为插入点，它指示的是文档的当前插入位置。

5．标尺

标尺分为水平标尺和垂直标尺，常用于调整页边距、缩进段落、改变上下边界。

6．任务窗格

任务窗格为用户提供所需要的常用工具和信息，在用户执行某些操作时自动显示。常见的任务窗格有导航窗格、剪贴板窗格、审阅窗格、剪贴画窗格、样式窗格。

7．状态栏

状态栏位于窗口底部，用于显示当前文档的状态信息，如页数、当前页码、字数、输入语言以及插入或改写状态等信息。状态栏右侧是用于切换文档视图方式的视图切换按钮和调整文档显示比例的显示比例调节工具。

4.2.4 Word 2010 的视图

Word 提供了五种不同的视图，用多种显示方式来满足用户不同的需要。可通过单击状态栏右侧的视图切换按钮或单击“视图”→“文档视图”组中的各视图按钮（见图 4-2）进行视图切换。

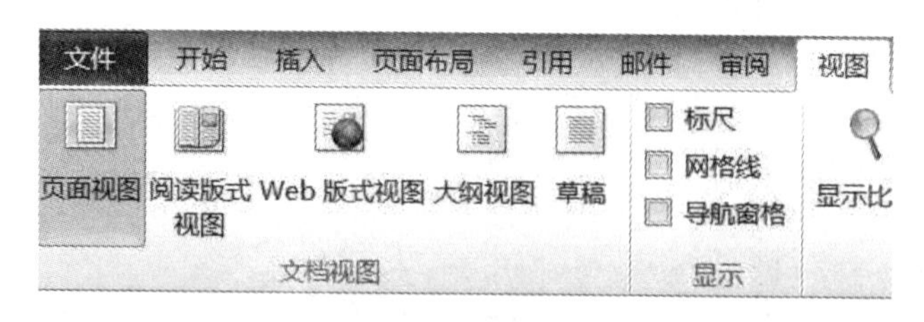

图 4-2 视图模式

1．页面视图

页面视图是最常用的一种显示方式，具有“所见即所得”的显示效果，文档能按照用户设置的页面大小进行显示，显示的效果与打印效果完全相同。

2．阅读版式视图

阅读版式视图适合对文档进行阅读和浏览。在阅读版式视图中，可以把整篇文档分屏显示，文档中的文本可以为了适应屏幕而自动换行，功能区、功能选项卡等窗口元素被隐藏起来。在该视图下，可在不影响文件内容的前提下，放大或缩小文字的显示比例，以方便阅读。

3. Web 版式视图

Web 版式视图是专门用于创作 Web 页的视图方式，在此视图下，能够模仿 Web 浏览器来显示文档。可以看到文档的背景，且文档可自动换行，以适应窗口的大小，而不是以实际打印的形式显示。

4. 大纲视图

在大纲视图下，可以按照文档的标题分级显示，可以方便地在文档中进行大块文本的移动、复制、重组以及查看整个文档的结构。

5. 草稿

草稿简化了页面布局，能够连续显示正文，页与页之间以虚线划分。在该视图下，文档只显示字体、字号、字形、段落缩进等最基本的文本格式，不显示页眉页脚、背景、图形、文本框和分栏等效果。

4.3　Word 2010 的基本操作

文档的基本操作包括创建新文档、保存文档、输入文字、插入符号及选定文本等。

4.3.1　新建文档

用户可以在 Word 中新建空白文档，也可以根据 Word 提供的模板来新建带有一定格式和内容的文档。以下为创建新文档的方法：

1. 新建空白文档

方法 1：启动 Word 后，系统会自动创建一个名为“文档 1”的空白文档。

方法 2：选择“文件”→“新建”→“空白文档”，单击“创建”按钮，如图 4-3 所示。

方法 3：按 <Ctrl+N> 组合键，新建一个空白文档。

方法 4：在“快速访问工具栏”上添加“新建”按钮，并单击该按钮。

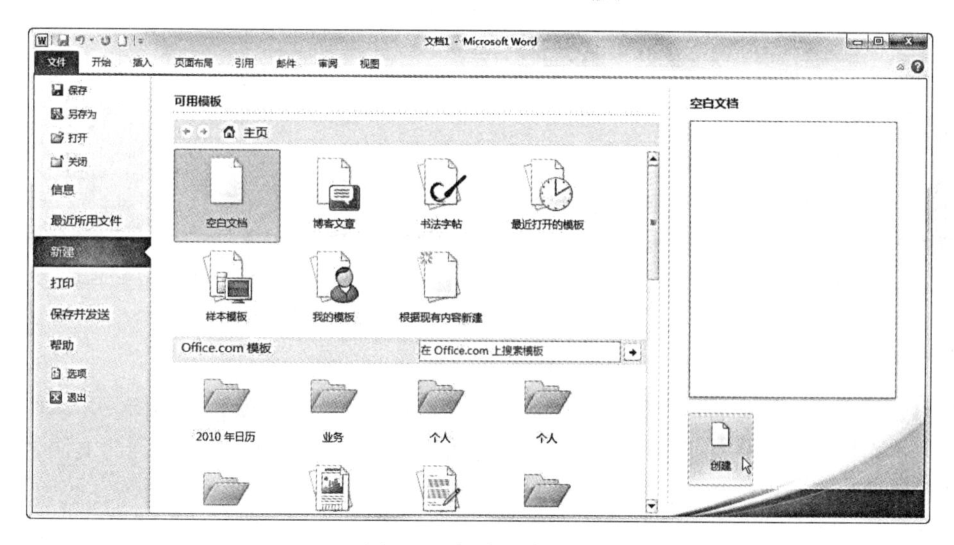

图 4-3　新建空白文档

2. 使用模板创建新文档

Word 提供了多种类型的模板，如简历、新闻稿、信函、报表等。利用这些模板，可以快速创建各种专业的文档。

【实战 4-1】利用“黑领结简历”模板创建新文档。

① 选择“文件”→“新建”→“样本模板”选项，如图 4-4 所示。

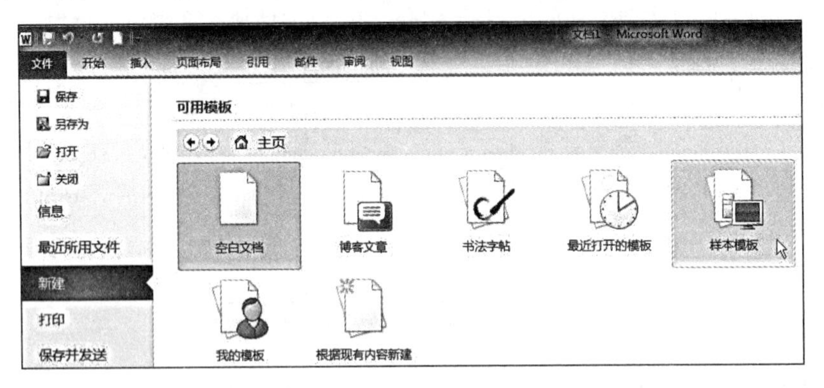

图 4-4　样本模板

② 在“样本模板”中选择“黑领结简历”模板，如图 4-5 所示，单击“创建”按钮后新建文档如图 4-6 所示。

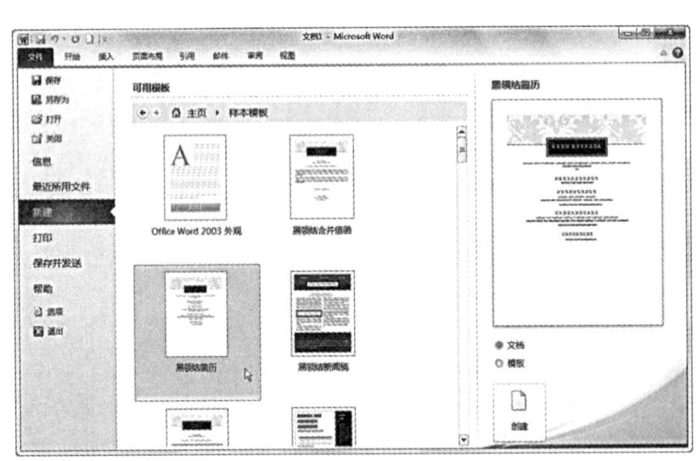

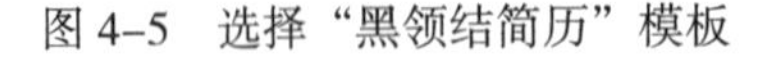

图 4-5　选择“黑领结简历”模板

图 4-6　新建的模板文档

4.3.2　保存文档

在 Word 中编辑好文档后，需要及时将文档保存到外存中，以便长期存储。可以使用“保存”选项将文档存储在外存，也可以选择“另存为”选项，将文档另存为不同的文件名或存放在不同的位置；还可以选择“保存并发送”选项保存并发送文档。

1. 保存新建文档

对新建的文档应及时保存，避免文档内容意外丢失。可用以下的方法保存新建的文档：

方法 1：选择“文件”→“保存”选项，如图 4-7 所示。在弹出的“另存为”对话框中选择保存的位置并输入文件名，然后单击“保存”按钮即可保存文档，如图 4-8 所示。

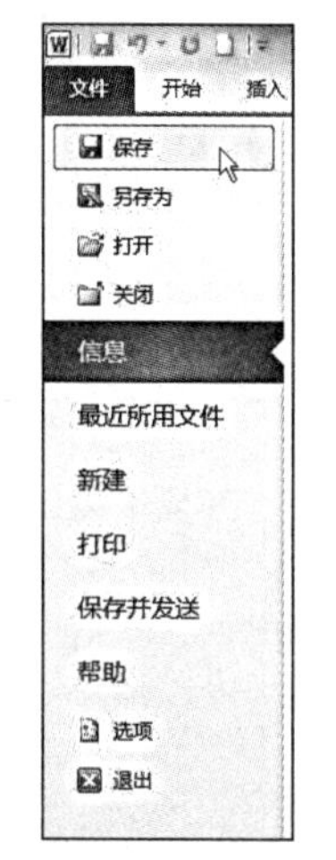

图 4-7　“保存”选项

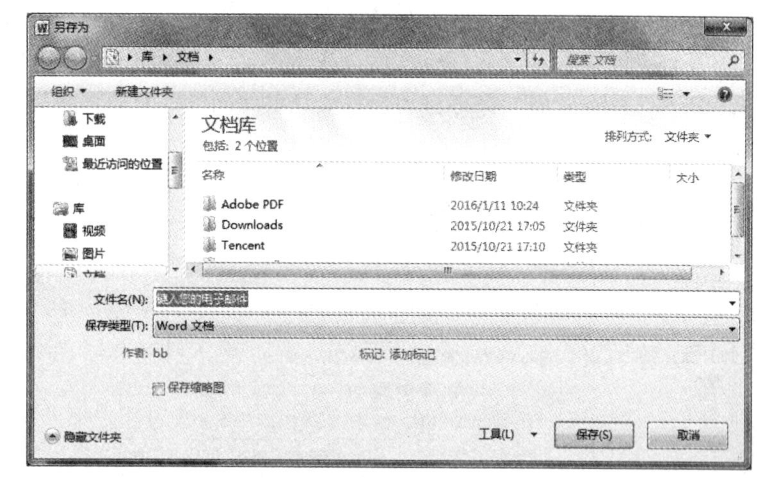

图 4-8　“另存为”对话框

方法 2：单击快速访问工具栏中的“保存”按钮。

方法 3：使用<Ctrl+S>组合键。

对已保存过的文档编辑修改后，选择“保存”选项进行保存，不会弹出“另存为”对话框，而是直接把修改后的内容保存到原文档中，若要将文档另存为不同的文件名或存放在不同的位置，则应选择“另存为”选项。

2. 另存文档

若对一个已保存过的文档进行修改，即想保留修改前的文档，又想保留修改后的文档，可选择“文件”→“另存为”选项，如图 4-9 所示。在弹出的“另存为”对话框中输入所需的文件名并选择文档保存的位置（见图 4-8）。

3. 保存并发送文档

Word 提供的“保存并发送”选项可将文档按四种方式保存并发送：使用电子邮件发送、保存到 Web、保存到 SharePoint、发布为博客文章，也可将文档存为其他类型的文件，如 PDF 文件、XPS 文件、纯文本文件等，如图 4-10 所示。

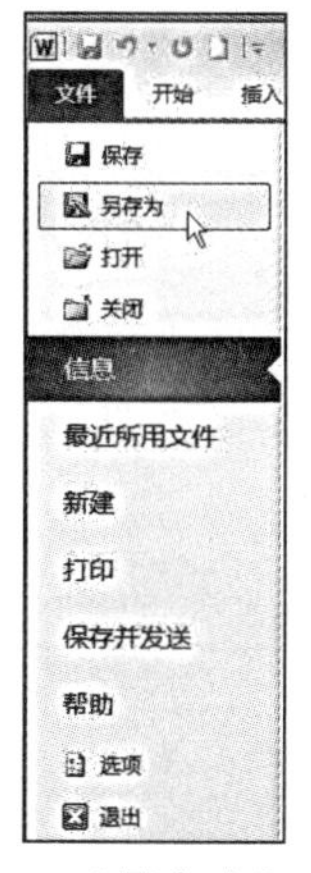

图 4-9　“另存为”选项

图 4-10　“保存并发送”选项

4. 自动保存

Word 为了防止突然断电或是出现其他意外而导致文件丢失，每隔一段时间将自动保存一次文档。系统默认保存的间隔为 10 分钟，用户可以自行修改。具体设置方法如下：

① 选择“文件”→“选项”选项，弹出“Word 选项”对话框。

② 选择“保存”→“保存自动恢复信息时间间隔”复选框，如图 4-11 所示，输入所需的数值，单击“确定”按钮。

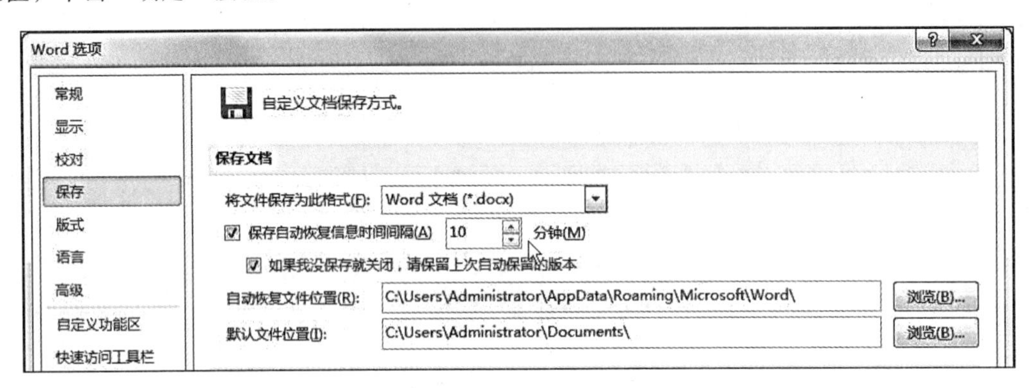

图 4-11 自动保存文档

 小知识

Word 的默认保存位置是文档库，默认的扩展名为.docx。Word 可保存的类型有文档(.docx)、Word 97-2003(.doc)、OpenDocument 文本(.odt)、模板(.dotx)、纯文本(.txt)、RTF 格式(.rtf)、单个网页(.mht、.mhtml)、PDF/XPS 文档(.pdf、.xps)等类型。

4.3.3 打开与关闭文档

1. 打开文档

若要对计算机中已有的文档进行编辑、查看或者打印，首先需要打开该文档。下列几种方法均可在 Word 中打开文档。

方法 1：选择“文件”→“打开”选项。

方法 2：在快速访问工具栏上添加“打开”按钮，并单击该按钮。

方法 3：在“资源管理器”窗口中双击要打开的 Word 文档。

 小知识

要快速查看或打开最近在 Word 中使用过的文档，可选择“文件”→“最近所用文件”选项，在“最近使用的文档”列表中单击所需的文件名，即可打开该文档。

2. 关闭文档

关闭文档与关闭应用程序一样可以有多种方法。

方法 1：选择“文件”→“关闭”选项。

方法 2：单击 Word 窗口标题栏右侧的“关闭”按钮。

4.3.4　输入文本和符号

文本的输入是编辑文档最基本的操作，在文本编辑区中闪烁的竖线称为插入点，表示文本的输入位置。

1. 输入文本

（1）切换插入/改写状态

在 Word 中含有插入和改写两种编辑状态，在“改写”状态下，输入的文本将覆盖插入点右侧的原有内容，而在“插入”状态下，将直接在插入点处插入输入的文本，原有文本将右移。可通过以下方法来切换插入/改写状态：

方法 1：单击状态栏中的“插入”或“改写”标记，如图 4–12 所示。

图 4–12　“插入”或“改写”状态的切换

方法 2：按键盘上的<Insert>键。

（2）切换输入法

在 Word 中支持用多种输入法输入文字，可用下列方法切换输入法：

方法 1：单击任务栏上的输入法指示器，在弹出的输入法列表中选择所需的输入法。

方法 2：按<Ctrl+Space>组合键在中文和英文输入法之间进行切换。

方法 3：按<Ctrl+Shift>组合键在已安装的输入法之间按顺序切换。

（3）输入法状态栏的使用

选择了任一中文输入法后，屏幕上就会出现相应的输入法状态栏，如图 4–13 所示。

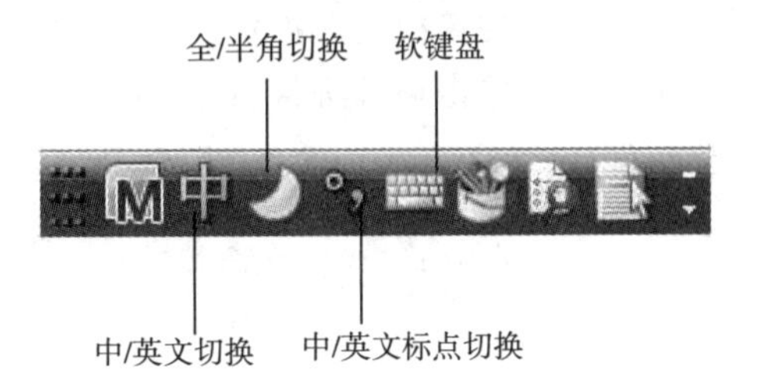

图 4–13　输入法状态栏

① 中/英文切换按钮：单击该按钮可以在中文和英文输入状态之间切换。

② 全/半角切换按钮：单击该按钮可进行全角和半角的切换。当按钮上显示一个月牙形，表示处于半角状态，显示一个圆形，表示处于全角状态。在半角状态下，英文字母、数字和符号只占一个标准字符位，在全角状态下，英文字母、数字和符号占两个标准字符位，中文在两种状态下均占两个标准字符位。

③ 中/英文标点切换按钮：单击该按钮可进行中文标点符号和英文标点符号的切换。当按钮上显示中文句号和逗号时，表示可以输入中文标点符号，当按钮显示英文句号和逗号时，表示可以输入英文标点符号。

④ 软键盘：单击该按钮可弹出图 4–14 所示的软键盘快捷菜单，可根据需要选择不同的软键盘。图 4–15 所示为“数学符号”软键盘。

图 4–14　软键盘快捷菜单

图 4–15　“数学符号”软键盘

小知识

在页面视图和 Web 版式视图下，可使用 Word 提供的“即点即输”功能：若想在文档的任一空白区域插入文本、图形或其他内容，只需要用鼠标双击文档的任一空白处，即可将插入点移动到该位置并插入所需内容。

2. 输入符号

在输入文本的过程中，可能需要插入一些不能直接从键盘输入的特殊符号，如数学符号、希腊字母等特殊符号，这时可以使用 Word 提供的插入符号功能。可用以下方法输入符号：

方法 1：选择“插入”→“符号”→“其他符号”选项，弹出“符号”对话框，如图 4–16 所示，选择所需的符号，单击“插入”按钮插入该符号。

方法 2：切换到任一中文输入法，单击输入法状态栏上的软键盘按钮，根据需要选择软键盘上的符号输入。

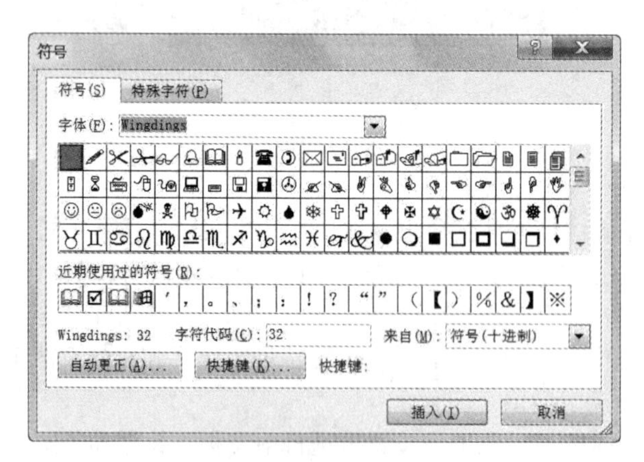

图 4–16　“符号”对话框

4.3.5　选定文本

在输入文本之后，若要对文本进行编辑修改，通常需要遵循“先选定后操作”的原则。被选定的文本一般以蓝色底纹显示。

选定文本操作经常使用到文本选定区，文本选定区位于文档窗口左侧的空白区域，当移到该区域的鼠标指针变成向右的箭头时，即可在文本选定区选定文本。常用的选定文本的操作技巧，如表 4-1 所示。

表 4-1　选定文本的技巧

选定的范围	操作技巧
英文单词/中文词组	在单词或词组上双击
行	在文本选定区单击
句子	按住< Ctrl >键后单击该句子
段落	在文本选定区双击鼠标或在该段内单击 3 次鼠标
大块连续区域	单击要选定的文本的开始处，然后按住<Shift>键，在要选定的文本的结束处单击
矩形区域	按住<Alt>键并拖动鼠标
多块不连续区域	选定一块文本后，按住< Ctrl >键选定其他要选的文本
全文	按<Ctrl+A>组合键或在文本选定区单击 3 次鼠标

4.3.6　文本的编辑

在输入文本之后，经常需要对文本的内容进行调整和修改，如移动、复制、删除、查找与替换等操作。

1. 移动文本

在编辑文档的过程中，可利用剪贴板或鼠标拖动的方法来将文本从一个位置移动到另一个位置。以下为常用的移动文本的方法：

方法 1：

① 选定要移动的文本，单击“开始”→“剪贴板”→“剪切”按钮。

② 将插入点定位到目标位置，单击“开始”→“剪贴板”→“粘贴”按钮。

方法 2：选定要移动的文本，按住鼠标左键不放，将文本拖动到目标位置后松开鼠标左键。此方法适用于近距离移动文本。

2. 复制文本

复制文本与移动文本的方法基本相同，也可以使用剪贴板和鼠标拖动两种方式来实现。

方法 1：选中文本后，单击“开始”→“剪贴板”→“复制”按钮，将插入点定位到目标位置后粘贴。

方法 2：选定文本后，按住<Ctrl>键并将文本拖动到目标位置。

小知识

单击“开始”→“剪贴板”右侧的“剪贴板”任务窗格按钮，可打开 Word“剪贴板”任务窗格，该窗格可存放 24 次复制或剪贴的内容，用户可根据需要单击其中的项目进行粘贴。

3. 删除文本

选定文本后，可用下列方法删除文本：

方法 1：按<Delete>键或<Backspace>键。

方法 2：单击“开始”→“剪贴板”→“剪切”按钮。

4．撤销和恢复

如果在文本的处理过程中出现了误操作，可使用 Word 提供的“撤销”功能将误操作撤销，也可通过“重复”功能使刚才的“撤销”操作失效。

（1）撤销

“撤销”是 Word 中最重要的命令之一，可取消对文档的最后一次或多次操作，能够恢复因误操作而导致的不必要的麻烦。可通以下几种方法进行“撤销”操作：

方法 1：单击快速访问工具栏中的“撤销”按钮。

方法 2：按<Ctrl+Z>组合键撤销。

（2）恢复

“恢复”操作是“撤销”操作的逆操作，用于恢复被撤销的操作。可通过下列方法执行“恢复”操作：

方法 1：单击快速访问工具栏中的“恢复”按钮。

方法 2：按<Ctrl+Y>组合键恢复。

4.3.7 查找与替换文本

在编辑文档的过程中，若需大量检查或修改文档中特定的内容，可使用 Word 提供的查找和替换功能。

1．查找

Word 提供的查找功能，可方便、快捷地查找所需的内容。

【实战 4-2】查找“素材.docx”中的所有“采莲”。

方法 1：选择“开始”→“编辑”→“查找”命令，如图 4-17 所示，打开“导航”窗格，在搜索框中输入“采莲”，如图 4-18 所示。

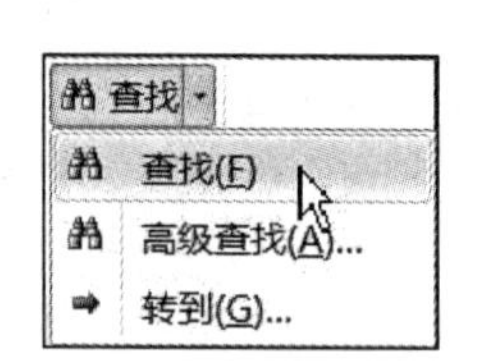

图 4-17 “查找”命令

图 4-18 “导航”窗格

方法 2：

① 单击“开始”→“编辑”→“查找”右侧的下拉按钮，在弹出的下拉列表中选择“高级查找”选项，如图 4-19 所示。

② 弹出“查找和替换”对话框，如图 4-20 所示，在“查找”选项卡的“查找内容”下拉列表框内输入要查找的文本。

③ 单击“查找下一处”按钮进行查找。

图 4-19　“高级查找”命令

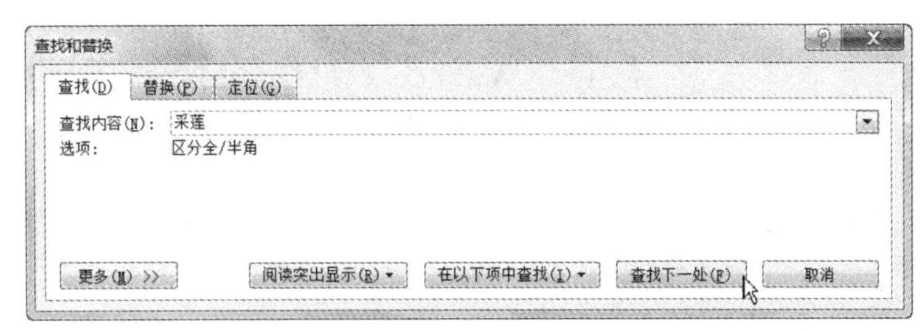

图 4-20　“查找与替换”对话框的“查找”选项卡

2. 替换

替换功能可以快速对文档中多次出现的某些内容进行更改。

【实战 4-3】将“素材.docx”中的所有“何唐”替换为红色，加粗的“荷塘”。

① 打开“素材.docx”，选择“开始”→“编辑”→“替换”选项，如图 4-21 所示，弹出“查找和替换”对话框。

② 在“替换”选项卡的“查找内容”下拉列表框内输入“何唐”，在“替换为”下拉列表框内输入“荷塘”。

③ 单击“更多”按钮，然后单击“格式”按钮，在弹出的菜单中选择“字体”命令，如图 4-22 所示，弹出“查找字体”对话框，如图 4-23 所示。

④ 在“查找字体”对话框中设置“字体颜色”为红色，“字形”为“加粗”，单击“确定”按钮。

⑤ “查找和替换”对话框设置如图 4-24 所示，单击“全部替换”按钮进行替换。

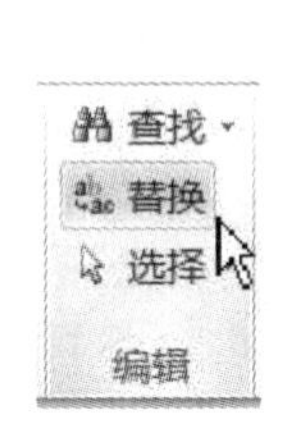

图 4-21　“替换”命令

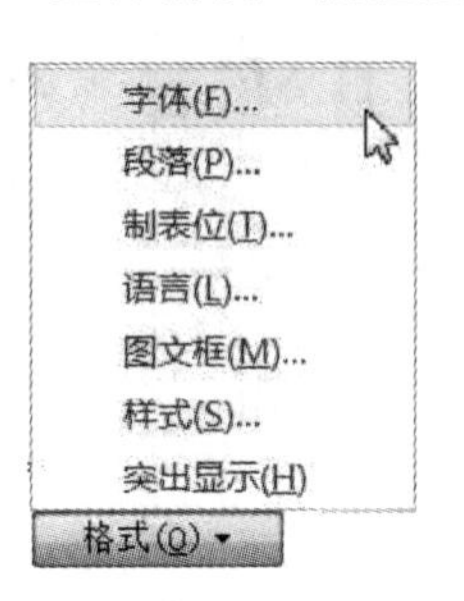

图 4-22　设置字体

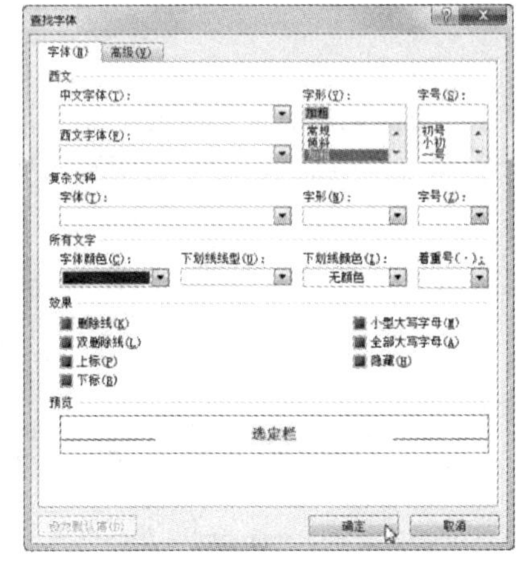

图 4-23　“查找字体”对话框

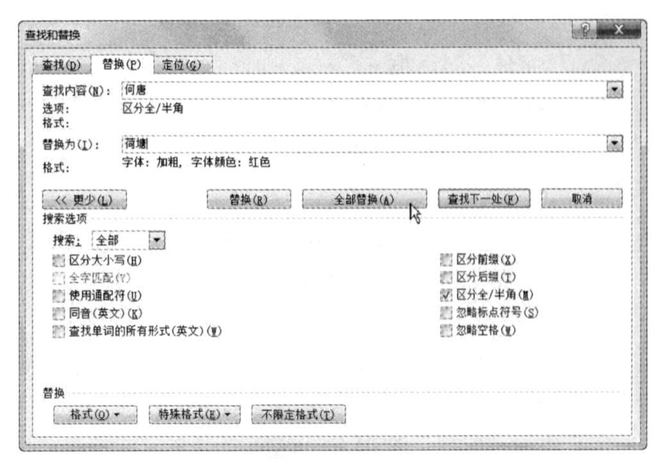

图 4-24　“查找和替换”对话框的“替换”选项卡

4.4 Word 2010 的格式编排

文档的格式设置包括文本、段落、页面等格式的设置，通过文档的格式化，可以改变其外观，使其规范、美观，便于阅读。Word 的“所见即所得”特性使用户能直观地看到排版的效果。

4.4.1 文本的格式化

文本格式主要包括字体、字号、字形和字体颜色等格式。可通过“字体”组中的命令按钮或“字体”对话框设置文字格式。

1. “字体”组

较常用的文本格式可通过“开始”选项卡的“字体”组进行设置，“字体”组包含字体、字号、文字颜色等常用文本格式设置按钮，如图 4-25 所示。

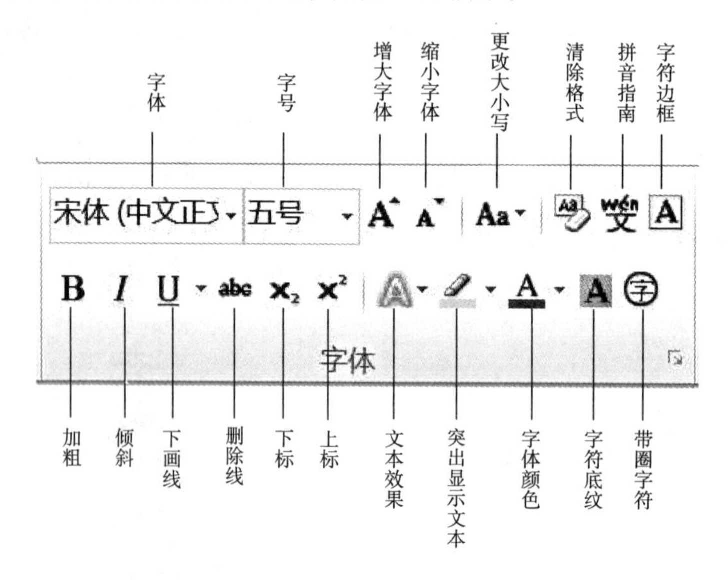

图 4-25 “开始”选项卡的“字体”组

2. “字体”对话框

许多文本的格式化操作不能简单地使用“字体”组的命令按钮来完成，而需打开“字体”对话框进行设置。在“字体”对话框中可以设置更为丰富、详细的文字格式，如字符间距、文字效果等格式。

【实战 4-4】打开“素材.docx”，将标题的文字格式设置为楷体、一号、加粗、加着重号、字符间距为加宽 5 磅、文字效果为“碧海青天”。

① 打开“素材.docx”。

② 选定标题文字，单击“开始”→“字体”组右侧的“字体”对话框按钮，弹出“字体”对话框。

③ 选择“字体”选项卡，设置“中文字体”为“楷体”，“字形”为“加粗”，“字号”为“一号”，如图 4-26 所示。

④ 选择“高级”选项卡，设置“间距”为“加宽”，“磅值”为“5 磅”，如图 4-27 所示。

图 4-26 “字体”对话框的“字体”选项卡

图 4-27 “字体”对话框的“高级”选项卡

⑤ 单击“文字效果”按钮，在弹出的“设置文本效果格式”对话框中选择“文本填充”→“渐变填充”→“预设颜色”→“碧海青天”选项，如图 4-28 所示。

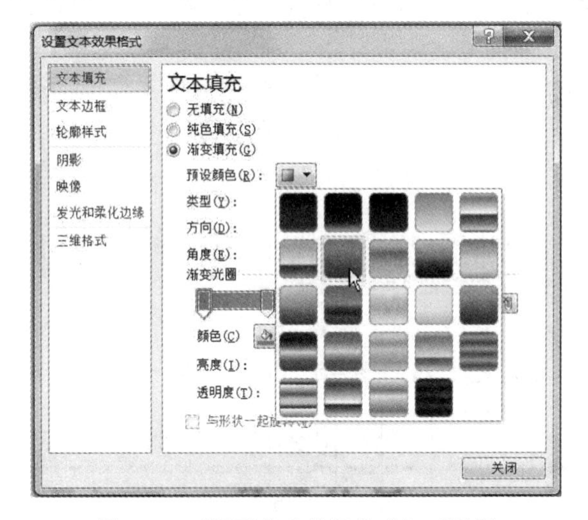

图 4-28 “设置文本效果格式”对话框

小知识

若要对已输入的文本进行设置，必须先选定需设置的文本再进行设置，若未选定文本就进行设置，则对当前插入点将要输入的文字预设格式。Word 默认的中文字体是宋体，西文字体是 calibri，字号为五号。

4.4.2 段落的格式化

要使文档更加美观，仅仅设置文本的格式是不够的，通过设置段落格式，可使文档更具有层次感，便于阅读。在 Word 中，段落是指两个段落标记（即回车符）之间的内容。

在设置段落格式前，需把插入点置于要设置的段落中任意位置上或选定多个段落，再进行设置操作。段落的格式设置包括段落的对齐方式、缩进、间距等。通常可通过使用标尺、“段落”组中的命令按钮和“段落”对话框三种方式设置段落格式。

1. 使用标尺设置段落缩进

段落缩进是指文本与页面边界的距离。在水平标尺上有四个缩进标记，如图 4-29 所示。拖动水平标尺上的缩进标记可以快速、直观地设置段落的缩进。

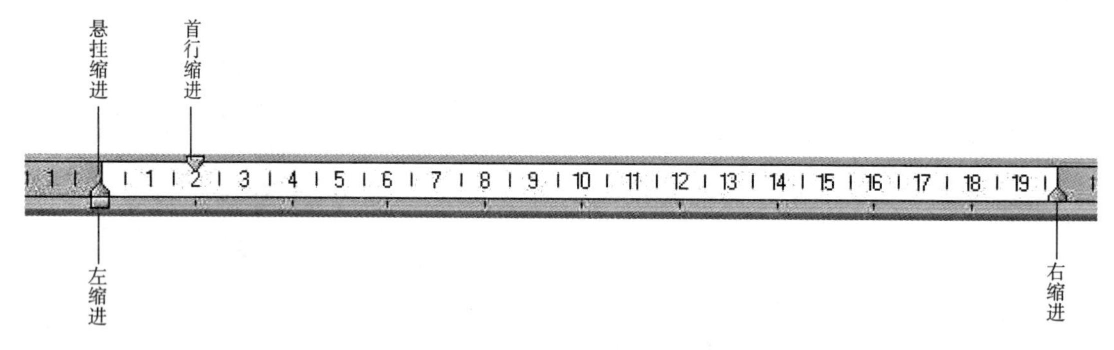

图 4-29　水平标尺上的缩进标记

2. “开始”选项卡的“段落”组

使用“开始”选项卡的“段落”组可以快速设置段落的对齐方式、缩进量、行距等格式，如图 4-30 所示。

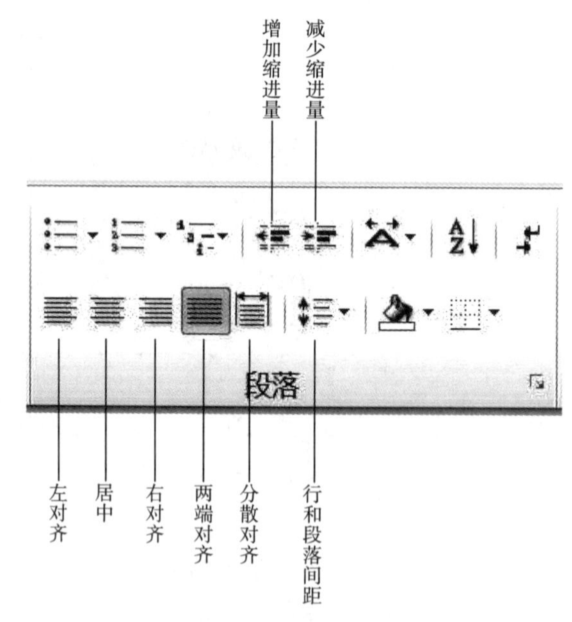

图 4-30　“开始”选项卡的“段落”组

3. “段落”对话框

如果要更详细地设置段落的格式，可使用“段落”对话框进行设置。“段落”对话框能够完成所有段落格式的排版工作，如对齐方式、缩进方式、行间距与段间距等格式设置。

【实战 4-5】打开“素材.docx”，设置标题的对齐方式为居中，将正文所有段落设置为首行缩进 2 字符，段前间距 1 行，左右缩进 2 字符，行距为固定值 18 磅

① 打开“素材.docx”。

② 将插入点定位在标题中，单击“开始”→“段落”→“居中”按钮。

③ 选定正文，单击“开始”→“段落”组右侧的“段落”对话框按钮，弹出“段落”对话框。

④ 选择“缩进和间距”选项卡，设置“特殊格式”为“首行缩进”，“磅值”为“2 字符”，“缩进”的“左侧”“右侧”分别为“2 字符”，“间距”的“段前”设置为“1 行”，“行距”为“固定值”，“设置值”为 18 磅，各参数设置如图 4-31 所示。

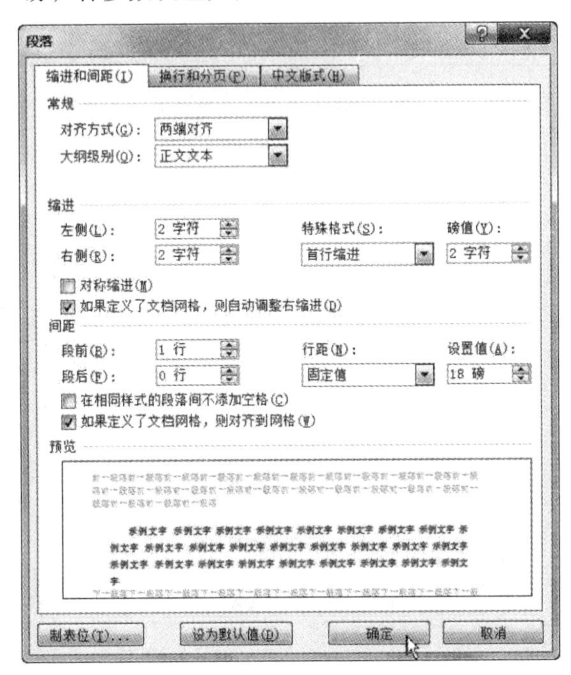

图 4-31　设置段落格式

4.4.3　边框和底纹

为了突出和强调文档中的某些文字或段落，可以给它们加上边框和底纹。在 Word 中，可以对文本、段落和页面设置边框和底纹。可通过“开始”选项卡的“字符底纹”按钮、“底纹”按钮和“边框和底纹”对话框设置边框和底纹。

【实战 4-6】打开“素材.docx”，为正文第一段设置黄色的底纹，并为该段设置阴影型边框，边框线颜色为绿色，边框线宽度为 3 磅，为页面添加任一艺术型边框。

① 打开“素材.docx”，选定正文第一段。

② 单击“开始”→“段落”→“下框线”右侧的下拉按钮，在下拉列表中选择“边框和底纹”选项，如图 4-32 所示，弹出“边框和底纹”对话框。

③ 选择“边框”选项卡，设置边框类型为“阴影”，“颜色”为绿色，“宽度”为“3 磅”，在“应用于”下拉列表中选择“段落”选项，如图 4-33 所示。

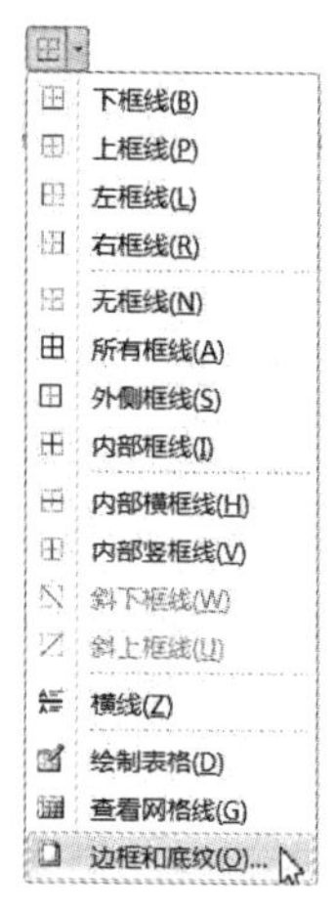

图 4-32　设置边框和底纹

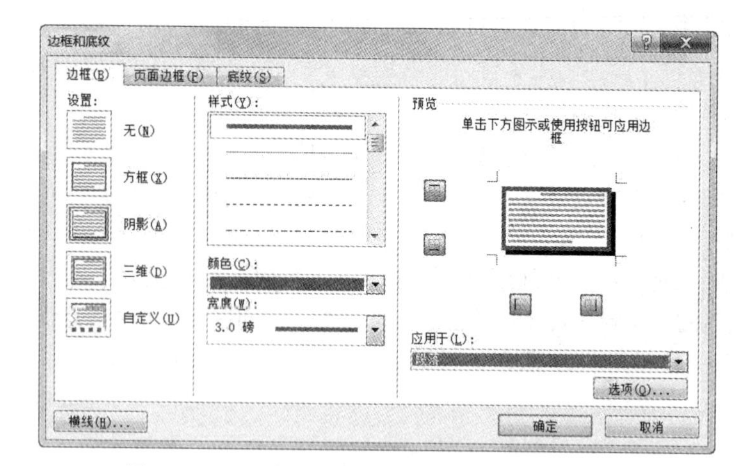

图 4-33　“边框和底纹”对话框的“边框”选项卡

④ 选择“底纹”选项卡，设置“填充”为黄色，在“应用于”下拉列表中选择“段落”选项，如图 4-34 所示。

⑤ 选择“页面边框”选项卡，在“艺术型”下拉列表中选择任一艺术型边框，如图 4-35 所示，单击“确定”按钮完成设置。

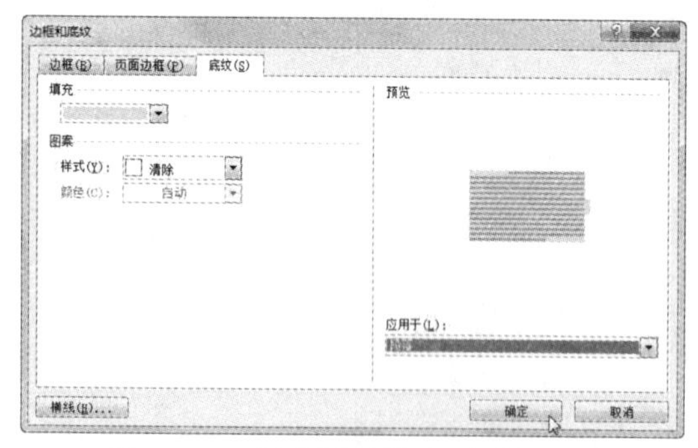

图 4-34　“边框和底纹”对话框的“底纹”选项卡

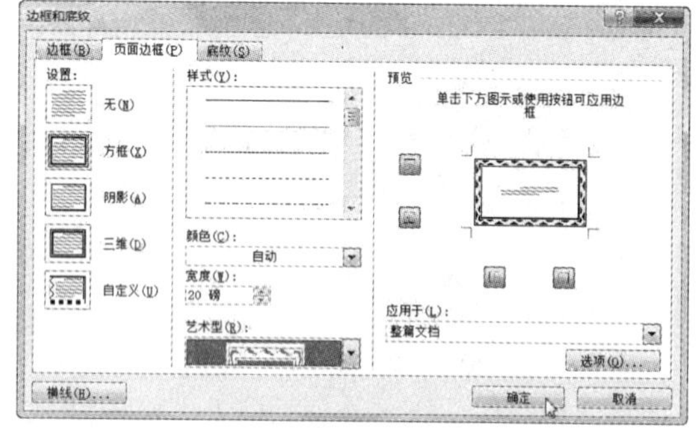

图 4-35　“边框和底纹”对话框的“页面边框”选项卡

4.4.4　设置项目符号和编号

在文档中适当地使用项目符号和编号，可以使文档层次分明，重点突出。Word 提供了非常方便的创建项目符号和编号的方法。

1. 设置项目符号

项目符号是指放在文本前以增加强调效果的点或其他符号，它主要用于一些并列的、没有先后顺序的段落文本前。添加项目符号的具体操作步骤如下：

① 选定需设置项目符号的段落。

② 单击“开始”→“段落”→“项目符号”右侧下拉按钮，在下拉列表中选择所需的项目符号，如图 4-36 所示。

③ 若需设置新的项目符号，则选择下拉列表下方的“定义新项目符号”选项，在弹出的“定义新项目符号”对话框中进行设置，如图 4-37 所示。

图 4-36 “项目符号”下拉列表

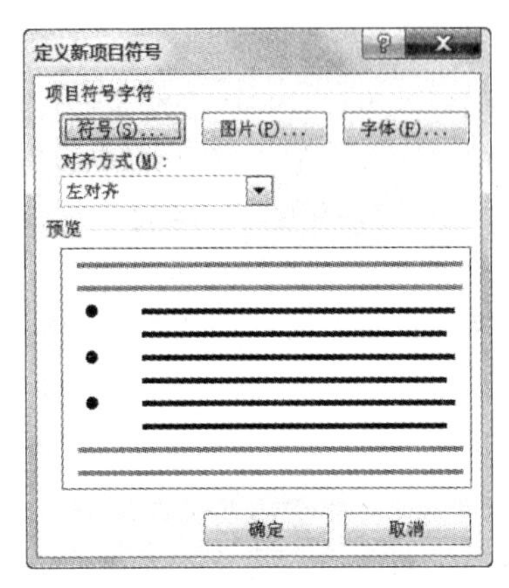

图 4-37 “定义新项目符号”对话框

2．设置编号

编号常用于具有一定顺序关系的内容，添加编号的具体操作步骤如下：

① 选定需设置编号的段落。

② 单击“开始”→“段落”→“编号”右侧下拉按钮，在下拉列表中选择所需的编号，如图 4-38 所示。

③ 若需设置新的编号，选择该列表下方的“定义新编号格式”选项，在弹出的“定义新编号格式”对话框中进行设置，如图 4-39 所示。

图 4-38 “编号”下拉列表

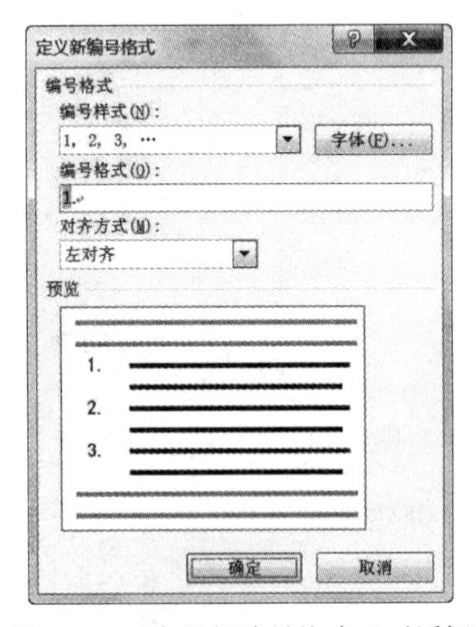

图 4-39 “定义新编号格式“对话框

4.4.5　设置样式

样式是字体、字号和缩进等格式设置的组合，是一组可以被重复使用的格式。根据适用对象的不同，可分为字符、段落、链接段落和字符、表格、列表等样式。用户可使用 Word 内部定义的标准样式，也可以自己定义样式。

1. 应用样式

应用样式可以快速改变文本、段落等对象的外观，使文档具有规范统一的格式。此外，在长文档中使用样式便于创建大纲和目录。可用以下方法应用样式：

① 选定要应用样式的文本、段落、表格或列表。

② 单击“开始”→“样式”组中所需的样式按钮，如图 4-40 所示，或单击“开始”→“样式”组右侧的“样式”任务窗格按钮，在“样式”任务窗格中选择所需的样式，如图 4-41 所示。

“样式”任务窗格默认只显示推荐的样式，若要在其中显示所有样式，单击其右下角的“选项”按钮，弹出“样式窗格选项”对话框，在“选择要显示的样式”下拉列表中选择“所有样式”选项，如图 4-42 所示，单击“确定”按钮，即可显示 Word 中内部定义的所有标准样式。

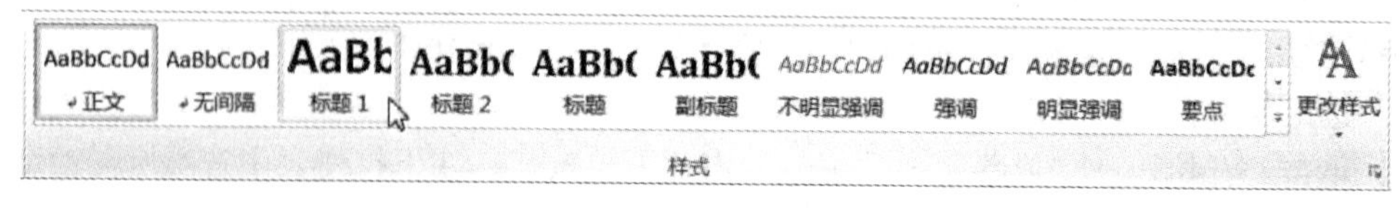

图 4-40 应用样式

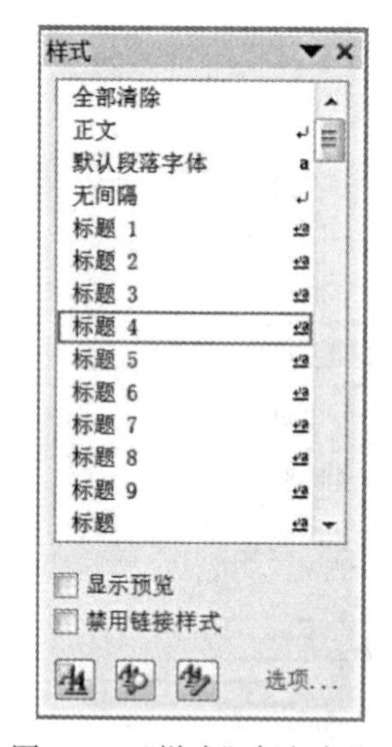

图 4-41 “样式”任务窗格

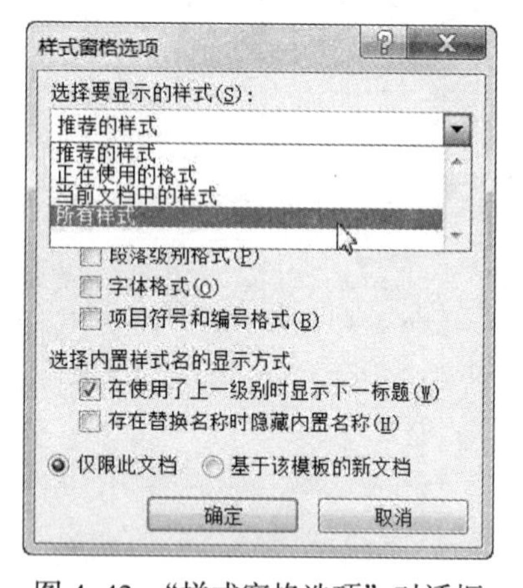

图 4-42 “样式窗格选项”对话框

2. 新建样式

用户可使用 Word 内部定义的标准样式，也可根据自己的需求创建样式，操作步骤如下：

① 单击“开始”→“样式”组右侧的“样式”任务窗格按钮，在“样式”任务窗格中单击左下角的“新建样式”按钮，弹出“根据格式设置创建新样式”对话框。

② 单击“格式”按钮，在弹出的菜单中进行格式设置，如图 4-43 所示，单击“确定”按钮完成操作。

3. 修改、删除样式

如果文档中有多个部分应用了某个样式，则修改或删除该样式后，文档中所有运用该样式的部分都会自动调整。

修改或删除样式的方法为：在“样式”任务窗格中选定需要修改或删除的样式名称，单击其右侧的下拉按钮，在弹出的下拉菜单中选择所需的命令，如图 4-44 所示。

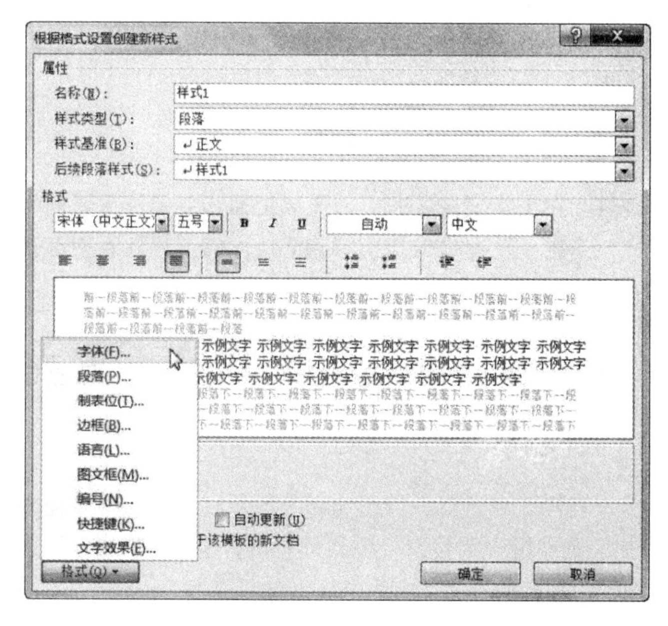

图 4-43 “根据格式设置创建新样式”对话框

图 4-44 修改、删除样式

4．清除样式

如果要撤销样式的应用效果，可选中需清除样式的部分，单击“开始”→“字体”→“清除格式”按钮 进行样式的清除。

4.4.6 格式刷

在设置文档格式时，使用 Word 提供的格式刷功能可以实现格式的快速复制。格式刷可以复制字符、段落、项目符号和编号、标题样式等格式。

【实战 4-7】打开“素材.docx”，将正文最后一段的格式用格式刷复制到正文第二段。

① 将插入点定位于正文最后一段。

② 单击“开始”→“剪贴板”→“格式刷”按钮，如图 4-45 所示。

③ 从正文第二段起始位置，按下鼠标左键拖动，到第二段结束位置释放鼠标，完成格式的复制操作。

图 4-45 “格式刷”命令

若需复制格式到多个目标文本上，首先定位光标于已设置好格式的文本处，再双击“格式刷”按钮，然后逐个复制格式，最后单击“格式刷”按钮或按<Esc>键，结束格式的复制。可单击“开始”→“字体”→“清除格式”按钮 进行格式的清除。

4.5 表格制作

使用表格来组织文档中的数字和文字，可以使数据更清晰、直观。Word 的表格是由行和列组成的二维表格，行和列交叉的方框称为单元格，可以在单元格中输入文字、数字或图形。

4.5.1 创建表格

在 Word 中，可用多种方式创建表格。在创建表格之前，首先要把插入点定位于要插入表格的位置。然后单击“插入”→“表格”按钮，在弹出的如图 4-46 所示的下拉列表中选择所需的选项，即可用其对应的方式创建表格。

1. 使用表格网格创建

在表格网格中从左上角至右下角拖动鼠标，选择所需的表格行、列后松开鼠标，表格即可制作完成。

2. 使用“插入表格”选项

选择“插入表格”选项，弹出“插入表格”对话框，如图 4-47 所示，在对话框中输入所需的行数和列数，在“‘自动调整’操作”选项组中调整表格各列的宽度，单击“确定”按钮创建表格。

图 4-46 “表格”下拉列表

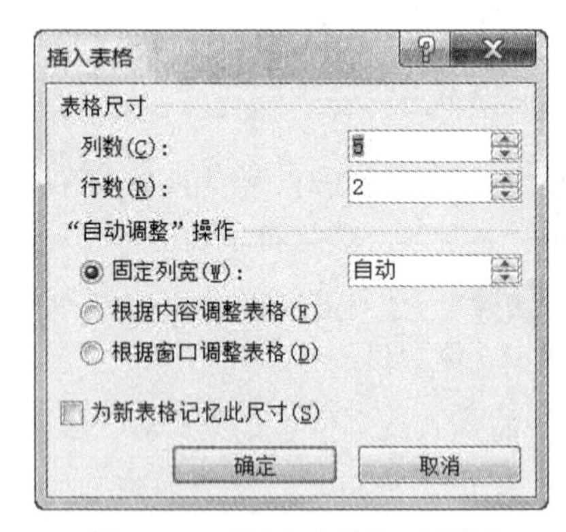

图 4-47 “插入表格”对话框

3. 使用“绘制表格”选项

使用“绘制表格”选项，可绘制结构复杂的表格。单击“绘制表格”命令后，光标将变为笔的形状✎，即可使用笔状光标绘制表格。

4. 使用“快速表格”选项

选择“快速表格”选项，将弹出 Word 内置表格模板列表，通过单击相应选项可快速在文档中插入特定类型的表格，如矩阵、日历等。

4.5.2　编辑表格

用 Word 提供的插入表格功能所创建的表格都是简单表格，有时与我们的要求相距甚远，这时就可以使用表格编辑工具对其进行编辑加工，最终得到所需的表格。

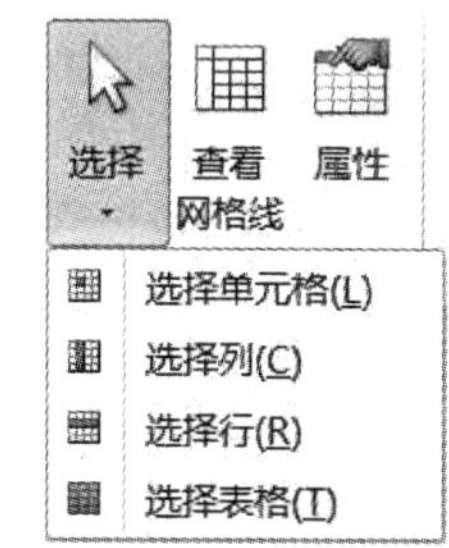

图 4-48　表格或单元格的选择

1. 表格与单元格的选择

在对表格或单元格进行编辑格式化之前，必须先选定表格或单元格。

（1）使用“布局”选项卡

单击“表格工具/布局”→“表”→“选择”命令，在弹出的下拉列表中选择所需的选项，如图 4-48 所示，即可选定表格的单元格、行、列或整个表格。

（2）使用鼠标指针进行选择

选定表格或单元格也可通过拖动鼠标的方法或用单击的方法实现，常用的选定表格或单元格的操作技巧如表 4-2 所示。

表 4-2　选定表格或单元格的操作技巧

选 取 范 围	方　　法
选定表格	将光标移动到表格内，单击表格左上角出现的方框标志⊞
选定行	将光标移动到该行的左侧，指针变为右向箭头后单击
选定列	将光标移动到该列的上方，指针变为黑色向下箭头⬇后单击
选定一个单元格	将光标移动到该单元格内部的左侧，指针变为黑色向右箭头后单击

2. 单元格、行、列、表格的删除

表格中的单元格、行、列或整个表格都可以删除，具体操作步骤如下：

① 选定要删除的单元格、行、列或表格。

② 单击“表格工具/布局”→“行和列”→“删除”按钮，在弹出的下拉列表中选择所需的选项，如图 4-49 所示。

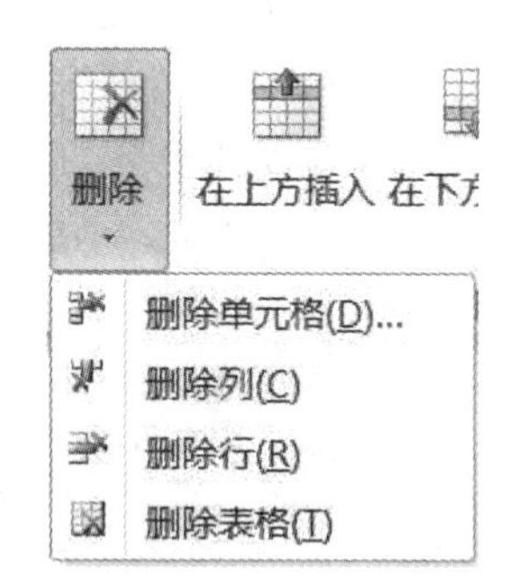

图 4-49　单元格、行、列、表格的删除

3. 单元格、行、列的插入

在表格中，要插入单元格、行或列，首行要将光标定位到要插入单元格、行或列的位置，若要插入多个单元格、行或列，可选择多个单元格、行或列，再进行插入操作，具体方法如下：

方法 1：单击“表格工具/布局”→“行和列”组中的“在上方插入”“在左侧插入”等按钮即可实现插入行或列，如图 4-50 所示。

方法 2：单击“表格工具/布局”→“行和列”组右侧的“插入单元格”对话框按钮，弹出“插入单元格”对话框，如图 4-51 所示，在其中选择所需的选项，即可插入单元格、行或列。

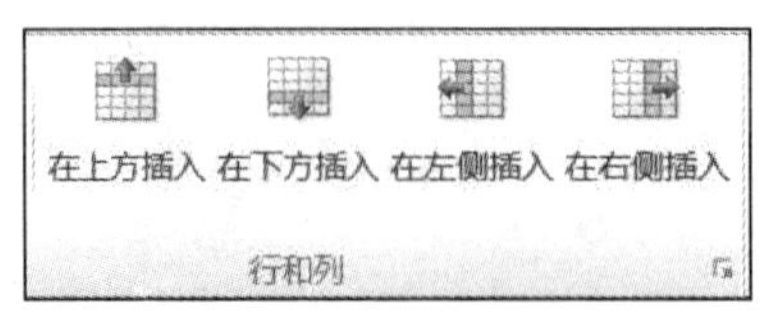

图 4-50　插入行或列

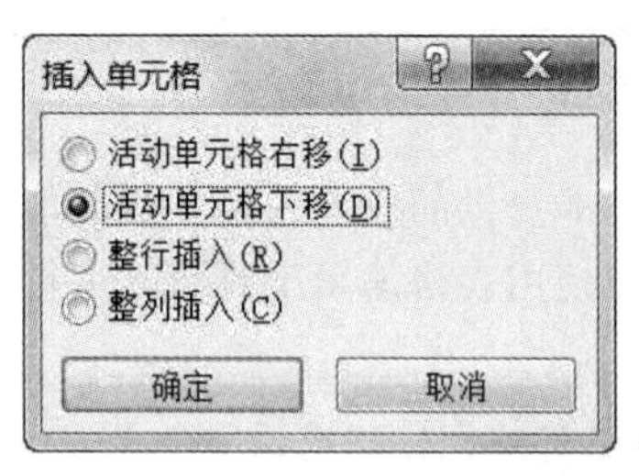

图 4-51　“插入单元格”对话框

4. 合并、拆分单元格

（1）合并单元格

若要将多个单元格合并为一个单元格，可按照以下步骤进行操作：

① 选定要合并的多个单元格。

② 单击“表格工具/布局”→“合并”→“合并单元格”按钮，如图 4-52 所示，即可实现单元格的合并。

（2）拆分单元格

若要将一个单元格拆分为多个单元格，可按照以下步骤进行操作：

① 将光标定位在要拆分的单元格内。

② 单击“表格工具/布局”→“合并”→“拆分单元格”按钮，如图 4-52 所示，即可实现单元格的拆分。

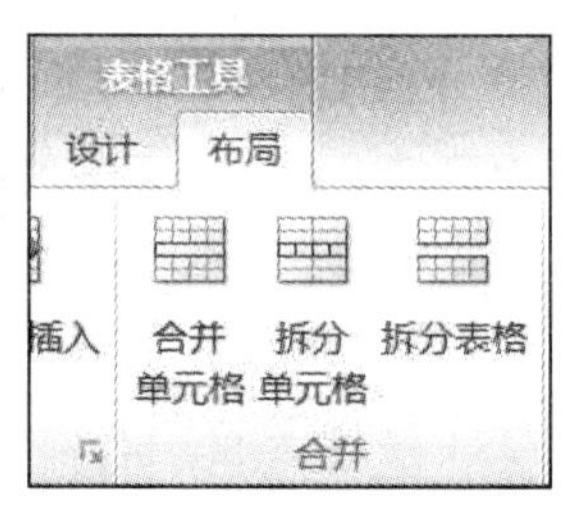

图 4-52　单元格的合并与拆分

5. 拆分表格

Word 允许把一个表格拆分成两个或多个表格，并可以在表格之间插入文本。首先将光标定位在表格需拆分的位置，然后单击“表格工具/布局”→“合并”→“拆分表格”按钮，如图 4-52 所示，即可得到两个独立的表格。

6. 文本与表格的转换

Word 具有自动将文本与表格相互转换的功能。

（1）文本转换成表格

在 Word 中，要将文本转换成表格，在文本要划分列的位置必须要插入特定的分隔符，如逗号、空格、制表符等，转换的具体操作步骤如下：

① 选定要转换的文本，选择“插入”→“表格”→“文本转换成表格”选项，弹出如图 4-53 所示的“将文字转换成表格”对话框。

② 在对话框中设置表格的尺寸、文字分隔位置等选项，单击“确定”按钮即可完成文本转换成表格。

（2）表格转换成文本

在 Word 中，用户可将表格转换为由段落标记、逗号、制表符或其他字符分隔的文字，具体操作步骤如下：

① 将光标定位于要转换成文本的表格，单击“表格工具/布局”→“数据”→“转换为文本”按钮，弹出图 4-54 所示的“表格转换成文本”对话框。

② 在对话框中选择所需的“文字分隔符”单选按钮，单击“确定”按钮完成操作。

图 4–53　“将文字转换成表格”对话框

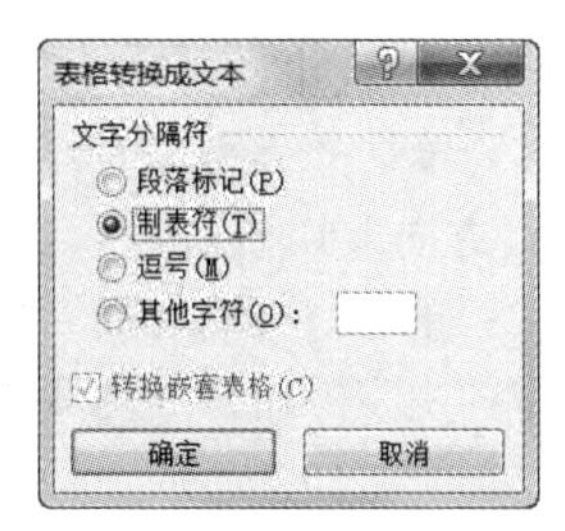

图 4–54　“表格转换成文本”对话框

4.5.3　表格的格式化

对表格进行格式化操作，可使表格更美观，更能突出所要强调的内容。表格的格式化操作包括调整表格的行高与列宽、设置表格文本的对齐方式、设置表格的边框和底纹等操作。

1. 调整表格的行高与列宽

一般情况下，Word 会根据输入的内容自动调整表格的行高和列宽，也可根据需要自行调整表格的行高和列宽。

（1）用鼠标调整

将指针指向单元格的边框线，当指针变为双向箭头时⇹，拖动边框线可对行高与列宽进行调整。

（2）使用“布局”选项卡调整

如果要精确设置单元格或整个表格的行高与列宽，可选定要调整的行或列，选择“表格工具/布局”→“单元格大小”组，如图 4–55 所示，在“高度”与“宽度”微调框中输入所需的数值。

（3）自动调整

当表格的行高或列宽出现不一致的情况，可根据以下方法对表格进行自动调整：

方法 1：单击“表格工具/布局”→“单元格大小”→“自动调整”按钮，在弹出的下拉列表中选择所需的选项，如图 4–56 所示，即可对表格的大小进行自动调整。

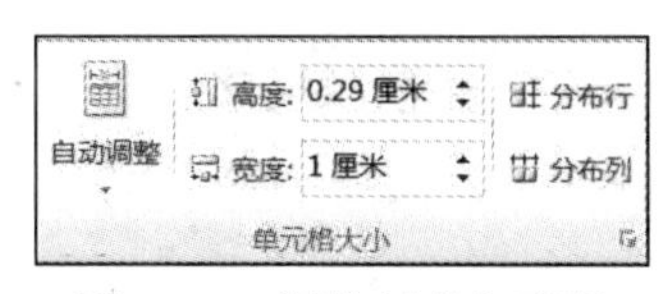

图 4–55　调整行高与列宽

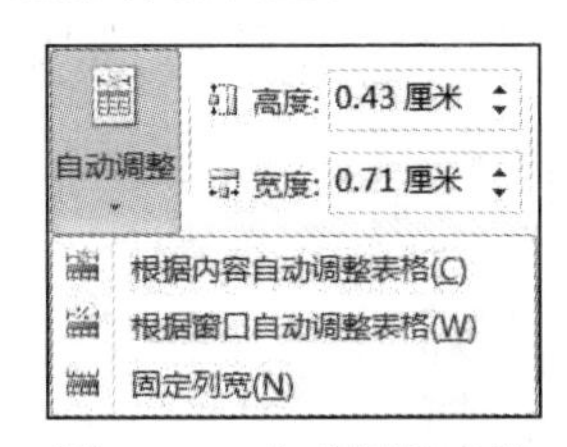

图 4–56　自动调整表格

方法 2：单击“表格工具/布局”→“单元格大小”组中的“分布行”按钮或“分布列”按钮，即可完成相应的调整。

2. 设置表格中的文本格式

表格中文本的格式化，如表格中文本的字体、字号、颜色等设置方法，与正文中的文本格式化操作方法基本相同。

（1）设置单元格对齐方式

设置单元格中文本的对齐方式，首先需选择要设置对齐方式的单元格，再选择“表格工具

/布局”→“对齐方式”组，单击所需的单元格对齐方式按钮，如图 4-57 所示，即可完成操作。

（2）更改表格中的文字方向

若要更改表格中的文字方向，首先需选择要更改文字方向的单元格，再通过以下方法进行操作：

方法 1：单击“表格工具/布局”→“对齐方式”→“文字方向”按钮，可将文本方向在水平和垂直方向上切换。

方法 2：单击“页面布局”→“页面设置”→“文字方向”下方按钮，在弹出的下拉菜单中选择所需的文字方向，如图 4-58 所示。

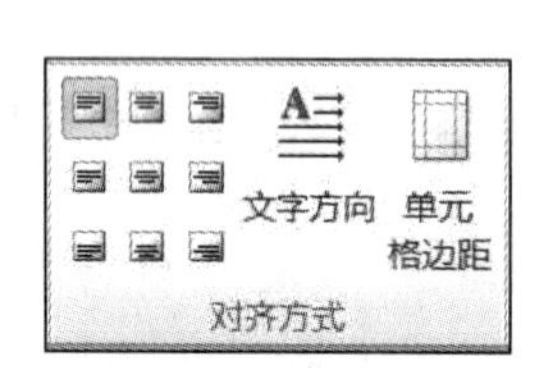

图 4-57 单元格对齐方式

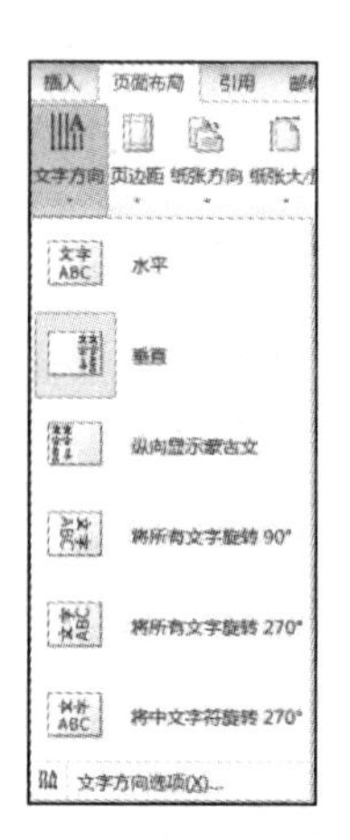

图 4-58 设置文字方向

3. 设置表格的边框和底纹

Word 默认的表格边框是 0.5 磅的单实线，底纹为无颜色，然而在实际的运用中，我们会使用到各种边框和底纹，为表格设置边框和底纹，可以达到美化表格的效果。

（1）添加边框

为单元格设置边框可通过以下方法进行设置：

① 选定要设置边框的单元格，单击“表格工具/设计”→“表格样式”→“边框”下拉按钮，弹出图 4-59 所示的下拉菜单，选择“边框和底纹”选项，弹出“边框和底纹”对话框。

② 选择“边框”选项卡，如图 4-60 所示，即可对单元格的边框进行详细设置。

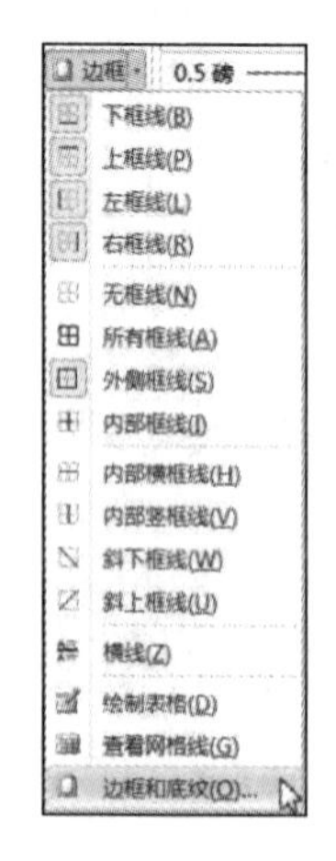

图 4-59 选择“边框和底纹”选项

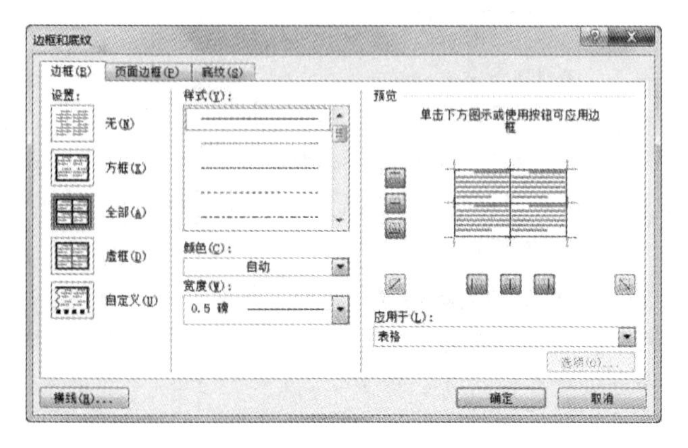

图 4-60 “边框和底纹”对话框的“边框”选项卡

（2）添加底纹

为单元格添加底纹可通过以下方法进行设置:

方法 1：选定要添加底纹的单元格，单击“表格工具/设计”→“表格样式”→“底纹”下拉按钮，在弹出的底纹下拉列表中选择所需的底纹颜色，如图 4-61 所示。

方法 2：选定要添加底纹的单元格，单击“表格工具/设计”→“表格样式”→“边框”下拉按钮，在弹出的下拉菜单中选择“边框和底纹”选项，弹出“边框和底纹”对话框，选择“底纹”选项卡，如图 4-62 所示，即可对单元格的底纹进行详细设置。

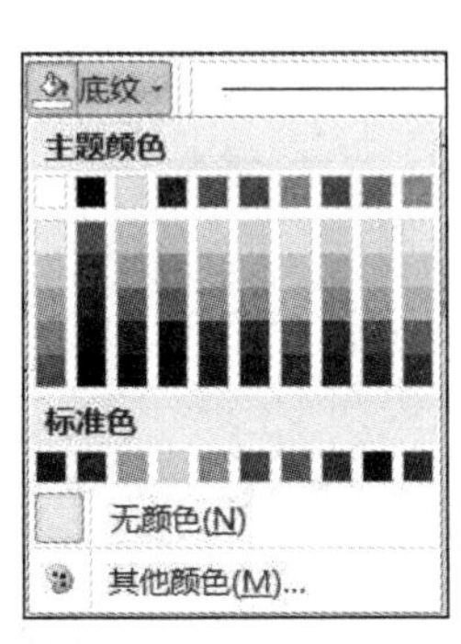

图 4-61　底纹下拉列表

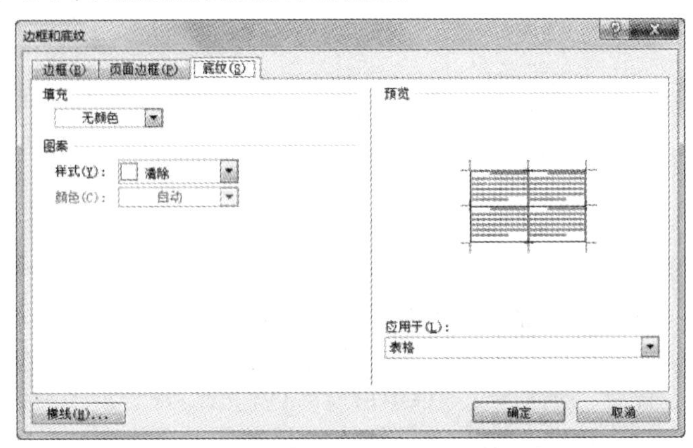

图 4-62　“边框和底纹”对话框的“底纹”选项卡

4. 设置表格自动套用格式

Word 提供了表格的自动套用格式功能，表格自动套用格式是 Word 预先设置好的表格格式的组合方案，它包括表格的字体、边框、底纹等格式。单击“表格工具/设计”→“表格样式”组中样式库右侧的下拉按钮，在弹出的表格样式下拉列表中选择所需的样式，如图 4-63 所示，即可把这些样式套用在表格中。

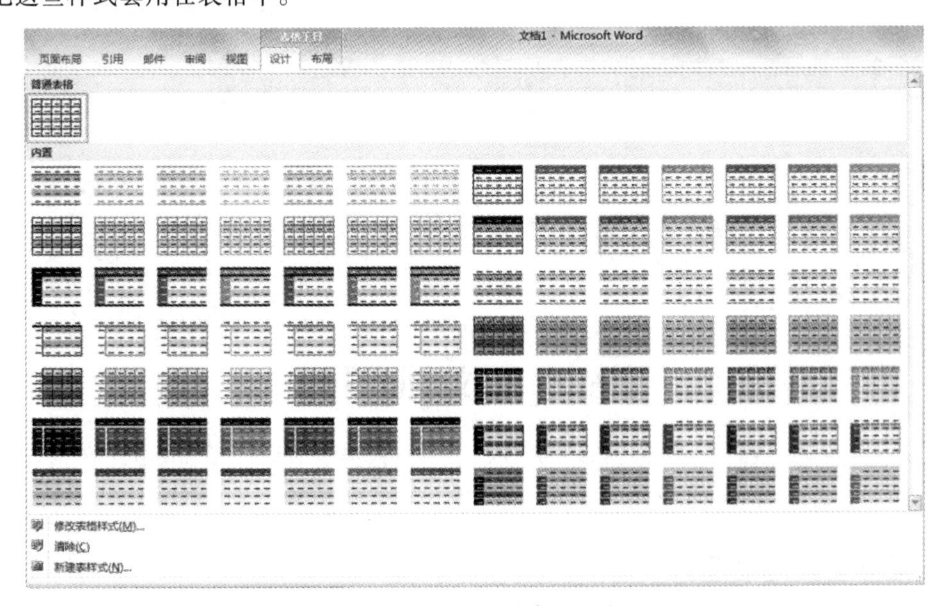

图 4-63　表格自动套用格式

4.5.4 表格的计算

在 Word 中，可对表格进行一些基本计算和简单的排序操作，如求和、平均值、最大值，最小值等。

【实战 4-8】打开“成绩表.docx”，计算如图 4-64 所示的成绩表的平均分，并将表格按语文成绩从高到低进行排序。

姓名	语文	数学	计算机	平均分
王子涵	88	78	80	
梁悦	96	89	77	
王庆	85	65	90	

图 4-64 成绩表

① 打开“成绩表.docx”，将光标定位于要存放平均分的单元格中。

② 单击“表格工具/布局”→“数据”→“公式”按钮，弹出“公式”对话框。

③ 将“公式”文本框中的原有内容清除，然后在“粘贴函数”下拉列表中选择“AVERAGE”选项，此时“公式”文本框中出现“AVERAGE()”，在()中输入“LEFT”，如图 4-65 所示，单击“确定”按钮，即求得平均分。其他学生的平均分都可以采用上述方法进行操作，在此不再赘述。

④ 单击“表格工具/布局”→“数据”→“排序”按钮，弹出“排序”对话框，设置“主要关键字”为“语文”，“类型”为“数字”“降序”，如图 4-66 所示，表格按语文成绩从高到低进行排序。

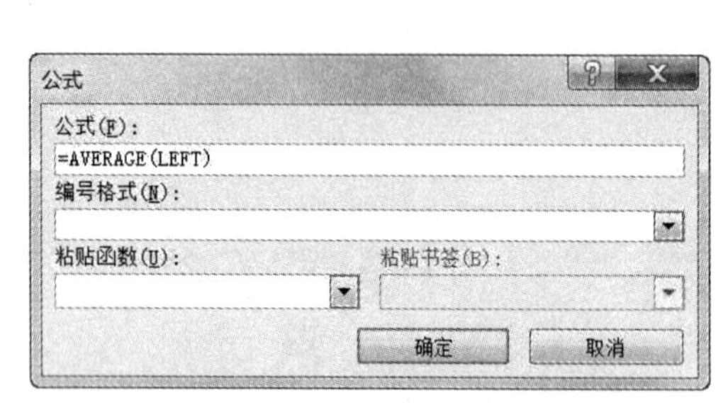

图 4-65 “公式”对话框

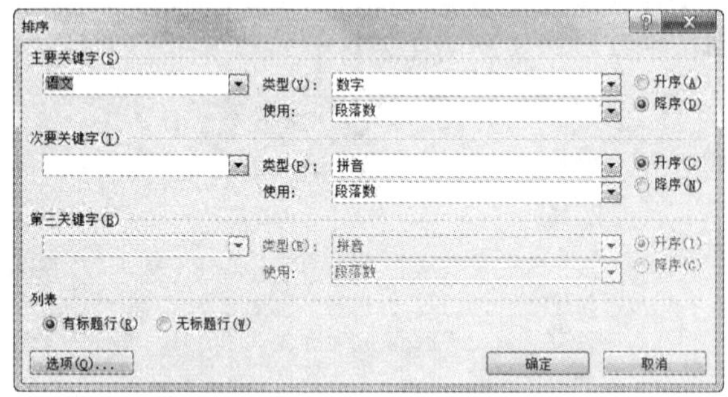

图 4-66 “排序”对话框

4.6 图文混排

Word 提供了强大的图文混排功能，在文档中可以根据需要插入各种图片、图形、艺术字等，使文档更具有感染力和表现力。

4.6.1 插入剪贴画及图片文件

在 Word 中，既可以插入 Word 自带的剪辑库中的图片，也可以插入计算机中的图片文件。

1. 插入剪贴画

Word 自带的剪辑库中提供了大量的剪贴画，可从中选择所需的图片，具体操作步骤如下：

① 将光标定位于要插入剪贴画的位置。

② 单击“插入”→“插图”→“剪贴画”按钮，打开“剪贴画”任务窗格。

③ 在“搜索文字”文本框中输入所需查找的关键字，单击“搜索”按钮，即在任务窗格下方显示搜索结果，如图 4-67 所示。

④ 单击要插入的剪贴画，即可将其插入至文档中。

2. 插入图片

Word 能够将存储在计算机中的图片文件插入到文档中。具体操作步骤如下：

① 将光标定位于要插入图片的位置。

② 单击“插入”→“插图”→“图片”按钮，弹出“插入图片”对话框，如图 4-68 所示。

③ 在对话框中选择所需图片存放的文件夹，在对话框下方的浏览区域中选择所需的图片。

④ 单击“插入”按钮，即可将其插入至文档中。

图 4-67　“剪贴画”任务窗格

图 4-68　“插入图片”对话框

3. 编辑剪贴画与图片

插入了剪贴画或图片后，功能区中将显示如图 4-69 所示的“图片工具/格式”选项卡，可通过该选项卡更改剪贴画或图片的大小，设置图片的位置、环绕方式、图片样式等格式。

图 4-69　设置图片格式

① 在“图片工具/格式”选项卡“调整”组中，可删除图片的背景，调整剪贴画或图片的亮度和对比度、颜色，还可以设置图片的艺术效果，进行压缩图片等操作。

② 在“图片工具/格式”选项卡的“图片样式”组中，可以对剪贴画或图片应用 Word 自带的图片样式，设置边框、阴影、映像和柔化边缘等效果。

③ 在“图片工具/格式”选项卡的“排列”组中，可以对剪贴画或图片调整位置、设置环绕方式及旋转方式等格式。

④ 在“图片工具/格式”选项卡的“大小”组中，可对剪贴画或图片进行调整大小和裁剪等操作。

【实战 4-9】打开“素材.docx”，在文档中插入图片“荷塘月色.jpg”，设置图片的高度为 5 厘米，宽度为 8 厘米，环绕方式为“四周型”环绕，图片样式为“简单框架，白色”。

① 打开“素材.docx”，单击“插入”→“插图”→“图片”按钮，选择图片“荷塘月色.jpg”，单击“插入”按钮插入图片。

② 在文档中选定图片，选择“图片工具/格式”→“大小”组，输入“高度”：5 厘米，“宽度”：8 厘米。

③ 单击“图片工具/格式”→“排列”→“自动换行”按钮，在弹出的下拉列表中选择“四周型环绕”选项，如图 4-70 所示。

④ 选择“图片工具/格式”→“图片样式”组，在样式库中选择“简单框架，白色”样式，如图 4-71 所示。

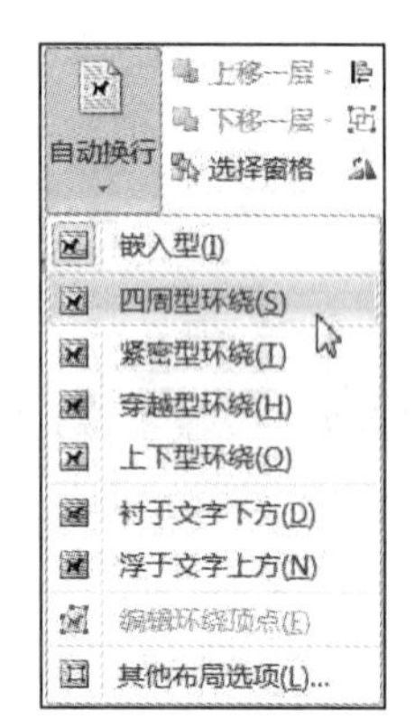

图 4-70　设置图片环绕方式

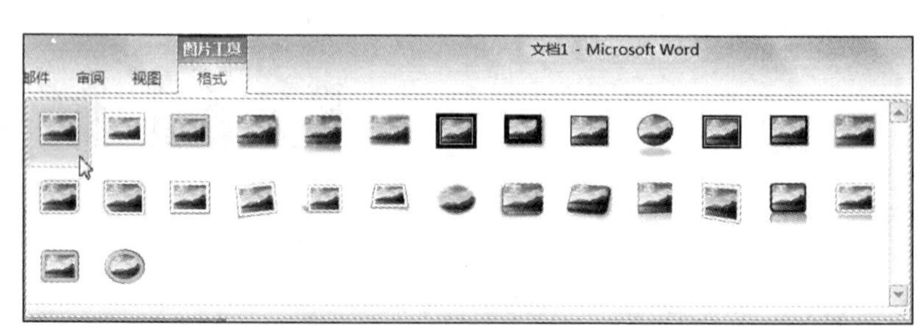

图 4-71　设置图片样式

小知识

在 Word 中，调整图片的大小时，默认是按照图片的原始纵横比进行调整，若想按不同的纵横比调整，其操作步骤如下：单击“图片工具/格式”→“大小”组右侧的“布局”对话框按钮，弹出“布局”对话框，选择“大小”选项卡，取消选择“锁定纵横比”复选框，单击“确定”按钮完成操作。

4.6.2　插入文本框

文本框是一种特殊的矩形框，在文本框中，不仅可以输入文字，还可以插入图片和图形。它可以被放置于文档中的任何位置。可根据需要设置文本框的边框、填充色等格式。

1. 插入文本框

文本框分为横排和竖排两种，以下为插入文本框的方法：

① 单击“插入”→“文本”→“文本框”按钮，弹出文本框下拉列表，如图 4-72 所示，可选择所需的文本框样式或进行手动绘制文本框。

② “内置”面板中包含多种 Word 内置的文本框样式，单击所需的文本框样式即可插入相应样式的文本框。

③ 选择“绘制文本框”或“绘制竖排文本框”选项，在文档中按住鼠标左键拖动光标即可绘制出相应的文本框。

2. 编辑文本框

插入文本框后，将光标定位于所需编辑的文本框内，选择“绘图工具/格式”选项卡，如图 4-73 所示，利用该选项卡上的各命令按钮，可设置文本框的大小、位置和旋转，还可以设置填充颜色和边框颜色等格式。

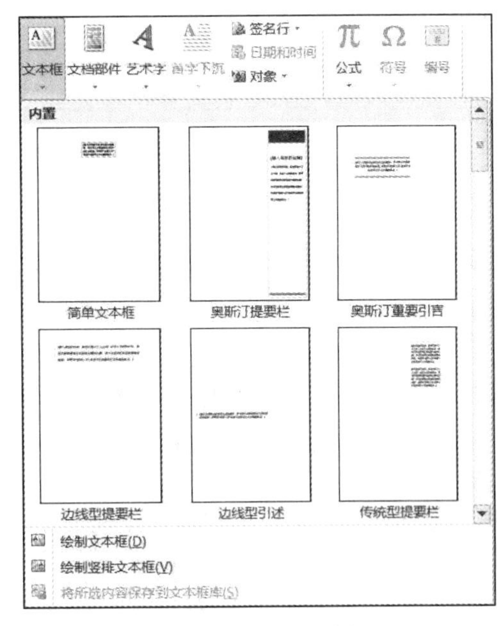

图 4-72　插入文本框

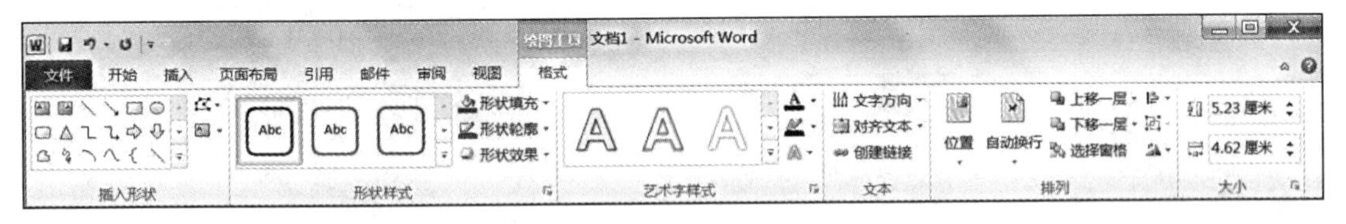

图 4-73　设置文本框格式

4.6.3　插入自选图形

在 Word 中，用户可以轻松地插入自选图形，还可以对所插入的图形进行填充、旋转、设置颜色，或与其他图形组合成更为复杂的图形。

1. 插入自选图形

Word 将提供的 100 多种图形分门别类地放置在相应的类别下，要插入某个自选图形，只需单击“插入”→“插图”→“形状”按钮，在弹出的下拉列表中选择所需的图形，如图 4-74 所示，然后在文档中拖动光标，即可绘制出相应的图形。

2. 编辑自选图形

插入自选图形并将其选中后，功能区中将显示“绘图工具/格式”选项卡，如图 4-75 所示，通过该选项卡，可对自选图形设置形状样式、形状填充、形状轮廓及大小等格式。当插入多个自选图形时，可对其进行组合、设置叠放次序、对齐等。

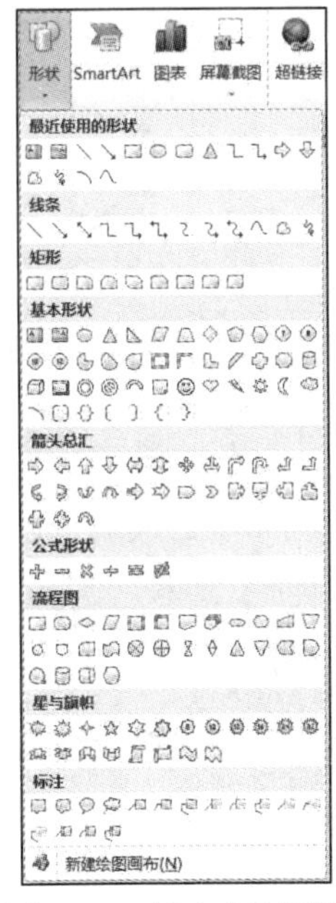

图 4-74　插入自选图形

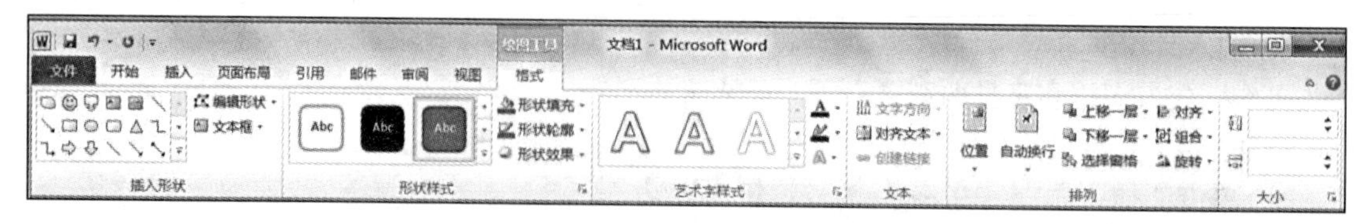

图 4-75　编辑自选图形

4.6.4　插入 SmartArt 图形

使用 SmartArt 图形，可以快速、轻松地创建出具有专业设计师水准的图形。SmartArt 图形包括列表、流程、循环、层次结构等类型，每种类型包含多种不同的图形。

1. 插入 SmartArt 图形

插入 SmartArt 图形的具体操作步骤如下：

① 单击“插入”→“插图”→“SmartArt”按钮，弹出图 4-76 所示的“选择 SmartArt 图形”对话框。

② 在对话框中，选择窗口左侧所需的类别名称，在窗口中间选择所需图形，最后单击“确定”按钮，即可插入 SmartArt 图形。

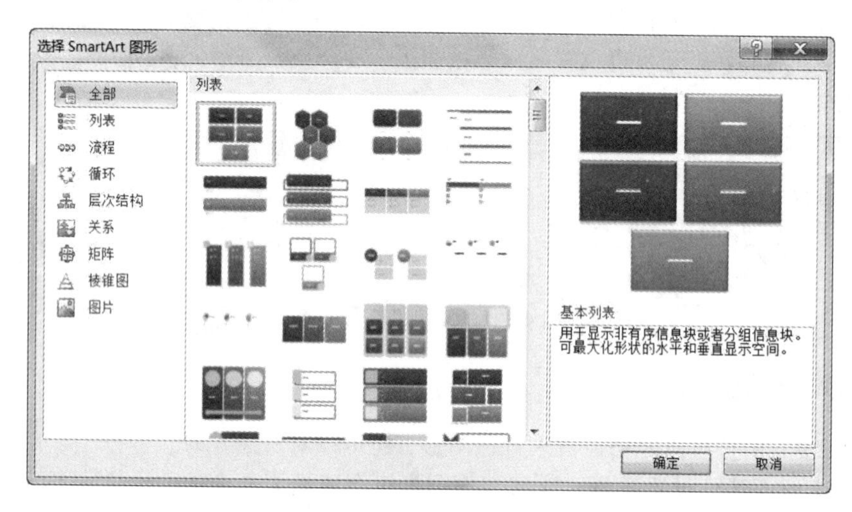

图 4-76　“选择 SmartArt 图形”对话框

2. 编辑 SmartArt 图形

插入 SmartArt 图形后，功能区中将增加“SmartArt 工具/设计”选项卡（见图 4-77）和“SmartArt 工具/格式”选项卡（见图 4-78），通过这两个选项卡，可对 SmartArt 图形添加形状、更改形状、调整形状的级别、更改布局或设置样式等。

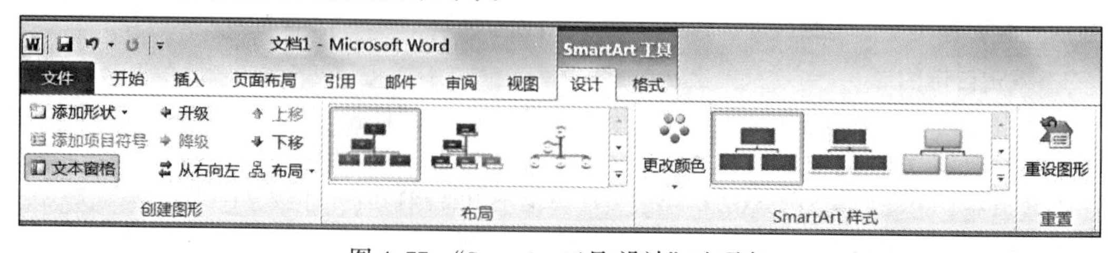

图 4-77　“SmartArt 工具/设计”选项卡

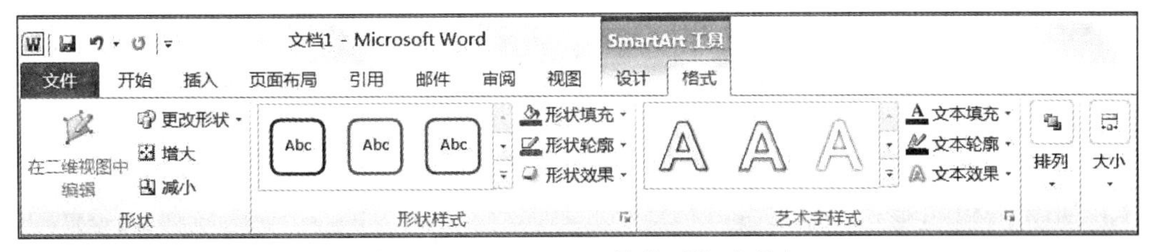

图 4-78 “SmartArt 工具/格式”选项卡

4.6.5 插入艺术字

艺术字是具有特殊效果的文字，其具有颜色、阴影、映像和发光等效果，常用于广告宣传、文档标题。使用艺术字可以突出主题，增强文档的视觉效果。艺术字是作为一种图形对象插入的，因此，可以像编辑图形一样通过“绘图工具/格式”选项卡编辑艺术字。可通过以下步骤插入艺术字：

① 单击“插入”→“文本”→“艺术字”按钮，弹出图 4-79 所示的艺术字下拉列表。

② 在艺术字下拉列表中单击所需的艺术字样式，即可在文档中插入艺术字。

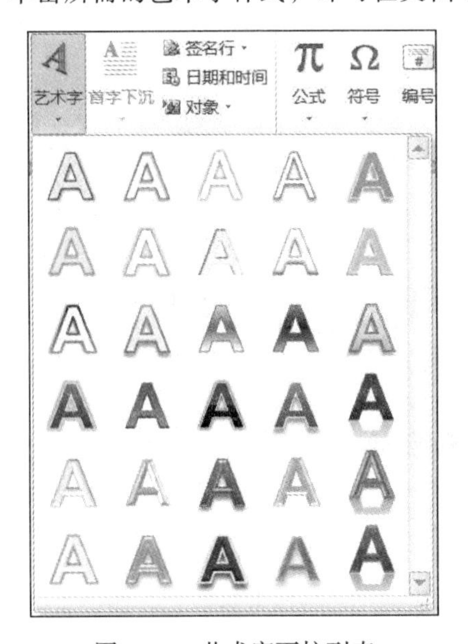

图 4-79 艺术字下拉列表

4.7 页面设置与打印

页面的格式设置影响文档的整体外观，在打印前，通常需要对文档进行页面设置。页面的格式设置包括页边距、纸张方向、纸张大小、分栏、页眉及页脚、页码、分节、分页等设置。

4.7.1 页面设置

文档的页面设置可通过标尺或“页面设置”对话框进行设置。

【实战 4-10】打开“素材.docx”，设置页边距上、下为 3 厘米，纸张大小为 16 开，装订线为 1.5 厘米。

① 打开“素材.docx”。

② 单击“页面布局”→“页面设置”组右侧的“页面设置”对话框按钮，弹出“页面设置”对话框。

③ 选择“页边距”选项卡，设置页边距的“上”“下”均为 3 厘米，“装订线”为 1.5 厘米，如图 4-80 所示。

④ 选择“纸张”选项卡，设置“纸张大小”为 16 开，如图 4-81 所示。单击“确定”按钮完成操作。

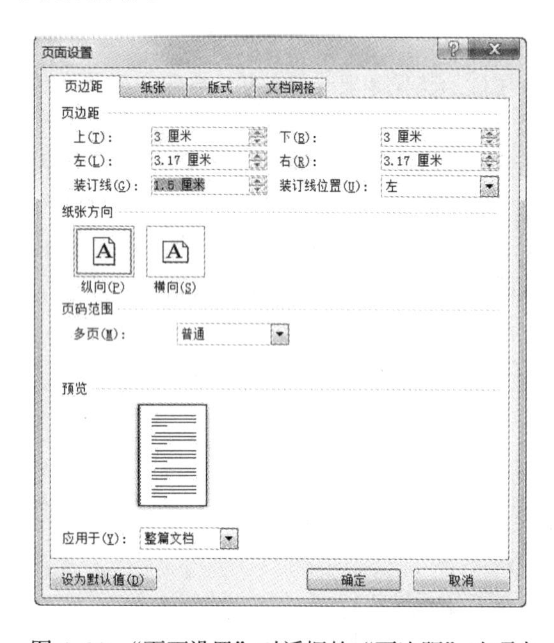

图 4-80 “页面设置”对话框的“页边距”选项卡

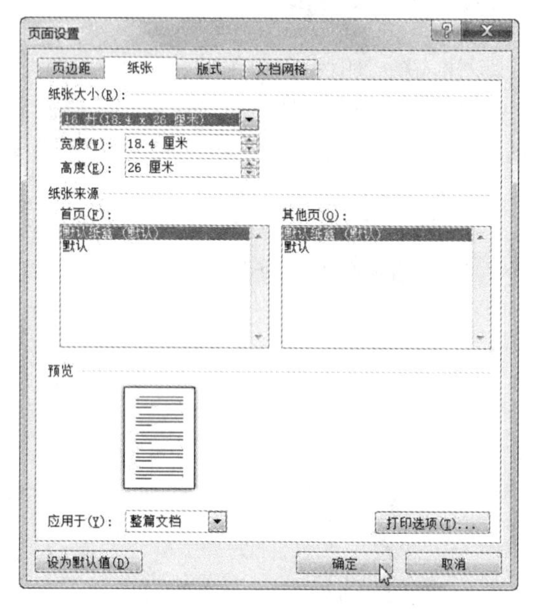

图 4-81 “页面设置”对话框的“纸张”选项卡

4.7.2 设置页眉、页脚和页码

1. 设置页眉和页脚

页眉和页脚分别位于页面的顶部和底部，通常用于打印文档。在页眉和页脚中可以插入文本、图形和表格，如日期、页码、文档标题、公司徽标、章节的名称等内容。

【实战 4-11】为“素材.docx”设置页眉和页脚，页眉为“朱自清文集”，页脚为系统当前日期。

① 打开“素材.docx”。

② 单击“插入”→“页眉和页脚”→“页眉”按钮，在弹出的下拉列表中选择“编辑页眉”选项，如图 4-82 所示，进入页眉和页脚编辑状态后，在页眉空白处输入“朱自清文集”。

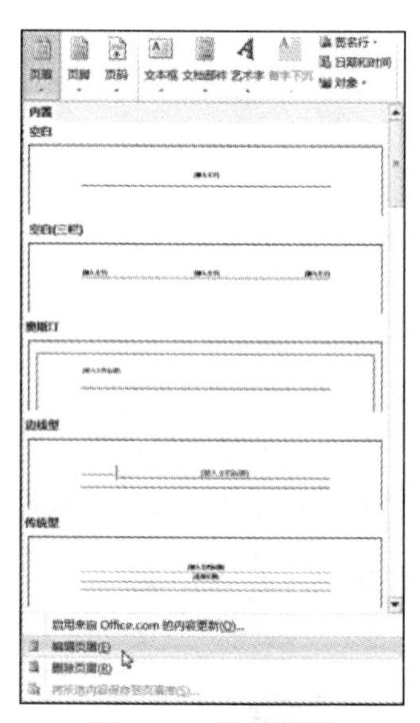

图 4-82 设置页眉

③ 单击“页眉和页脚工具/设计”→“导航”→“转至页脚”按钮，将插入点切换至页脚，再单击“页眉和页脚工具/

设计”→“插入”→“日期和时间”按钮，如图 4-83 所示，弹出“日期和时间”对话框，选择所需的日期格式后单击“确定”按钮，如图 4-84 所示。单击“页眉和页脚工具/设计”→“关闭”→“关闭页眉和页脚”按钮完成操作。

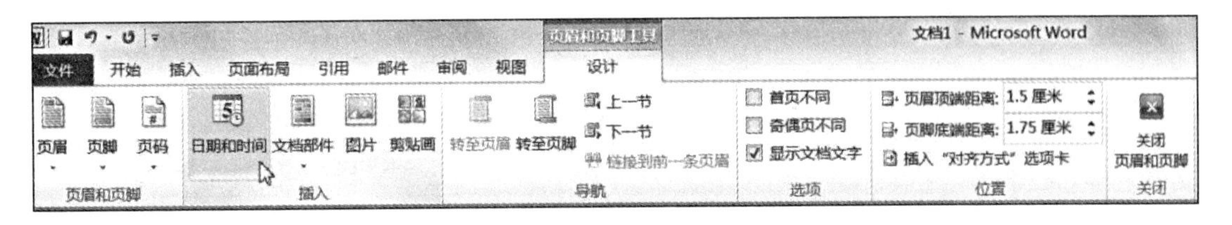

图 4-83 “页眉和页脚工具/设计”选项卡

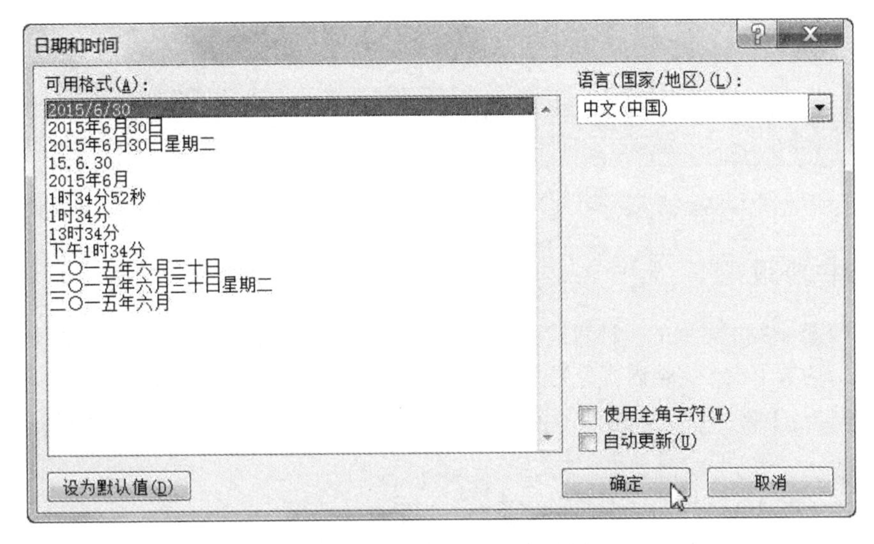

图 4-84 “日期和时间”对话框

小知识

在页面的上下页边距处双击即可快速进入页眉和页脚编辑状态，在文本编辑区双击可退出页眉和页脚编辑状态。

2. 设置页码

当文档中含有多页时，为了打印后便于整理和阅读，通常需要为文档添加页码。

【实战 4-12】为“素材.docx”在右边距中添加页码，页码位于强调箭头内，页码的格式为“壹，贰，叁…”

① 打开“素材.docx”

② 单击“插入”→“页眉和页脚”→“页码”按钮，在弹出的下拉列表中选择“页边距”→“箭头（右侧）”选项，如图 4-85 所示。

③ 选择“页眉和页脚工具/设计”→“页眉和页脚”→“页码”选项，在弹出的下拉列表中选择“设置页码格式”选项，弹出“页码格式”对话框。

④ 在对话框中设置“编号格式”为“壹，贰，叁…”，单击“确定”按钮，如图 4-86 所示，单击“页眉和页脚工具/设计”→“关闭”→“关闭页眉和页脚”按钮完成操作。

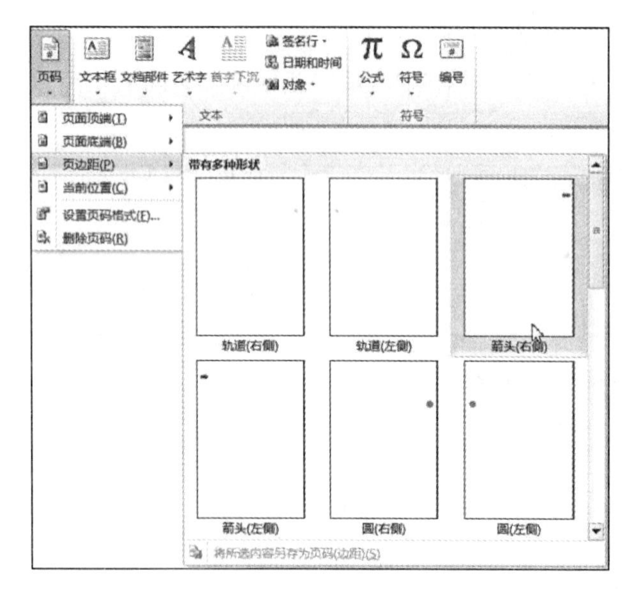

图 4-85　插入页码

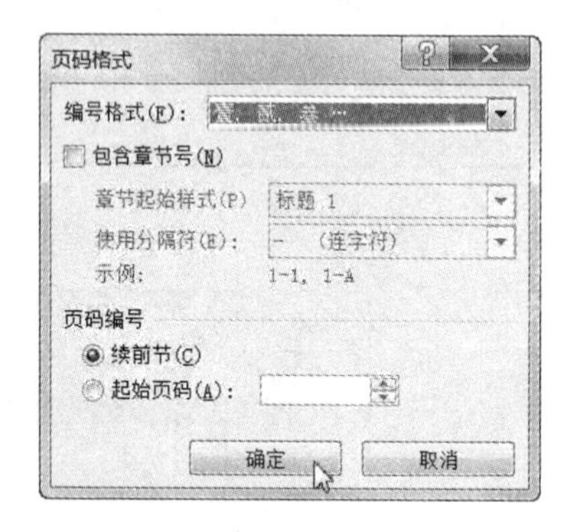

图 4-86　“页码格式”对话框

4.7.3　分栏排版

分栏是文档排版中常用的一种版式，广泛应用于各种杂志和报纸的排版中。它将文字或段落在水平方向上分为若干栏，文档内容分列于不同的栏中，使页面显得更为生动、活泼，更便于阅读。

【实战 4-13】将“素材.docx”中正文的第二、三段分成等宽的两栏，栏间距为 5 字符，加分隔线。

① 打开“素材.docx”，选择正文的第二、三段。

② 选择“页面布局”→“页面设置”→“分栏”→“更多分栏”选项，如图 4-87 所示，弹出“分栏”对话框。

③ 设置“预设”为“两栏”，“间距”输入“5 字符”，选中“分隔线”复选框，如图 4-88 所示，单击“确定”按钮完成操作。

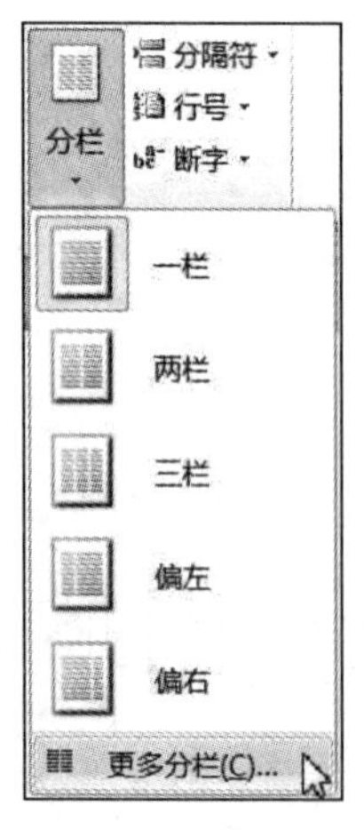

图 4-87　设置分栏

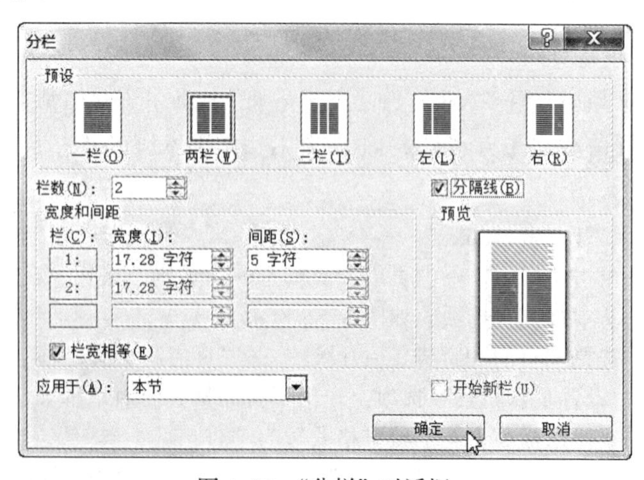

图 4-88　“分栏”对话框

小知识

对文档的最后一页分栏时，经常会出现各栏内容不平均的情况。若需分栏的内容均衡显示，则在选定需要分栏的内容时，不选中文档最后的段落标记。

对文档进行分栏后，可通过在文本中插入分栏符来手动设置下一栏的起始位置，方法为：将光标定位在某一文本处，选择“页面布局”→“页面设置”→“分隔符”→“分栏符”选项。

4.7.4 分节与分页

1. 分节

对文字或段落设置分栏后，分栏内容的前后会自动出现两个分节符。分节符可以把文档划分为若干个“节”，各节可作为一个整体，单独设置页边距、页眉、页脚、纸张大小等格式。通过设置不同的节，可以在同一文档中设置不同的版面格式，编排出复杂的版面。

如果要在文档中手动建立节，则需在文档中插入分节符，插入分节符的方法为：单击“页面布局”→“页面设置”→“分隔符”按钮，在下拉列表中选择所需的分节符，如图 4-89 所示。

2. 分页

在默认状态下，Word 在当前页已满时自动插入分页符，开始新的一页，但有时也需要强制分页，人工插入分页符。插入分页符的具体步骤为：

① 将光标定位至需分页的位置

② 选择“页面布局”→“页面设置”→“分隔符”→“分页符”选项，如图 4-90 所示，即可在当前插入点位置开始新的一页。

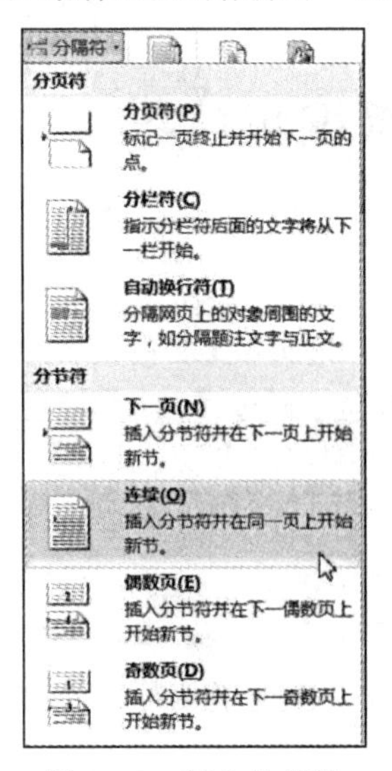

图 4-89 插入分节符

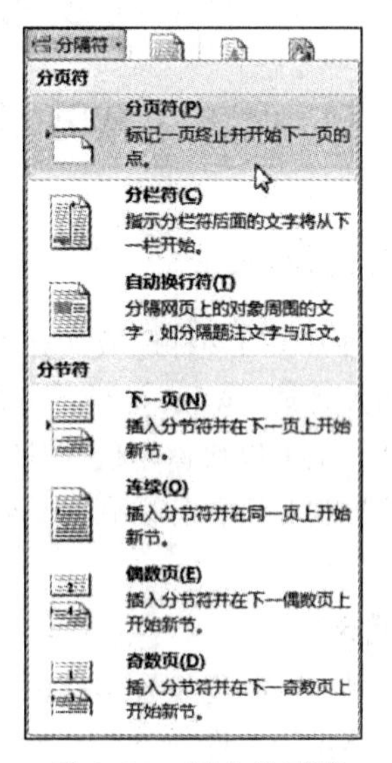

图 4-90 插入分页符

4.7.5 预览与打印

在打印之前，可通过打印预览在屏幕上预览打印后的效果，如果发现有错误，可以及时进行调整修改，从而避免了纸张和打印时间的浪费。选择“文件”→“打印”选项，即可进入打印预览状态，如图 4–91 所示。

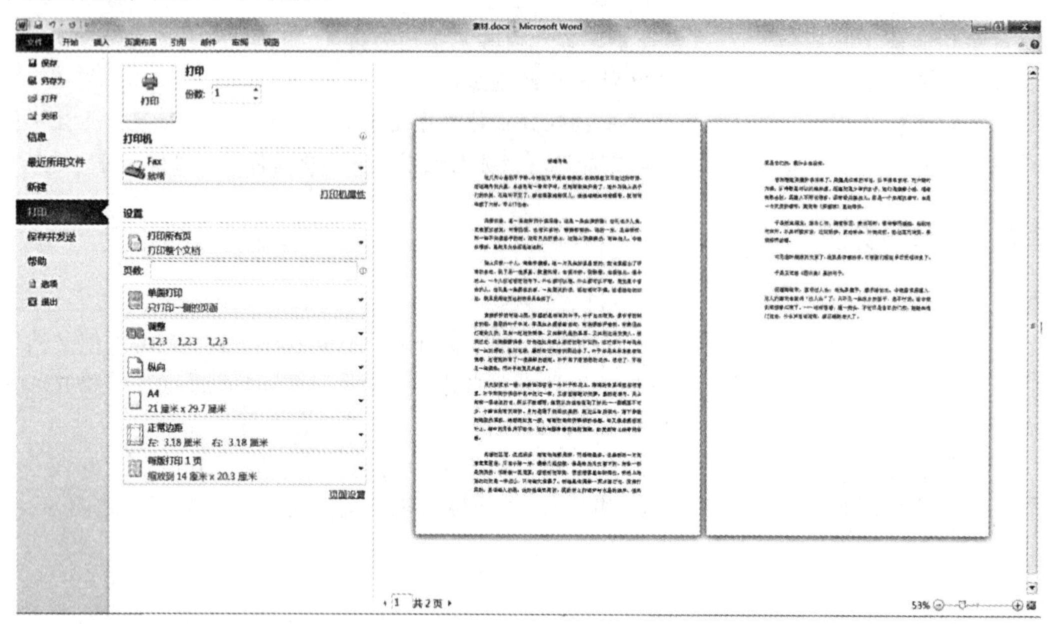

图 4–91　打印预览

对文档进行预览时，可通过窗口右下角的显示比例调节工具 53% ⊖——▽——————⊕ 调整预览效果的显示比例，也可在窗口左侧设置打印选项，如打印的份数、打印的页数、纸张的方向等。完成预览后，若确认无误，可单击窗口中的“打印”按钮进行打印。若还需对文档进行修改，可单击各选项卡标签或按<Esc>键退出预览状态。

4.8　Word 2010 的高级编辑技巧

4.8.1　插入目录

目录是文档中各级别标题及所在页码的列表。在书籍、论文等文档的编辑中，通常需要在文档的开头插入目录。Word 提供了方便的目录自动生成功能，通过目录，用户可以了解当前文档的内容纲要，也可以快速定位到某个标题。

在文档发生改变后，可以利用更新目录的功能来快速反映出文档中标题内容、位置及页码的变化。

1. 插入目录

在创建目录前必须先设置文档中各标题的样式，如将各标题设置为标题 1、标题 2 等样式。插入目录的具体操作步骤如下：

① 将光标定位于需插入目录的位置

② 单击“引用”→“目录”→“目录”按钮，在弹出的下拉列表中选择所需的目录样式或自行设计目录，如图 4–92 所示。

③ “内置”面板中包含几种 Word 内置的目录样式，单击所需的目录样式即可插入相应样式的目录。

④ 选择“插入目录”选项，弹出“目录”对话框，在对话框中设置目录的格式、显示级别、制表符前导符等格式后，单击“确定”按钮，如图 4-93 所示，即可插入目录。

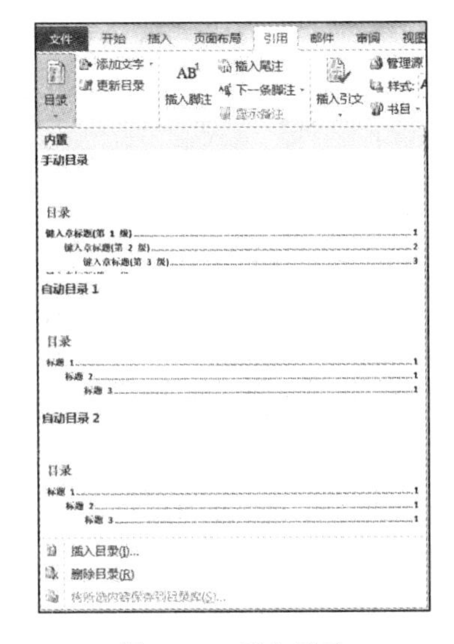

图 4-92　插入目录

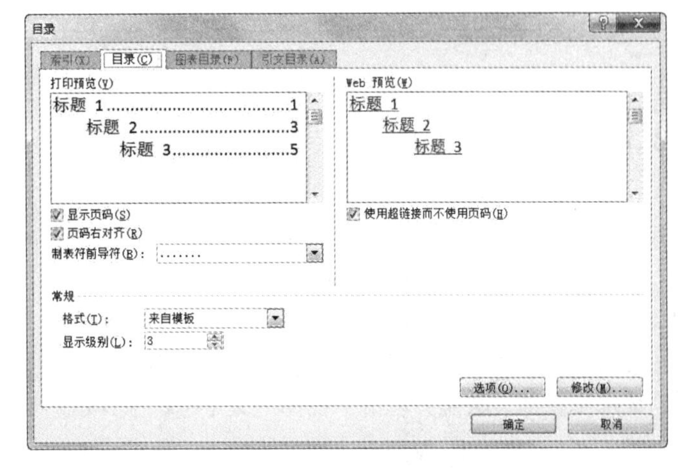

图 4-93　“目录”对话框

2. 更新目录

利用 Word 提供的目录生成功能所生成的目录，可以随时进行更新。单击“引用”→“目录”→“更新目录”按钮。弹出图 4-94 所示的“更新目录”对话框，在对话框中选择更新的内容后，单击“确定”按钮完成目录的更新。

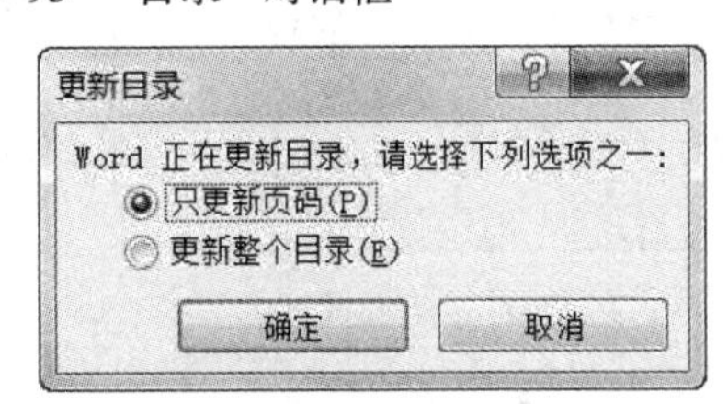

图 4-94　“更新目录”对话框

4.8.2　插入数学公式

在编辑文档时，有时需要输入数学公式，简单的公式可用键盘直接输入，而复杂的公式，如积分、矩阵等公式，无法用键盘直接输入。利用 Word 提供的公式编辑功能可以快速地输入专业的数学公式。插入公式的具体操作步骤为：

① 将插入点定位于要插入公式的位置，单击“插入”→“符号”→“公式”按钮，弹出如图 4-95 所示的下拉列表。

② 下拉列表中列出了各种常用公式，单击所需的常用公式，即可在文档中插入该公式。

③ 如需自行创建公式，选择下拉列表中的“插入新公式”选项，出现图 4-96 所示的“公式工具/设计”选项卡，根据需要单击所需的按钮，即可自定义设计各种复杂公式。

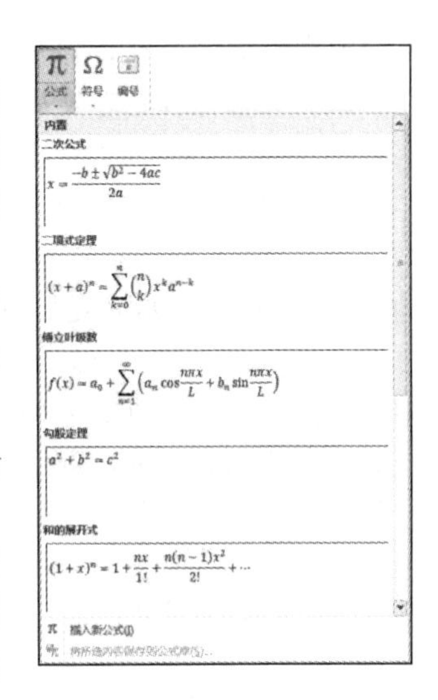

图 4-95　“公式”列表

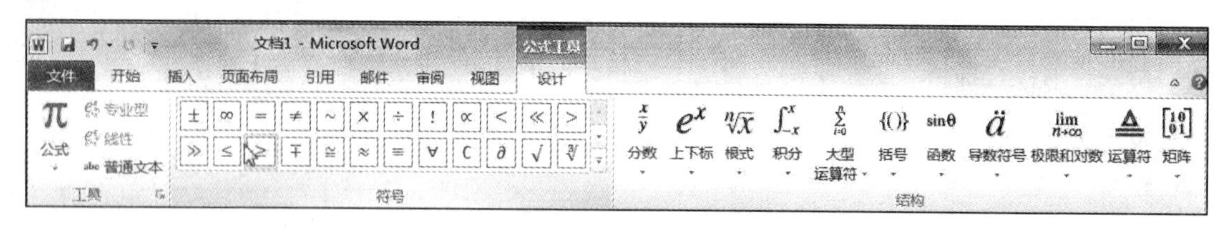

图 4-96 “公式工具/设计”选项卡

4.8.3 插入批注

用户在审阅或修改他人的文档时，如果需要在文档中添加自己的意见，但又不希望修改原有文档的内容及排版，可以选择使用批注。插入批注的具体操作步骤为：

① 选定文档中要添加批注的内容，单击“审阅”→“批注”→“新建批注”按钮，如图 4-97 所示，弹出“批注”文本框。

② 在“批注”文本框中输入批注内容，如图 4-98 所示，即可插入批注。

删除批注的方法是：右击“批注”文本框，在弹出的快捷菜单中选择“删除批注”命令。

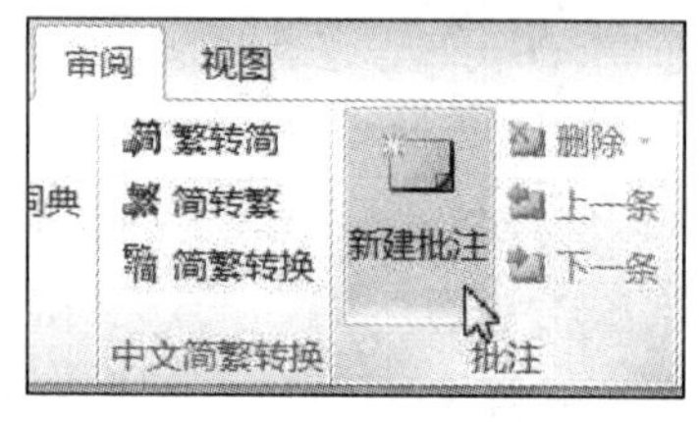

图 4-97 插入批注

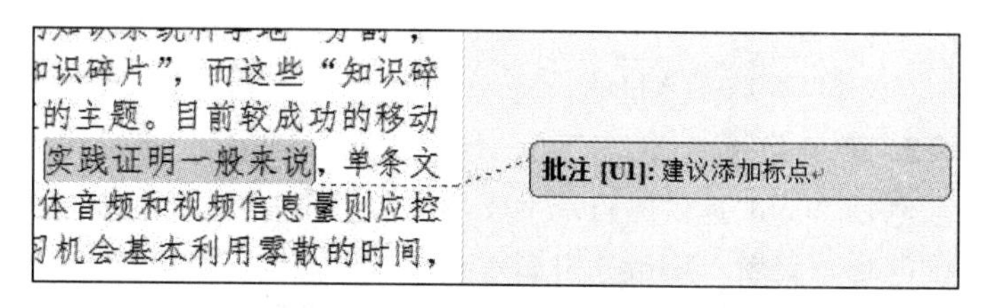

图 4-98 “批注”文本框

思考与练习

1. 计算机文字处理的实质是什么？
2. 文字处理过程包含哪几个方面？
3. 简要介绍 Word 2010 的启动与退出方法。
4. Word 2010 有几种视图，各有什么特点？
5. Word 的保存与另存为有什么区别？
6. 在 Word 中文本的复制与移动可用什么方法实现？
7. 如何选定一行、一个自然段、一个矩形区域或整篇文档？
8. 插入表格的常用方法有哪些？
9. 如何在文档中插入图片，图片的环绕方式有哪些？

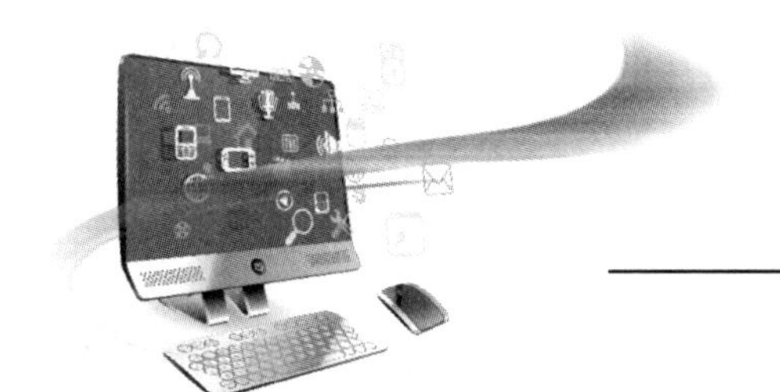

第 5 章 电子表格处理

教学目标：

通过本章的学习，了解电子表格处理软件 Excel 2010 的基本概念，掌握工作表的建立与格式化方法，掌握 Excel 2010 的数据计算，数据处理的方法，能够利用图表来表示和分析数据。

教学重点和难点：

- Excel 2010 的基本操作
- Excel 2010 的数据计算
- 数据的排序、筛选和分类汇总
- 数据的图表化

人们在日常生活和工作中经常会遇到各种计算问题，如商业上的销售统计，会计人员对工资、报表进行分析，教师计算学生的成绩，科研人员分析实验结果等。这些都可以通过电子表格软件 Excle 2010 来实现。Excle 2010 是 Office 2010 的重要组成部分，它可以进行各种数据处理、统计分析和辅助决策操作，广泛应用于管理、统计财经、金融等众多领域。

5.1 电子表格的基础知识

Excel 2010 由 Microsoft 公司推出，是目前市场上功能最强大的电子表格制作软件之一，它和 Word、PowerPoint、Access 等组件一起，构成了 Office 2010 办公软件的完整体系。Excel 不仅具有强大的数据组织、计算、分析和统计功能，还可以通过图表、图形等多种形式形象地展示处理结果，更能够方便地与 Office 2010 其他组件相互调用数据，实现资源共享。

5.1.1 Excel 2010 的主要功能

1. 表格编辑

利用 Excel 可以制作、编辑各类表格，快速输入有规律的数据，对表格进行格式化等。

2. 数据计算

利用 Excel 中的公式或函数可以对电子表格中的数据进行快速、复杂的计算。Excel 2010 公式中的嵌套层数以及函数中参数的个数有了很大的增加，函数的功能更加强大，使用更加方便。

3. 数据管理和分析

Excel 2010 可以对数据进行排序、筛选和分类汇总，创建数据透视表和数据透视图等。Excel 2010 新增了按照单元格颜色、单元格图标以及字体的颜色进行排序和筛选功能。

4. 数据图表化

数据图表化可以将枯噪乏味的数据快速变成直观的图表，从而更方便地找出数据之间的规律或者发展趋势。Excel 2010 图表处理功能强大，可在工作表的单元格内创建迷你图，从而方便、快速地呈现数据的变化趋势。

5. 网络访问与共享

Excel 允许用户将工作簿保存为 Web 页，创建一个动态网页以便通过网络查看或共享工作簿中的数据。

5.1.2 Excel 2010 的新增功能

Excel 2010 不仅具有友好的人机界面，还具有强大的计算功能，因此成为广大用户管理数据的得力助手。Excel 2010 较之前版本增加了一些新功能，改进了一些原有功能。下面介绍其主要的新增功能。

1. 粘贴预览

在 Excel 2010 中，在快捷菜单中即可预览要从剪贴板中粘贴的数据，以便在粘贴数据之前查看不同的数据格式。

2. 迷你图

迷你图是 Excel 2010 提供的一个全新的图表制作工具，它是存在于单元格中的小图表，它以简单便捷的方式为我们绘制出简明的数据小图表，并以可视化方式汇总趋势和数据，直观地表示数据。

3. 改进的筛选功能

在工作表、数据透视表和数据透视图中筛选数据时，使用 Excel 2010 新增的筛选搜索器的搜索框，可以在大型的工作表中快速找到所需的内容。

4. 切片器

切片器是 Excel 2010 新增的功能，它提供了一种可视性极强的筛选方法来筛选数据透视表中的数据。一旦插入切片器，即可快速对数据进行分段和筛选。

5. 更轻松更快地完成工作

Excel 2010 简化了访问功能的方式。全新的"Microsoft Office Backstage"视图取代了传统的文件菜单，通过改进的功能区可以自定义选项卡或创建自己的选项卡以适用自己独特的工作方式，从而可以更快地访问常用命令。

6. 通过连接、共享和其他人同时分享数据

通过电子表格 Excel Web 应用程序进行共同创作，与处于其他位置的用户，包括多人同时处理一个文档等。

5.1.3 Excel 2010 的窗口组成

和以前的版本相比，Excel 2010 的工作界面颜色更加柔和、美观，易用性更强。Excel 2010

的工作界面主要由标题栏、快速访问工具栏、功能区、编辑栏、工作区和状态栏等组成，如图 5-1 所示。

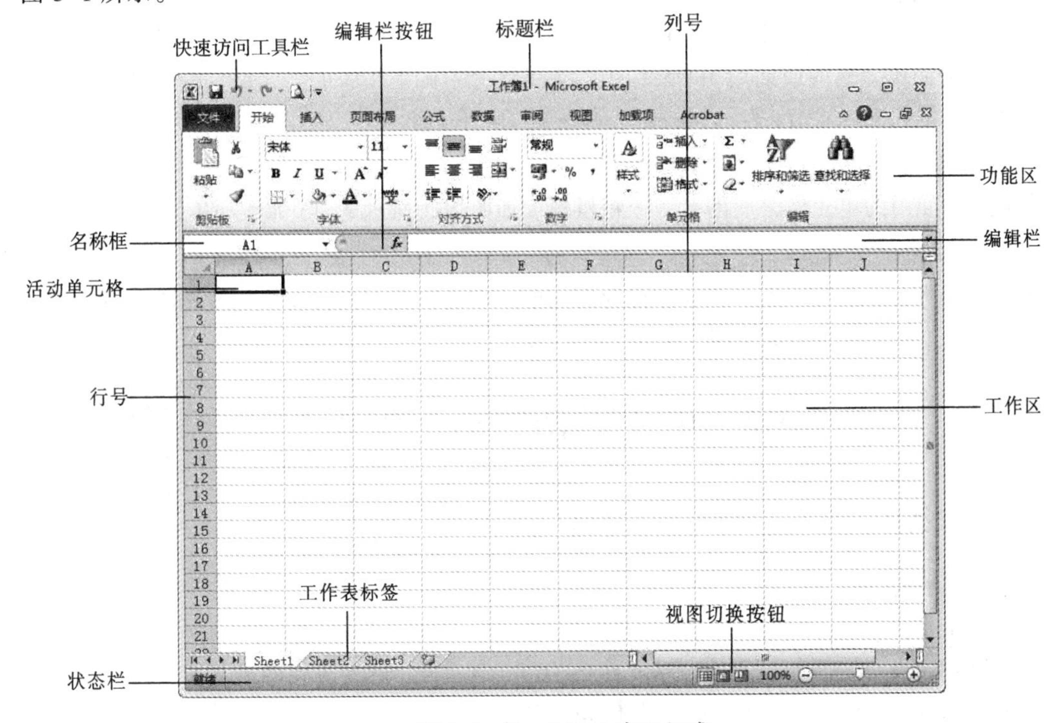

图 5-1　Excel 2010 窗口组成

1. 名称框

名称框中显示当前活动的地址，用户可以在名称框中给单元格或区域定义一个名字，也可在名称框中输入单元格地址，或选择定义过的名字来选定相应的单元格或区域。

2. 编辑栏

在编辑栏中，用户可以为活动单元格输入内容，如数据、公式或函数等，单击编辑栏后即可在此处输入单元格的内容。

3. 编辑栏按钮

光标定位到编辑栏并输入数据后，名称框和编辑栏之间会出现“取消”按钮✖、“确认”按钮✔和“插入函数”按钮 *fx*，它们的用法将在后文介绍。

4. 工作簿

工作簿是用来保存和处理数据的文件，其扩展名为 .xlsx。每个工作簿最多由 255 张工作表组成。默认情况下，工作簿有 3 张名称为 Sheet1、Sheet2、Sheet3 的工作表。

5. 工作表

工作表是由行和列构成的电子表格。行号用数字表示，共有 1 048 576 行，列号用字母 A、B、C、…、Z，AA、AB、AC、…、AZ，BA、…、XFD 表示，共有 16 384 列。工作表标签用来标识工作簿中不同的工作表。

6. 单元格

行与列的交叉处为单元格，输入的数据保存在单元格中。单元格可存放文字、数值、日期、时间、公式和函数等。

7. 单元格地址

每个单元格由列号与行号来表示它的位置，并且遵循“先列后行”的规则。例如，第 H 列与第 4 行交叉的单元格的地址用 H4 来标识。为了区分不同工作表的单元格，在地址前加上工作表的名称，例如 Sheet3!H4 表示 Sheet3 工作表的 H4 单元格。

8. 活动单元格

当前正在使用的单元格，周围有一个粗黑框。如图 5-1 所示的 A1 为活动单元格。

9. 填充柄

活动单元格右下角的黑色小方块，称为填充柄。它是 Excel 提供的快速填充单元格工具，当指针移动到上面时，会变成细黑十字形。

5.2 电子表格的基本操作

5.2.1 工作簿的新建与保存

1. 新建工作簿

新建工作簿，常用以下几种方法：

① 启动 Excel 后，系统自动会创建一个名为“工作簿 1”的新工作簿，其中包含 3 张工作表：依次为 Sheet1、Sheet2 和 Sheet3，其中 Sheet1 为当前工作表。

② 选择“文件”→“新建”选项，在“可用模板”中选择 “空白工作簿”选项，单击右下角的“创建”按钮，可创建新的工作簿，如图 5-2 所示。

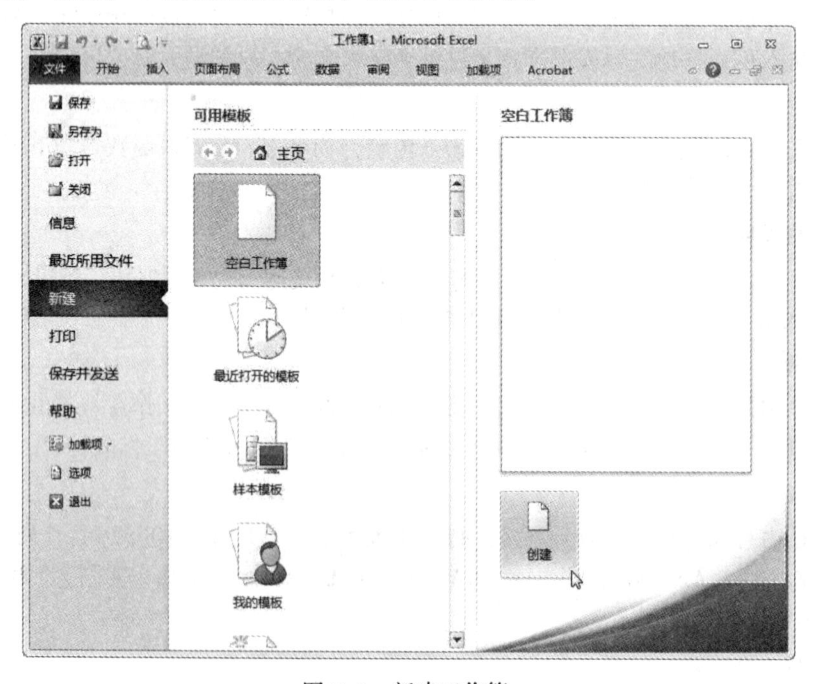

图 5-2 新建工作簿

③ 按<Ctrl+N>组合键，也可新建 Excel 工作簿。

2. 工作簿的保存

Excel 的工作表不能以单独的形式保存，必须以工作簿为单位整体保存。常用的保存工作簿的方法有三种：

① 选择“文件”→“保存”选项。

② 单击“快速访问”工具栏的“保存”按钮。

③ 按<Ctrl+S>快捷键，也可保存 Excel 工作簿。

3. 工作簿的加密

当工作簿中的信息比较重要，不希望他人随意打开工作簿时，可以给工作簿设置密码。具体操作步骤如下：选择“文件”→“另存为”选项，在弹出的“另存为”对话框中，选择“工具”→“常规选项”选项，弹出“常规选项”对话框，在“打开权限密码”和“修改权限密码”文本框中输入密码，单击“确认”按钮，在弹出的“确认密码”对话框中再次输入密码，单击“确认”按钮，再次输入修改权限密码即可完成加密设置。

5.2.2　工作表的基本操作

在工作表标签上单击工作表的名字可以实现在同一个工作簿中切换不同的工作表。当工作表很多，在窗口底部没有要查找的工作表标签时，可以按下标签滚动按钮，向左或向右移动标签滚动条来查找需要的工作表标签。用户可以根据需要插入、删除工作表、修改工作表名字、复制或移动工作表等。

1. 工作表的插入、删除和重命名

在需要操作的工作表标签上右击，根据需要选择相应的选项，如图 5-3 所示。

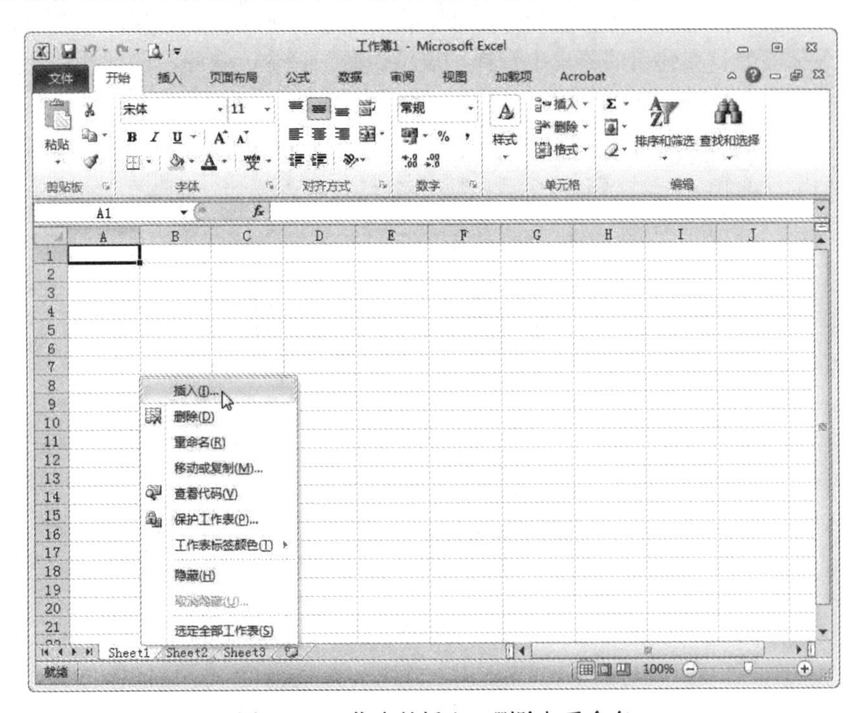

图 5-3　工作表的插入、删除与重命名

小知识

如果想同时删除多个工作表，可以先单击其中的一个工作表标签，然后按住<Ctrl>键，再单击其他要删除的工作表标签，按照上述方法进行删除操作。删除工作表后，工作表中的所有数据也将全部删除，且不可恢复和撤销，请慎用。

2．工作表的移动与复制

在实际工作中，为了更好地组织和共享数据，需要对工作表进行移动与复制。移动或复制工作表可以在同一工作簿中进行，也可以在不同工作簿之间进行。 其操作步骤如下：

① 右击要移动或复制的工作表标签，在弹出的菜单中选择“移动或复制”命令，弹出“移动或复制工作表”对话框，如图 5-4 所示。

② 如果要移动或复制到不同的工作簿，必须要在 Excel 中先打开该目标工作簿，然后在对话框的“工作簿”下拉列表框中选择目标工作簿。如果在同一工作簿内移动或复制，则可忽略此步骤。

③ 在“下列选定工作表之前”列表框中，选择把工作表移动或复制到目标工作簿中的位置。

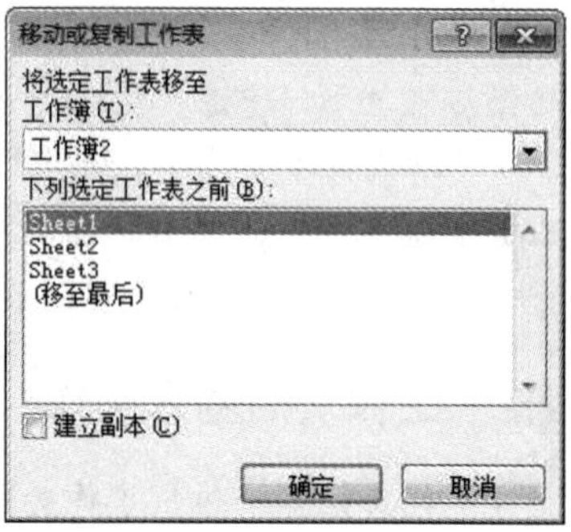

图 5-4 “移动或复制工作表”对话框

④ 若是复制工作表，则还需选中“建立副本”复选框，最后单击“确定”按钮。

3．工作表隐藏与显示

如果工作表中的数据比较机密，可以将工作表暂时隐藏起来。要隐藏某个工作表，可以右击该工作表标签，在弹出的菜单中选择“隐藏”命令。若要显示已经隐藏的某个工作表，则右击任一工作表标签处，在弹出的菜单中选择“取消隐藏”命令，在弹出的对话框列表中选择要取消隐藏的工作表，单击“确定”即可，如图 5-5 所示。

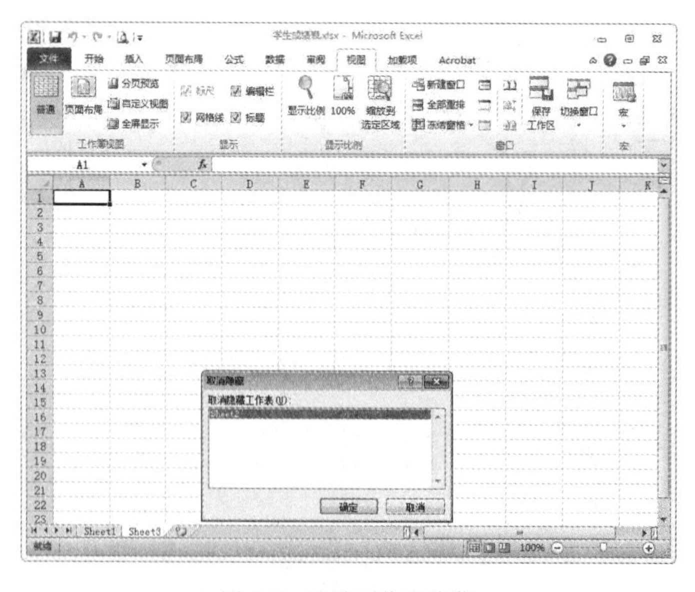

图 5-5 取消工作表隐藏

4. 工作表窗口的拆分与冻结

（1）工作表的拆分

许多工作表中的内容较多，一个窗口不能将其中的全部数据显示出来，需要滚动屏幕查看工作表的其余部分内容，给操作带来不便。若希望在滚动工作表的同时，仍然能够看到标题行或标题列，可以将工作表窗口进行拆分，操作方法为：将光标移动到滚动条旁的拆分条处，当光标变成一个双向箭头⇕时，按住左键拖动鼠标到目标拆分位置处，松开左键，将会在该位置出现对应的拆分线，窗口即拆分成水平的两个窗口，如图 5-6、图 5-7 所示。垂直方向的拆分方法类似。

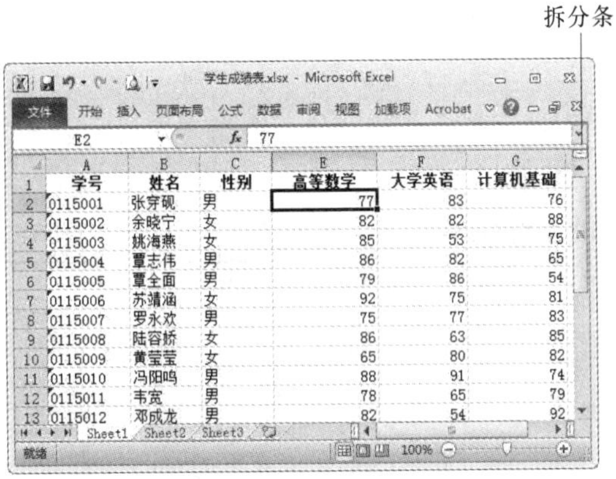

拆分条

	A	B	C	E	F	G
1	学号	姓名	性别	高等数学	大学英语	计算机基础
2	0115001	张穿砚	男	77	83	76
3	0115002	余晓宁	女	82	82	88
4	0115003	姚海燕	女	85	53	75
5	0115004	覃志伟	男	86	82	65
6	0115005	覃全面	男	79	86	54
7	0115006	苏婧涵	女	92	75	81
8	0115007	罗永欢	男	75	77	83
9	0115008	陆容娇	女	86	63	85
10	0115009	黄莹莹	女	65	80	82
11	0115010	冯阳鸣	男	88	91	74
12	0115011	韦宽	男	78	65	79
13	0115012	邓成龙	男	82	54	92

图 5-6　拆分条

拆分线

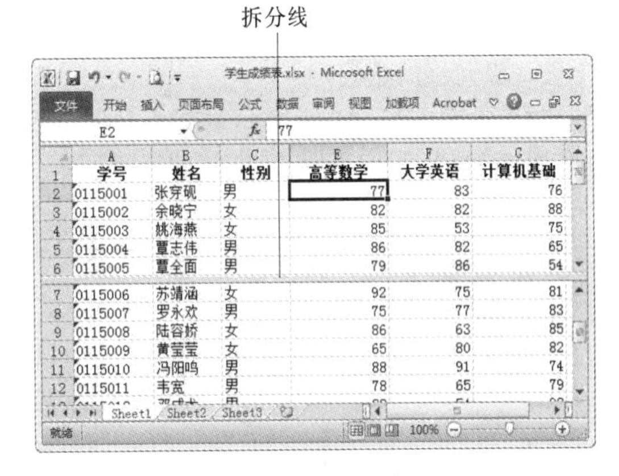

	A	B	C	E	F	G
1	学号	姓名	性别	高等数学	大学英语	计算机基础
2	0115001	张穿砚	男	77	83	76
3	0115002	余晓宁	女	82	82	88
4	0115003	姚海燕	女	85	53	75
5	0115004	覃志伟	男	86	82	65
6	0115005	覃全面	男	79	86	54
7	0115006	苏婧涵	女	92	75	81
8	0115007	罗永欢	男	75	77	83
9	0115008	陆容娇	女	86	63	85
10	0115009	黄莹莹	女	65	80	82
11	0115010	冯阳鸣	男	88	91	74
12	0115011	韦宽	男	78	65	79

图 5-7　拆分线

如果要取消对工作表窗口的拆分，双击对应的拆分线即可。

（2）工作表的冻结

如果希望工作表在滚动时，行、列标题或者某些数据保持固定，可以使用 Excel 的冻结功能。选定工作表中的某个单元格作为冻结点，选择“视图”选项卡，再选择“窗口”→“冻结窗格”→“冻结拆分窗格”选项。则该冻结点以上及其左侧的所有单元格区域均被冻结，如图 5-8 所示。

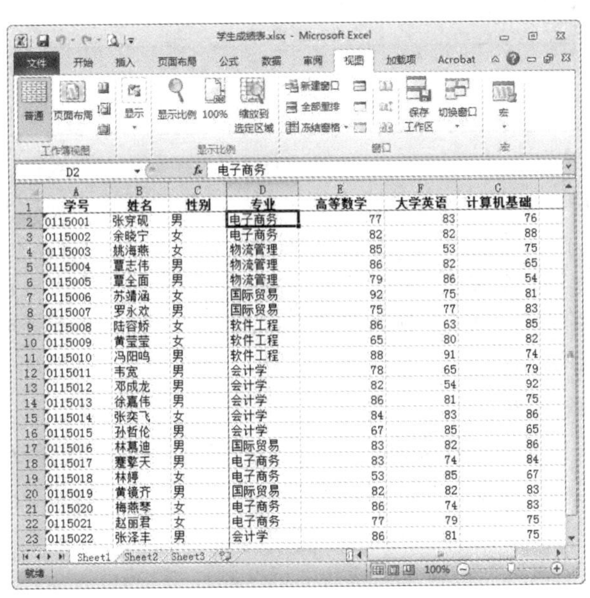

	A	B	C	D	E	F	G
1	学号	姓名	性别	专业	高等数学	大学英语	计算机基础
2	0115001	张穿砚	男	电子商务	77	83	76
3	0115002	余晓宁	女	电子商务	82	82	88
4	0115003	姚海燕	女	物流管理	85	53	75
5	0115004	覃志伟	男	物流管理	86	82	65
6	0115005	覃全面	男	物流管理	79	86	54
7	0115006	苏婧涵	女	国际贸易	92	75	81
8	0115007	罗永欢	男	国际贸易	75	77	83
9	0115008	陆容娇	女	软件工程	86	63	85
10	0115009	黄莹莹	女	软件工程	65	80	82
11	0115010	冯阳鸣	男	软件工程	88	91	74
12	0115011	韦宽	男	会计学	78	65	79
13	0115012	邓成龙	男	会计学	82	54	92
14	0115013	徐嘉伟	男	会计学	86	81	75
15	0115014	张奕飞	女	会计学	84	83	86
16	0115015	孙哲伦	男	会计学	67	85	65
17	0115016	林慕迪	男	国际贸易	83	82	86
18	0115017	蹇擎天	男	电子商务	83	74	84
19	0115018	林婷	女	电子商务	53	85	67
20	0115019	黄镜齐	男	国际贸易	82	82	83
21	0115020	梅燕琴	女	电子商务	86	74	83
22	0115021	赵丽君	女	电子商务	77	79	75
23	0115022	张泽丰	男	会计学	86	81	75

图 5-8　冻结窗格

如果只想冻结数据的首行或首列，可以选择“视图”选项卡，再选择“窗口”→“冻结窗格”→“冻结首行”（冻结首列）选项。若要取消表头或单元格区域的冻结，可以选择“窗口”→“冻结窗格”→“取消冻结窗格”选项。

5.2.3 单元格的基本操作

单元格是构成工作表的最小单位，对工作表数据的输入和编辑实际上就是对单元格输入和编辑数据。单元格的基本操作包括单元格的选择、插入、删除、调整行高与列宽、合并单元格、隐藏或显示单元格数据等。

1. 单元格的选定

对某个单元格或单元格区域进行操作时，必须先选定拟操作的对象，遵循“先选定，后操作”的原则，选定不同单元格区域的方法如表 5-1 所示。

表 5-1 不同单元格区域选取方法

选取范围	操作方法	操作图示
选定单元格	单击要选定的单元格	
选择一行	单击要选取行的行号	
选择一列	单击要选取列的列号	
选择多个连续的单元格（单元格区域）	选定起始单元格，按住左键拖动到要选取的区域右下角的最后一个单元格，然后释放左键	
选择多个不连续的单元格或单元格区域	选定第一个单元格区域，按住<Ctrl>键不放，再选择其他单元格或区域	
选择整个工作表	单击工作表左上角的全选按钮	

2. 插入行、列或单元格

在工作表中选择要插入行、列或单元格的位置，选择“开始”选项卡，在“单元格”组中单击“插入”按钮旁的倒三角按钮，在列表中选择相应选项，即可插入行、列和单元格。其中，选择“插入单元格”选项，会弹出“插入”对话框。在该对话框中可以设置插入单元格后如何移动原有的单元格，如图 5-9 所示。要注意的是，执行插入行（列）命令后，总是在当前选定位置的上方插入行（或左边插入列）。

3. 删除行、列或单元格

需要在当前工作表中删除某行（列）时，单击行号（列标），选择要删除的整行（列），然后在“单元格”组中单击“删除”按钮旁的倒三角按钮，在弹出的列表中选择“删除工作表行（列）”选项，被选择的行（列）将从工作表中消失，各行（列）自动上（左）移。选择“删除单元格”选项，会弹出“删除”对话框，在其中选择删除单元格后，其他相邻单元格如何移动，如图 5-10 所示。

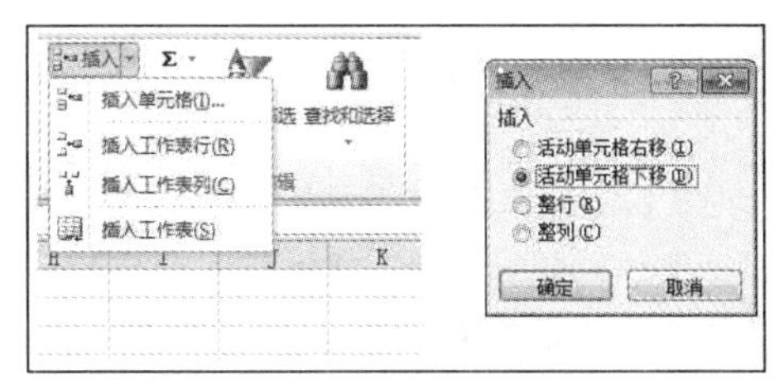

图 5–9　插入行、列和单元格

图 5–10　删除行、列和单元格

4. 合并单元格

合并单元格是指将选定区域多个单元格合并成一个单元格。合并后的单元格的名称是多个单元格中第一个单元格的名称。操作方法：选中需合并的单元格区域，选择“开始”选项，在“对齐方式”组中单击“合并后居中”按钮旁的倒三角按钮，在列表中选择相应的合并选项即可。各合并选项的含义如下：

① 合并后居中：合并选中的单元格区域，并将该区域的内容居中显示。

② 跨越合并：将所选单元格的每行合并到一个更大的单元格。

③ 合并单元格：将所选单元格合并到一个单元格。

④ 取消单元格合并：对选定区域中已经合并的单元格，取消合并。

5. 隐藏与显示行或列

在实际操作中，有时编辑内容的行或列数过多，给操作带来不便，可以将这些行或列暂时“隐藏”起来。操作方法：选中需隐藏的行或列，右击行号或列号，在弹出的菜单中选择“隐藏”命令即可。

若要显示已经隐藏的行或列区域，可以选定该隐藏区域上下相邻的两行（或左右相邻的两列），右击行号或列号，在弹出的菜单中选择“取消隐藏”命令即可。

6. 调整行高与列宽

默认情况下，所有单元格具有相同的宽度和高度。当数据的宽度大于单元格宽度时，数据显示不全或者用“#####”显示，这虽然不影响数据在单元格中的存储，但显示不全不便于用户浏览数据。通过调整行高或列宽可以将数据完整显示出来。

（1）使用鼠标调整

选中需调整的行或列，将光针定位到目标行或列之间的分隔处，当光标变成双向箭头后，按住左键拖动即可调整行高或列宽。

（2）使用命令精确调整

选中需调整的行或列，选择“开始”功能区，在“单元格”组中单击“格式”按钮旁的倒三角按钮，在列表中选择相应的行列调整选项即可。各行列调整选项的含义如下：

① 行高：弹出对话框，用户需输入行高的精确值。

② 列宽：弹出对话框，用户需输入列宽的精确值。

③ 自动调整行高：根据内容自动调整行高。

④ 自动调整列宽：根据内容自动调整列宽。

5.2.4　数据输入

在 Excel 中输入的数据可以分为常量和公式两种，常量主要有数字类型（包括数字、日期、时间、货币、百分比格式等）、文本类型和逻辑类型等。

1. 输入文本

在 Excel 2010 中，文本通常是指字符或者任何数字和字符的组合。普通的文本数据直接输入即可，对于像“电话号码”、身份证号、学号、邮政编码等文本型数据，在输入时应在字符串前加上单引号“'”，Excel 才会把输入的数字字符看作文本，并保留有效数字左边的 0。例如，在输入学号“0115001”时，应输入“ '0115001”，按<Enter>键确认后，显示在单元格中的数据为“0115001”，并自动左对齐。

2. 输入数值

在 Excel 工作表中，数值数据是最常见、最重要的数据类型。而且，Excel 2010 强大的数据处理功能、数据库功能以及在企业财务、数学运算等方面的应用几乎都离不开数值数据。输入数值时，需注意以下几点：

① 输入分数时，应先输入一个“0”和一个空格，再输入分数，如输入 2/5 时，应输入“0 2/5”。

② 输入百分比时，可以直接在数字后面输入“%”　。

③ 输入负数时，直接在数值前加一个“-”号。

④ 如果输入的数值过大，单元格中的数字将以科学计数法显示。如，输入“3200000000”，则表示成“3.2E+09”。

3. 输入日期和时间

在 Excel 2010 电子表格中，日期和时间要按照一定的格式来输入。其常见的日期格式为 yyyy/mm/dd、yyyy-mm-dd。比如要输入 2015 年 1 月 23 日，可以输入“2015-1-23”或者“2015/1/23”。时间格式为 hh:mm AM 或 hh:mm PM，比如“8:30 PM”。如果要输入当天日期按<Ctrl + ;>组合键。

4. 利用“自动填充”功能输入有规律的数据

如果要在工作表中输入有规律的数据，如相等、等差、等比等序列数据，可以考虑使用 Excel 自动填充功能，它可以方便快捷地输入数据序列。

（1）输入相同的数据

输入相同的数据相当于复制数据。选中一个有数据的单元格后，在其右下角将显示一个黑色的小方块，称之为填充柄。将光标移动到填充柄处，光标变为“+”状时，按住左键不放，向水平或垂直方向拖动到目标单元格后放开，即可将数据复制到鼠标拖动经过的单元格中，如图 5-11 所示。

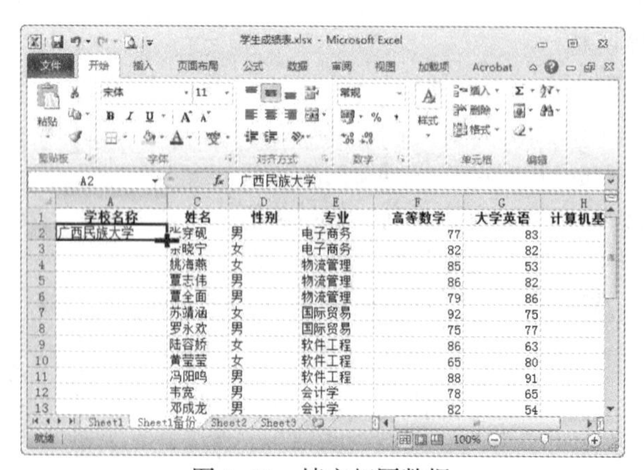

图 5-11　填充相同数据

（2）填充有规律的数据

如果序列数据是等差数列，则先输入前两个单元格的数据，再选中这两个单元格，然后沿垂直或水平方向拖动填充柄，经过的单元格的数据会在前一个单元格数据的基础上加上公差。

【实战 5-1】在“学生成绩”工作表中，利用自动填充功能将学生学号从“0115001”开始填充，按 1 递增，直到“0115022”。

① 在学号列的前两个单元格中输入前两位学生的学号“’0115001”和“’0115002”。

② 同时选中这两个单元格，将光标定位到填充柄处，当指针变为“+”号时，按住左键并向下拖动，直到出现学号“0115022”为止。

如果序列数据不是等差数列，而是类似于等比等其它序列，也可以利用系统的“序列”对话框进行填充。

【实战 5-2】在 Excel 工作表中，利用自动填充功能填充等比序列 2,4,8,16,32... 1024。

① 在第一个单元格中输入数字 2。

② 选择“开始”→“编辑”→“填充”→“系列”选项，弹出“序列”对话框。

③ 选择序列产生在“列”，类型为等比序列，步长值为 2，终止值为 1 024，确定即可，如图 5-12 所示。

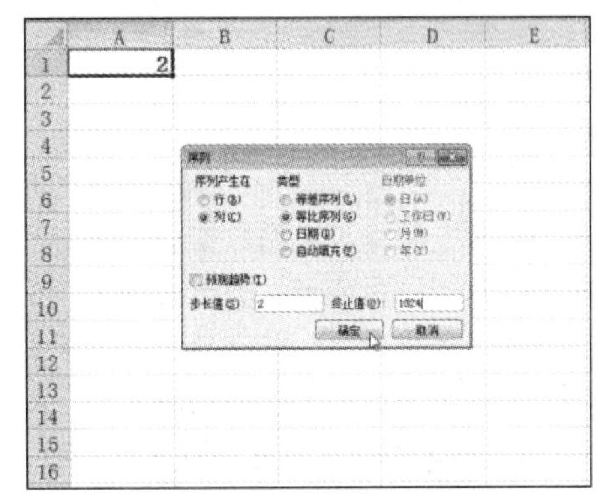

图 5-12　填充等比序列

（3）使用系统提供的序列

Excel 系统提供了一些常用的序列（如星期、季度、月份等）供用户使用，用户输入时，只需输入这些序列的第一项，再通过拖动填充柄的方法进行填充即可。

（4）用户自定义序列

如果系统提供的序列不够用，用户可以自行定义新的序列，方法为：选择“文件”→“选项”选项，弹出“Excel 选项”对话框，选择左侧列表框中的“高级”选项，单击右侧下方的“编辑自定义列表”按钮，弹出“自定义序列”对话框，在“输入序列”文本框中输入自定义的序列项，在每项的末尾按<Enter>键进行分隔，然后单击“添加”按钮，新定义的填充序列出现在“自定义序列”列表框中。单击“确定”按钮，返回 Excel 窗口。新序列的使用方法和系统提供的预定义序列相同。

5. 从外部导入数据

选择“数据”功能区，在“获取外部数据”组中选择外部数据的来源方式（可来自 Access、网站、文本或其他来源等），可将其他软件中的数据导入 Excel 工作表中。

6. 设置数据的有效性条件

默认情况下，Excel 对单元格中所输入的数据不加任何限制。为确保数据的有效性，可以为相关单元格设置相应的限制条件（如数据类型、取值范围等），以便在其中输入数据时自动进行检查，拒绝接收错误数据。

【实战 5-3】为学生成绩工作表中的课程成绩设置输入限制条件为 0～100 范围之内的整数。

① 选中需设置输入条件的单元格区域，单击“数据”→“数据工具”→“数据有效性”

按钮，弹出“数据有效性”对话框。

② 在“设置”选项卡中设定条件为：允许“整数”，数据“介于”，最小值“0”，最大值“100”，如图 5-13 所示。

③ 选中“出错警告”选项卡，设置样式为“停止”，标题为“数据输入错误”，错误信息为“成绩必须介于 0 到 100 之间!”，如图 5-14 所示，最后单击“确定”按钮。

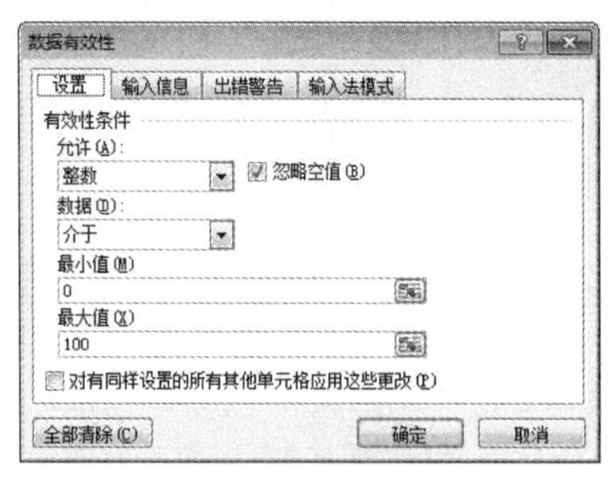

图 5-13　数据有效性设置

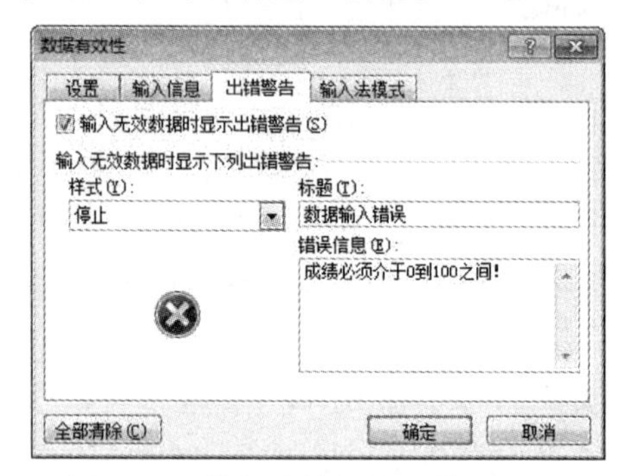

图 5-14　数据有效性错误警告设置

5.2.5　工作表的美化

编辑完工作表中的数据后，要对其进行外观格式设置。通过对工作表一番修饰，可改善工作表的外观，更清晰、突出地显示表格中的主要内容。这是制作表格比较重要的一步，一个表格创建得是否成功，其外观也起着关键性的作用。工作表的美化主要包括套用表格或单元格样式、设置单元格格式、格式的复制与清除和条件格式等。

1. 套用表格或单元格样式

样式是数字格式、字体格式、对齐方式、边框和底纹、颜色等格式的组合，当不同的单元格或者工作表需要重复使用相同的格式时，使用系统提供的“样式”功能直接套用，可以提高工作效率。

（1）套用单元格样式

选中需要设置样式的单元格或区域，单击“开始”→“样式”→“单元格样式”按钮，弹出单元格样式库，从中选择所需样式即可，如图 5-15 所示。

（2）套用表格样式

系统提供了多种现成的表格样式，有浅色、中等深浅与深色 3 种类型共 60 种表格格式供选择。操作方法为：

① 选定需要套用格式的单元格区域。

② 单击“开始”→“样式”→“套用表格格式”按钮，在弹出的表格格式列表中选择合适的格式即可，如图 5-16 所示。

2. 设置单元格格式

除了使用系统自带的单元格和表格样式外，用户也可以自行设置单元格的格式。单击“开始”→“字体”→“对话框启动器”按钮，弹出图 5-17 所示的“设置单元格格式”对话框，可对数字显示格式、对齐方式、字体格式、边框和填充格式、工作表保护设置等进行设置。

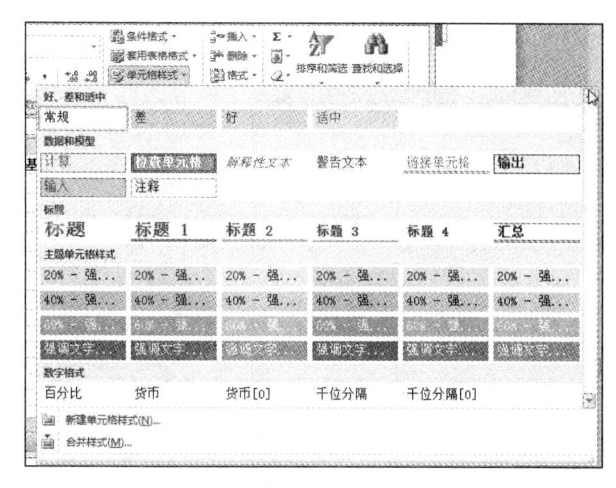

图 5-15　套用单元格样式　　　　图 5-16　套用表格样式

（1）设置数字格式

Excel 提供了多种数字格式，对数字格式化时，可以设置不同小数位数、百分号、货币符号等来表示。

同一个数，这时屏幕上的单元格显示格式化后的数字，编辑栏中显示系统实际存储的数据。如果要取消数字格式，可以单击“开始”→“编辑”→“清除”按钮，在弹出的列表中选择“清除格式”选项即可。设置数字格式的操作方法如下：

① 选定需设置数字格式的单元格区域。

② 单击“开始”→“字体”→“对话框启动器”按钮，在弹出的“设置单元格格式”对话框中选择“数字”选项卡，如图 5-17 所示。

③ 在对话框的“分类”列表框中选择一种分类格式，在对话框右侧对数据的格式进一步进行设置，并可以从“示例”栏中查看效果，单击“确定”按钮即可。

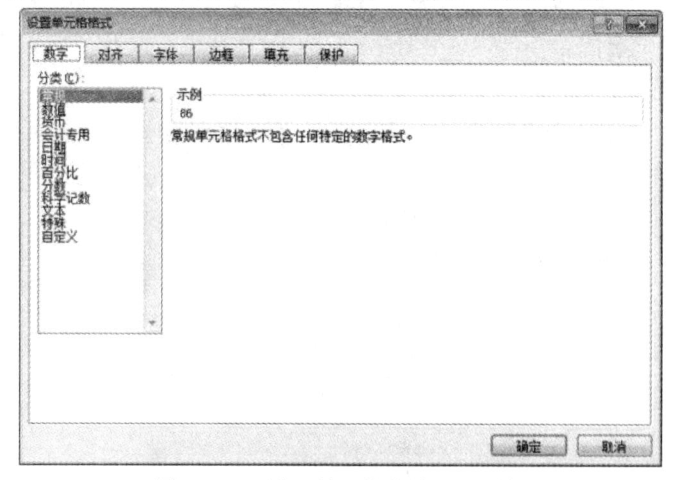

图 5-17　“设置单元格格式”对话框

（2）设置对齐方式

在 Excel 中系统默认的对齐方式是：数值型数据右对齐，其他类型数据按左对齐。用户可以根据需要通过设置对齐方法来使版面更加美观。操作方法如下：

① 选定要对齐的单元格区域。

② 如图 5-17 中选择“对齐”选项卡，在其中选择水平对齐和垂直对齐方式，如图 5-18 所示。

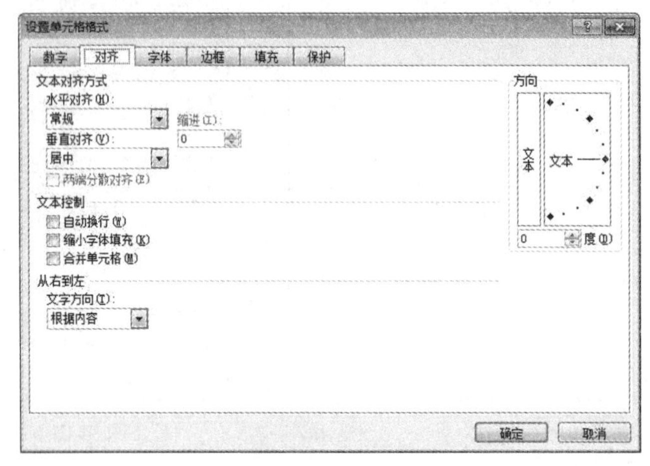

图 5-18 “对齐”选项卡

各对齐选项内容说明如下：

- 水平对齐：可在其中设置常规（系统默认的对齐方式）、靠左（缩进）居中、靠右（缩进）、填充、两端对齐、跨列居中、分散对齐（缩进）等水平对齐方式。
- 垂直对齐：可在其中设置靠上、居中、靠下、两端对齐、分散对齐等垂直对齐方式。
- 自动换行：如果选择“自动换行”复选框，当单元格中的内容宽度大于列宽时，则自动换行。若要在单元格内强行换行，可以直接按<Alt+Enter>组合键。
- 文字方向：在“文字方向”列表框中可以改变单元格内容的显示方向。

（3）设置字体

① 选定要设置字体的单元格区域。

② 在图 5-17 中选择“字体”选项卡，各种字体设置选项如图 5-19 所示。

③ 在其中选择“字体”“字形”“字号”“下画线”“颜色”以及“特殊效果”等，并可以在“预览”区中预览设置的效果。

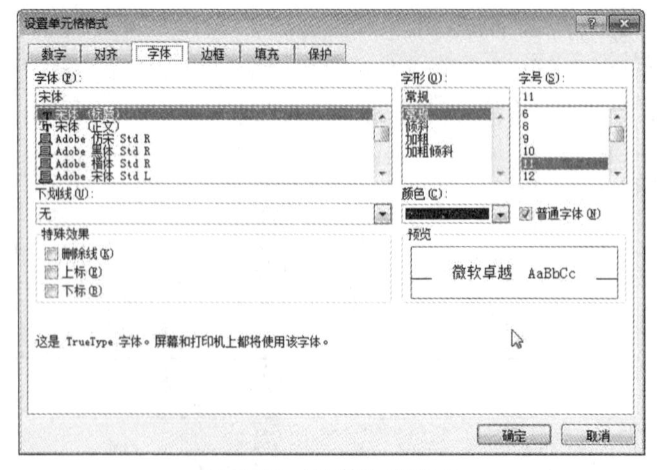

图 5-19 “字体”选项卡

（4）设置边框

Excel 工作表默认的表格线是灰色的，仅仅为屏幕操作提供方便，在打印时不会有表格线。如果希望打印出来的表格有表格线，应该通过边框设置，使每个需要的表格或单元格都有实线边框。操作步骤如下：

① 选定要设置字体的单元格区域。

② 在图 5-17 中选择“边框”选项卡，各种边框设置选项如图 5-20 所示。

③ 在“线条”框下的样式列表框中选取线形样式，可以为边框的各边设置不同的线形。单击“颜色”下拉列表框，产生调色板，可以给边框加上你喜欢的颜色。

④ 在“预置”框下选取适当的边框形式，单击“确定”按钮即可。

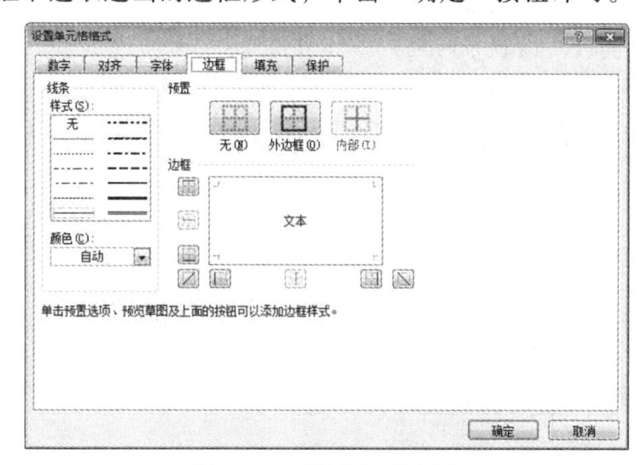

图 5-20　“边框”选项卡

（5）设置图案

为了使表格中的重要信息更加醒目，可以给单元格填充背景色和图案（底纹）。具体操作步骤如下：

① 选定要添加图案的单元格区域。

② 在图 5-17 中选择“填充”选项卡，各种填充设置选项如图 5-21 所示。

③ 选择“背景色”区中可以选择单元格的背景颜色。

④ 在“图案样式”列表中选择单元格的底纹图案，通过示例框可以查看颜色和底纹图案的效果，单击“确定”按钮，即可得到设置效果。

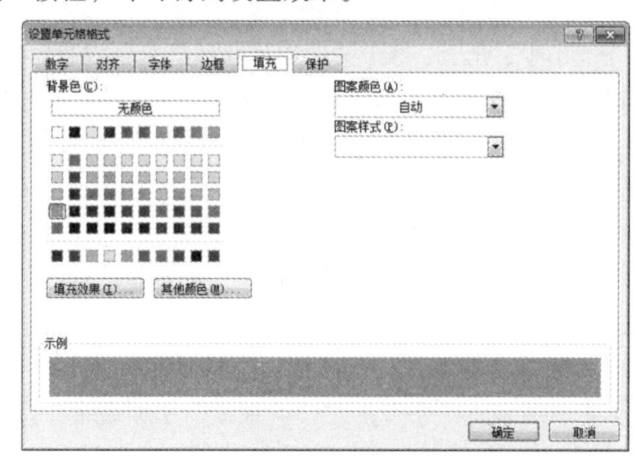

图 5-21　“填充”选项卡

3．格式的复制与清除

在给 Excel 文档中大量的内容重复添加相同的格式时，我们可以利用格式复制来完成。操作方法：选中被复制格式的单元格区域，单击“开始”→“剪贴板”→“格式刷”按钮，这时指针旁边多了一个刷子图标 ，按住左键拖动经过目标单元格区域，即可将格式复制到该单元格区域。

如果对单元格设置的格式不满意，单击“开始”→“编辑”→“清除”按钮，在打开的下拉列表中选择“清除格式”选项即可清除该单元格的所有格式。

4．设置单元格的条件格式

在实际应用中，经常需要根据某些条件，把工作表中的数据突出显示出来。这可以通过设置单元格的条件格式来实现。设置条件格式的步骤如下：

① 选中需要设置条件格式的单元格区域。

② 单击“开始”→“样式”→“条件格式”按钮，在弹出的列表中选择相应的选项即可，如图 5-22 所示。

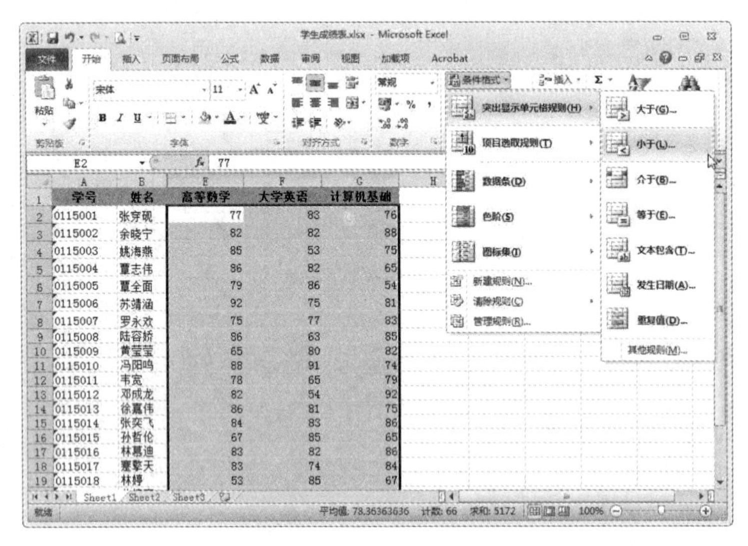

图 5-22　设置条件格式

- 突出显示单元格规则：突出显示单元格规则主要适用于查找单元格区域中的特定单元格，是通过如大于、小于、介于、等于……等比较运算符来设置特定条件的单元格格式。
- 项目选取规则：项目选取规则根据指定的截止值查找单元格区域中的最高值或最低值，或者查找高于、低于平均值或标准偏差的值。
- 数据条：数据条可以帮助用户查看某个单元格相对于其他单元格的值，数据条的长度代表单元格中值的大小，值越大数据条就越长。
- 色阶：色阶作为一种直观的指示，可以帮助用户了解数据的分布与变化情况，分为双色刻度和三色刻度。
- 图标集：图标集可以对数据进行注释，并可以按阈值将数据分为三到五个类别。

【实战 5-4】在“学生成绩表”工作簿的“学生成绩”工作表中，将英语成绩不及格的数据单元格设置为红色文本。

① 选中英语成绩列中的所有成绩单元格区域 F2:F23。

② 单击“开始”→“样式”→“条件格式”按钮，在弹出的列表中选择“突出显示单元格规则”→“小于”选项。

③ 在弹出的“小于”对话框中，输入数值 60，在右边的“设置为”列表中选择“红色文本”选项，单击“确定”按钮。

5.2.6　数据计算

Excel 除了能进行一般的表格处理外，还具有强大的数据计算功能。通过在单元格中输入相应的公式，可以方便地实现对工作表数据的求和、求平均值、求最大值、求最小值和计数等数值运算。当参与运算的数据发生变化时，公式的计算结果也会自动更新。Excel 公式是函数的基础，它是单元格中的一系列值、单元格引用、名称或运算符的组合，可以生成新值；函数是 Excel 预定义的内置公式，可以进行数学、文本、逻辑的运算或者查找工作表的信息。

1. 公式

公式是在工作表中对数据进行计算、分析的等式。Excel 中的公式总是以等号“=”开头，后面是参与计算的数据对象和运算符。数据对象通常由常量、单元格引用、函数等组成。

（1）运算符

Excel 公式中，常用的运算符有算术运算符、比较运算符和引用运算符，它们的表示方法和含义等如表 5-2 所示。

表 5-2　Excel 常用运算符

运算符类型	运算符	运算符含义	应　用　示　例
算术运算符	+、−、*、/	加、减、乘、除	A2+B2、A2−B2、A2*B2、A2/B2
	乘幂^、%	乘方运算、百分比运算	5^2（=5×5）、30%（=30×0.01）
比较运算符	=、>、>=	等于、大于、大于或等于	A2=B2、A2>B2、A2>=B2
	<、<=、<>	小于、小于或等于、不等于	A2<B2、A2<=B2、A2<>B2
引用运算符	：（冒号）	区域引用	A2:D5（表示引用 A2～D5 包含 16 个单元格的连续区域，即引用以 A2 和 D5 为对角线的矩形区域）
	，（逗号）	联合引用多个单元格	A2,D5（表示引用 A2 和 D5 两个单元格）

如果公式中同时使用了多种运算符，计算时会按运算符优先级的顺序进行，运算符的优先级从高到低为工作簿运算符、工作表运算符、引用运算符、算术运算符、文本运算符、关系运算符。如果公式中包含多个相同优先级的运算符，应按照从左到右的顺序进行计算。要改变运算的优先级，应把公式中优先计算的部分用圆括号括起来，有多层括号时，里层的括号优先于外层括号。

（2）创建公式

方法：选定需要输入公式的单元格（即存放计算结果的单元格），在编辑栏中输入以“=”号开头的公式（可以用鼠标选择参与运算的单元格），单击编辑栏上的输入按钮“✓”。

【实战 5-5】用公式计算学生成绩工作表中的总分，总分=高等数学+大学英语+计算机基础。

① 选中需要输入公式的第一个单元格 H2。

② 在编辑栏输入“=”，然后单击第一个学生的高等数学成绩所在单元格 E2，输入运算符“+”，使用同样的方法输入大学英语和计算机基础的成绩，构造完成后公式为：=“E2+F2+G2”，单击编辑栏上的输入按钮“✓”，得到计算结果，如图 5-23 所示。

③ 选中 H2 单元格，将光标定位到填充柄处，当光标变成“+”形状时，按住左键并向下拖动，即可计算其他学生的总分。

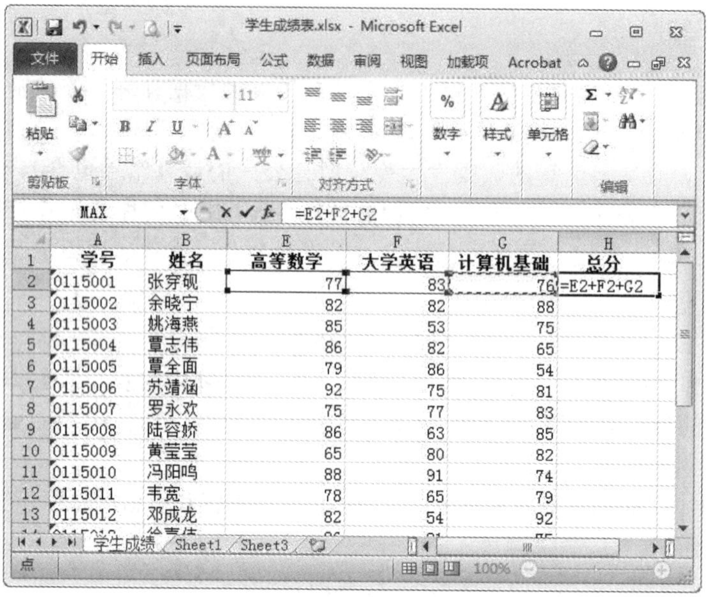

	A	B	E	F	G	H
1	学号	姓名	高等数学	大学英语	计算机基础	总分
2	0115001	张穿砚	77	83	76	=E2+F2+G2
3	0115002	余晓宁	82	82	88	
4	0115003	姚海燕	85	53	75	
5	0115004	覃志伟	86	82	65	
6	0115005	覃全面	79	86	54	
7	0115006	苏靖涵	92	75	81	
8	0115007	罗永欢	75	77	83	
9	0115008	陆容娇	86	63	85	
10	0115009	黄莹莹	65	80	82	
11	0115010	冯阳鸣	88	91	74	
12	0115011	韦宽	78	65	79	
13	0115012	邓成龙	82	54	92	

图 5-23 创建公式

（3）复制公式

在 Excel 中，公式也可以复制。更为重要的是，通过公式的复制，可以有效避免重复输入类似或相同的公式，并自动完成相应的计算，大大提高了数据处理的效率。公式的复制方法和普通数据的复制方法一样，都是通过剪贴板完成。

2. 函数

Excel 2010 将具有特定功能的一组公式组合在一起形成函数。与直接使用公式进行计算相比较，使用函数进行计算的速度更快，同时减少了错误的发生。Excel 中的函数相当于系统预设的公式，执行后返回相应的结果（即函数的返回值）。函数调用的基本格式为：

函数名称(参数 1,参数 2,参数 3,…)

如：AVERAGE(E2:G2)。

其中，函数名称代表函数的功能，如 AVERAGE()函数表示求平均值。参数可以是常量、单元格引用、单元格区域引用、公式或其他函数，参数间用逗号（半角符号）隔开。

（1）函数的输入

函数的输入包括直接输入法和粘贴函数法等，如果对函数名称和函数的参数较为熟悉，可以使用直接输入法，否则，可以单击编辑栏上的“插入函数”按钮 fx，打开插入函数向导，通过向导完成函数的输入。

【实战 5-6】在学生成绩工作表中，求各学生的课程平均分。

① 选中需要输入函数的第一个单元格 I2，单击编辑栏上的“插入函数”按钮 fx，弹出

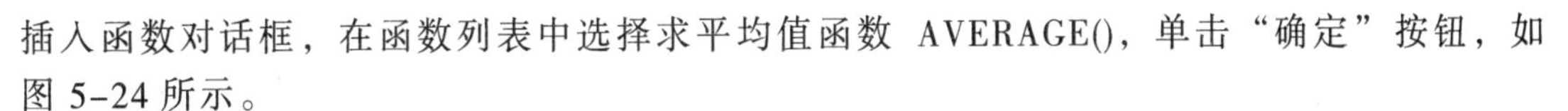

插入函数对话框，在函数列表中选择求平均值函数 AVERAGE()，单击“确定”按钮，如图 5-24 所示。

② 在弹出的“函数参数”对话框的“Number1”编辑框中，选择或输入 AVERAGE()函数需要的单元格区域 E2:G2，单击“确定”按钮，如图 5-25 所示。

③ 用鼠标拖动 I2 单元格的填充柄，即可计算出其他学生的平均成绩。

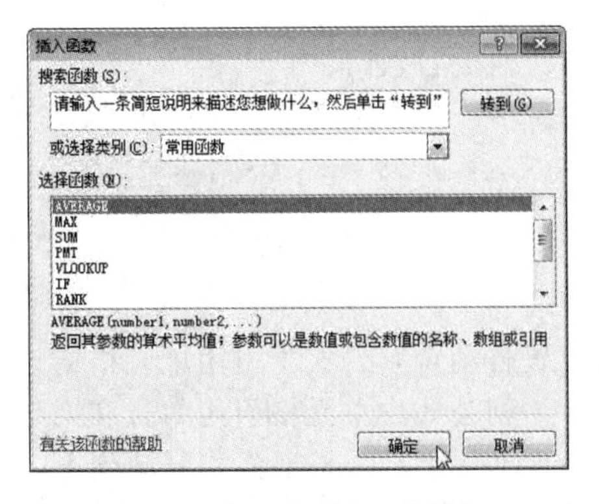

图 5-24 “插入函数”对话框

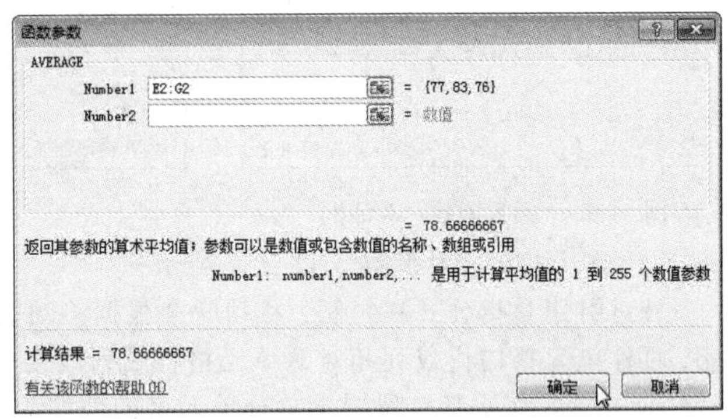

图 5-25 “函数参数”对话框

（2）常用函数

根据功能的不同，可以将函数分为财务函数、日期与时间函数、数学与三角函数、统计函数、查找与引用函数等。表 5-3 列出了部分常用的函数格式及功能。

表 5-3　部分常用函数的格式和功能

函数名称	格　式	功　能
求和函数 SUM	SUM(参数 1,参数 2,…)	求和
求平均值函数 AVERAGE	AVERAGE(参数 1,参数,2…)	求平均值
求最大值函数 MAX	MAX(参数 1,参数 2,…)	求最大值
求最小值函数 MIN	MIN(参数 1,参数 2,…)	求最小值
统计函数 COUNT	COUNT(参数 1,参数 2,…)	统计参数个数
逻辑函数 IF	IF(条件,结果 1,结果 2)	条件成立时，得到结果 1，否则得到结果 2

【实战 5-7】在学生成绩工作表中，使用 IF 函数判断学生的总评是否优秀，若学生的平均成绩大于或等于 85 分，则其总评为“优秀”，在其“总评”列填入“优秀”，否则不填写任何内容。

① 在学生成绩工作表中选择第一个学生的总评单元格 J2，单击编辑栏上的“插入函数”按钮 fx，弹出插入函数对话框，在函数列表中选择求平均值函数 IF，单击“确定”按钮，如图 5-26 所示。

② 在弹出的“函数参数”对话框中，在逻辑条件“Logical_test”项下输入判断条件“I2>=85”，在“Value_true”中输入“优秀”，在“Value_false”中输入一个空格，单击“确定”按钮，如图 5-27 所示。

③ 用鼠标拖动 J2 单元格的填充柄，即可计算出其他学生的总评是否优秀。

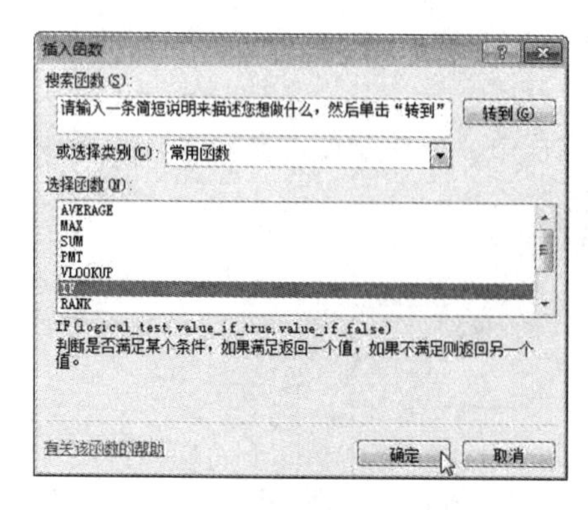

图 5-26 “插入函数”对话框

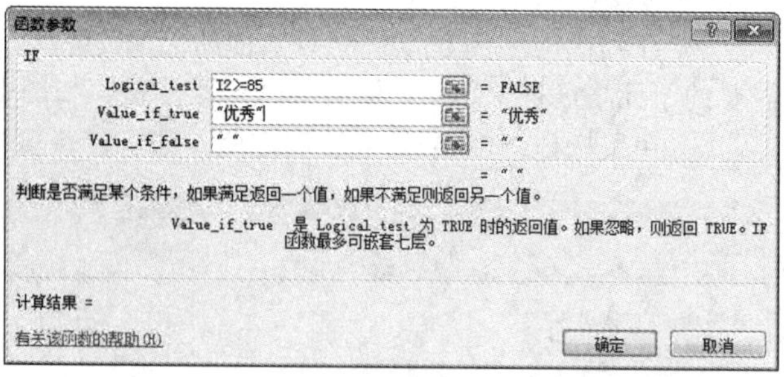

图 5-27 “函数参数”对话框

（3）单元格的相对引用

相对引用是指公式在复制、移动时会根据移动的位置自动调整公式中引用单元格的地址。目标单元格的行或列相对源单元格行或列改变多少，则公式中单元格引用的行和列也会改变多少。如：张穿砚同学总分单元格的公式为“=E2+F2+G2”，当把公式复制到下一个同学余晓宁的总分单元格时，由于目标单元格的行号发生了变化，由 2 变为 3，所以目标单元格公式中的行号也自动调整为“=E3+F3+G3”。在公式中直接使用单元格地址就是相对引用。

（4）单元格的绝对引用

单元格的绝对引用是指把公式复制到一个新的位置时，单元格的列号和行号都不调整。在单元格引用的行号和列号前加上半角符号“$”，即可变为单元格的绝对引用。如：张穿砚同学总分单元格的公式为“=E2+F2+G2”，若在行号和列号前加上“$”，则变为“=$E$2+$F$2+$G$2”，当把公式复制到下一个同学余晓宁的总分单元格时，公式不会有任何调整。

（5）单元格的混合引用

在一个单元格地址引用中，既有绝对地址引用，也有相对地址引用，则称之为混合引用。如$A3。如果“$”符号在行号前，表示该行位置是“绝对不变”的，而列位置会随目的位置的变化而变化。反之，如果“$”符号在列号前，表示该列位置是“绝对不变”的，而行位置会随目的位置的变化而变化。

【实战 5-8】在“新生年龄分布”工作表中，求各年龄段的新生所占百分比。

① 选中需要计算的第一个单元格 E3，在编辑栏输入“=D3/$D$6”，如图 5-28 所示。单击编辑栏上的输入按钮“✓”，得到“18 以下”年龄段的新生所占比例。要特别注意 D6 单元格必须使用绝对引用，使得当公式复制到别的单元格时，人数的总计单元格 D6 保持不变。

② 用鼠标拖动 E3 单元格的填充柄，即可计算出其他年龄段新生所占的比例。

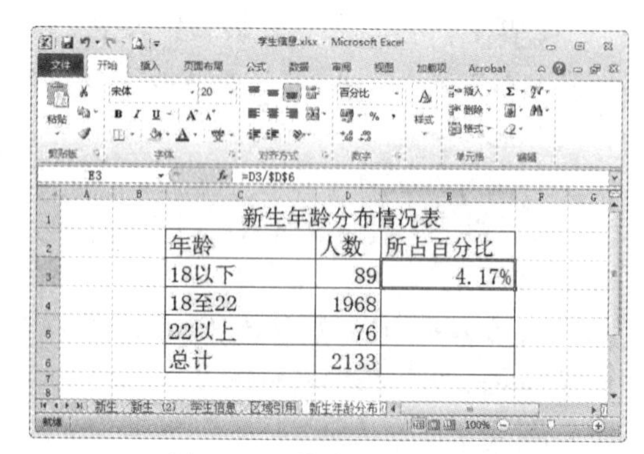

图 5-28 单元格混合引用

5.3　数据图表化

在 Excel 中图表就是工作表中数据的图形表示。图表使得数据的差异、预算趋势等很容易查看，是展现、分析数据的一种常用手段。枯燥无味的数据有时很难看出相互之间的关系，如果用图形来展现，就比较容易找出个体数据之间、个体数据与整体数据之间的关系，能直观地比较个体数据间的差异，使数据更加生动、有趣、易于理解和掌握。

5.3.1　图表简介

根据图表存放位置的不同，可以分为嵌入式图表与独立图表两种。嵌入式图表就是将图表看作一个图形对象，并作为工作表的一部分进行保存。独立图表则单独将图表存放在一个新工作表中。Excel 提供的图表类型有 11 种，每一种图表类型又包括若干种子类型，不同类型的图表有其各自的适用场合，并表示出不同的数据意义。表 5-4 所示列出了常见的一些图表的类型及其主要用途。

表 5-4　常见的图表类型及主要用途

图 表 类 型	主 要 用 途
柱形图	主要用于比较或显示数据之间的差异，是最常用的一种图表类型
条形图	与柱形图类似，但图形为横向排列
折线图	用于显示等间隔内数据的变化趋势，强调随时间的变化率
饼图	适用于显示数据系列中每一项和各项总和的比例关系，只能显示一个数据系列
散点图	多用于科学数据，适用于比较不同数据系列中的数值，以反映数值之间的关联性
面积图	用于显示局部和整体之间的关系，强调幅度值随时间的变化趋势
股价图	用于描述股票价格走势，也用于显示随着时间变化的数据

5.3.2　图表的组成

图表主要由图表区、绘图区、图表标题、数据系列、图例、网格线、坐标轴等组成。

① 图表区：图表中最大的白色区域，是其他图表对象的容器，如图 5-29 所示。

② 绘图区：显示图形的矩形区域，如图 5-29 所示。

③ 图表标题：用来说明图表内容的文字，如图 5-29 所示。

④ 数据系列：在数据区域中，同一列（或同一行）数值数据的集合构成一组数据系列，也就是图表中相关数据点的集合。图表中可以有一组到多组数据系列，多组数据系列之间通常采用不同的图案、颜色或符号来区分，如图 5-29 所示的各科成绩以不同颜色区分。

⑤ 数据标签：数据标签用来表示数据系列，一个数据标签对应一个单元格的数据，如图 5-29 中，学号为“0115001”的同学其最左边的柱形对应其高等数学的成绩 77。

⑥ 图例：图例指出图表中的符号、颜色或形状定义数据系列所代表的内容。图例由图例标示和图例项两部分构成。图例标示代表数据系列的图案，即不同颜色的小方块；图例项是与图例标示对应的数据系列名称，一种图例标示只能对应一种图例项，如图 5-29 所示。

⑦ 坐标轴和坐标轴标题：坐标轴是标识数值大小及分类的水平线和垂直线，上面有标志数据值的标志（刻度）。一般情况下，分类轴（X 轴）表示数据的分类。数值轴（Y 轴）表示数值的大小。

⑧ 网格线：贯穿绘图区的线条，用于作为估算数据系列所示值的标准。

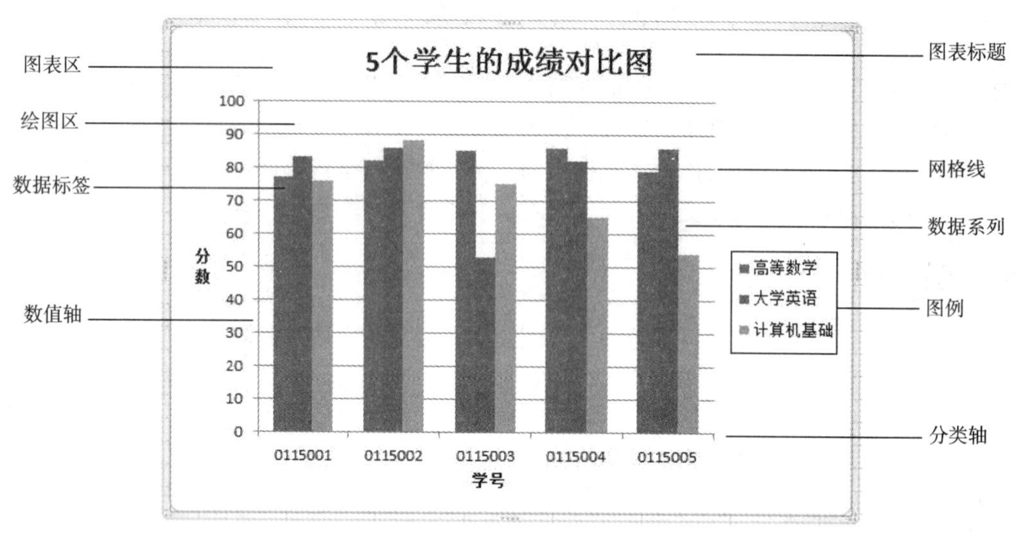

图 5-29　图表组成

5.3.3　创建图表

【实战 5-9】在“学生成绩”工作表中，创建如图 5-29 所示的柱形图。

① 选中学号为“0115001”到“0115005”的 5 个学生的学号和三门成绩，如图 5-30 所示。

② 单击“插入”→“图表”→“柱形图”按钮，在弹出的下拉列表中，选择“二维柱形图”栏中的“簇状柱形图”选项，即可完成图表的插入，如图 5-31 所示。

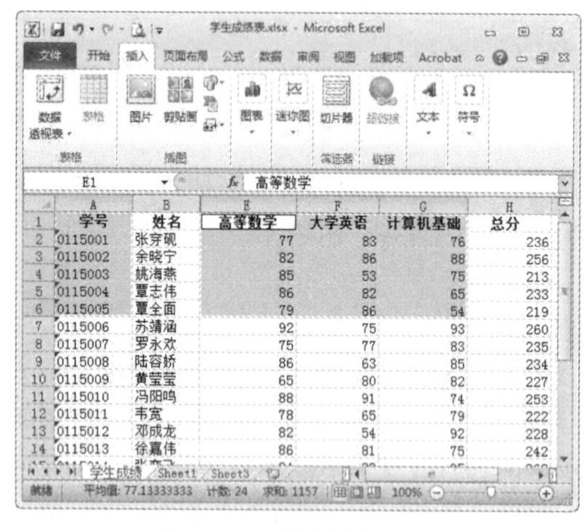

	A	B	E	F	G	H
1	学号	姓名	高等数学	大学英语	计算机基础	总分
2	0115001	张穿砚	77	83	76	236
3	0115002	余晓宁	82	86	88	256
4	0115003	姚海燕	85	53	75	213
5	0115004	覃志伟	86	82	65	233
6	0115005	覃全面	79	86	54	219
7	0115006	苏靖涵	92	75	93	260
8	0115007	罗永欢	75	77	83	235
9	0115008	陆容娇	86	63	85	234
10	0115009	黄莹莹	65	80	82	227
11	0115010	冯阳鸣	88	91	74	253
12	0115011	韦寅	78	65	79	222
13	0115012	邓成龙	82	54	92	228
14	0115013	徐嘉伟	86	81	75	242

图 5-30　创建图表

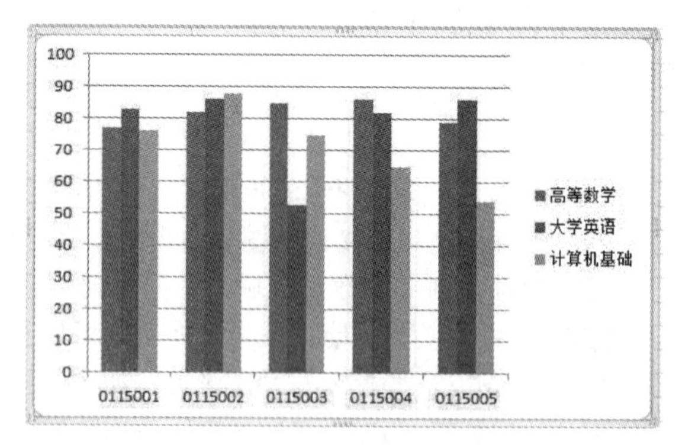

图 5-31　创建图表结果

5.3.4　图表的编辑

如果已经创建好的图表不符合用户要求，可以对其进行编辑。例如，更改图表类型、调整图表位置、在图表中添加和删除数据系列、设置图表的图案、改变图表的字体、改变数值坐标轴的刻度和设置图表中数字的格式等。

1. 更改图表类型

虽然在建立图表时已经选择了图表类型，但如果用户觉得创建后的图表不能直观地表达工作表中的数据时，可以更改图表类型。操作方法：选中图表，单击“图表工具/设计”→“类型”→“更改图表类型”按钮，弹出“更改图表类型”对话框，如图 5-32 所示，在其中重新选择一种合适的图表类型，单击“确定”按钮即可。

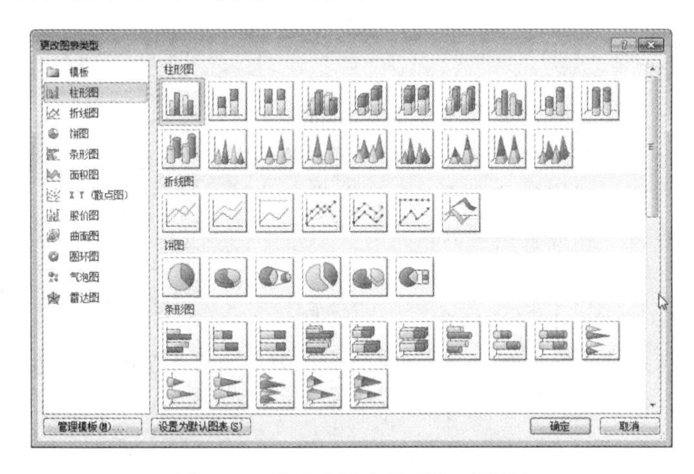

图 5-32　“更改图表类型”对话框

2. 更改图表数据源

为更改图表的数据源，可以选中图表，单击“图表工具/设计”→“数据”→“选择数据”按钮，弹出“选择数据源”对话框，如图 5-33 所示，在其中重新选择图表的数据区域、添加新的数据系列编辑或删除已有的数据系列等，单击“确定”按钮。

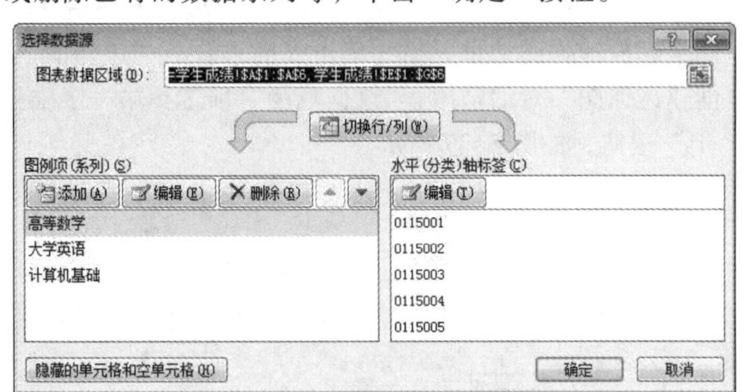

图 5-33　“选择数据源”对话框

3. 更改图表标签

如果要设置图表标题、坐标轴标题、图例、数据标签以及坐标轴标签等，可以选中图表，选择“图表工具/布局”选项卡，再使用“标签”组中的命令按钮进行相应的设置，如图 5-34 所示。

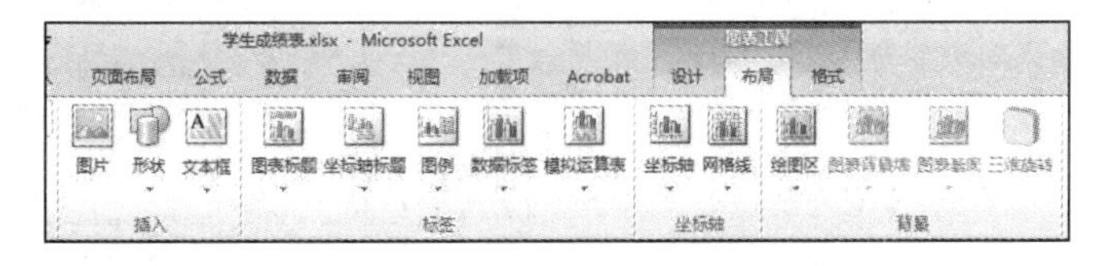

图 5-34　更改图表标签

4. 更改图表布局

图表布局是指图表中对象的显示与分布方式。在工作表中创建指定类型的图表后，Excel 将提供针对该类型图表的多种布局方式。更改图表布局方法：单击选中图表，选择“图表工具/设计”选项卡，在“图表布局”列表中，选择一种合适的图表布局方式。

5. 设置图表格式

设置图表的格式是指设置有关图表有关元素的格式，包括字体、字形、字号、颜色、填充方式和阴影效果等。操作方法：直接双击要设置格式的元素对象，在弹出的对话框中进行相应的设置。如设置图例的格式时，双击图例后，弹出图 5-35 所示对话框，在其中设置即可。

图 5-35 设置图表格式

6. 图表的复制、移动、缩放和删除

图表的复制、移动、缩放和删除的方法与 Word 图片的操作类似，参照 Word 图片的操作方法执行即可。

5.3.5 迷你图

迷你图是 Excel 2010 中加入的一种全新的图表制作工具，它以单元格为绘图区域，简单便捷的绘制出简明的数据微型图表。Excel 2010 提供了 3 种类型的迷你图，分别是折线图、柱形图和盈亏图。迷你图与基础数据相关联，并以图表格式显示该数据的趋势。

【实战 5-10】为“学生成绩”工作表创建如图 5-36 所示的成绩趋势迷你图。

① 选中第一个学生存放迷你图的单元格，单击“插入”→“迷你图”→“柱形图”按钮。

② 在弹出的“创建迷你图”对话框中，“数据范围”项选择第一个学生的三门课程成绩区域 E2:G2，单击“确定”按钮，如图 5-37 所示。

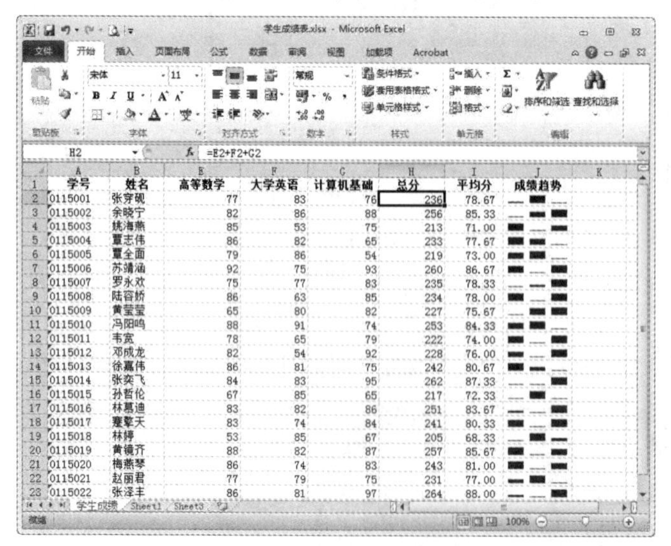

学号	姓名	高等数学	大学英语	计算机基础	总分	平均分	成绩趋势
0115001	张穿砚	77	83	76	236	78.67	
0115002	余晓宁	82	86	88	256	85.33	
0115003	姚海燕	85	53	75	213	71.00	
0115004	覃志伟	86	82	65	233	77.67	
0115005	覃全面	79	86	54	219	73.00	
0115006	苏靖涵	92	75	93	260	86.67	
0115007	罗永欢	75	77	83	235	78.33	
0115008	陆容娇	86	63	85	234	78.00	
0115009	黄莹莹	65	80	82	227	75.67	
0115010	冯阳鸣	88	91	74	253	84.33	
0115011	韦宾	78	65	79	222	74.00	
0115012	邓成龙	82	54	92	228	76.00	
0115013	徐嘉伟	86	81	75	242	80.67	
0115014	张奕飞	84	83	95	262	87.33	
0115015	孙哲伦	67	85	65	217	72.33	
0115016	林慕迪	83	82	86	251	83.67	
0115017	蹇擎天	83	74	84	241	80.33	
0115018	林婷	53	85	67	205	68.33	
0115019	黄镜齐	88	82	87	257	85.67	
0115020	梅燕琴	86	74	83	243	81.00	
0115021	赵丽君	77	79	75	231	77.00	
0115022	张泽丰	86	81	97	264	88.00	

图 5-36 迷你图效果

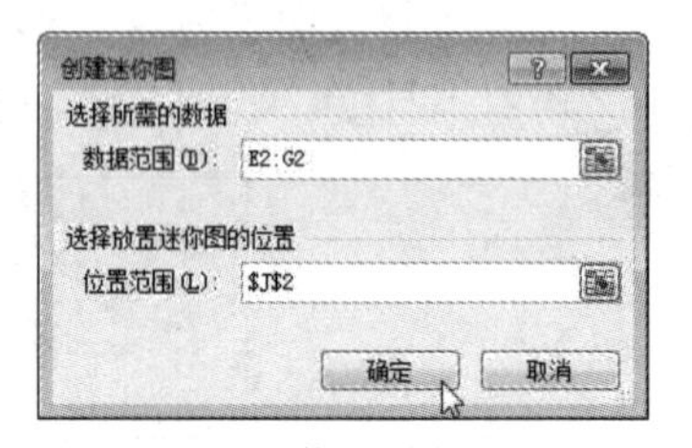

图 5-37 迷你图数据范围

如果要删除某个单元格中的迷你图，可以先选中该单元格，单击“迷你图工具/设计”→“分组”→“清除”按钮右侧的按钮，从弹出的下拉列表中选择“清除所选的迷你图”选项；要删除迷你图组，则选择“清除所选的迷你图组”选项。

5.4　数据管理和分析

Excel 2010 与其他数据管理软件一样，拥有强大的排序、检索和汇总等数据管理方面的功能。Excel 2010 的数据管理需要在数据清单中进行，能够对数据进行排序、筛选和分类汇总等操作。

5.4.1　数据清单

Excel 的数据清单又称为数据列表，是工作表中由单元格构成的连续数据区域。在执行数据库操作的过程中，如查询、排序或汇总数据时，Excel 会自动将数据清单视作数据库来对待。数据清单的列相当于数据库的字段；数据清单中的列标题相当于数据库中的字段名称；数据清单中的每一行对应数据库的一个记录。

数据清单具有以下特点：

① 数据清单的每一列称为一个字段，每一行称为一条记录，第一行为表头，由若干字段名组成，其余行是数据列表中的数据。

② 数据清单中不允许存在空行或空列，

③ 每一列必须是性质相同、类型相同的数据，如“性别”列中存放的必须全部是性别信息。

5.4.2　排序

数据排序是指根据某列或某几列的单元格值的大小次序重新排列数据清单中的记录。Excel 允许对数据清单中的记录进行升序、降序或多关键字排序。

1．简单排序

简单排序是指按照一个关键字的值进行排序。

【实战 5-11】在“学生成绩”工作表中，按“大学英语”成绩进行降序排序。

① 选中“大学英语”列中的任意一个单元格。

② 单击“数据”→“排序与筛选”→“降序”按钮，即可看到数据按照大学英语的成绩从高到低排列。

2．多条件排序

多条件排序是指对选定的区域按照两个以上的条件进行排序。

【实战 5-12】在“学生成绩”工作表中，按“大学英语”成绩进行降序排序，“大学英语”成绩相同再按“高等数学”成绩降序排列。

① 选中“学生成绩”工作表数据区域的任意一个单元格。

② 单击“数据”→“排序与筛选”→“排序”按钮，弹出“排序”对话框。

③ 在“排序”对话框中，“主要关键字”下拉列表选择“大学英语”，“次序”下拉列表中

选择“降序”。单击“添加条件”按钮，将添加一行“次要关键字”，选择“高等数学”作为“次要关键字”，“降序”排列，单击“确定”按钮，如图 5-38 所示。

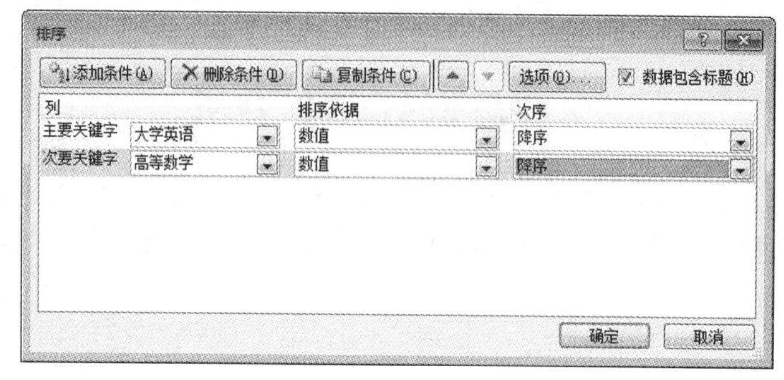

图 5-38　多条件排序

5.4.3　数据筛选

数据筛选就是在工作表中筛选出满足条件的记录，不满足条件的记录暂时被隐藏起来（并没有被删除）。当筛选条件被删除后，隐藏的记录会恢复显示。

1. 自动筛选

对于简单的条件筛选，可以使用“自动筛选”功能。

【实战 5-13】在“学生成绩”工作表中，利用自动筛选功能，找出所有“会计学”专业的学生。

① 选中数据清单中的任一单元格。

② 单击“数据”→“排序与筛选”→“筛选”按钮，则数据清单中的每个字段名右边将出现一个下拉列表按钮。

③ 单击“专业”单元格右侧的下拉列表按钮，打开下拉菜单，选择“会计学”专业左边的复选按钮，取消其他专业左边复选按钮，如图 5-39 所示。

④ 单击“确定”按钮，即可显示出所有“会计学”专业的学生。

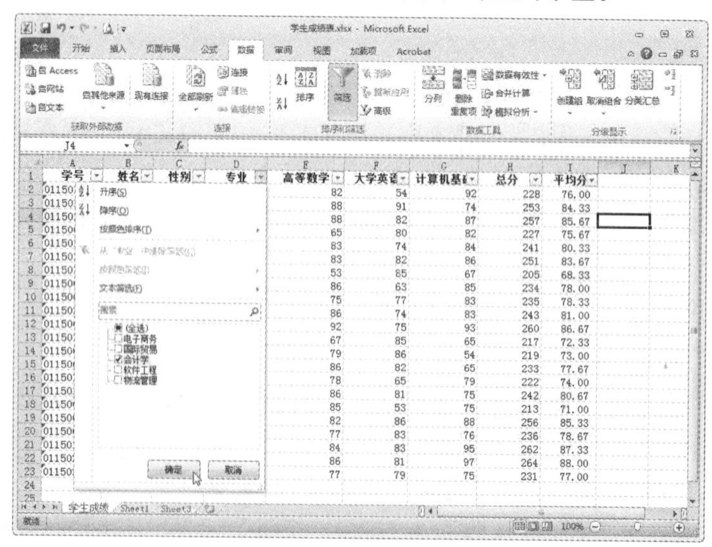

图 5-39　自动筛选

2．自定义筛选

使用自定义筛选可以对各字段设置筛选条件，筛选出同时满足各字段条件的数据。

【实战 5-14】在“学生成绩”工作表中，利用自定义筛选功能，找出所有“会计学”专业的总分大于 250 的学生。

① 使用上述“实战 5-11”的方法筛选出“会计学”专业的学生。

② 单击“总分”右边的下拉按钮，打开下拉列表。选择“数字筛选” → “大于”选项，弹出“自定义自动筛选”对话框。

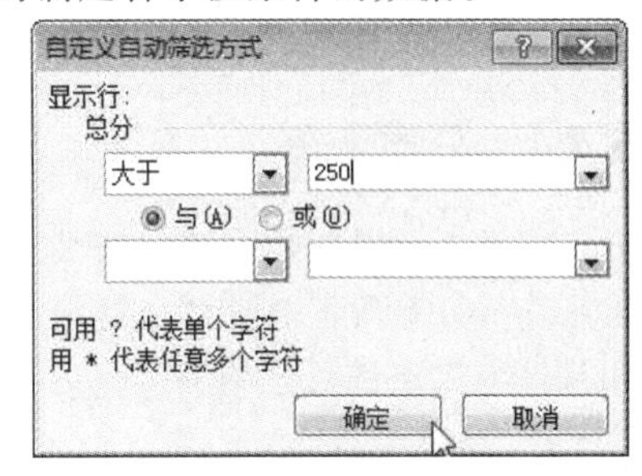

图 5-40　自定义筛选

③ 在“大于”列表框中输入 250，单击“确定”按钮，如图 5-40 所示。

3．高级筛选

对于多字段筛选，使用自动筛选只能实现“逻辑与”（同时成立）的筛选。要实现多字段之间“逻辑或”（只要有一个条件成立就成立）的筛选，就只能使用高级筛选了。

在使用高级筛选之前，用户需要在数据清单外先建立一个条件区域，用来指定筛选的数据必须满足的条件。在条件区域的首行中包含的字段名必须与数据清单上的字段名相同，条件区域中同一行的条件之间是“逻辑与”的关系，不同行的条件之间是“逻辑或”的关系。

【实战 5-15】在“高级筛选”工作表中，利用高级筛选功能，找出所有“会计学”专业的女学生或总分大于 250 的学生。

① 在数据清单外建立如图 5-41 所示的条件区域。

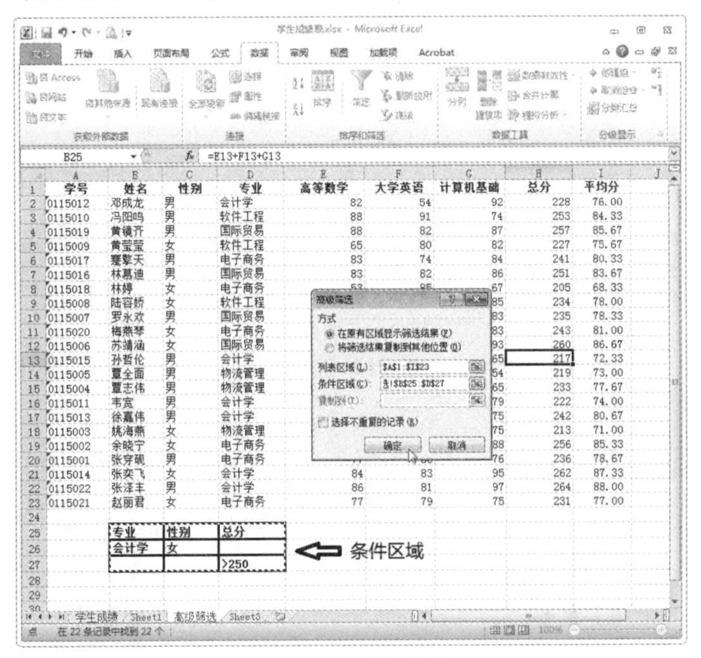

图 5-41　高级筛选

② 选定数据清单中的任一单元格，单击“数据”→“排序与筛选”→“高级”按钮 高级 。

③ 在弹出的“高级筛选”对话框中，选择“在原有区域显示筛选结果”单选按钮，列表区域（数据筛选区域）为$A$1:$I$23，条件区域为$B$25:$D$27，单击“确定”按钮。

5.4.4 分类汇总

分类汇总是对数据清单按某字段进行分类，将字段值相同的连续记录作为一类，进行求和、求平均、计数等汇总计算。特别注意的是，在分类汇总前，必须按分类字段进行分类，可以利用排序的方法进行分类。

1. 简单汇总

对数据清单的一个字段仅进行一种方式的汇总，称为简单汇总。

【实战 5-16】在“学生成绩”工作表中，统计各专业的学生三门课程的平均分。

① 对数据清单按“专业”字段进行排序，升序或降序均可。

② 选中数据清单的任一单元格，单击“数据”→“分级显示”→“分类汇总”按钮 分类汇总，弹出“分类汇总”对话框，如图 5-42 所示，按图中的步骤进行操作。

图 5-42 “分类汇总”对话框

2. 嵌套汇总

嵌套汇总是指对同一字段进行多种方式的汇总计算。如：上述“实战 5-14”中，如果除求各专业的平均值外，还要求统计各专业的人数。简单汇总无法实现，可以通过嵌套汇总来完成。

【实战 5-17】在“学生成绩”工作表中，统计各专业的学生三门课程的平均分，并统计各专业的总人数。

① 使用上述“实战 5-15”的方法统计各专业学生三门课程的平均分。

② 选中数据清单的任一单元格，单击“数据”→“分级显示”→“分类汇总”按钮 分类汇总，再次弹出“分类汇总”对话框，如图 5-43 所示，按图中的步骤进行操作。

如果要取消分类汇总，可在图 5-42 所示的“分类汇总”对话框中单击“全部删除”按钮，即可删除分类汇总的显示结果。

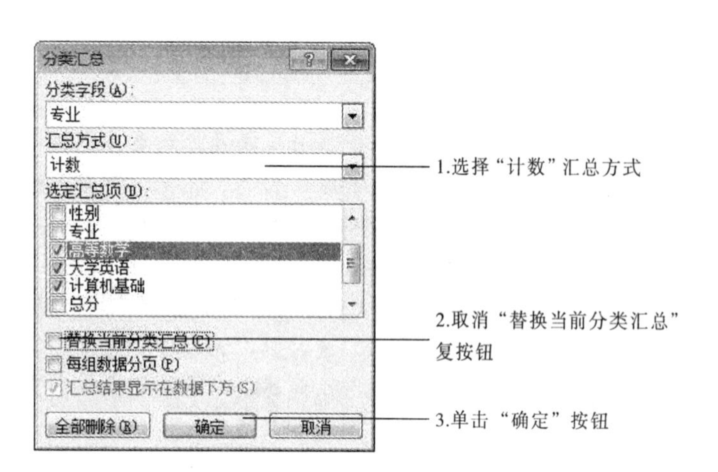

图 5-43　“嵌套汇总”对话框

5.4.5　数据透视表

分类汇总可以对一个或多个字段进行汇总，但只能按一个字段进行分类。如果要按多个字段进行分类并汇总，那么使用分类汇总功能就难以实现了。为此，Excel 提供了一个强有力的工具，即数据透视表。数据透视表是一种对大量数据快速汇总和建立交叉列表的交互式表格，可以转换行和列来查看源数据的不同汇总结果，而且可以显示感兴趣区域的明细数据。它提供了一种以不同角度观看数据清单的简便方法。

【实战 5-18】在“学生成绩”工作表中，使用“数据透视表”，分别按“专业”和“性别”统计“计算机基础”课程的平均分。

① 单击需要建立数据透视表的数据清单中任一单元格。

② 单击“插入”→“表格”→“数据透视表”的下拉按钮，在弹出的列表中选择“数据透视表”选项。

③ 在弹出的“创建数据透视表”对话框中，选定数据清单所在的区域，同时指定数据透视表的存放位置（新建工作表或现有工作表），单击“确定”按钮。

④ 进入数据透视表的设计环境，按图 5-44 所示进行操作。

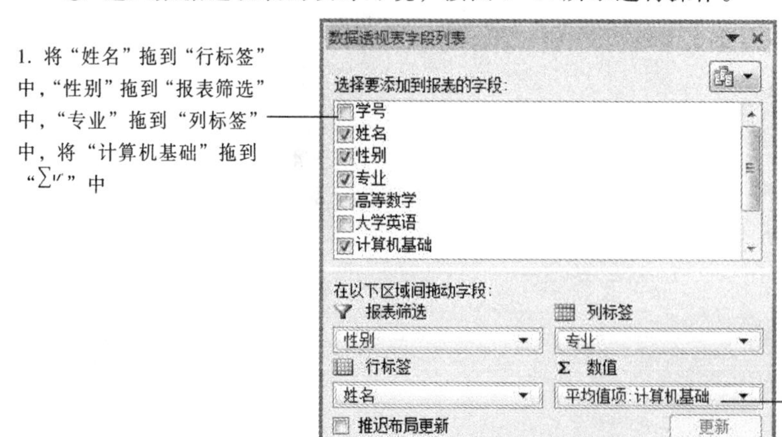

图 5-44　数据透视表的创建

思考与练习

1. 简述 Excel 2010 的工作簿、工作表与单元格之间的关系？
2. 如何进行工作表的插入、删除、移动、复制、更名和隐藏操作？
3. 如何输入学号、身份证号码等文本型数据？如何输入分数、日期和时间？
4. 如何设置单元格的条件格式？
5. 在 Excel 单元格中输入公式或函数时，应以什么号开头？常见的函数有哪几种？
6. 什么是单元格的相对引用、绝对引用和混合引用？它们之间有何联系与区别？
7. 图表主要由哪些元素组成？请简述创建图表的操作步骤。
8. 什么是数据清单？数据清单有什么特点？
9. 什么是简单排序与多条件排序？请简述多条件排序的操作过程。
10. 什么是数据筛选？请简述自动筛选与高级筛选的基本过程。
11. 对数据进行分类汇总前，首先要完成什么操作？请简述分类汇总的操作过程。
12. 什么是数据透视表？数据透视表与分类汇总有何不同？

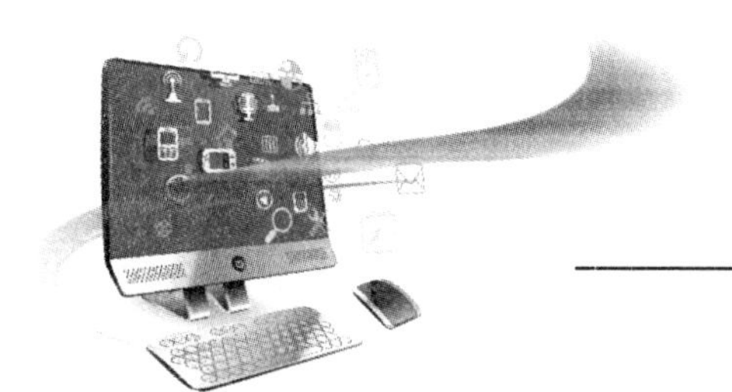

第 6 章 数据库技术基础

教学目标：

理解数据库系统相关的基本知识和基本概念；
掌握 Access 2010 中的数据库及表、查询、窗体和报表的创建与使用方法。

教学重点和难点：

- 数据库系统的基本知识和基本概念
- Access 2010 数据库和数据表的创建
- 查询的创建

数据库技术是数据处理的核心技术之一，主要研究计算机数据处理过程中如何有效地组织、存储和使用大量数据的问题。数据库是一个关于特定主题或用途的信息的集合，利用数据库技术可以开发出许多应用系统，广泛地应用于数据处理的各个领域，如人事管理系统、财务管理系统、教学管理系统、图书管理系统等。本章以 Microsoft Access 2010 为例，介绍数据库的基本使用方法，包括数据库的创建、修改以及数据表、查询、窗体、报表的简单应用。

6.1 数据库系统概述

在日常工作中，需要处理大量的数据。把数据存放在数据库中，用计算机进行处理，可以极大地提高工作效率，提炼对决策有用的数据和信息。

6.1.1 数据库系统的组成

计算机的数据管理技术经历了 3 个阶段：人工管理、文件管理和数据库系统管理。

在人工管理阶段，数据完全依赖于特定的应用程序，缺乏独立性，不能共享。文件管理阶段，把数据组织成相互独立的数据文件保存，有一定的独立性和共享性，但存在较大的数据冗余，管理和维护的代价也很大。

数据库技术满足了集中存储大量数据、便于众多用户使用的要求。数据库系统具有以下几个特点：数据采用一定的数据模型存储；最小的数据冗余度；有较高的数据独立性；安全性；完整性。

引入数据库技术后的计算机应用系统称为数据库系统（Database System，DBS），它可以实现有组织地、动态地存储大量相关数据，提供数据处理和信息资源共享服务。一个完整的数据库系统通常由硬件、软件（操作系统、数据库管理系统、数据库应用系统）、数据库和用户等组成，如图 6-1 所示。

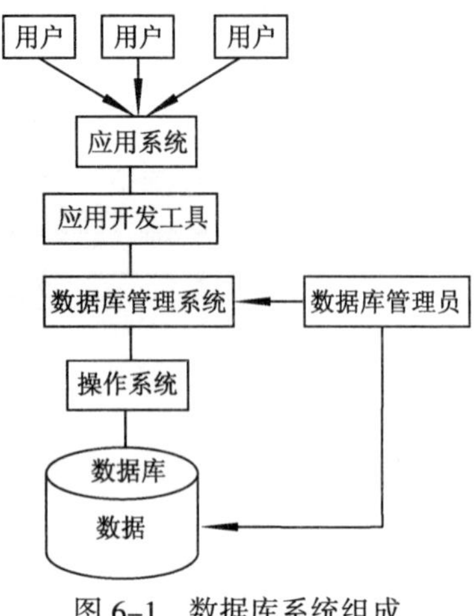

图 6-1　数据库系统组成

1. 数据库管理系统

数据库管理系统（Database Management System，DBMS）是位于用户和操作系统之间用于管理数据库的软件，是数据库系统的核心。它所提供的功能有：数据定义、数据操纵、数据库运行管理、数据通信等。

2. 数据库

数据库（Database，DB）是具有关联性的数据的集合。数据库具有以下特点：数据结构化；数据的共享性高、冗余度低、易扩展；较高的数据独立性；对数据实行集中统一的控制。

3. 数据库应用系统

数据库应用系统是指在数据库管理系统的基础上为解决具体管理或数据处理任务而编制的一系列命令的有序集合，也可称为应用程序，如教学管理系统等。

4. 用户

用户主要指数据库管理员、应用系统开发人员和最终用户。最终用户通过数据库应用系统的用户接口使用数据库。

6.1.2　数据模型和数据库分类

数据模型（Data Model）是数据特征的抽象，是数据库系统中用以提供信息表示和操作手段的形式构架。数据模型包括数据库数据的结构部分、数据库数据的操作部分和数据库数据的约束条件。现有数据库系统均是基于某种数据模型的。

1. 数据模型

数据模型反映了客观世界中各种事物之间的联系，是这些联系的抽象和归纳。在数据库技术的发展历史中，出现了 3 种重要的数据模型：层次数据模型、网状数据模型和关系数据模型。

① 层次数据模型，用来描述有层次联系的事物。层次数据模型反映了客观事物之间一对多（1 : n）的联系，如图 6-2 所示。

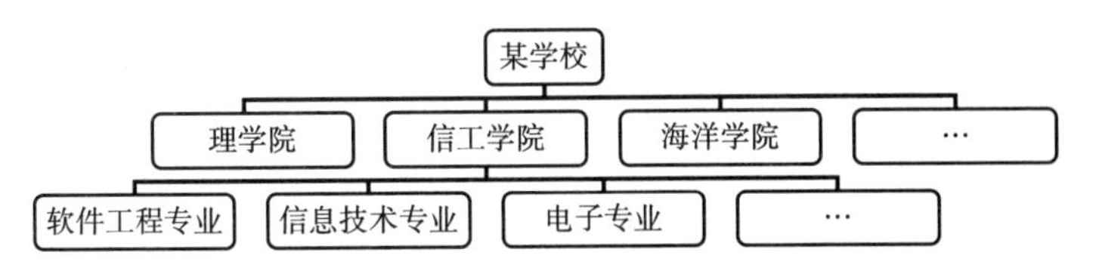

图 6-2　层次数据模型

② 网状数据模型，用于描述事物间的网状联系，反映结点之间多对多（$m:n$）的联系，如图 6-3 所示。

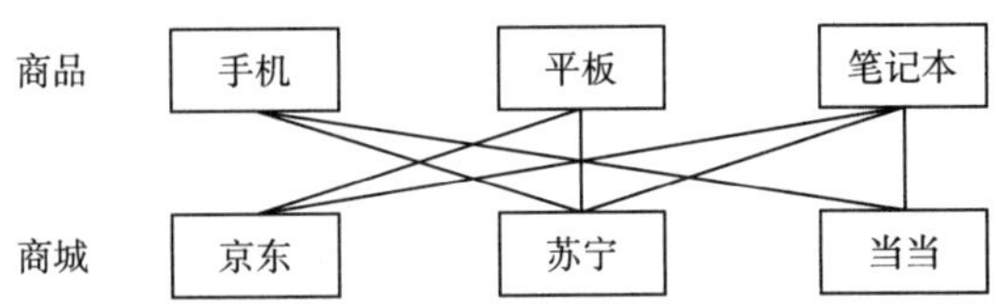

图 6-3　网状数据模型

③ 关系数据模型用一组二维表来表示事物间的联系及事物内部的联系，这种二维表又称“关系”。关系数据模型可用于表示关于对象各种属性之间的联系，如表 6-1 所示借阅人信息表。

表 6-1　借阅人信息表

借阅证号	姓名	性别	出生年月	单位	联系电话	照片	备注
21031	陈齐	男	1997/8/16	数学 031	13801234567		
21041	张红东	男	1996/2/27	数学 041	13101234567		
31503	李聪	男	1996/11/8	信息学院	13202345678		
51504	刘敏	女	1995/1/25	物理 032	13302345678		
01505	吴东	男	1967/6/23	学工处	13402345678		
41506	李艳	女	1997/12/2	地理 031	13602345678		

—— 8 个字段

6 条记录

④ 面向对象模型（Object Oriented Model，OO 模型）用“面向对象”的观点来描述现实世界客观存在的逻辑组织、对象间联系和约束，最基本的概念是对象（Object）和类（Class）。在面向对象模型中，对象是指客观的某一事物，对象的描述具有整体性和完整性，对象不仅包含描述它的数据，而且还包含对它进行操作的方法的定义，对象的外部特征与行为是封装在一起的。其中，对象的状态是该对象属性集，对象的行为是在对象状态上操作的方法集。共享同一属性集和方法集的所有对象构成了类。面向对象的概念最初出现在程序设计方法中，由于更便于描述复杂的客观现实，因此迅速渗透到计算机领域的众多分支。

2. 数据库分类

基于数据库使用的数据模型，可以将数据库分为层次型数据库、网状型数据库和关系型数据库。其中，关系型数据库具有层次型数据库和网状型数据库所具有的功能，建立在严格的关系理论的基础上，简单灵活，得到了广泛的应用。

目前较有影响的关系型数据库管理系统产品有 Access、Visual FoxPro、SQL Server、Informix、Sybase 和 Oracle 等。Access 和 Visual FoxPro 适用于中小型桌面数据库应用系统，Oracle 和 Sybase 等适用于大型的数据库应用系统。

3. 关系型数据库概念

关系：一个关系对应一个二维表。关系型数据库要求每一个关系都必须满足一定的规范条

件，这些条件中最基本的一条是，一个关系的每个分量是不可再拆分的数据项。

记录：又称元组，二维表中的一行称为一条记录。

字段：又称属性，二维表中的一列称为一个字段。每一个字段都有一个名称，称为字段名。

关键字：在一个关系中可以唯一确定一条记录的字段，也就是说，对各条记录而言，其关键字的字段值是互不相同的。

主键：一个关系中可以作为关键字的字段有多个，在建立二维表结构时选定一个，则被选用的关键字称为主键。

值域：字段的取值范围。

6.1.3 数据库技术的新进展

20 世纪 80 年代以来，数据库技术经历了从简单应用到复杂应用的巨大变化，数据库系统的发展呈现出百花齐放的局面。在众多新技术应用中，对数据库研究最具影响力，推动数据库研究进入新纪元的无疑将是 Internet 的发展。Internet 中的数据管理问题从深度和广度两方面对数据库技术都提出了挑战。

1. 大数据

（1）多媒体数据库系统

进入信息化社会，出现大量的图形、图像、音频和视频等多媒体数据，传统的数据库管理系统无法处理。多媒体数据库系统可以实现对格式化和非格式化的多媒体数据的存储、管理和检索。

（2）网络数据库系统

网络数据库也叫 Web 数据库，结合数据和资源共享这两种技术。网络数据库以后台数据库为基础，加上一定的前台程序，通过浏览器完成数据的存储、查询等操作。Web 数据库由数据库服务器（Database Server）、中间件（Middle Ware）、Web 服务器（Web Server）、浏览器（Browser）4 部分组成。Web 不仅仅由静态网页提供信息服务，可以由动态的网页提供交互式的信息查询服务，使信息数据库服务成为了可能。

（3）分布式数据库系统

分布式数据库系统通常使用较小的计算机系统，每台计算机可单独放在一个地方，每台计算机中都可能有 DBMS 的一份完整拷贝副本，或者部分拷贝副本，并具有自己局部的数据库，位于不同地点的许多计算机通过网络互相连接，共同组成一个完整的、全局的逻辑上集中、物理上分布的大型数据库。网络中的每个节点数据库都具有独立处理的能力，用户可以执行局部应用，通过客户机对本地服务器的数据库执行某些应用。同时，每个节点数据库也能通过网络通信子系统执行全局应用，即通过客户机对两个或两个以上节点中的数据库执行某些应用。

（4）主动数据库系统

主动数据库是指除了完成一切传统数据库的服务外，还具有各种主动服务功能的数据库系统。传统数据库中，当用户要对数据库中的数据进行存取时，只能通过执行相应的数据库命令或应用程序来实现。对于紧急情况，用户希望数据库系统能根据数据库的当前状态，主动、适时地做出反应，执行所需的数据库操作，并提供有关的信息。为此，人们在传统数据库的基础上，结合人工智能技术研制和开发了主动数据库。特点是事件驱动数据库操作以及要求数据库系统支持涉及时间方面的约束条件。

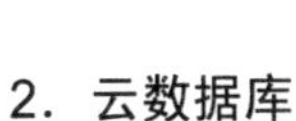

2．云数据库

（1）工程数据库

工程数据库是一种能存储和管理各种工程设计图形及工程设计文档,并能为工程设计提供各种服务的数据库。工程数据库是针对 CAD/CAM 等工程应用领域的需求而提出来的，目的是利用数据库技术对各类工程对象进行有效管理，并提供相应的处理功能及良好的设计环境。

（2）数据仓库

数据仓库（Data Warehouse）可简写为 DW 或 DWH。数据仓库概念的创始人 W.H.Inmon 对数据仓库的定义是“数据仓库是一个面向主题的、集成的、稳定的、随时间不断变化的数据集合”，它是为企业所有级别的决策制定过程，提供所有类型数据支持的战略集合。它是单个数据存储，出于分析性报告和决策支持目的而创建。为需要业务智能的企业，提供指导业务流程改进、监视时间、成本、质量以及控制。

6.2　关系数据库系统

关系数据库系统（Relational DataBase System，RDBS）是建立在关系模型上的数据库系统，借助于集合代数等概念和方法来处理数据库中的数据。关系数据库是目前效率最高的一种数据库系统。Access 系统就是基于关系模型的数据库系统。

关系模型由关系数据结构、关系操作集合和关系完整性约束三部分组成。

6.2.1　关系的规范化

在数据库设计中，关系数据库的规范化理论就是进行数据库设计的有力工具，它研究的是如何把现实世界表示成合理的数据库模式。

构造数据库必须遵循一定的规则。在关系数据库中，这种规则就是范式，是符合某一种级别的关系模式的集合。对于关系数据库中的关系（表）要满足某种范式。目前遵循的主要范式包括第一范式（1NF）、第二范式（2NF）、第三范式（3NF）和第四范式（4NF）等。规范化设计的过程就是按不同的范式，将一个二维表不断地分解成多个二维表并建立表间的关联，最终达到一个表只描述一个实体或者实体间的一种联系的目标。其目的是减少数据冗余，提供有效的数据检索方法，避免不合理的插入、删除、修改等操作，保持数据一致，增强数据的稳定性、伸缩性和适应性。

（1）第一范式（1NF）

关系模型中，关系（数据库表）的每一列都是不可分割的基本数据项，满足这个条件的关系模式就属于第一范式。关系数据库中的所有关系都必须满足第一范式。

例如将表 6-2 所示“图书编目表”规范为满足第一范式的表。

表 6-2　图书编目表

图书编号	图书名称	定价和分类	
		书　　价	图 书 类 别
0001	C 语言程序设计	37.20	程序设计、软件工程
0002	Access 基础教程	19.80	数据库
……	…	…	……

显然“图书编目表”不满足第一范式。处理方法是将表头改为只有一行标题的数据表（见表 6-3）。

表 6-3　满足第一范式的图书编目表

图书编号	图书名称	书　价	图书类别
…	…	…	…

（2）第二范式（2NF）

关系在满足第一范式的基础下，如果所有非主属性都完全依赖于一个主码，则称这个关系满足第二范式。即对于满足第二范式的关系，如果给定一个主码，则可以在这个数据表中唯一确定一条记录。

例如，在图书管理系统中，若设计关系“读者借阅图书综合数据表”为（借阅证号，借阅者姓名，借阅者单位，书籍编号，书籍名称，书籍定价，管理员姓名，性别），表中没有哪一个数据项能够唯一标识一条记录，则不满足第二范式。该数据表存在如下缺点：

① 冗余度大。一个读者如果借 *n* 本书，则他的有关信息就要重复 *n* 遍，这就造成数据的极大冗余。

② 插入异常。在这个数据表中，如果要插入一本书的信息，但此书没有读者借阅，则很难将其插入表中。

③ 删除异常。表中只借一本书的读者，如果他还书了，这条记录就要被删除，那么整个元组都随之删除，使得他的所有信息都被删除了，造成删除异常。

要满足第二范式，可以将不能由主码唯一确定的属性，分离出来形成一个新的实体。按实体和处理流程分解表。上述关系“读者借阅图书综合数据表”可分解成生成三个关系“读者借阅表”“读者档案表”“图书编目表”，关系结构如下：

- 读者借阅表（借阅证号,书籍编号,书籍定价）
- 读者档案表（借阅证号,借阅者姓名,借阅者单位）
- 图书编目表（书籍编号,书籍名称,书籍定价,管理员姓名,性别）

分解后的三个表均满足第二范式。其中“读者借阅表”“读者档案表”的主码均为“借阅证号”，“图书编目表”的主码为“书籍编号”。

（3）第三范式（3NF）

对于满足第二范式的关系，满足第三范式要求一个数据库表中不包含已在其它表中已包含的非主关键字信息。简而言之，第三范式就是属性不依赖于其它非主属性。

在“图书编目表”中，性别属于管理员，主码“书籍编号”不直接决定非主属性“性别”，“性别”是通过管理员传递依赖于“书籍编号”的，则此关系不满足第三范式，在某些情况下，会存在插入异常、删除异常和数据冗余等现象。为将此关系处理成满足第三范式的数据表，可以将其分成“图书编目表”和“图书管理员表”：

图书编目表（书籍编号,书籍名称,书籍定价）

图书管理员表（管理员编号,管理员姓名,性别）

经过规范化处理，满足第一范式的“读者借阅图书综合数据表”被分解成满足第三范式的四个数据表“读者借阅表”“读者档案表”“图书编目表”“图书管理员表”。

对于数据库规范化设计的要求一般应该保证所有数据表都能满足第二范式，尽量满足第三范式。除已经介绍的三种范式外，还有 BCNF（Boyce Codd Normal Form）、第四范式、第五范式。

一个低一级范式的关系，通过模式分解可以规范化为若干个高一级范式的关系模式的集合。

6.2.2 关系运算

关系模型中使用关系运算处理数据项。关系运算操作的对象和结果都是集合。关系模型中常用的关系运算包括两类。一种是传统的集合运算，主要包括并（Union）、交（Intersection）、差（Difference）等，另一种是专门的关系运算，主要包括选择（Select）、投影（Project）、连接（Join）、除（Divide）、增加（Insert）、删除（Delete）、修改（Update）等。在使用过程中，一些查询工作通常需要组合几个基本运算，并经过若干步骤才能完成。

1. 传统的集合运算

进行并、差、交集合运算的关系必须具有相同的关系模式，设两个关系 R 和 S 具有相同的结构。

（1）并运算

关系 R 和 S 的并是由属于 R 或属于 S 的元组组成的集合，即并运算的结果是把关系 R 与关系 S 合并到一起，去掉重复元组。运算符为“∪”，记为 $R\cup S$。

（2）差运算

关系 R 与 S 的差是由属于 R 但不属于 S 的元组组成的集合，即差运算的结果是从 R 中去掉 S 中也有的元组。运算符为“-”，记为 $R-S$。

（3）交运算

关系 R 和 S 的交是由同属于 R 和 S 的元组组成的集合，即运算结果是 R 和 S 的共同元组。运算符为“∩”，记为 $R\cap S$。

（4）笛卡儿积运算

关系 R 和 S 的笛卡儿积是由 R 中每个元组与 S 中每个元组组合生成的新关系，即新关系的每个元组左侧是关系 R 的元组，右侧是关系 S 的元组。运算符为“×”，记为 $R\times S$。

2. 专门的关系运算

专门的关系运算包括投影、选择和连接运算。这类运算将关系看做是元组的集合，其运算不仅涉及关系的水平方向（表中的行），而且也涉及关系的垂直方向（表中的列）。

（1）选择运算

选择运算是从关系 R 中找出满足给定条件的元组组成新的关系。这种运算是从水平方向抽取元组。选择的条件以逻辑表达式给出，使逻辑表达式的值为真的元组将被选取，记为 $\sigma_F(R)$。

其中 F 是选择条件，是一个逻辑表达式，它由逻辑运算符（∧或∨）和比较运算符（>，>=，<，<=，<>）组成。

选择运算是一元关系运算，选择运算的结果中元组个数一般比原来关系中元组个数少，它是原关系的一个子集，但关系模式不变。

（2）投影运算

投影运算是选择关系 R 中的若干属性组成新的关系，并去掉重复元组，是对关系的属性进行筛选，记为 $\Pi_A(R)$。这是从列的角度进行的运算，相当于对关系进行垂直分解。

其中 A 为关系的属性列表，各属性间用逗号分隔。

投影运算是一元关系运算。一般其结果中关系属性个数比原来关系中属性个数少，或者属性的排列顺序不同。投影的运算结果不仅取消了原来关系中的某些列，而且还可能取消某些元组（去掉重复元组）。

（3）连接运算

连接运算是依据给定的条件，从两个已知关系 R 和 S 的笛卡儿积中选取满足连接条件（属性之间）的若干元组组成新的关系。记为 $R \underset{F}{\bowtie} S$。

连接运算是由笛卡儿积导出的，相当于把两个关系 R 和 S 的笛卡儿积做一次选择运算，从笛卡儿积全部元组中选择满足条件的元组。

连接运算与笛卡儿积的区别是：笛卡儿积是关系 R 和 S 所有元组的组合，而连接运算是从两个关系的笛卡儿积中选择属性间满足一定条件的元组。

连接运算的结果中，元组、属性个数一般比两个关系元组、属性总数少，比其中任意一个关系的元组、属性个数多。

6.2.3　关系完整性约束

关系完整性约束是对要建立关联关系的两个关系的主键和外键设置约束条件，即约束两个关联关系之间有关删除、更新、插入操作，约束它们实现关联（级联）操作，或限制关联（级联）操作，或忽略关联（级联）操作，确保数据库中数据的正确性和一致性。

关系数据模型的操作必须满足关系的完整性约束条件，关系的完整性约束条件包括用户自定义的完整性、实体完整性和参照完整性三种。

1. 用户自定义完整性

用户自定义完整性是针对某一具体关系数据库的约束,它反映某一具体应用所涉及的数据必须满足一定的语义要求。例如，某个属性必须取唯一值、某个属性不能为空（Null）、某个属性的取值范围在 0～500 之间等。关系模型提供定义和检测这类完整性的机制。

其中 Null 为“空值”，即表示未知的值，是不确定的。

2. 实体完整性

实体完整性是对关系中元组的唯一性约束，也就是对主关键字的约束，即关系（表）的主关键字不能为空值，且不能有重复值。

设置实体完整性约束后，当主关键字值为 Null 时，关系中的元组无法确定。当不同元组的主关键字值相同时，关系中就自然会有重复元组出现，这就违背了关系模型的原则，因此这种情况是不允许的。

在关系数据库管理系统中，一个关系只能有一个主关键字，系统会自动进行实体完整性检查。

3. 参照完整性

参照完整性是对关系数据库中建立关联的关系间数据参照引用的约束，也就是对外部关键字的约束。具体来说，参照完整性是指关系中的外部关键字必须是另一个关系的主关键字的值，或者是 Null。

关系完整性约束是关系设计的一个重要内容，关系的完整性要求关系中的数据及具有关联关系的数据间必须遵循的一定的制约和依存关系，以保证数据的正确性、有效性和相容性。其中实体完整性约束和参照完整性约束是关系模型必须满足的完整性约束条件。

关系数据库管理系统为为用户提供了设置参照完整性约束、用户自定义完整性约束的环境和手段，提供了完备的实体完整性自动检查功能，通过系统自身以及用户自定义的约束机制，就能够充分地保证关系的准确性、完整性和相容性。

6.2.4　关系数据库设计

数据库设计是指对于一个给定的应用环境，构造最优的数据库模式，建立数据库及其应用系统，使之能够有效地存储数据，满足各种用户的应用需求。数据库设计是信息系统开发和建设的核心技术。

关系数据库设计的主要问题是关系模型的设计，是对数据进行组织化和结构化的过程。现实世界的实际存在决定了关系必须满足一定的完整性约束条件，这些约束表现在对属性取值范围的限制上。关系模型的完整性规则是对关系的某种约束条件，防止用户使用数据库时，向数据库加入不符合语义的数据。在关系数据库设计中，数据库必须规范化设计，以最大程度保证数据库中数据的正确性和一致性。

关系数据库设计的步骤一般分为：

1. 需求分析

需求分析阶段是数据库设计的基础，主要任务是对数据库应用系统所要处理的对象进行全面了解，大量收集支持系统目标实现的各类基础数据以及用户对数据库信息的需求、对基础数据进行加工处理的需求、对数据库安全性和完整性的要求等。

进行需求分析，有以下方法：

① 调查数据库应用系统所涉及各部门的组成情况，各部门的职责等，为分析信息流程做准备。

② 了解各部门的业务活动情况。包括各个部门输入和使用什么数据，如何加工处理这些数据，输出什么信息，输出到什么部门，输出结果的格式及发布的对象等。

③ 在熟悉了业务活动的基础上，帮助用户明确对新系统的各种要求，包括信息要求、处理要求、安全性和完整性要求。

④ 确定系统功能范围，明确哪些业务活动的工作由计算机完成，哪些由人工来做。由计算机完成的功能就是新系统应该实现的功能。

2. 数据库设计

在需求分析的基础上，首先明确需要存储哪些数据，确定需要几个数据表，每个表中包括几个属性等。这一过程要严格遵循关系数据库完整性和规范化设计要求。确定表中的主关键字，确定表间的关联关系。

依据需求分析，结合初步设计的数据库模型，设计应用系统的各个功能模块。

3. 系统的性能分析

系统设计初步完成后，需要对它进行性能分析，如果有不完善的地方，要根据分析结果优化数据库，直到应用系统的设计满足用户的需要为止。

4. 系统的发布和维护

系统经过调试满足用户的需求后就可以进行发布，但在使用过程中可能还会存在某些问题，因此在系统运行期间要进行调整，以实现系统性能的改善和扩充，使其适应实际工作的需要。

6.3　关系数据库标准语言 SQL

结构化查询语言（Structured Query Language）简称 SQL，SQL 语言是 1974 年由 Boyce 和 Chamberlin 提出的。1975～1979 年 IBM 公司 San Jose Research Laboratory 研制了著名的关系数

据库管理系统原型 System R 并实现了这种语言。1986 年 10 月，美国国家标准协会对 SQL 进行规范后，以此作为关系式数据库管理系统的标准语言（ANSI X3. 135-1986），1987 年得到国际标准组织的支持下成为国际标准。由于它的功能丰富，语言简洁倍受用户及计算机工业界的欢迎，被众多计算机公司和软件公司所采用。经各公司的不断修改、扩充和完善，SQL 语言最终发展成为关系数据库的标准语言。

6.3.1 SQL 的特点

SQL 是在数据库系统中应用广泛的数据库查询语言，它包含了数据定义（Data Definition）、查询（Data Query）、操纵（Data Manipulation）和控制（Data Control）4 种功能。各种通行的数据库系统在其实践过程中都对 SQL 规范作了某些编改和扩充。所以，实际上不同数据库系统之间的 SQL 不能完全相互通用。SQL 由于功能强大，使用方便灵活，语言简洁易学，深受广大数据库用户和开发人员的欢迎。主要特点有：

1. SQL 功能强

SQL 集多种功能于一体，语言风格统一，包括数据定义语言 DDL（Data Definition Language）、数据操纵语言 DML（Data Manipulation Language）、数据控制语言 DCL（Data Control Language）、数据查询语言 DQL（Data Query Language）。SQL 可以独立完成数据库生命周期中的全部活动，包括定义关系模式、插入数据、建立数据库、查询、更新、维护、数据库重构、数据库安全性控制等一系列操作要求。

2. SQL 高度非过程化

SQL 是一个高度非过程化的语言，在采用 SQL 进行数据操作时，只要提出“做什么”，而不必指明“怎么做”，其他工作由系统完成。由于用户无需了解存取路径的结构、存取路径的选择以及相应操作语句过程，所以大大减轻了用户负担，而且有利于提高数据独立性。

3. SQL 简洁易学

SQL 只用有限的几个命令（CREATE、DROP、ALTER、SELECT、INSERT、UPDATE、DELETE、GRANT、REVOKE）就完成了数据定义、数据操作、数据查询、数据控制的核心功能，语法简单，使用的语句接近于人类使用的自然语言，容易学习并且使用方便。

6.3.2 SQL 基本语句的功能

Access 关系数据库管理系统全面支持 SQL，在 Access 数据库中主要使用 SQL 查询功能。下面简单介绍 SQL 查询功能和数据操作功能的基本格式和使用方法。

1. 数据查询

SQL 提供 SELECT 语句进行数据查询，其主要功能是实现数据源数据的筛选、投影和连接操作，并能够完成筛选字段的重命名、多数据源数据组合、分类汇总等具体操作。

SELECT 语句的一般格式如下：

```
SELECT [ALL|DISTINCT] *|<字段列表>
FROM <表名>[[INNER|LEFT|RIGHT JOIN] <表名>[ON <联接条件>]…]
[INTO <表名>]
[WHERE <条件表达式>]
[GROUP BY <列名 1>[HAVING <条件表达式>]]
[ORDER BY <列名 2>[ASC|DESC]];
```

在上面的语法格式描述中，符号含义如下：

<>：表示在具体的语句中采用实际需要的内容进行替换。

[ ]：表示可以根据需要进行选择，也可以不选。

|：表示多项选项只能选其中之一。

语句可以分行书写，每行结束无符号，只有最后子语句末尾是分号。

该语句的功能是：在 FROM 后面给出的表名中找出满足 WHERE 条件表达式的元组，然后按 SELECT 后列出的字段列表形成结果表。如果在 FROM 后面含有 JOIN…ON 子句表示建立表间联结，若有 INTO 子句表示生成新表，含有 ORDER BY 子句，则结果表要根据指定的<列名 2>的值按升序或降序排列。若有 GROUP BY 子句，则将结果表按<列名 1>的值进行分组，该属性列值相等的记录分为一组。如果 GROUP BY 子句带有 HAVING 短语，则只有满足指定条件的记录才会出现在结果中。

在格式中，SELECT 子句中，选项的含义如下：

ALL：表示检索所有符合条件的元组，默认值为 ALL。

DISTINCT：表示检索要去掉重复的所有元组。

*：表示检索结果为整个属性，即包括所有的列。

SELECT 语句即可以完成简单表查询，也可以完成复杂的连接查询和嵌套查询。

2. 数据操作

SQL 的操作功能是指对数据库中数据的操作功能，包括数据的插入、修改和删除。

（1）插入数据

SQL 的插入语句是 INSERT，一般有两种格式。一种是插入一个元组，另一种是插入子查询结果。

插入一个元组的 INSERT 语句格式为：

```
INSERT INTO <表名> [(<列名 1>[,<列名 2>.....])]
VALUES (<常量 1>[,<常量 2>….]);
```

其功能是将新元组插入到指定的表中。其中属性列 1 的值为常量 1，属性列 2 的值为常量 2，……。如果某些属性列在 INTO 子句中没有出现，则新记录在这些列上将取空值。

插入子查询结果语句的格式为：

```
INSERT INTO <表名> [(<列名 1>[,<列名 2>.....])] 子查询;
```

其功能是将子查询的结果全部插入到指定表中。

（2）修改数据

SQL 的修改数据语句是 UPDATE 语句，其格式为：

```
UPDATE <表名 > SET <列名>=<表达式>[, <列名>=<表达式>]…[WHERE <条件>];
```

其功能是修改指定表中满足 WHERE 子句条件的元组。其中 SET 子句用于指定修改方法，即用<表达式>的值取代相应的属性列值。如果省略 WHERE 子句，则表示要修改表中所有元组。

（3）删除数据

SQL 的删除语句是 DELETE 语句，其格式为：

```
DELETE FROM <表名> [WHERE <条件>];
```

其功能是从指定的表中删除满足 WHERE 子句给出条件的所有元组。如果省略 WHERE 子句，表示删除表中的全部元组，但表的结构还存在。

6.4　Access 2010 数据库管理系统简介

Microsoft Office 办公软件包含一个数据库组件 Access，这是一个功能强大、简单易用的关系型数据库管理系统，能帮助用户快速组织数据、方便得到所需信息。Access 提供了一套完整的工具和向导，即使是初学者，也可以通过可视化的操作来完成绝大部分的数据库管理和开发工作。

目前，Access 应用非常广泛，使用它可以高效地完成各种类型中小型数据库管理工作，可以广泛应用于各类数据的管理，除了单机使用，也可以作为网络环境下数据库服务器上的数据库管理系统。

6.4.1　Access 2010 用户界面

Access 2010 用户界面提供了创建和使用数据库的环境，主要包含 3 个组件：功能区、文件选项卡和导航窗格，分别介绍如下。

1. 功能区

功能区是包含按特征和功能组织的命令组的选项卡集合。功能区取代了 Access 早期版本中分层的菜单和工具栏。功能区含有：将常用命令分组放在一起的命令选项卡，只在使用时才出现的上下文选项卡，以及快速访问工具栏（可以自定义的小工具栏，可将常用的命令放入其中）等，如图 6-4 所示。

图 6-4　功能区

2. “文件”选项卡

“文件”选项卡是对文件进行各种操作的命令集合，如图 6-5 所示。

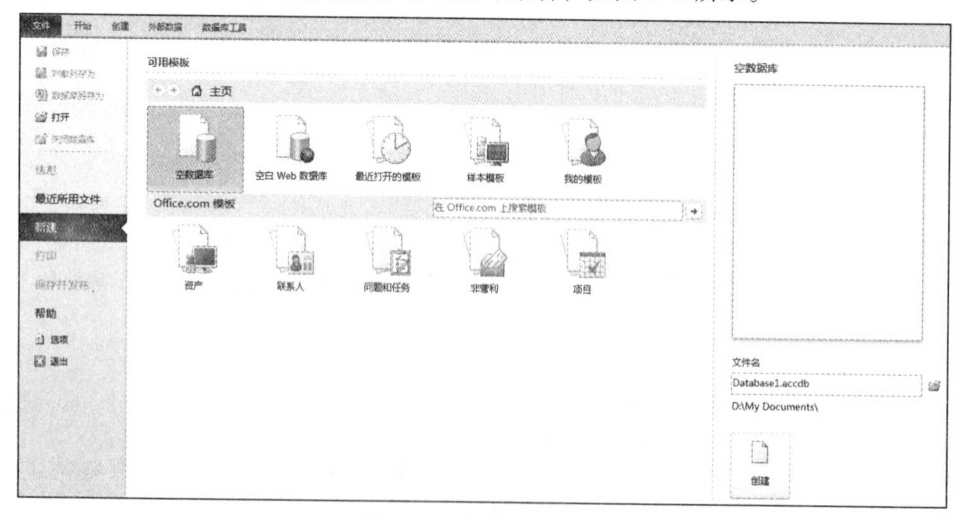

图 6-5　“文件”选项卡

“文件”选项卡包含应用于整个数据库的命令，这些命令排列在屏幕左侧的选项卡上，并且每个选项卡都包含一组相关命令或链接。例如，如果选择“新建”选项，将会在窗口中部显示一组按钮。用户可利用这些按钮创建一个新的空数据库，或从经过专业化设计的数据库模板库中选择一个模板来创建新数据库。

在“文件”选项卡中，可以创建新数据库、打开现有数据库、将数据库发布到 Web，以及执行文件和数据库的维护任务。

3. 导航窗格

导航窗格列出了当前打开的数据库中的所有对象，并可让用户轻松地访问这些对象，如图 6-6 所示。

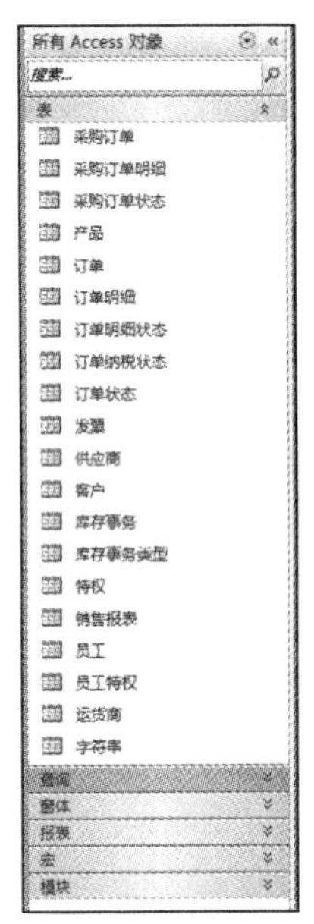

图 6-6　导航窗格

从图中看出， Access 数据库由表、查询、窗体、报表、宏和模块等几类对象组成，这些对象都存放在一个数据库文件中，默认情况下，数据库文件的扩展名为.accdb，这种文件是采用 Access 2007-2010 文件格式创建。各类对象说明如下：

① 表（Table），又称数据基本表或数据表，以二维表的形式组织数据，存放着数据库中的全部数据信息，并为查询、窗体和报表提供数据的来源。一个数据库中可以有多个表，表与表之间通常是有关联的。表及表之间的关联构成数据库的核心。

② 查询（Query），查询是在数据库中检索特定信息的一种手段，它可以从一个或多个表中查找符合特定条件的信息，并把它们集中起来，形成一个全局性的集合，供用户查看。

③ 窗体（Form），窗体实际上是用户定义的一个类似于窗口的图形操作界面，供用户与数据库进行交互，可用于数据的输入、显示、编辑修改和计算等，以及应用程序的执行控制。窗体的数据来源可以是表，也可以是查询或报表。

④ 报表（Report），报表用来输出检索到的信息，可以浏览或打印。在 Access 中，用户不仅可以创建一份简单地显示每条记录信息的报表，还可以创建一份包括计算（如统计、求和、求平均值等）、图表、图形以及其他特性的报表。

⑤ 宏（Macro），宏是若干个 Access 命令的集合，用于简化一些经常性的操作。用户可以设计一个宏来控制一系列的操作，当执行这个宏时，就会按这个宏的定义依次执行相应的操作。

⑥ 模块（Module），模块是用 Access 所提供的 VBA 语言编写的程序段。模块可以与报表、窗体等对象结合使用，以创建完整的应用程序。一般情况下，用户不需要创建模块，除非是要创建应用程序来完成宏无法实现的复杂功能。

6.4.2　创建数据库

Access 提供两种建立数据库的方法，一种是使用模板创建数据库，另一种是创建空数据库。无论采用哪种方法，都可以随时修改或扩展数据库。

1. 创建空数据库

【实战 6-1】创建一个名为“图书管理系统”的空数据库。

① 启动 Access 2010 系统，打开 Access 2010 主工作界面，如图 6-5 所示。

② 单击“空数据库”按钮，在右侧窗格的文件名文本框右侧单击“打开”按钮，弹出“文件新建数据库”对话框。

③ 把文件名文本框修改为“图书管理系统”，数据库文件的扩展名为.accdb，设置文件保存位置，单击“确定”按钮返回。

④ 单击“创建”按钮，可以创建一个空白数据库，数据库中自动创建了一个名称为表 1 的数据表，并以数据表工作视图方式打开表 1，如图 6-7 所示。

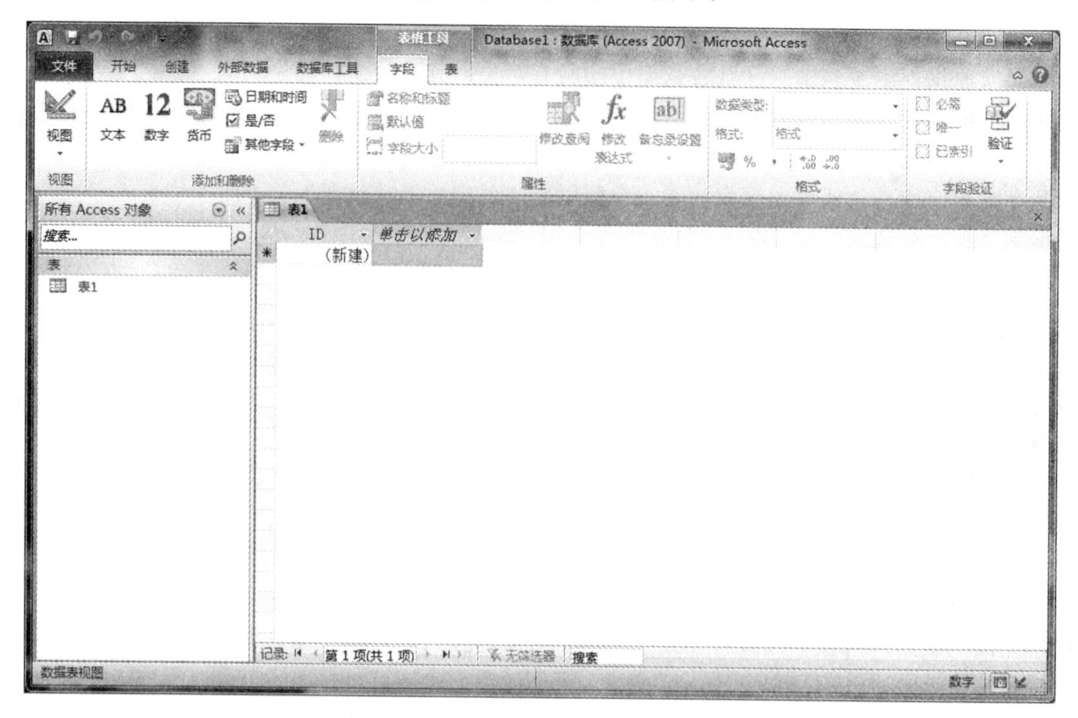

图 6-7　表 1 的数据工作表视图

接下来可以在“图书管理系统”数据库中添加表、查询、窗体、报表等其他对象了。

2．使用 Access 提供的模板创建一个数据库

使用 Access 提供的模板，在“数据库向导”的帮助下，可以创建一个包含表、查询、窗体和报表等对象的完整数据库，用户根据需要进行修改。这种方法简单，适合初学者。

【实战 6-2】使用模板创建一个“罗斯文”数据库。

① 启动 Access 2010 系统。

② 在主窗口“可用模板”窗格中，双击“样本模板”按钮，打开“样本模板”类别。

③ 选中“罗斯文”，则自动生成一个文件名“罗斯文.accdb”的数据库，可以单击“打开”按钮修改保存位置。

④ 单击“创建”按钮，开始生成数据库。

⑤ 数据库生成完成后，自动打开“罗斯文”数据库。

⑥ 单击左侧“百叶窗开/关”按钮，在导航窗格中可以显示罗斯文数据库中的各类对象，如图 6-8 所示。

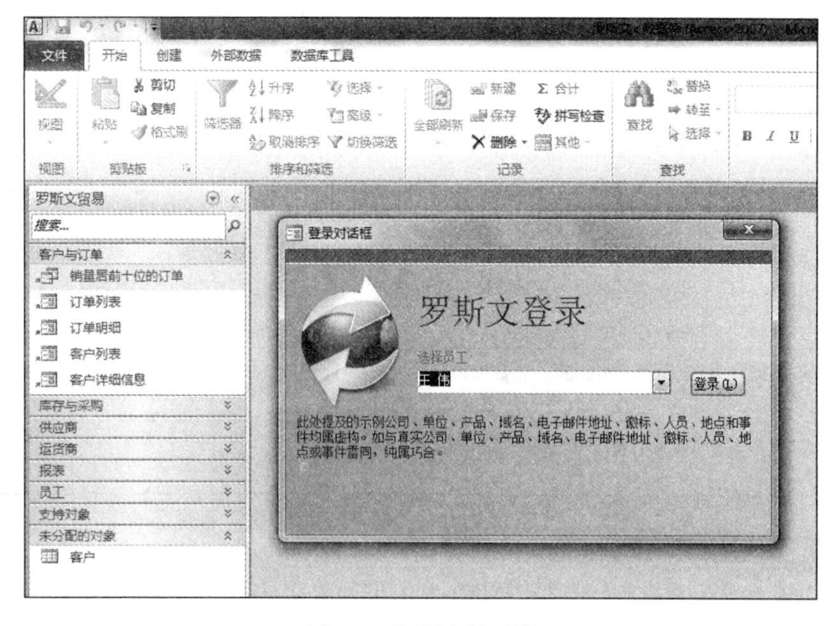

图 6-8　罗斯文数据库

6.4.3　创建表和表间关系

在 Access 关系数据库管理系统中，表是用来存储和管理数据的，是 Access 数据库中最重要的对象。一个没有任何表的数据库是一个空的数据库，不能做任何其它操作，所以表是数据库其它对象的操作依据。

设计关系数据库的第一步就是设计表，表的质量直接影响到数据库的效率，设计表的依据就是规范化规则。具体要解决的问题就是表的结构和输入数据，表结构包括表名称、表中字段（字段名、属性）、主键等。

Access 2010 创建表分为新的数据库和在现有的数据库中创建表两种情况。在创建数据库时，自动创建一个新表。在现有的数据库中常用以下 3 种方法创建表：

① 使用设计视图创建表：先打开设计视图创建表的结构，再转到数据表视图录入数据。

② 使用数据表视图创建表：先打开数据视图直接录入数据，再转到设计视图修改表的结构。

③ 其他数据源导入或链接到表：可以将其他格式的数据导入或链接到 Access 数据库中。

1. 使用表设计视图创建表

使用表设计视图创建表分为两步：第 1 步创建表的结构，第 2 步输入数据。在创建表之前需要设计表的结构，表结构包括字段名称、字段类型、字段大小等属性。

表中字段的数据类型主要有文本、备注、数字、日期/时间、货币、自动编号、是/否、OLE 对象、超级链接、附件、计算和查阅向导等数据类型。Access 2010 常用的数据类型及含义如表 6-4 所示。

确定了字段类型后，根据需要设置某个字段为“主键”（主键即为主关键字）。

在设计视图中对字段的属性可以做进一步设置，主要属性包括字段大小、格式、输入掩码、标题、默认值、有效性规则、有效性文本、必填字段、允许空字符串和索引等。

表 6-4　数据类型及含义

数据类型	含　义	说 明 和 示 例
文本	用于存储文本或数字文本。	如单位名称或电话号码。当在数字左边有 0 时，如 01002，用文本型数据才能保证最左边的 0 显示
备注	存储长文本或数字的组合或具有 RTF 格式的文本。	如简历、注释或说明。最多可存储 65 536 个字符
数字	存储用于计算的数字数据（货币数据除外）。	如工资、成绩
日期/时间	存储从 100~9999 年的日期和时间。	如出生日期
货币	存储货币值。用于数值数据，整数位为 15，小数位为 4。	如价格
自动编号	在添加记录时自动插入唯一顺序号（每次增 1）或随机编号。	如编号
是/否	表示逻辑值 True/False、Yes/No、On/Off、-1/0。	只能是两个值中的一个，如 Yes/No、True/False，不允许 Null 值
OLE 对象	OLE 对象字段数据类型用于链接或嵌入其他程序所创建的对象。	如文本文件、图片、图表等
超链接	存储超链接的字段	如电子邮件、网站首页等
附件	图片、图像、二进制文件、Office 文件	如文本文件、图像、Office 文件等
计算	表达式或结果类型是小数	如销售额（=价格×销售量）
查阅向导	用来实现查阅另一表中的数据或从一个列表中选择的字段	如将“性别”字段定义为“查阅向导”并创建一个查阅列，在输入数据时可在事先输入的“男”“女”中进行选择

【实战 6-3】在“图书管理系统”数据库中，创建“借阅者信息表”。借阅者信息表的结构如表 6-5 所示，并将“借阅证号”字段设置为主键。

表 6-5　借阅者信息表的结构

字段名	字段类型	字段大小	字段名	字段类型	字段大小
借阅证号	文本	10	联系电话	文本	11
借阅者姓名	文本	6	单位	文本	15
性别	是/否	1	照片	OLE	
出生日期	日期/时间	8	备注	备注	

① 打开已经创建的“图书管理系统”数据库，单击“创建”→“表格”→“表设计”按钮。系统自动创建名为“表 1”的表，进入“表 1”的表设计视图，如图 6-9 所示。

② 依据表 6-5 借阅者信息表的结构，在字段名称列中输入字段名称，在数据类型列中选择相应的数据类型，在常规属性窗口中设置字段大小，如图 6-9 所示。

③ 设置主键。在行选择区单击选中“借阅证号”所在行，单击“表格工具/设计”→“工具”→“主键”按钮，会在“借阅证号”字段的左侧出现钥匙形的主键标记，设置“借阅证号”为主键。

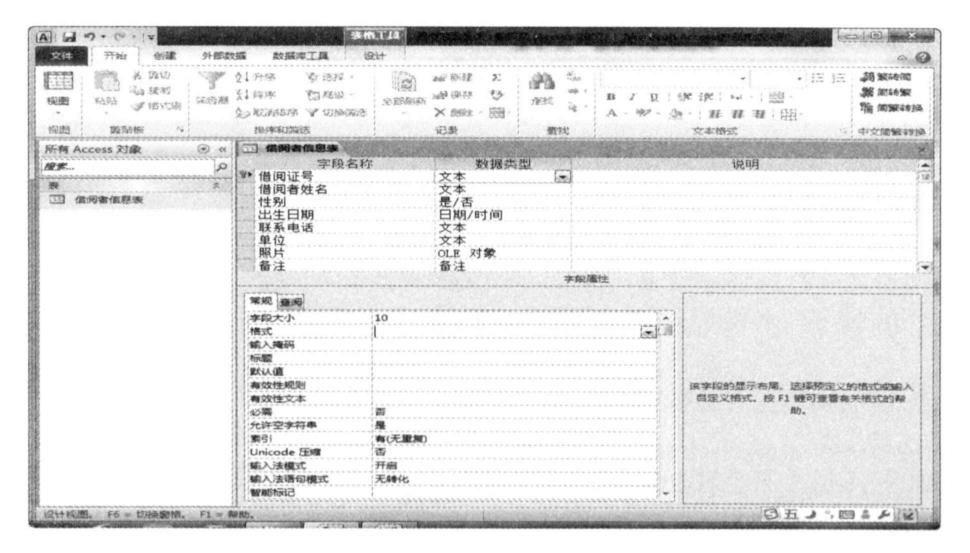

图 6-9　借阅者信息表设计视图

④ 单击“保存”按钮，以“借阅者信息表”为名称保存表。

⑤ 在导航窗格双击打开“借阅者信息表”，进入数据表视图，录入数据，输入数据后的“借阅者信息表”如图 6-10 所示。单击数据表视图窗口右上角的“关闭”按钮，在出现的询问对话框中单击“是”按钮以保存数据，就完成了“借阅者信息表”的创建。

⑥ 保存表，关闭数据表。

为表设置主关键字（简称主键），可以确保表中的记录具有唯一性，并加快查询的速度。当向主键字段输入数据时，如果有重复的值，Access 将自动拒绝接收数据，所以应选择没有重复值的字段，如“借阅证号”，作为主键，而“姓名”字段就不宜设为主键。

注：删除主键的方法是选定已经设置主键的字段，单击“表格工具设计”选项卡中的“主键”按钮即可。

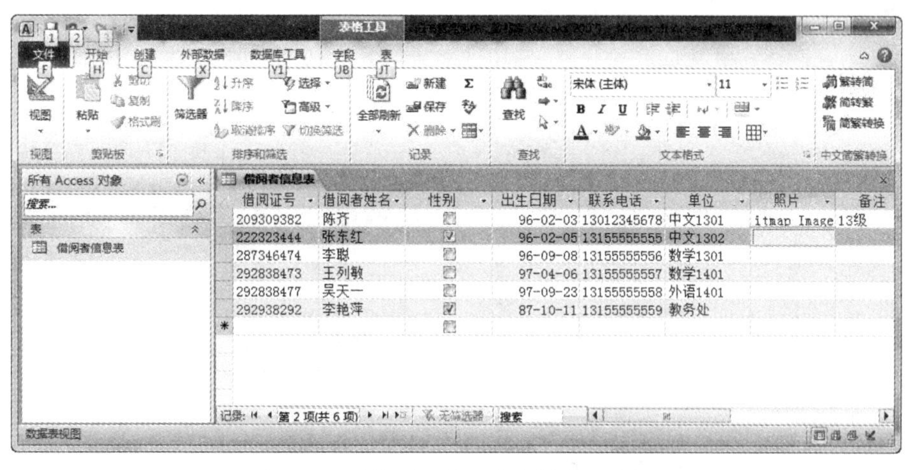

图 6-10　“借阅者信息表”数据表视图

2. 创建表之间的关系

在数据库中通常要建立若干表，这些表之间常常存在着联系。在 Access 中需要把有联系的表之间建立起关联关系，表中数据才能更有效地利用。

表间的关系有 3 种，即一对一关系、一对多关系和多对多关系。这 3 种关系的类型取决于相关联字段是如何定义的。

① 如果两个表仅有一个相关联字段是主键，则创建一对多关系。

② 如果两个表相关联字段都是主键，则创建一对一关系。

③ 两个表之间的多对多关系实际是这两个表与第 3 个表的两个一对多关系。

并不是任何两个字段都能关联，相关联的字段需要满足以下条件：

① 相关联的字段名称可以不同，但必须有相同的数据类型（除非主键字段是“自动编号”类型）。

② 当主键字段是“自动编号”类型时，可与“数字”类型并且“字段大小”属性为“长整型”的字段关联。

③ 如果分别来自两个表的两个字段都是“数字”型，只有“字段大小”属性相同，这两个字段才能关联。

表间关系是指两个表中都有一个数据类型、字段大小相同的字段。建立表间关系需要明确“主表”和“子表”。其中主表中用来建立关系的字段应该设置为主键。

【实战 6-4】在“图书管理系统”数据库中，使用“借阅证号”为关联字段，建立“借阅者信息表”与“借阅表”之间的关联关系。其中“借阅者信息表”为主表，“借阅表”为子表。

建立两表关联关系的操作步骤如下：

① 关闭两个表的数据表视图，表打开状态下无法建立关系。

② 单击“数据库工具”→“关系”→“关系”按钮，弹出关系窗格和“显示表”对话框，把需要的两个表添加到关系窗格，如图 6-11 所示。

③ 关闭显示表对话框，按住左键把“借阅者信息表”中的“借阅证号”字段拖拽到“借阅表”中“借阅证号”字段上，释放鼠标，弹出“编辑关系”对话框，如图 6-12 所示。

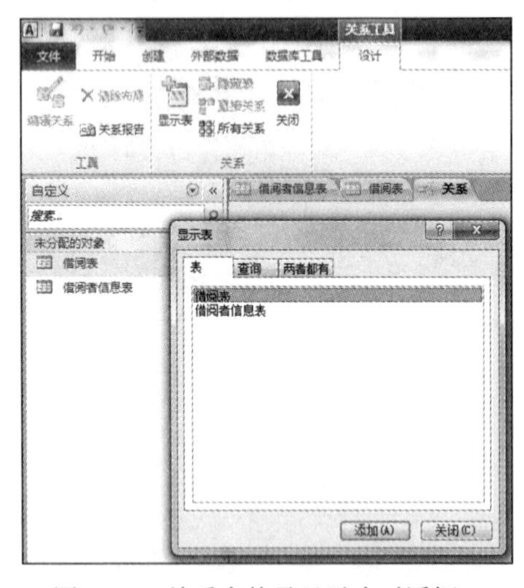

图 6-11　关系窗格及显示表对话框

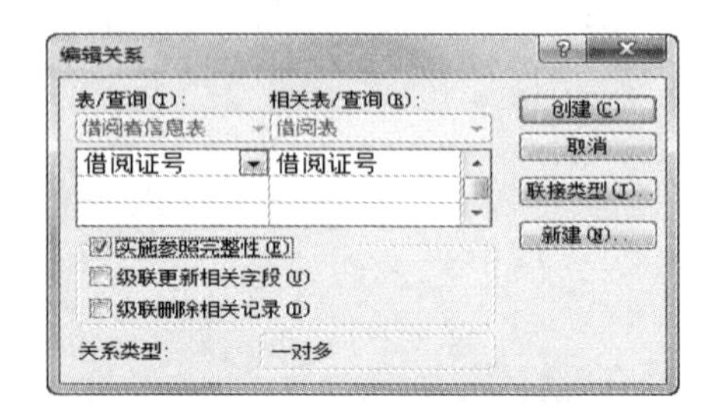

图 6-12　“编辑关系”对话框

④“编辑关系”对话框中，选择“实施参照完整性”复选框，单击“创建”按钮，两表间就出现一条连线，这样就建立两个表之间的一对多关联关系，如图 6-13 所示，关闭关系窗格。

⑤ 要修改或删除关系，可以右击关系连线，在弹出的的快捷菜单中选择“编辑关系”命令，弹出“编辑关系”对话框，如图 6- 14 所示。

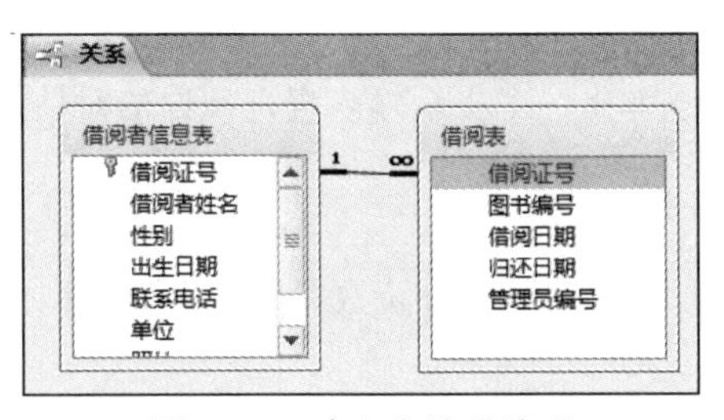

图 6–13　建立表关联关系

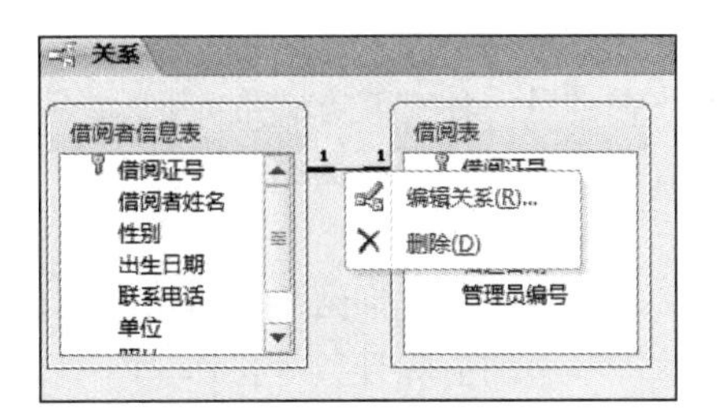

图 6–14　编辑关系快捷菜单

在“编辑关系”对话框中，选择“实施参照完整性”复选框后，在主表中不允许更改与子表中相关记录的关联字段值；在子表中，不允许在关联字段中输入主表关联字段不存在的值，但允许输入 Null 值；不允许在主表中删除与子表中记录相关的记录；在子表中插入记录时，不允许在关联字段中输入主表关联字段中不存在的值，但可以输入 Null 值。

单击“级联更新相关字段”复选框，表示关联表间可以级联更新。当关联表间实施参照完整性并级联更新时，若更改主表中关联字段值时，则子表中所有相关记录的关联字段值就会随之更新。但在子表中，不允许在关联字段输入除 Null 值以外的主表关联字段中不存在的值。

单击“级联删除相关字段”复选框，表示关联表间可以级联删除。当关联表间实施参照完整性并级联删除时，若删除主表中的记录，子表中的所有相关记录就会随之删除。

如果关联表间不实施参照完整性，也就是取消“实施参照完整性”复选框，这时对主表或子表中记录的更新、删除和插入不受限制。

6.4.4　创建查询

查询是数据库中数据检索、数据加工的一种重要的对象。查询是在指定的数据源中按给定条件进行查找，将符合条件的记录显示出来，形成一个临时的动态数据集合。这个符合查询条件的记录的集合外观与表一样，但它并不是一个基本表。利用查询，实现对数据源中的数据进行检索、统计、分析、查看和更改等功能。

查询的内容是动态的，其内容随着数据源内数据的变化而变化。保存查询时，保存的只是查询的结构，而不是保存该查询结果的动态数据集。查询可以作为结果，也可以作为数据源。

1. 查询的功能

查询具有以下功能：

① 查看、搜索和分析数据。

② 用来生成新表及追加、更新和删除数据。

③ 实现记录的筛选、排序、汇总和计算。

④ 作为查询、窗体和报表对象的数据源。

2. 查询的类型

Access 支持多种不同类型的查询，查询类型通常分为选择查询、参数查询、交叉表查询、操作查询及 SQL 查询。

（1）选择查询

选择查询是根据指定条件，从一个或多个数据表或其他查询中获取数据并显示结果。使用选择查询可以对数据记录编辑、对记录进行分组、排序，并且对记录作总计、计数、平均值以及其他种类的计算。

（2）参数查询

参数查询是一种交互方式的查询，在运行查询时,弹出一个提示输入查询条件的对话框，输入参数值后，创建动态查询结果。

（3）交叉表查询

交叉表查询是将查询结果进行组织和排列，可以更加方便的分析数据，交叉表查询可以计算数据总计、平均值和计数等操作。

（4）操作查询

操作查询主要用于数据库中数据的更新、追加、删除及生成新表，表 6-6 所示为操作查询的类型及其说明。

表 6-6　操作查询的类型及其说明

操作查询	说　明
删除查询	从一个或多个表中删除一组记录。例如，可以使用删除查询来删除某个单位的所有借阅者信息
更新查询	可对一个或多个表中已有数据进行全局修改。例如，可以修改同一单位所有借阅者的单位名称
追加查询	从一个（或多个）表中将一组记录追加到另一个（或多个）表的尾部。例如要将一批新图书的数据添加到“图书编目”表中，可以利用追加查询来快速完成添加操作
生成表查询	根据一个或多个表中的全部或部分数据新建表。例如，可以查询今天超期的借阅记录生成一个新表

（5）SQL 查询

SQL（Structured Query Language）查询是通过 SQL 语句创建的选择查询、参数查询、数据定义查询及操作查询。

在 Access 数据库中，查询对象本质是一条由 SQL 语句组成的命令，当使用可视化的方式创建一个查询对象时，系统便自动将其转换为一条相应的 SQL 语句保存。运行一个查询对象实质上就是执行查询对象相应的 SQL 语句。

3. 查询设计视图

查询设计视图是创建、编辑和修改查询的基本工具。利用查询设计视图建立基于一个表或者多个表的选择查询非常方便，用户首先选择一个或多个表中的字段，再对其设置需要的查询条件，即可建立选择查询。

（1）查询设计器界面

设计视图是一个设计查询的窗口，包含了创建或修改查询所需要的各个组件。打开查询设计视图有两种方法，一种是建立一个新查询，另一种是打开已有的查询设计窗口。查询设计视图如图 6-15 所示。

窗口标题栏中显示查询的名称及类型，设计视图的窗口分为上下两部分，上部是表或查询的字段列表，显示添加到查询中的数据表或查询的字段列表；下部是查询设计网格，每一列都对应着查询动态集中的一个字段，每一行是字段的属性和要求。在设计网格中可以定义查询的字段，设置条件限制查询的结果，对查询的结果按指定方式排序等；中间是分隔线，可以调节上部和下部的高度。

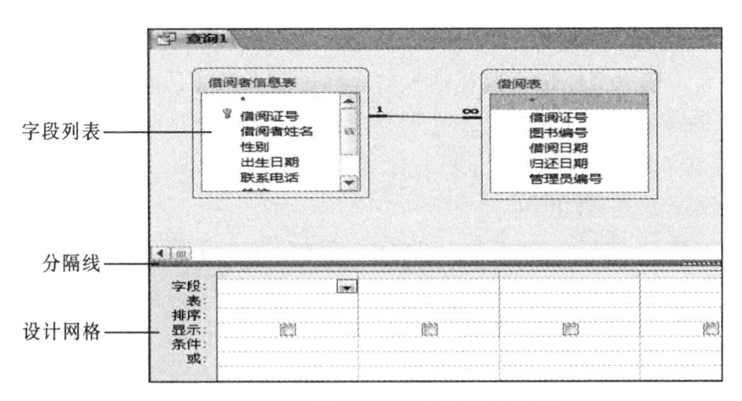

图 6-15　查询设计视图

（2）条件表达式

在查询设计器的设计网格区中，条件行用于输入条件表达式，可以给相应列设置各种查询条件。在输入表达式时，除了汉字外，其他所有字符都必须在英文输入法状态下输入。条件表达式是运算符、常量、函数和字段名称等的任意组合，复杂的条件表达式可以借助表达式生成器构造完成。表 6-7 与表 6-8 介绍了条件表达式中常用到的比较运算符和逻辑运算符以及一些具体示例。

表 6-7　比较运算符

运　算　符	含　　义	示　　例	示　　例　　说　　明
=	等于	90	等效于“=90”，允许省略等号“=”
<>	不等于	<>"电子出版社"	文本值一般应使用半角双引号（" "）括起来
>	大于	>#2006-10-16#	2006 年 10 月 16 日之后的日期，应该用半角的“#”号括起来
<	小于	<80	小于 80
>=	大于或等于	>=60	大于或等于 60
<=	小于或等于	<=#2008-12-31#	2009 年之前的日期

表 6-8　逻辑运算符

运　算　符	含　　义	示　　例	说　　明
NOT	条件的逻辑否	NOT([编号]= “001”)	编号不是 001
AND	必须同时满足两个条件	>=85 AND <=100	85 至 100 之间
OR	满足一个条件即可	[年级]= “2011” OR　[年级]= “2012”	年级是 2011 或 2012

除此之外，还有一些特殊运算符 IN、BETWEEN…AND、LIKE 等。

（3）使用查询设计器创建查询

【实战 6-5】在“图书管理系统”数据库中，利用设计视图创建一个查询，查询名称为“借阅信息查询”。

由于所需数据来源于数据库中的两个表，需要先检查它们之间是否创建了关系，再用查询设计器创建“借阅信息查询”。

其操作步骤如下：

① 选择数据源。打开“图书管理系统”数据库，单击“创建”→“查询”→“查询设计”按钮。

② 通过“显示表”对话框，将“借阅者信息表”和“借阅表”添加到字段列表，如图 6-16

所示，关闭“显示表”对话框。

③ 设置查询设计区。依次把所选字段拖拽到“设计网格”的字段行上，设置排序方式，设置条件，此例中设置的条件使用了函数 Date(),指当前日期，在归还日期列设置条件“<Date()”表示今天到期的借阅信息，如图 6-17 所示。

图 6-16 查询设计视图窗口及显示表对话框

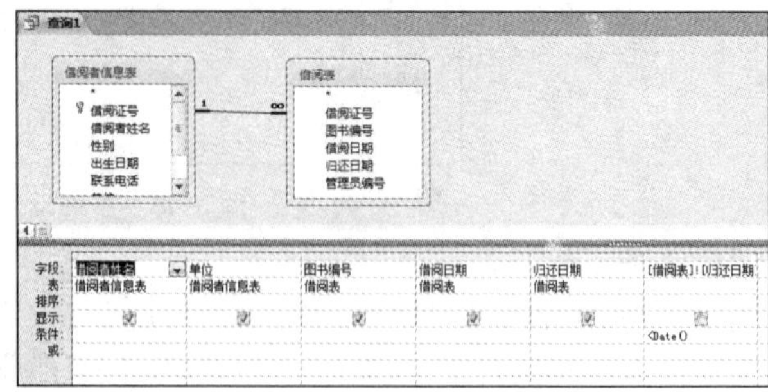

图 6-17 借阅信息查询的设计视图

④ 单击“查询工具/设计”→“结果”→“运行”按钮!，可以得到借阅信息查询的运行结果，如图 6-18 所示。

查询1

借阅者姓名	单位	图书编号	借阅日期	归还日期
李聪	数学1301	2014500003	15-04-13	15-06-13
李聪	数学1301	2014600003	15-04-13	15-06-13
李聪	数学1301	2014100003	15-04-13	15-06-13

图 6-18 借阅信息查询结果

⑤ 单击查询窗格左上部的“关闭”按钮，保存查询，并更新查询名称为“借阅信息查询”。

（4）创建 SQL 查询

SQL 查询是直接在 SQL 视图中使用 SQL 语句创建的查询。

在查询的设计视图，单击“查询工具/设计”→“结果”→“SQL”按钮，便可以转换到 SQL 视图，看到查询对象相应的 SQL 语句或者直接编辑 SQL 语句，保存结果后同样是一个查询对象。

上例中的借阅信息查询对应的 SQL 查询如图 6-19 所示。

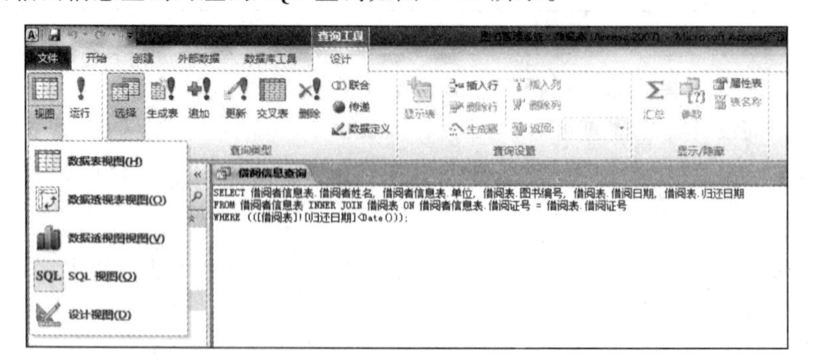

图 6-19 借阅信息查询的 SQL 语句

某些特定的 SQL 查询（如传递查询、数据定义查询和联合查询），不能用查询向导或查询设计器这些方法来创建，必须在 SQL 视图中输入命令才能创建。

6.4.5　创建窗体和报表

窗体和报表都是 Access 的对象，窗体主要用于制作输入和输出数据的界面；报表用于以打印格式展示数据，可以实现排序、分类汇总、累计和求和等操作。

1. 创建窗体

窗体本质是一个 Windows 窗口，在可视化设计时将其称为窗体。作为输入和输出数据的常用界面，窗体是制作数据库应用系统的重要工具。将窗体作为程序导航面板，用户可以不必了解数据库的使用方法，直接通过窗体上的按钮，进入不同的程序模块，调用不同的程序，使用应用系统的各种功能。

窗体的记录源可以是表或查询对象，除记录源外，窗体上其他信息（如标题、页码等）都存储在窗体的设计中。在窗体中，通常需要使用各种如标签、文本框、选项按钮、复选框、命令按钮、图片框等窗体元素，在术语上将这些窗体元素称为控件。通过使用控件并对控件属性的设置，让窗体灵活实现不同的功能。

（1）窗体组成

窗体由 5 个部分构成：窗体页眉、页面页眉、主体、页面页脚和窗体页脚，每一部分都称为一个“节”。每个节都有特定的用途，窗体中的信息可以分放在多个节中。

（2）窗体的种类

根据功能不同，一般将窗体分为 5 种：全屏式窗体、数据表窗体、主/次窗体、数据透视表窗体和数据透视图窗体。

- 全屏式窗体最常见，主要用于数据输入和显示、导航、对话框等；
- 数据表窗体与 Excel 电子表格类似，主要用于数据输入和显示；
- 主/次窗体是包含主次关系的数据窗体；
- 数据透视表窗体是以行、列和交叉点统计分析数据的交叉表格；
- 数据透视图窗体以图形方式（如饼图、柱形图等）统计显示数据的窗体。

（3）窗体的视图

对于窗体对象，Access 提供了窗体视图、布局视图、设计视图、数据表视图、数据透视表视图和数据透视图视图等多种视图查看方式。窗体视图是用得最多的视图，也是窗体的工作视图，该视图用来显示数据表的记录。用户可通过它来查看、添加和修改数据，也可设计美观人性化的用户界面，方便使用。布局视图的界面和窗体视图几乎一样，有区别的是里面各个控件的位置可以移动，可以对现有的各控件进行重新布局，但不能像设计视图一样添加新控件。设计视图多用来设计和修改窗体的结构，美化窗体等。

（4）创建窗体的方法

Access 系统提供了快速窗体、空白窗体、窗体向导、窗体设计等多种创建各类窗体的方法。用户可以在功能区“创建”选项卡“窗体”组内找到这些方法。

“快速窗体”是最快速创建窗体的方式，它会对用户选中的记录源（如表或查询对象）立刻生成窗体，而不提示任何信息。

“空白窗体”可以快速建立一个空白窗体，在建立了空白报表后，窗口右侧会出现字段列表，可提供空白窗体的多个数据源的字段选择，进而使得空白窗体成为一张适合的窗体。

当使用“窗体向导”创建窗体时，“窗体向导”会提示指定相关的数据源、选择字段和窗体布局等。根据向导提示可以完成大部分窗体设计的基本操作，加快了创建窗体的过程。

使用“窗体设计”就是直接到窗体的设计视图创建窗体，在设计视图中可以定义窗体要操作的所有数据以及要显示的格式，创建和编辑窗体的结构和布局。还可以添加各种控件，并按需要对控件进行设置和修改，让窗体实现强大的功能。

【实战 6-6】在“图书管理系统”数据库中，使用“窗体向导”方法，创建如图 6-20 所示的名为“借阅者信息”的窗体，用于维护“借阅者信息表”的记录数据。

① 新建窗体。打开数据库“图书管理系统”，单击“创建”→“窗体”→“窗体向导”按钮，弹出“窗体向导”对话框，如图 6-21 所示。

② 在向导提示下完成操作。在“表/查询”下拉列表中选定“表：借阅者信息”及所有字段，选择“纵栏表”窗体布局，最后输入窗体标题“借阅者信息”，完成窗体创建。

上例生成的窗体，既能够显示表“借阅者信息”的数据，又可以让用户在该窗体上进行输入、修改、添加、删除等操作。

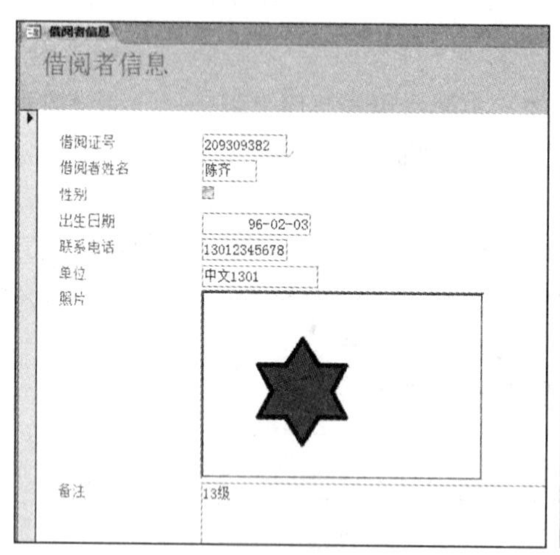

图 6-20　借阅者信息窗体

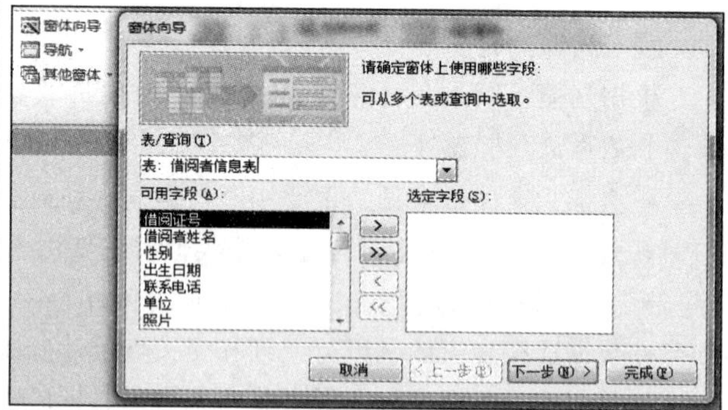

图 6-21　“窗体向导”对话框

2. 创建报表

报表是 Access 数据库中用于以打印格式展示数据的对象，利用 Access 创建的报表不仅可在屏幕上以打印格式对数据库中进行了排序、分类汇总、累计和求和等操作的数据进行显示，还是对数据库的数据和统计结果进行打印的最佳方式。

报表的数据源可以是表或查询对象，报表显示的数据来自指定的表或查询，报表可根据需要引用表或查询的字段，报表上的其他信息存储在报表的设计中。

（1）报表的组成

报表一般包括报表页眉、页面页眉、主体、页面页脚和报表页脚 5 个部分，每一部分都称为一个“节”。当报表的记录数据进行分组时，对每个组还可以设置相应的组页眉和组页脚。报表的信息可以出现在多个节中，同一信息放在不同节中效果是不同的。

（2）报表的种类

Access 系统提供的报表有 3 类，分别是纵栏式报表、表格式报表和标签报表。

在纵栏式报表中，以垂直方式显示一条记录，在主体节中可以显示一条或多条记录，每行显示一个字段，行的左侧显示字段名称，行的右侧显示字段值。

表格式报表以行、列形式显示记录数据，通常一行显示一条记录、一页显示多行记录。表格式报表的字段名称不在每页主体节内显示，而是放在页面页眉节显示。输出报表时，各字段名称只在报表的每页上方出现一次。

标签报表是一种特殊的报表，常用于制作物品标签、客户标签等。

（3）报表的视图

报表有 4 种视图方式：报表视图、打印预览、布局视图和设计视图。报表视图常用于查看报表的设计结果；打印预览用于在屏幕上模拟打印出来的效果；布局视图可以查看和调整报表的各种控件位置、格式、页面边距、页眉页脚等，满足用户对报表的基本调整要求；设计视图用于对现有报表进行精细修改或创建新报表。

对于一个打开的报表，可以单击“开始”→“视图”→“视图”右边的下拉按钮，选择相应的视图命令进行视图的切换。

（4）创建报表的方法

Access 系统提供了 5 种创建报表的方法：快速报表、空报表、报表向导、标签和报表设计。用户可以在功能区“创建”选项卡“报表”组中找到这些方法。

“快速报表”是最快速创建报表的方式，因为它会立刻生成报表，而不提示任何信息。报表将显示指定数据源中的所有字段。这是一种迅速查看数据源极好的报表方式。

“空报表”可以快速建立一个空白报表，表明报表的建立可从一个空白报表入手。在建立了空白报表后，窗口右侧会出现字段列表，可提供空白报表的多个数据源的字段选择，进而使空白报表成为一张满意的报表。

使用“快速报表”功能创建报表，操作简单易行，可以满足一般用户的需要，但用户不能做出其他的选择，如无法选择使用哪些字段等。当使用“报表向导”创建报表时，“报表向导”会提示指定相关的数据源、选择字段和报表版式等。根据向导提示可以完成大部分报表设计的基本操作，加快了创建报表的过程。使用“报表向导”创建报表，不仅能选择所需的字段，还可以定义报表的布局和样式，创建出格式较丰富的报表。

使用“标签”功能启动标签向导，根据指定的数据源，向导会提示选择标签尺寸、文本格式、显示内容等，根据提示来创建标签。

使用“报表设计”可以在报表的设计视图中定义报表要输出的所有数据以及要输出的格式，创建和编辑报表的结构和布局。在报表的设计视图中，也可以对使用“快速报表”和“报表向导”创建完成的过于简单的报表进一步修改和美化。

【实战 6-7】在数据库“图书管理系统”中，以查询对象“借阅信息查询”为记录源，使用“快速报表”方法创建一个报表，命名为“借阅信息查询报表”。

① 指定记录源。打开数据库“图书管理系统”，在导航窗格中选中查询对象“借阅信息查询”，如图 6-22 所示。

② 新建报表。单击“创建”→“报表”→“报表”按钮，创建一个报表，命名为“借阅信息查询报表”，显示到期未归还的借阅信息，如图 6-23 所示。

③ 保存报表。单击该报表的关闭按钮，在弹出的询问对话框中单击“是（Y）”按钮，在弹出的“另存为”对话框中指定报表名称后，单击“确定”按钮，完成操作。报表的细节可在该报表的设计视图修改。

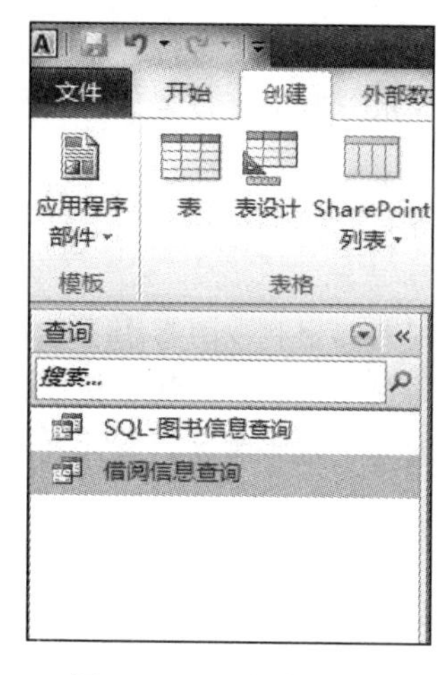

图 6-22　选择数据源

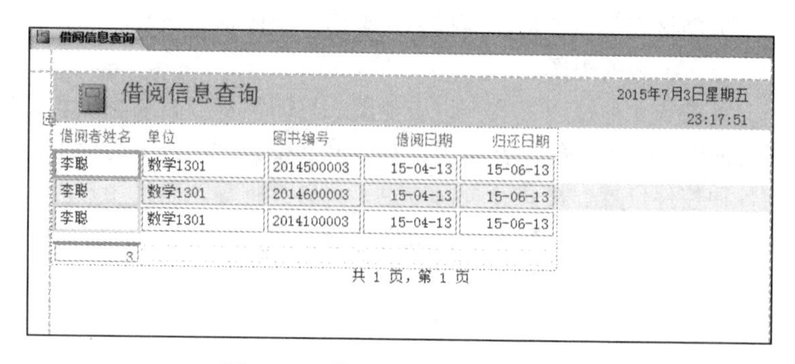

图 6-23　借阅信息查询报表

【实战 6-8】在数据库“图书管理系统”中，使用“报表向导”创建一个名为“分类图书定价平均值”的报表，求出各种图书每种分类的定价平均值，每组内的记录按“图书编号”升序进行排列。

① 新建报表。打开数据库“图书管理系统”，单击“创建”→“报表”→“报表向导”按钮，弹出“报表向导”对话框，如图 6-24 所示。

② 确定报表使用的字段。在“表/查询”下拉列表中选择“表：图书信息表”，分别将“可用字段”列表中“图书编号”“书名”“分类”和“定价”移动到右侧的“选用字段”列表中，如图 6-25 所示。单击“下一步”按钮。

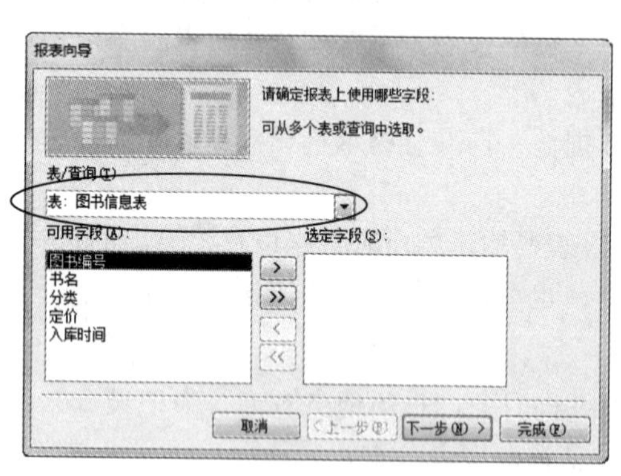

图 6-24　向导之选择数据源

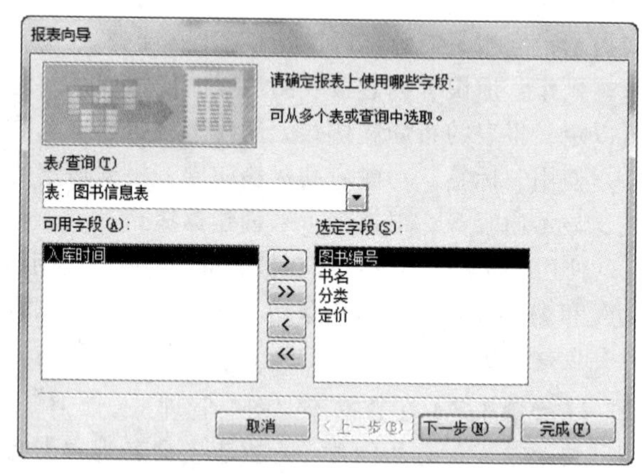

图 6-25　向导之选择报表字段

③ 选择分组级别。将左侧的“分类”字段移动到右侧作为分组字段，如图 6-26 所示。单击“下一步”按钮。（注意：将某字段添加成分组级别，意为该字段值相同的记录作为一组，才能对数据分组进行汇总、平均、最小、最大等方式的统计。）

④ 确定排序次序。选择按“图书编号”升序排序，如图 6-27 所示。单击“汇总选项”按钮。

⑤ 确定汇总选项。在弹出的对话框中单击选择定价所在行的“平均”复选框，如图 6-28 所示，单击“确定”按钮。返回到上一步的对话框后再单击“下一步”按钮。

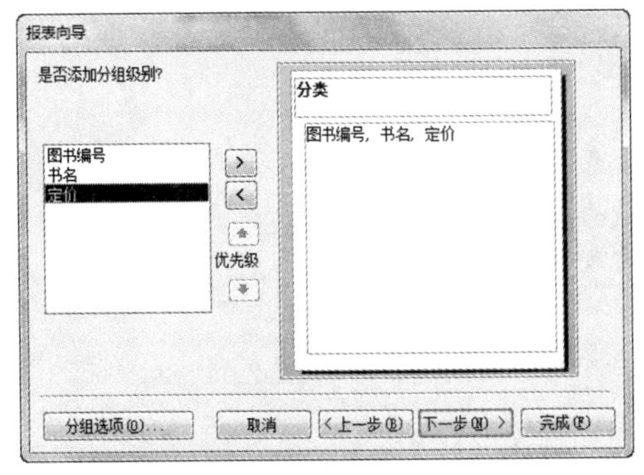

图 6-26　向导之设置分组

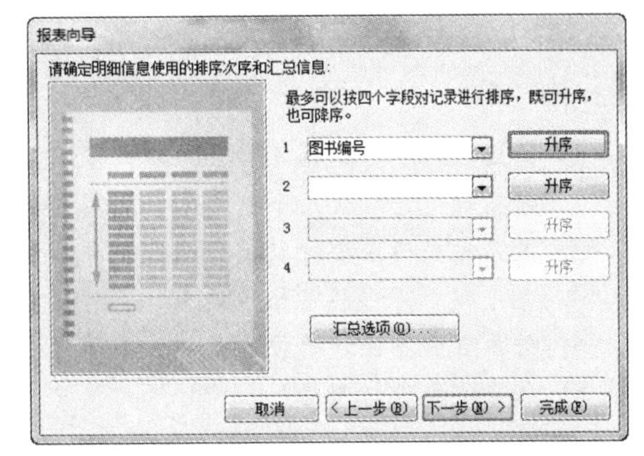

图 6-27　向导之设置排序字段

⑥ 确定报表布局方式。在弹出的对话框中选择报表布局为“递阶”，方向为“纵向”，如图 6-29 所示。再单击“下一步”按钮。

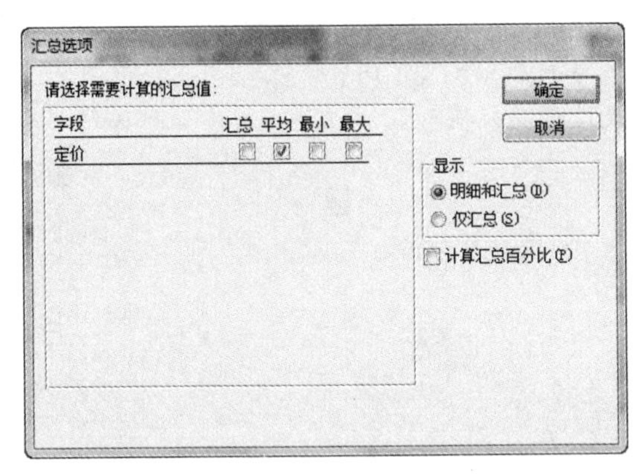

图 6-28　设置汇总选项

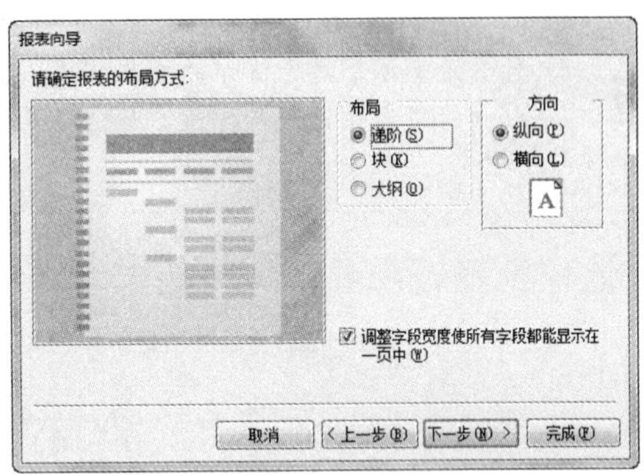

图 6-29　设置报表布局

⑦ 确定报表标题。在弹出的对话框中的文本框内输入文字“图书分类平均定价”，单击“完成”按钮。结果如图 6-30 所示。

图书分类平均定价

计算机

2011000001	C语言程序设计	25.6
2015000001	数据结构	25
2015000003	大数据	35

汇总 '分类' = 计算机 (3 项明细记录)

平均值 28.5

历史

2014600003	世界近代史	15

汇总 '分类' = 历史 (1 明细记录)

平均值 15

文学

2014100003	红楼梦	43.2
2015100003	平凡的世界	20

汇总 '分类' = 文学 (2 项明细记录)

平均值 31.6

艺术

2014500003	音乐基础	19.5

汇总 '分类' = 艺术 (1 明细记录)

平均值 19.5

图 6-30　“图书分类平均定价”报表

思考与练习

1. 简述数据库、数据库管理系统以及数据库系统的区别。

2. 数据模型包括哪几个？有哪几种类型的数据库？

3. 关系模型的主要特征是什么？关系模型是由哪几部分组成的？

4. 关系模型有哪些完整性约束？

5. 关系数据库设计的步骤是什么？需求分析主要解决什么问题？

6. 关系运算包括哪些？

7. SQL 语言由几部分组成？叙述 SQL 语言中查询语句的格式和功能。

8. Access 2010 数据库所使用的对象有哪些？它们的作用是什么？

9. 在 Access 2010 中如何创建并修改表与表之间的关系？创建表间关系时，“实施参照完整性”选项对结果有什么不同？

10. 在 Access 2010 中，从功能上看有哪几种查询？有哪几种创建查询的方式？

11. 什么是窗体？简述窗体的主要作用。窗体与报表有什么不同？

12. 如何对报表设计进行修改？如何查看报表设计的效果？

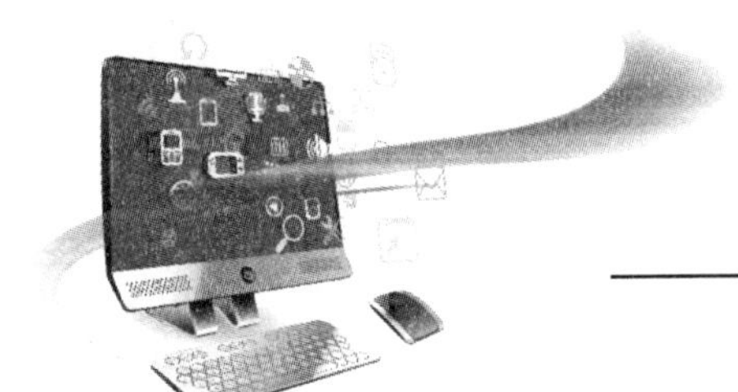

第 7 章 多媒体技术基础

教学目标：

通过本章的学习，掌握多媒体的基本知识，了解多媒体信息处理的基本原理，初步具备处理声音、图像和视频等多媒体信息的能力；掌握利用 PowerPoint 创建、编辑和使用演示文稿的方法。

教学重点和难点：

- 多媒体技术的基本概念及特征
- 声音、视频和图形/图像处理的方法
- 演示文稿的创建及编辑技巧
- 演示文稿的放映、打印和发布

多媒体技术是当今信息技术领域发展较快、较活跃的技术之一，它广泛应用于教育、通信、军事、金融、医疗等行业。随着多媒体技术向其他领域的不断扩展，多媒体并行工程平台、多媒体仿真、智能多媒体等新技术和应用不断出现，扩大了原有技术领域的内涵，改善了其性能，并创造出了新的概念。

7.1 多媒体技术概述

多媒体技术是计算机科学分支中的一个重要研究方向，它使计算机具有综合处理声音、文字、图像和视频的能力，为信息的处理、集成和传播提供了丰富的手段。多媒体技术的开发与应用，使人与计算机的信息交流变得生动活泼、丰富多彩。多媒体已经成为人类生活中密不可分的重要组成部分。

7.1.1 多媒体技术的基本概念及特征

1. 媒体

媒体（Medium）是指人们用于传播和表示各种信息的载体，如文本、声音和图形/图像等。

2. 多媒体和多媒体技术

多媒体可以理解为文字、图形/图像、声音、动画和视频等“多种媒体信息的集合”。计算机所能处理的多媒体信息主要包括静态媒体（如文字、图形/图像等）和动态媒体（如声音、动画、视频等）。

多媒体技术是指利用计算机技术把多种媒体信息综合一体化，使它们建立起逻辑联系，并能进行加工处理的技术。对媒体信息的“加工处理”包括录入、压缩和解压缩、存储、显示、传输等。所以，多媒体技术是一种以计算机为核心的综合技术，是一门包括数字化信息处理技术、数字化音频/视频技术、图形/图像处理技术、现代通信技术、计算机现代化网络技术、计算机硬件和软件技术、虚拟现实技术及人机交互技术在内的综合技术。

3. 多媒体技术的基本特性

多媒体中的各种媒体在时间和空间上相互联系，相互协调，共同表达主题。所以，多媒体技术的信息多样性、集成性、交互性和实时性成为其重要特性。

（1）多样性

多样性是指信息媒体的多样化、多维化，把计算机所能处理的信息空间范围扩展、放大，而不仅仅局限于数值和文本信息。人类大脑对信息的接受能力主要来源于视觉、听觉、触觉、味觉和嗅觉，其中前三者占了95%以上的信息量。一般来说，单一媒体对人体的刺激不太明显，而多种媒体对人体的刺激在大脑中的印象则十分深刻。多媒体技术目前提供了彩色图形/图像、音乐、动画、视频、触摸屏幕、手写板等媒体刺激方式，使计算机更具拟人化特征，让人们能够从计算机世界里真切地感受到信息的美妙。

（2）集成性

集成性主要表现在两个方面，即信息媒体的集成和处理这些媒体的设备的集成。多媒体信息的集成把信息看成一个有机整体，采用多种途径获取信息，对信息使用统一的格式存储、组织和合成等。多媒体设备的集成不仅包括计算机本身，而且包括采集设备、处理设备、输出设备、传输设备以及存储设备等的集成，这些设备在多媒体操作系统和应用软件的控制下，共同完成多媒体信息的处理工作。

（3）交互性

交互性是指用户与计算机之间进行数据交换、媒体交换和控制权交换的一种特性，它是多媒体技术的关键特性。根据需求，信息交互具有不同的层次，对数据的交换是最低层次的交互方式。较高层次的信息交互的对象是多样化信息，包括作为视觉信息的文字、图形/图像、动画和视频信号，以及作为听觉信息的语音等。多媒体的交互性使用户获取信息和使用信息的方式由被动变为主动，并给用户提供了更有效的控制功能和更丰富的信息应用手段。

（4）实时性

多媒体技术处理的信息有些和时间密切相关，必须实时处理，比如新闻报导和视频会议等，需及时采集、处理和传送。

7.1.2 多媒体信息处理的关键技术

1. 多媒体信息的类型

（1）文本

文本是以文字和各种专用符号表达的信息形式，它是现实生活中使用得较多的一种信息存储和传递方式，是人与计算机之间进行信息交换的主要媒体。它主要用于对知识的描述性表示，如阐述概念、定义、原理和问题以及显示标题、菜单等内容。

（2）图像

图像（Image）即位图图像（Bitmap），将所观察的景物按行列方式进行数字化，对图像的每一点都用一个数值表示，所有这些值就组成了位图图像。图像可以通过扫描仪、数码照相机和摄像机进行画面捕捉，经数字化处理后以位图形式存储。

（3）图形

图形是图像的抽象，它反映图像上的关键特征，如点、线和面等。图形的表示不直接描述图像的每一点，而是描述产生这些点的过程和方法，在图形文件中只记录生成图形的算法和图形上的某些特点，也称矢量图。

（4）音频

声音是人们传递信息最方便和熟悉的方式，声音的使用可使多媒体信息的传播具有声情并茂的效果，现实世界中的各种声音必须转换为数字信号并经过压缩编码后，计算机才能接收和处理。

（5）视频

视频是一组连续画面信息的集合，与加载的同步声音共同呈现动态的视听效果。视频的画面信息通常来自录像带、光盘、摄像机和影碟机等视频信号源的影像，经数字化处理后以视频文件格式存储。视频信息可以采用 AVI 文件格式保存，也可采用 MPG 压缩数据格式保存。

（6）动画

动画是利用人的视觉暂留特性，快速播放一系列连续运动变化的图形/图像所获得的动态效果。动画中采用的大多是计算机生成或人工绘制的图形/图像，它包括二维（平面）动画和三维（立体）动画等多种形式。常用的动画制作软件有 Flash、3ds Max 等。

2. 多媒体信息处理的关键技术

多媒体技术涉及的领域众多，各种相关技术的研究和发展影响着多媒体的发展和技术的应用。

（1）多媒体数据压缩技术

在多媒体系统中，由于涉及大量的声音、图像和视频信息，而且这些信息都要转变为数字信号后才能交给计算机处理，因此，普通的数据记录方法产生的数据量非常大，给信息的有效存储和快速传输带来了极大困难，这就使得多媒体数据压缩技术成为多媒体技术中的核心技术。为了节约存储空间，提高数据传输速率，必须进行数据的压缩处理。有关多媒体信息的压缩和编码技术将在 7.2 节介绍。

（2）多媒体数据存储技术

多媒体信息虽然经过了压缩处理，但仍包含了大量的信息，解决这一问题的关键是数据的存储技术。近年来，新材料、新器件和新技术不断问世，有力地促进了多媒体技术的发展和应用。目前常用的 CD-ROM 容量为 650 MB 左右，而一张 DVD 的容量可达 17 GB，且便于携带，价格便宜。

（3）集成电路制作技术

进行声音、图像和视频等多媒体信息的压缩处理需要大量的计算，如果由普通计算机来完成，就需要中型机甚至大型机。随着集成电路制作技术的发展，数字信号处理器（Digital Signal Processor，DSP）问世了。DSP 芯片是为完成某种特定信号处理而设计的，以往需要多条指令才能完成的处理，在 DSP 上用一条指令即可完成。所以说，集成电路制作技术的发展为多媒体技术的普遍应用创造了有利的条件。

（4）多媒体输入/输出技术

多媒体输入/输出技术包括媒体变换技术、媒体识别技术、媒体理解技术和媒体综合技术等。媒体变换技术是指改变媒体的形式，如声卡、视频采集卡将模拟的声音和电视图像转换为数字信号。媒体识别技术是指将一种形式的信息表达为另一种形式的信息，如语音识别将语音转换为文字等。媒体理解技术是指通过对多媒体数据的分析，辨识其中的信息内容，如自然语言理解、图像识别和模式识别等。媒体综合技术可以把计算机数据综合还原成人能感知的信息形式，如声音的合成等。

（5）多媒体数据库技术

与传统的数据库相比，多媒体数据库包含多种数据类型，数据关系更为复杂，需要一种更为有效的管理系统来对多媒体数据库进行管理。多媒体数据库需要解决的问题主要有：

① 研究多媒体信息的特征，创建多媒体数据模型。

② 有效地组织和管理多媒体信息。

③ 多媒体信息的检索和统计。

（6）多媒体通信技术

多媒体通信技术是多媒体技术和通信技术相结合的产物，它包括语音压缩、图像压缩、视频压缩以及多媒体信息的综合传输技术等。宽带综合业务数字网（B-ISDN）是解决多媒体数据传输问题的一个比较完整的方法，它采用 ATM（Asynchronous Transfer Mode）技术，具有宽带和多媒体通信能力，可提供先进的智能网络传输服务。

（7）虚拟现实技术

虚拟现实（Virtual Reality，VR）是以沉浸性、交互性和构想性为基本特征的计算机高级人机界面。它综合利用了计算机图形学、仿真技术、多媒体技术、人工智能技术、计算机网络技术、并行处理技术和多传感器技术，模拟人的视觉、听觉、触觉等感觉器官功能，使人能够沉浸在计算机生成的虚拟环境中，并能够通过语言、手势等自然的方式与之进行实时交互，创建一种适人化的多维信息空间。用户不仅能够通过虚拟现实系统感受到在客观物理世界中所经历的“身临其境”的逼真性，而且能够突破空间、时间以及其他客观限制，感受到真实世界中无法亲身经历的体验。目前，虚拟现实技术已广泛应用于航空航天、医学实习、建筑设计、军事训练、体育训练和娱乐游戏等领域，具有十分广阔的应用前景。

7.2 多媒体信息处理

多媒体信息包括丰富多彩的图形、声音、文字和视频等，这些信息在计算机内部必须转换成 0 和 1 的数字化信息后才能进行进一步的处理，并以不同的文件格式存储。本节主要介绍声音的基本原理，音频信号的数字化和压缩方法；图形、图像、视频的基础知识与处理技术，包括图像和视频的获取、表示、处理与应用等，以及常用图像、视频格式和处理软件的使用方法。

7.2.1 音频处理

1. 声音简介

声音是由物体振动产生的，正在发声的物体称为声源。声源振动后，通过空气等介质把这种振动以机械波的形式传向远方，这就是声波。声波传入人的耳朵，促使耳膜产生振动，并被

听觉神经接收，这就是人们听到的声音。

声音信号的两个基本参数是幅度和频率。幅度指声波的振幅，通常用动态范围表示，一般以分贝（dB）为单位计量。频率是指声波每秒钟变化的次数，其单位用 Hz 表示。

小知识

人耳能听到的声音频率范围在 20Hz～20kHz，频率低于 20Hz 的声音叫作“次声”，高于 20kHz 的声音叫作“超声”。计算机处理的音频信号主要是人耳所能听到的音频信号，它的频率范围在 20Hz～20kHz。

2. 声音信号的数字化

自然界产生的声音信号都是模拟信号，它在时间和幅度上都是连续的，而计算机能处理的都是数字信号。把模拟的声音信号转化成计算机能够识别并处理的数字信号，这个过程就是声音信号的数字化。声音的数字化需要经过采样、量化和编码等过程。

（1）采样

采样指按照固定的时间（一般为 1 s）间隔截取声音信号的振幅值，把时间上的连续信号变成实际上的离散信号，如图 7-1 所示。这个固定的时间间隔称为采样周期，其倒数称为采样频率。采样频率越高，在一定的时间间隔内采集的样本数越多，音质就越好，但数据量也会越大。根据奈奎斯特采样定律，采样频率高于声音信号中最高频率的两倍就可从采样中恢复原始波形。人耳能感知的声音频率一般在 20 kHz 左右，为保证数字声音不失真，实际采样时一般把 44.1 kHz 作为高质量声音的采样标准。

（2）量化

量化是将每个采样点得到的幅度值以数字形式存储。量化的过程是先将整个幅度划分为有限个小幅度（量化阶距）的集合，把落入同一阶距的幅度值归为一类，并赋予相同的量化值。如果量化值是均匀分布的，称为均匀量化（见图 7-2），否则称为非均匀量化。量化位数（即采样精度）表示存放采样点振幅值的二进制位数，它决定了模拟信号数字化后的动态范围。通常量化位数有 8 位、16 位，分别表示有 2^8、2^{16} 个等级。在采样频率相同的情况下，量化位数越多，采样精度越高，声音的质量也越好，需要的存储空间也会越大。

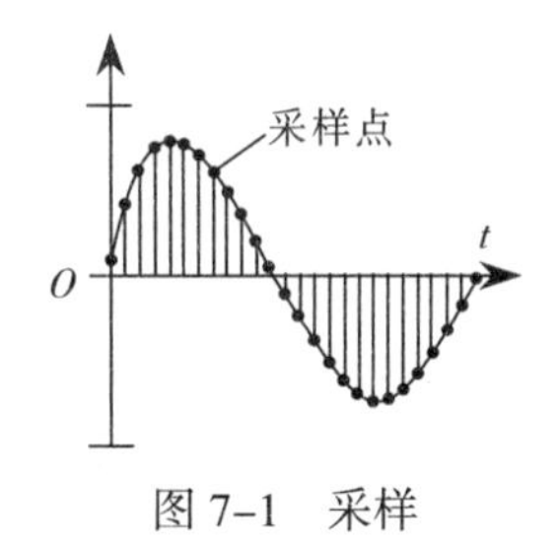

图 7-1　采样

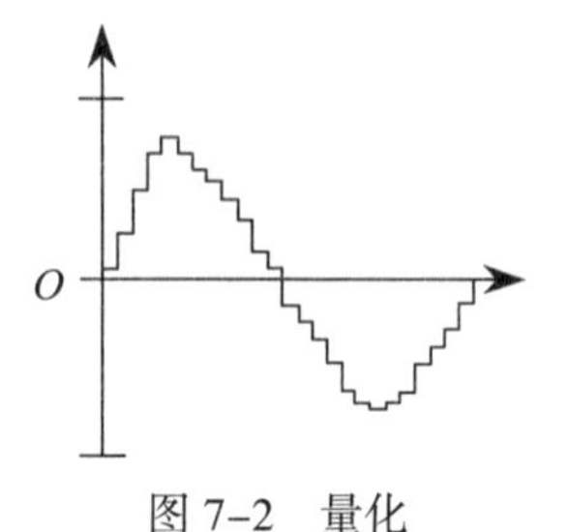

图 7-2　量化

（3）编码

把采样和量化后的数字数据以一定的格式记录下来，这一过程称为编码。常用的编码方式有以下几种：

① 脉冲编码调制（Pulse Code Modulation，PCM）直接对声音信号进行模/数（A/D）转换。只要采样频率足够高，量化位数足够多，就能使解码后恢复的声音信号有很高的质量。

② 差分脉冲编码调制（DPCM），即只传输声音预测值和样本值的差值以降低音频数据的码率。

③ 自适应差分编码调制（ADPCM）是 DPCM 方法的进一步改进，通过调整量化步长，对不同频段设置不同的量化字长，使数据进一步得到压缩。

其中，脉冲编码调制是概念上较简单、理论上较完善的编码系统，是最早研制成功、使用最为广泛的编码系统，但也是数据量最大的编码系统。采用 PCM 方式编码后的声音信号（未压缩）的文件大小可以按下式计算：

文件大小=(取样频率×量化位数×声道数×时间)/8（字节）

例如，一张 CD 唱片的采样频率为 44.1kHz，采样数据位数为 16 位（编码位数），一张 60 分钟的双声道 CD 唱片所占用的存储空间为$((44.1\times1\,000\times16\times2\times3\,600)/8)/1\,024^2$=605MB。

3. 声音压缩

通过前面的知识可以知道，如果声音录制的时间稍长，数字音频原始文件体积会变得很大，这不利于音频文件的存储和传播，因此必须对文件进行压缩。压缩算法包括无损压缩和有损压缩两种。无损压缩方法在压缩时不丢失数据，解压后的声音不失真。但无损压缩方法压缩率较低，一般在（2:1）～（5:1）之间，常用的无损压缩方法有霍夫曼编码、算术编码和 LZW 编码等。有损压缩方法利用人类听觉系统对声音中的某些频率成分的不敏感性特征，允许压缩过程中损失一定的信息量。虽然解压缩后不能完全恢复原始数据，但损失的部分对原声音效果影响较小。常见的有损压缩方法有预测编码、变换编码和矢量编码等。

常见的声音压缩标准有 MPEG-1 Audio、MPEG-2 Audio、MPEG-4 Audio 和杜比数字（AC-3）等。其中，MPEG-1 Audio 定义了 3 个独立的压缩层，层 1 仅利用频域掩蔽特性，编码最简单，主要用于小型数字盒式磁带；层 2 利用了频域掩蔽特性和时间掩蔽特性，编码复杂程度属中等，其应用包括数字广播声音（DBA）、数字音乐、CD-I 和 VCD 等；层 3 利用了频域掩蔽特性、时间掩蔽特性和临界掩蔽特性，编码最复杂，声音质量接近 CD-DA（精密光盘数字音频）。目前网络上流行的 MP3 音乐就采用了层 3 的压缩标准，它典型的压缩比为（10:1）～（12:1）。

MPEG-2 Audio 是 MPEG-1 Audio 的扩展，扩展的主要部分就是多声道。MPEG-4 Audio 是一个声音对象编码标准，它不是针对单项应用，而是覆盖整个声音频率范围的编码技术，从话音编码、声音编码到合成语音等。

4. 数字音频的文件格式

声音在计算机中以文件形式保存，由于采用的压缩和编码方式不同，声音文件的格式也有很多种，常见的主要有以下几种：

（1）WAV 格式

WAV 格式是微软和 IBM 公司开发的一种波形声音文件格式，它采用线性 PCM 方式组织信息，没有压缩，声音质量非常高，但文件所占的存储空间较大，多用于存储简短的声音片段，不适合在网络上播放。

（2）MIDI 格式

MIDI（Musical Instrument Digital Interface）即乐器数字接口，是数字音乐的国际标准。MIDI 不对音乐的波形进行数字化的采样和编码，而是将数字式电子乐器的弹奏过程以命令符号的形式记录下来，如按了哪一个键，力度多大，时间多长等。当需要播放这首乐曲时，根据记录的乐谱指令，通过音乐合成器生成音乐声波，经放大后由扬声器播出。与 WAV 文件相比，MIDI 文件（扩展名是.MID）体积小很多，在多媒体应用中，MIDI 文件主要用来存

储乐器音乐。

（3）MP3 格式

MP3 格式的文件采用 MPEG 标准中的第 3 层算法进行压缩，以.MP3 为扩展名。它的文件体积很小，但音质却接近 CD 音质，目前被广泛应用于互联网和日常生活中。

（4）CDA 格式

CDA 格式是 CD 唱片采用的格式，它记录的是波形流，声音纯正，能达到高保真效果，但无法编辑。

（5）RA 格式

Real Audio 是 Real Networks 公司开发的音频文件格式，压缩比可达 96:1，文件的扩展名为.RA 或.RM。这种文件的最大特点是可以在网络上流式播放，即可以边下载边播放，而不必将全部的数据下载完再播放，非常适合网络传播。

（6）WMA 格式

WMA 格式是微软公司开发的流式音频文件格式，它兼顾了保真度和传输要求，采用 WMA 格式压缩的音频文件的体积比 MP3 文件还小，且音质也很好，还可以加入防复制保护，是 MP3 文件之外的一个不错的选择。

5. 音频处理软件

常用的音频处理软件有 GoldWave、Windows 内置的录音机和 Cool Edit 等，这些软件都有各自的特点，用户可以根据自己的需求选择相应的软件进行音频处理。Windows 录音机是系统自带的音频处理软件，使用 Windows 录音机可以录制 wma 格式的声音文件。GoldWave 是一个功能强大的数字音乐编辑器，是一个集声音编辑、播放、录制和转换的音频工具，它还可以对音频内容进行转换格式等处理。

【实战 7-1】用 Windows 7 的录音机进行录音操作。

录音前，首先要确保使用的计算机中已经安装了声卡。另外，还要准备一个话筒，并将其与声卡的 Mic 插孔相连。

录音的主要步骤如下：

① 打开录音机：单击“开始”按钮，选择“所有程序”→“附件”→“录音机”命令，打开“录音机”对话框。

② 单击“开始录制”按钮，此时立即开始录音。

③ 录制完毕后，单击“停止录制”按钮，就会弹出“另存为”对话框，这时就可以保存声音文件（wma 格式）。

【实战 7-2】用 GoldWave 进行声音截取。选取声音文件中的一段，然后存储成一个文件。

① 运行 GoldWave，选择“文件”→“打开”命令，然后打开一个声音文件。

② 按鼠标左键拖动可以选定一段声波，如图 7-3 所示颜色明亮的区域就是选定的声音片段。然后单击“控制器”对话框第二个绿色的按钮 ，就会播放该段声波。通过选择不同的部分进行试听，找到想要的那部分音乐。

③ 移动鼠标到选定的颜色明亮区域（选定的内容），右击，在弹出的快捷菜单上选择“编辑”→“复制到”。接着会弹出“保存选定部分为”对话框，输入文件名，就得到截取的声音文件了。

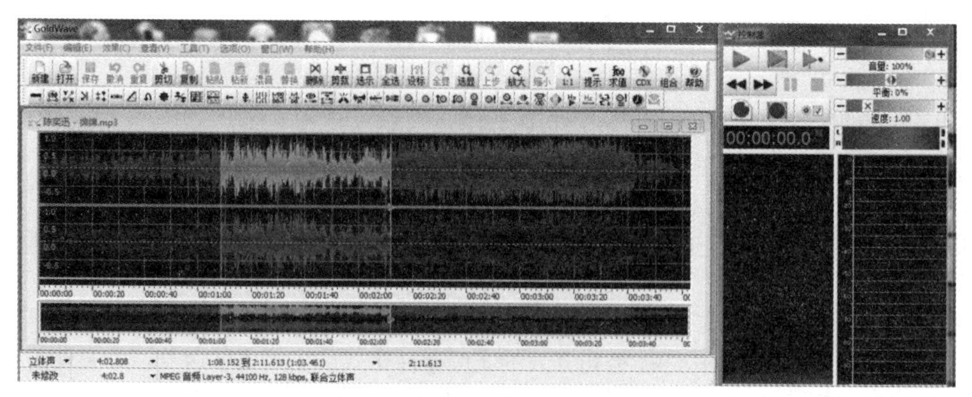

图 7-3 用 GoldWave 截取声音

【实战 7-3】用 GoldWave 进行声音文件格式的转换，把 WAV 格式转换成 MP3 格式。

① 运行 GoldWave，单击“文件”菜单下的“批处理”选项。弹出“批处理”对话框。

② 在“批处理”对话框中，单击“来源”选项卡，然后单击“文件”按钮，添加需要转换格式的文件。

③ 单击“转换”选项卡，选中“转换文件格式为”复选框，选择需要转换成的音频文件的格式，本例选 MP3 格式，然后单击“开始”按钮即可转换格式。

7.2.2 视频处理

1. 视频基础

视频就是连续变化的运动图像，当连续的图像变化每秒超过 24 帧画面时，根据视觉暂留原理，人眼无法辨别单幅的静态画面，看上去是平滑连续的视觉效果，这样连续的画面就构成了视频。按照视频信息载体分类，视频可分为模拟视频和数字视频，早期电视等视频信号的记录、存储和传输都采用模拟方式，现在常用的 VCD 和 DVD 数字式摄像机都是数字视频。

小知识

电视信号是非常重要的视频来源，目前常用的电视制式有 NTSC、PAL 和 SECAM 三种，我国采用的是 PAL 制式。

2. 视频信息的数字化

视频信息的数字化是将传统的模拟视频信息经过采样、量化和编码，转换成二进制表示的数字式信号。视频信息数字化的过程同音频相似，主要是利用视频采集卡和相应的软件，在一定的时间内以一定的速度对单帧视频信号进行采样、量化和编码等处理，实现数/模转换、彩色空间变换和编码压缩等。

3. 视频压缩

在视频信息数字化的过程中，每秒要记录几十幅图像，因此产生的数据量相当大，必须进行压缩。例如，要在计算机中连续实现分辨率为 640 像素 × 480 像素的“24 位真彩色”电视图像，按每帧 2 个字节，每秒 30 帧计算，限时 60 s，需要的容量为 640 × 480 × 2 × 30 × 60/1 024/1 024/1 024 ≈ 1GB

一张容量为 650MB 的光盘只能存储 38 s 的视频信号。目前，视频压缩的方法有多种，其

中最具代表性的是MPEG视频压缩标准，它包括MPEG-1、MPEG-2、MPEG-4和MPEG-7四个版本。

MPEG-1压缩率为200:1，达到图像压缩的工业认可标准，数据传输速率为1.5Mbit/s，每秒播放30帧，具有CD音质，质量级别基本与VHS（广播级录像带）相当。VCD使用的就是这个标准。

MPEG-2用于宽带传输的图像，图像质量达到电视广播甚至HDTV（高清晰电视广播）的标准。与MPEG-1相比，MPEG-2支持更高的分辨率和更大的比特率范围，成为数字图像盘（DVD）和数字广播电视的压缩方式。

MPEG-4主要针对互联网上流媒体、语言传送、互动电视广播等技术发展的要求，它的传输速率在4.8～64Mbit/s之间，在数字电视、多媒体互联网、实时多媒体监控、移动多媒体通信等多媒体互动领域得到了广泛应用。

MPEG-7是一种致力于音/视频文件内容描述的标准。从原理上说，MPEG-1/2/4是为表示信息本身设计的，而MPEG-7则是打算表示关于信息的信息。MPEG-7的意图是为其他的MPEG标准提供补充功能，它表示关于内容的信息，而不是内容本身。

4．几种常见的视频文件格式

视频格式分为影像文件格式和流媒体文件格式，AVI、MPEG和MOV是常见的影像文件格式，而RM、ASF和WMV是常见的流媒体文件格式。

（1）AVI文件

AVI（Audio Video Interleaved）格式，即音频/视频交错格式，就是将视频和音频交织在一起进行同步播放。这种视频格式的优点是图像质量好，可以跨多个平台使用，其缺点是体积过于庞大，压缩标准不统一，不具备兼容性，播放时容易出现一些错误。

（2）MPEG文件

MPEG文件格式是运动图像压缩算法的国际标准，它采用有损压缩方法减少运动图像中的冗余信息，同时保证30帧/秒的图像动态刷新速率，且已被大多数的计算机平台支持。MPEG文件的图像和音质非常好，并且有统一的标准格式，兼容性也很好。

（3）MOV文件（QuickTime文件）

它是Apple公司开发的一种音频、视频文件格式，具有较高的压缩率，较完美的视频清晰度和先进的跨平台性等特点，目前已成为数字媒体软件技术领域的工业标准。

（4）RM文件

RM格式是RealNetworks公司开发的一种新型流式视频文件格式，它包含在RealNetworks公司所制定的音频/视频压缩规范RealMedia中，主要用来在低速率的广域网中实时传输活动视频影像，可以根据网络数据传输速率的不同而采用不同的压缩率，从而实现影像数据的实时传送和实时播放。

（5）ASF文件

ASF（Advanced Streaming Format），是微软公司推出的一种视频格式，使用了MPEG-4的压缩算法，压缩率和图像的质量都不错，文件体积很小，非常适合网络传输。

（6）WMV文件

WMV是一种独立于编码方式的在Internet上实时传播多媒体的技术标准，这种格式的主要优点包括本地或网络回放、可扩充的媒体类型、部件下载、可伸缩的媒体类型、流的优先级化、多语言支持、环境独立性、丰富的流间关系及扩展性等。

（7）FLV 文件

FLV（Flash Video），是 Macromedia 公司开发的一种流媒体视频格式。FLV 文件体积极小，加载速度极快，视频质量良好，非常适合在网络上播放。它的出现有效地解决了视频文件导入 Flash 后，使导出的 SWF 文件体积庞大，不能在网络上很好的使用等问题。FLV 文件扩展名为.flv，目前国内外主流的视频网站都使用这种格式的视频。

7.2.3 图形/图像处理

1. 矢量图与位图

在计算机中表示图像的常用方法有两种，一种称为矢量图法，生成的图像叫矢量图；另一种称为位图法，生成的图像叫位图。矢量图是用数学方法描述的一系列点、线、弧和其他几何形状，它存储的数据主要是绘图的数学描述。位图是用像素值阵列表示的图，位图文件中存储的是构成图像的每个像素点的亮度和颜色等信息。矢量图中的图元进行缩放、移动和旋转时不容易失真，而且占用的存储空间小，但图像较复杂时，很难用矢量图来表示；位图的大小与分辨率和颜色种类有关，缩放时容易失真，且占用的存储空间较大，但位图的表现力强、效果细腻，可描述复杂图像。图 7-4 与图 7-5 所示为原始的矢量图和位图分别放大后的效果。一般来说，画面规则或简单的图像采用矢量图形式，画面复杂、细腻的图像则采用位图形式。

图 7-4　放大后的矢量图

图 7-5　放大后的位图

2. 图像的分辨率、色彩深度和色彩模式

（1）屏幕分辨率与图像分辨率

常见的分辨率有屏幕分辨率和图像分辨率两种。屏幕分辨率是指显示屏上显示出的像素数目，通常用水平方向和垂直方向所能显示的像素数目表示，即“水平像素数 × 垂直像素数”，如 1 024 像素 × 768 像素。屏幕能显示的像素越多，说明显示设备的分辨率越高，显示的图像质量也越高。图像分辨率是组成一幅图像的像素密度的度量方法。对同样尺寸的一幅图，组成该图像的像素数目越多，则说明图像的分辨率越高，看起来就越逼真。相反，图像就显得越粗糙。

（2）色彩深度与色彩模式

色彩深度是指存储每个像素点所用的位数，它决定了彩色图像的每个像素可能有的颜色数。色彩模式是用数值方法指定颜色的一套规则和定义，常用的色彩模型有 RGB 模式和 CMYK 模式等。

RGB 模式：采用红、绿和蓝 3 种原色的不同比例的混合来产生颜色的模式。某一种颜色和这 3 种原色之间的关系可用下式描述：

颜色=R（红色的百分比）+G（绿色的百分比）+B（蓝色的百分比）

例如，（0，0，0）表示黑色，（255，255，255）表示白色。

CMYK 模式：当光线照射到一个不发光的物体上时，这个物体将吸收一部分光线，并将剩下的光线进行反射，反射的光线就是我们所看见的物体颜色。例如，纸张不能发光，所以需使用彩色的墨水或颜料进行绘画。而墨水或颜料的三基色是青（Cyan）、品红（Magenta）和黄（Yellow），通常写成 CMY，称为 CMY 模式。由于彩色墨水和颜料的化学特性，用等量的三基色得到的黑色并不是真正的黑色，通常需在印刷时加入一种真正的黑色，用 K 表示，这样 CMY 模式就变成了 CMYK 模式。打印机和彩色印刷系统大都采用 CMYK 模式。

3. 图像压缩

（1）图像数据容量

图像数据容量指磁盘上存储整幅图像所需的存储空间大小，计算表达式为：

图像数据容量=图像分辨率×图像色彩深度/8B

例如：一幅 800 像素×600 像素真彩色（32 位）的未压缩图像，其文件大小约为 800×600×32/8B=1 920 000/1 024/1 024MB≈1.8MB。

（2）图像压缩

从上面的计算结果可以看出，未压缩的数字图像体积很大，不仅占用存储空间，还影响网络传输。因此，必须对数字图像进行压缩。数字图像压缩的方法有无损压缩法和有损压缩法，无损压缩法的原理是使用数学方法表示图像中的重复数据，减少数据量。有损压缩法是利用人的眼睛对图像细节和颜色辨认的极限原理，把超过极限的部分数据去掉，达到既不影响人眼的主观接收效果，又减少数据量的目的。图像压缩的主要参数是压缩率，定义如下：

图像数据压缩率=压缩前的图像数据量/压缩后的图像数据量

4. 图像文件格式

在图像处理中可用于图像文件存储的格式非常多，表 7-1 所示为常用的文件格式。

表 7-1　常用的图像文件格式

格　式	说　明
PSD 和 PDD	Photoshop 专业文件格式，能保存图层和通道等信息，便于修改，但文件占用的存储空间较大
BMP	Windows 常用，几乎不压缩，可支持索引、位图和灰度等模式，但文件占用的存储空间较大
GIF	Internet 上常用，压缩率高，可将多幅图像存储为一个 GIF 动画文件，但最多支持 256 种色彩的图像
JPEG 和 JPG	利用 JPEG 方法压缩，压缩率高，文件体积小，是最常用的图像文件格式之一
PNG	适用于网络，可使用无损压缩方法压缩图像文件，图像质量较好，体积较小
TIFF	灵活的位图图像格式，被几乎所有的绘画、图像编辑和页面排版程序支持

7.3　多媒体计算机系统组成

多媒体计算机（Multimedia Personal Computer，MPC）是指普通计算机配以多媒体软件/硬件环境，能够综合处理声音、图像和视频等多媒体信息，使各种媒体建立联系并具有交互能力的计算机。与普通计算机系统相似，多媒体计算机系统同样由硬件系统和软件系统组成。

7.3.1　多媒体计算机硬件系统

多媒体计算机硬件系统主要包括多媒体主机、多媒体适配卡（如视频卡、音频卡等）和多媒体输入/输出设备等。常见的多媒体输入/输出设备有数码照相机、数码摄像机、扫描仪、手写板、显示器、打印机、绘图仪等。

1. 数码照相机

数码照相机（Digital Camera，DC）是利用光学镜头使光影图像映射在感光元件上再经过处理得到数码影像作品的新型照相机。使用数码照相机得到的图像已经是数字化数据，可直接导入计算机。数码照相机的主要性能指标包括像素数、分辨率、色彩深度、存储介质、变焦倍率和光圈值等。

（1）像素数

数码照相机的像素数可以理解为感光元件上设置的“小栅格”，栅格越细，即像素越多，照片的颗粒就越细，图像也就越清晰，但所需的存储空间也越大。

（2）分辨率

数码照相机分辨率的高低决定了图像在计算机显示器上所能显示画面的大小。在同样的输出质量的情况下，分辨率越高，可输出的画面就越大。一般来说，分辨率越高，数码照相机的成像效果越好。

（3）色彩深度

色彩深度又叫色彩位数，用来表示数码照相机的色彩分辨能力。色彩位数越多，说明数码照相机可捕捉的细节数目越多，就越有可能真实地还原画面细节。

（4）存储介质

数码照相机所用的存储介质主要有 SD 卡（Secure Digital Card）、SM 卡（Smart Media Card）和 CF 卡（Compact Flash Card）等，其容量的单位有 GB 和 MB 等。

（5）变焦倍率和光圈值

变焦倍率越大，数码照相机拍摄远景就越方便，但相应的镜头越大，价格就越高。光圈值表示镜头亮度，在光线充足时拍摄不用闪光灯，只要光圈值达到 F4.5 就足够了；但在傍晚或光线昏暗的室内拍摄时，光圈值最好介于 F3.5～F2.8 之间。

2. 扫描仪

扫描仪是一种计算机外部设备，它通过捕获图像并将其转换成计算机可以显示、编辑、存储和输出的图像，照片、文本页面、图纸、美术图画、照相底片、菲林软片，甚至纺织品、标牌面板、印制板样品等三维对象都可作为扫描对象，如图 7-6 所示。扫描仪的主要性能指标包括分辨率、色彩深度、灰度、扫描速度及扫描幅面等。

图 7-6　扫描仪

7.3.2　多媒体计算机软件系统

多媒体软件的主要任务是将硬件有机地组织在一起，使用户能够方便地使用多媒体信息。多媒体软件系统按功能可分为多媒体系统软件和多媒体应用软件。

1. 多媒体系统软件

多媒体系统软件主要包括多媒体操作系统、多媒体驱动软件、多媒体创作工具软件和多媒体素材编辑软件等 4 种。

（1）多媒体操作系统

多媒体操作系统是多媒体的核心系统，主要用于支持多媒体的输入/输出及相应的软件接口，具有实时任务调度、多媒体转换和同步控制、对仪器设备的驱动和控制，以及图像用户界面管理等功能。多媒体操作系统主要有微软公司的 Windows 系列操作系统，苹果公司的 QuickTime 操纵平台等。多媒体操作系统是多媒体系统运行的基本环境。

（2）多媒体驱动软件

多媒体驱动软件是多媒体操作系统与设备之间的接口。驱动软件告诉操作系统如何使用该设备，而其他软件和用户可以通过操作系统的统一界面和接口来方便地使用该设备。

（3）多媒体创作工具软件

多媒体创作工具软件是指多媒体专业人员在多媒体操作系统的基础上开发的，供特定领域的专业人员用于开发多媒体应用系统的工具软件。Macromedia 公司的 Authorware 和 Dreamweaver 等都是常用的多媒体创作工具软件。

（4）多媒体素材编辑软件

多媒体素材编辑软件用于采集、编辑、处理和转换各种媒体信息，其中包括文字特效制作软件 Word（艺术字）、COOL 3D，图形/图像编辑与制作软件 CorelDRAW、Photoshop，二维和三维动画制作软件 Animator Studio、3D Studio Max，音频编辑与制作软件 Wave Studio、Cakewalk，以及视频编辑软件 Adobe Premiere 等。

2. 多媒体应用软件

多媒体应用软件又称多媒体应用系统或多媒体产品，它是由各应用领域的专家或开发人员利用多媒体编程语言或者多媒体创作工具编制的最终的多媒体产品，是直接面向用户的。多媒体系统通过多媒体应用软件向用户展现其强大的、丰富多彩的视听功能。例如，各种多媒体教学软件、培训软件、视频会议系统等。

7.4 演示文稿制作软件 PowerPoint 2010

演示文稿制作软件 PowerPoint 2010 是微软公司推出的 Microsoft Office 办公套件中的一个组件，专门用于制作演示文稿（俗称幻灯片）。可以帮助用户制作出生动活泼、富有感染力的幻灯片，适合于制作课件、报告和演讲稿等各种文档，其作品广泛运用于各种会议、产品演示、学校教学以及广告宣传等场合。PowerPoint 2010 操作简单、使用方便，利用它用户不必费多大功夫就可创建出专业的课件和演示文稿。

一个演示文稿就是一个 PowerPoint 文件，扩展名为.pptx。演示文稿由若干张幻灯片组成，每张幻灯片的内容各不相同，却又相互关联，共同阐述一个演示主题（也就是该演示文稿要表达的内容）。在幻灯片中可以添加文字、图片、图形和表格等对象。用户在制作演示文稿时，实际上就是在创建一张张的幻灯片。

7.4.1 PowerPoint 2010 窗口组成

启动 PowerPoint 2010 后，其打开的主窗口如图 7-7 所示。其窗口风格与 Word、Excel 等其他 Office 软件窗口类似，包括文件选项卡、快速访问工具栏、标题栏、选项卡、功能区、幻灯片窗格等部分。

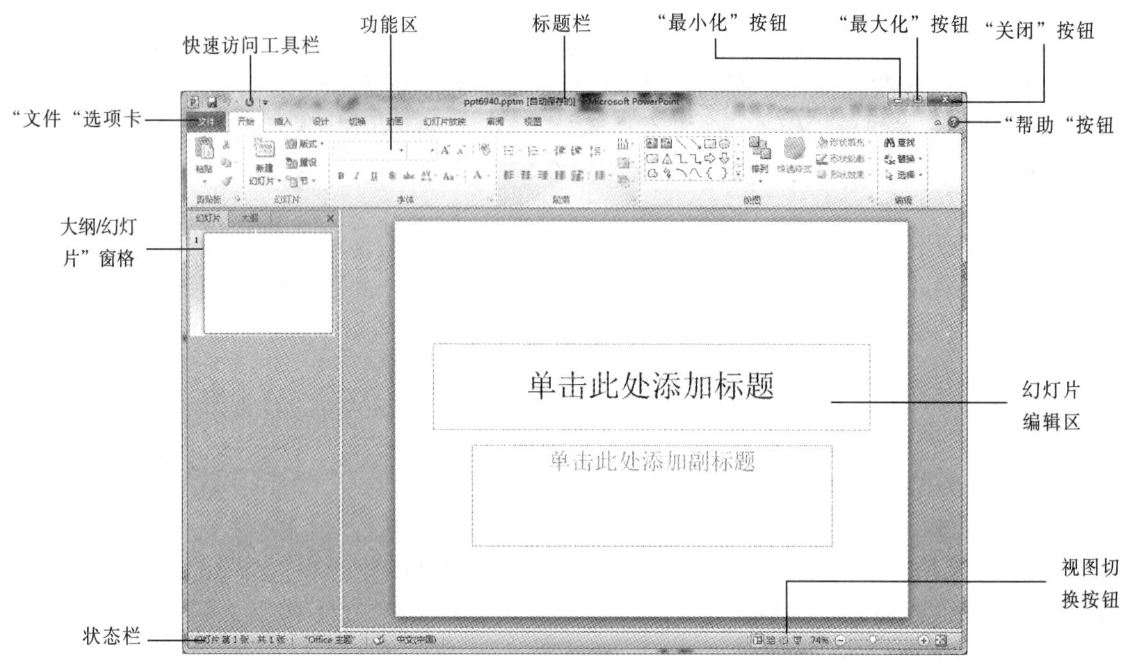

图 7-7　PowerPoint 2010 主窗口

1. 标题栏

标题栏位于窗口的最顶端，用于显示当前正在编辑的演示文稿名称等信息，标题栏左上角是“文件”选项卡，选择此选项卡会打开一个控制菜单，包括“保存”“打开”“新建”“关闭”等选项。

2. 快速访问工具栏

PowerPoint 2010 中的快速访问工具栏代替了 2003 版中的常用工具栏，用户可以将常用的命令添加到快速访问工具栏中。快速访问工具栏是一个可以进行自定义的工具栏，它包含一组独立于当前所显示的选项卡的命令。用户可以在快速访问工具栏添加或删除表示命令的按钮，也可以移动快速访问工具栏的位置。

在默认情况下。快速访问工具栏位于功能区的上方，单击快速访问工具栏右边的小三角，在弹出的控制菜单中可以选择需要添加到快速访问工具栏的命令。

3. 功能区

标题栏的下方是功能区，功能区的每一个命令都是可见的，在进行操作时使用命令按钮可以更加方便、快捷。功能区包括选项卡和组，每个选项卡中都包含几个组，比如：开始选项卡中，包含“剪贴板”“幻灯片”“字体”“段落”和“编辑”等组。

每个组中又包含了几种命令，有的命令直接单击可以产生效果，有的则会弹出下拉列表，如单击“开始”→“编辑”→“选择”下三角按钮，会弹出下拉列表；有的组右下方有对话框启动器，单击它会弹出相应的设置对话框。

如果用户在文稿中插入图片、艺术字或视频等内容，系统会自动在功能区显示出与插入内容对应的选项卡，如在演示文稿中插入了一张图片，在功能区就会增加“格式”选项卡。

4．幻灯片编辑区

在幻灯片编辑区可以进行输入文本、编辑文本、插入各种媒体和编辑各种效果等操作，该区域是进行幻灯片处理和操作的主要环境。

5．“大纲/幻灯片”窗格

“大纲”选项卡是用户是以大纲形式显示幻灯片文本的。而“幻灯片”选项卡是在编辑时以缩略图的形式在演示文稿中观看幻灯片的主要场所。

6．状态栏

状态栏位于屏幕底端，显示目前的幻灯片编辑状态信息，包括当前幻灯片的页次、幻灯片总数以及应用的幻灯片设计模板等。

7．视图切换按钮

单击 PowerPoint 操作界面下方的 4 个按钮中的一个，可以切换到相应的视图模式。这 4 个按钮分别是“普通视图”“幻灯片浏览”“阅读视图”和“幻灯片放映”按钮。

7.4.2　PowerPoint 2010 的视图模式

PowerPoint 提供了普通视图、幻灯片浏览视图、阅读视图和幻灯片放映视图等 4 种不同的视图模式，除备注页视图外，各视图间的切换可以用水平滚动条右端的视图切换按钮来切换。另外，也可以单击“视图”→“演示文稿视图”按钮，选择相应的视图模式进行切换。

1．普通视图

普通视图是主要的编辑视图，该视图有 3 个工作区域：最左边以缩略图显示的是“幻灯片”选项卡，或称之为“幻灯片”窗格，可对幻灯片进行简单的操作（例如选择、移动、复制幻灯片等）；其右侧是显示幻灯片文本大纲的“大纲”选项卡，或称之为“大纲”窗格；右边是幻灯片窗口，用来显示当前幻灯片的一个大视图，可以对幻灯片进行编辑。在大视图的底部是“备注”窗格，可以对幻灯片添加备注。普通视图是默认的视图，多用于加工单张幻灯片，不但可以处理文本和图形，而且可以处理声音、动画及其他特殊效果。

2．幻灯片浏览视图

幻灯片浏览视图可把所有幻灯片缩小并排放在屏幕上，通过该视图可重新排列幻灯片的显示顺序，查看整个演示文稿的整体效果，可以方便地在幻灯片之间添加、删除和移动。

3．阅读视图

阅读视图用于用户自己查看演示文稿，而非受众（例如，通过大屏幕）放映演示文稿。如果用户希望在一个设有简单控件以方便审阅的窗口中查看演示文稿，而不想使用全屏的幻灯片放映视图，可以在自己的计算机上使用阅读视图。

4．幻灯片放映视图

在幻灯片放映视图下，幻灯片充满整个屏幕，以最清晰的方式向观看者展示幻灯片上的内容，可以使用上下键或<Page down>键或<Page up>键来切换幻灯片。

7.4.3　PowerPoint 2010 的基本操作

与 PowerPoint 2003 相比，PowerPoin 2010 在操作上有了很大的不同，下面介绍如何创建和编辑演示文稿。

1. 创建演示文稿

在 PowerPoint 中创建新演示文稿的常用方法有：根据“模板”创建、根据设计“主题”创建、创建空白演示文稿和根据“现有演示文稿”创建，用户可以根据实际情况选择创建方法。单击快速访问工具栏中的“新建” 按钮，可以直接创建空白演示文稿。或者启动 PowerPoint，然后选择“文件”→“新建”选项，单击“创建”按钮。

（1）创建空白演示文稿

选择“文件”→“新建”选项，在图 7-8 所示的窗口中选择“空白演示文稿”，再单击窗口右侧的“创建”按钮，PowerPoint 会打开一个没有任何设计方案和示例，只有默认版式（标题幻灯片）的空白幻灯片，如图 7-8 所示。用户可以根据实际需要进一步选择版式、输入内容、设计背景等，并不断添加新的幻灯片。

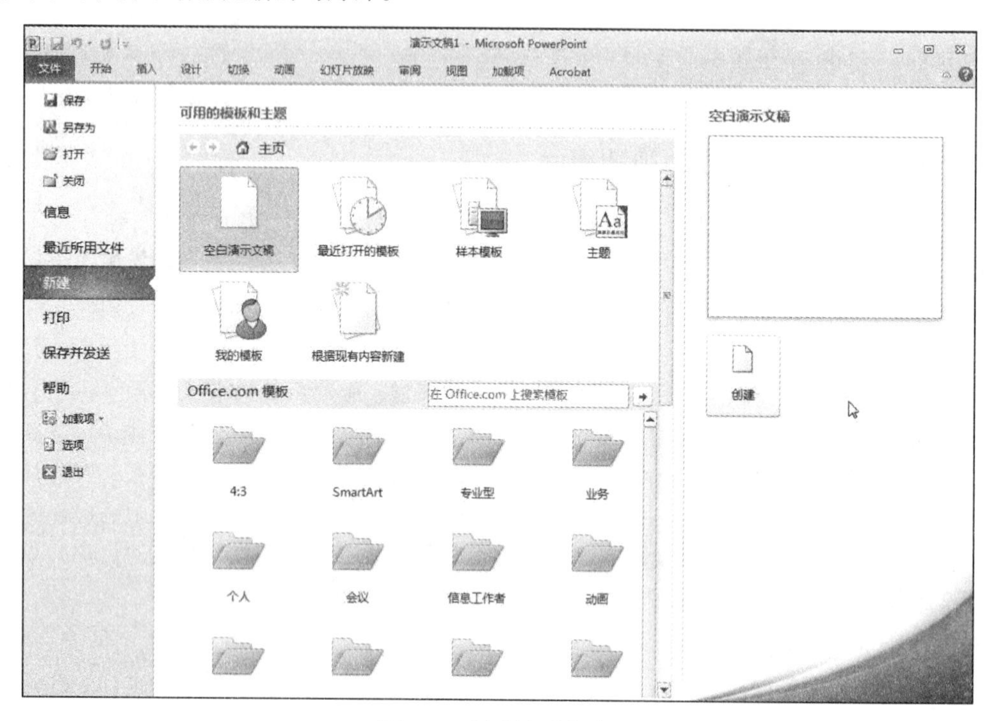

图 7-8　新建演示文稿

（2）根据“模板”创建

模板是系统提供已经设计好的演示文稿，其样式、风格，包括幻灯片的背景、装饰图案、版面布局和颜色搭配等都已经设置好。PowerPoint 2010 提供多种丰富多彩的内置模板，用户可以在此基础上创建更加出众的演示文稿，在图 7-8 所示的窗口中选择“样本模板”选项，然后在“可用的模板和主题”中选择相应的模板，再单击窗口右侧的“创建”按钮，如图 7-9 所示。

【实战 7-4】根据“模板”创建“建筑公司 2015 年项目状态报告”演示文稿。

① 启动 PowerPoint 后，选择“文件”→“新建”选项，在“可用的模板和主题”中选择“样本模板”选项，单击“项目状态报告”按钮，在右侧单击“创建”按钮，如图 7-10 所示。

② 在产生的新演示文稿中，根据公司的实际情况进行修改，如图 7-11 所示。

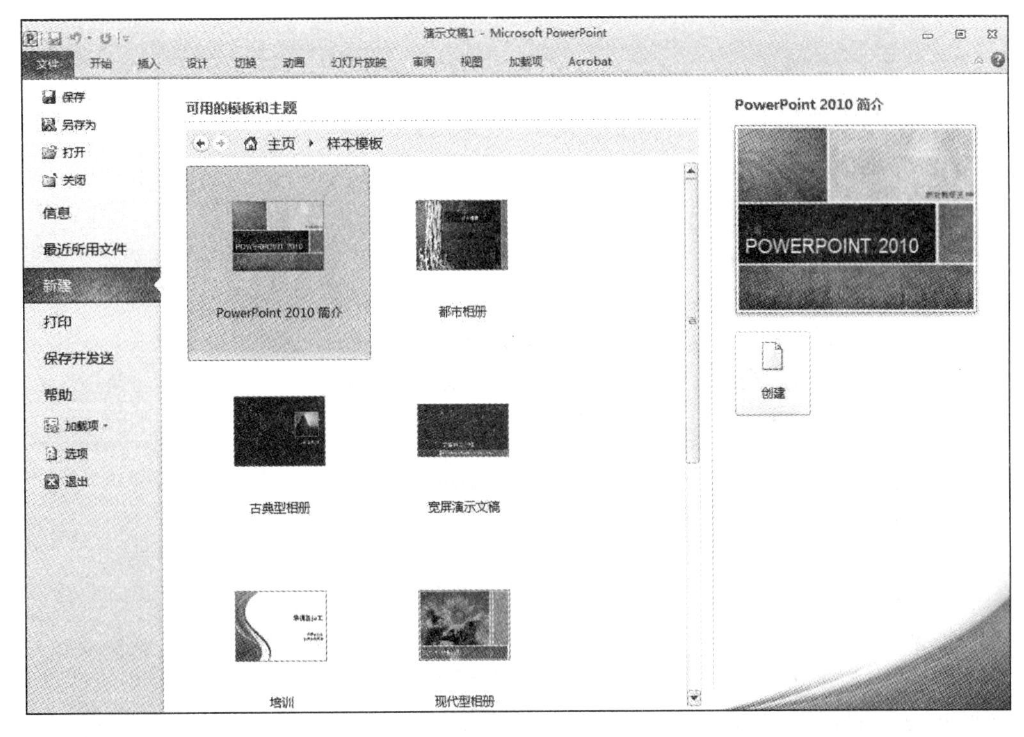

图 7-9　根据“模板”创建演示文稿

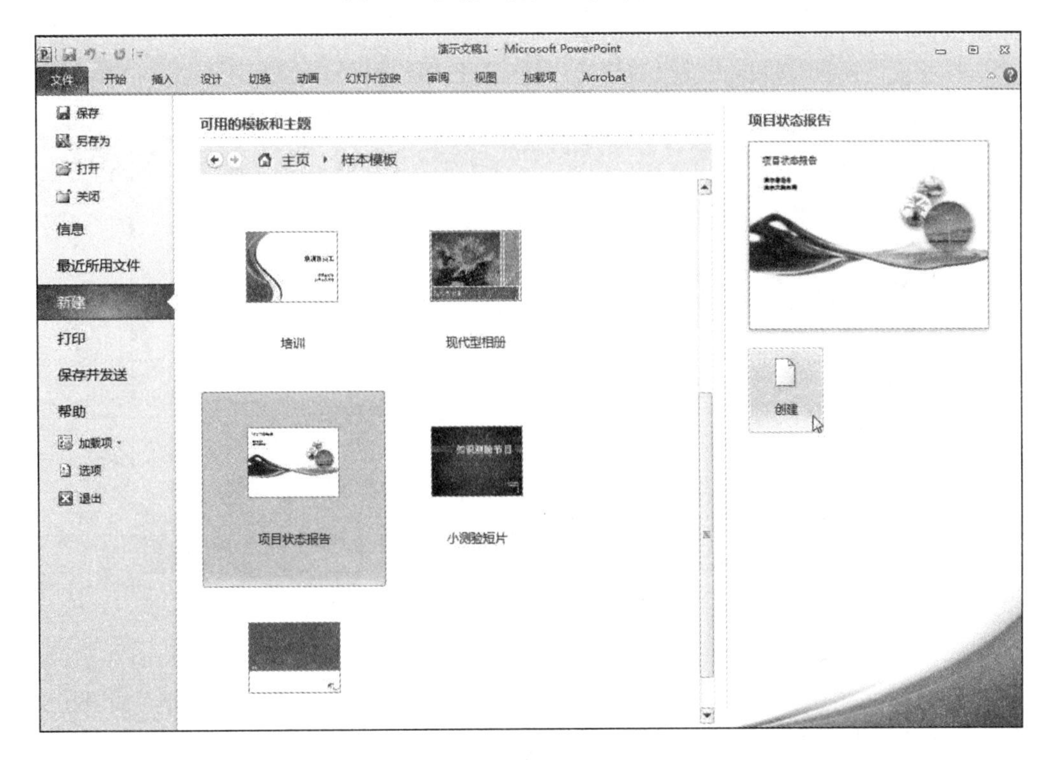

图 7-10　创建项目状态报告

图 7-11　修改项目状态报告

（3）根据设计“主题”创建

“主题”决定演示文稿的设计样式。实际上它是一个已经设计好的文稿，其中包括背景设计、配色方案、项目符号、文本的字体/字号、占位符大小及位置等影响幻灯片外观的元素。使用“主题”可以将预先定义的颜色和文字特征快速应用到新建的演示文稿中，大大节约用户设计演示文稿所花的时间。在图 7-8 所示的窗口中选择“主题”选项，然后在“可用的模板和主题”中选择相应的模板，再单击窗口右侧的“创建”按钮，如图 7-12 所示。

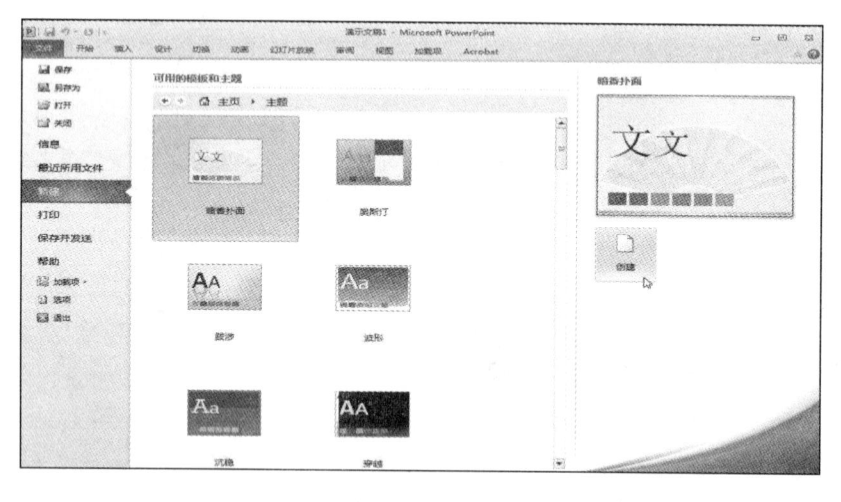

图 7-12　根据“主题”创建演示文稿

（4）根据“现有内容”新建

如果对 Powerpoint 提供的模板和主题等都不满意，而喜欢现有文稿（可由用户设计或从网上下载）的设计风格和布局，可以通过“根据现有内容新建”的方式进行演示文稿的创建。在图 7-8 所示的窗口中选择“根据现有内容新建”选项，然后在弹出的对话框中选择要使用的现有演示文稿，再单击 “新建”按钮，如图 7-13 所示。

图 7-13　根据“现有内容”新建

2. 编辑演示文稿

一个完整的演示文稿往往由多张幻灯片组成，因此，新建的演示文稿经常需进行幻灯片的添加、删除、复制和移动等操作。

（1）添加幻灯片

要添加新的幻灯片，可以直接单击“开始”→“幻灯片”→“新建幻灯片”按钮，就会向演示文稿中直接添加一张默认的“标题和内容”版式的幻灯片，如果要选择其他的版式，可以单击“新建”按钮下面的按钮，会弹出如图 7-14 所示“版式选择”列表，在其中单击需要的版式即可。

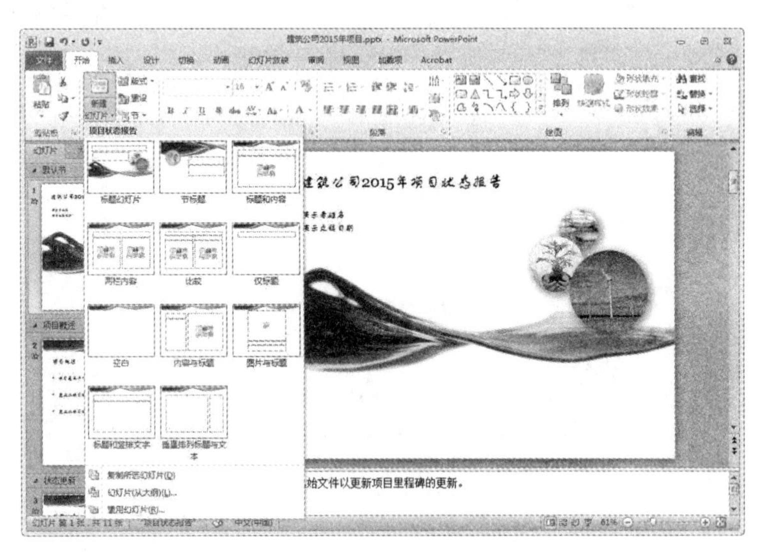

图 7-14　选择幻灯片版式

（2）删除幻灯片

在普通视图下的“幻灯片/大纲”窗格或幻灯片浏览视图下，选中要删除的幻灯片，按键盘上的<Delete>键即可。或在选中的幻灯片上右击，在弹出的快捷菜单中选择“删除幻灯片”命令，也可完成删除幻灯片操作。

小知识

选择多张幻灯片时，连续的幻灯片可以按住<Shift>键单击首尾幻灯片，不连续的幻灯片则需要按住<Ctrl>键选中。

（3）复制幻灯片

在 PowerPoint 中，可以将已设计好的幻灯片复制到任意位置。其操作步骤如下：

① 选中要复制的幻灯片。

② 单击“开始”→“剪贴板”“复制”按钮，或使用<Ctrl+C>组合键，如图 7-15 所示。

③ 选择插入点，即选中幻灯片复制品的放置位置的前一张幻灯片。

④ 单击“开始”→“粘贴”按钮，或使用<Ctrl+V>组合键，即完成了幻灯片的复制，如图 7-16 所示。

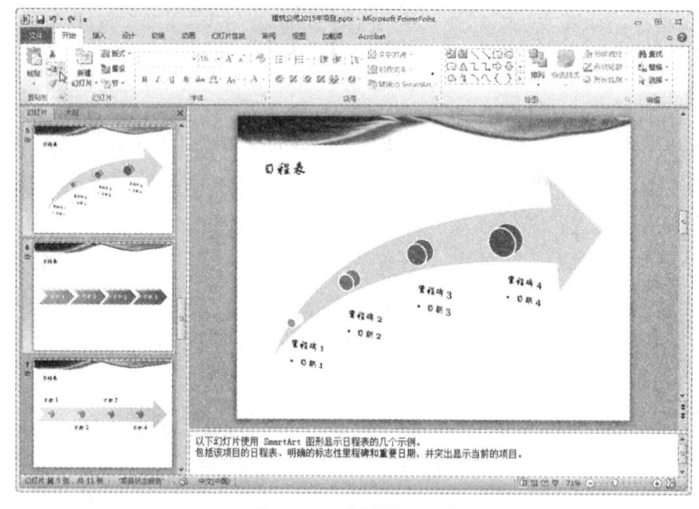

图 7-15 复制幻灯片

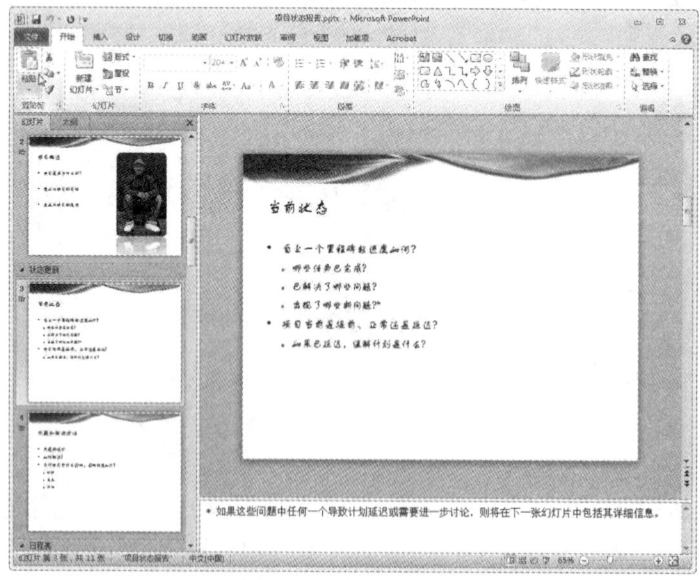

图 7-16 粘贴幻灯片

（4）移动幻灯片

在普通视图的“幻灯片/大纲”窗格中或幻灯片浏览视图下，选中要移动的幻灯片，按住左键不放，将幻灯片直接拖动到指定位置后放开左键，如图 7-17 所示。

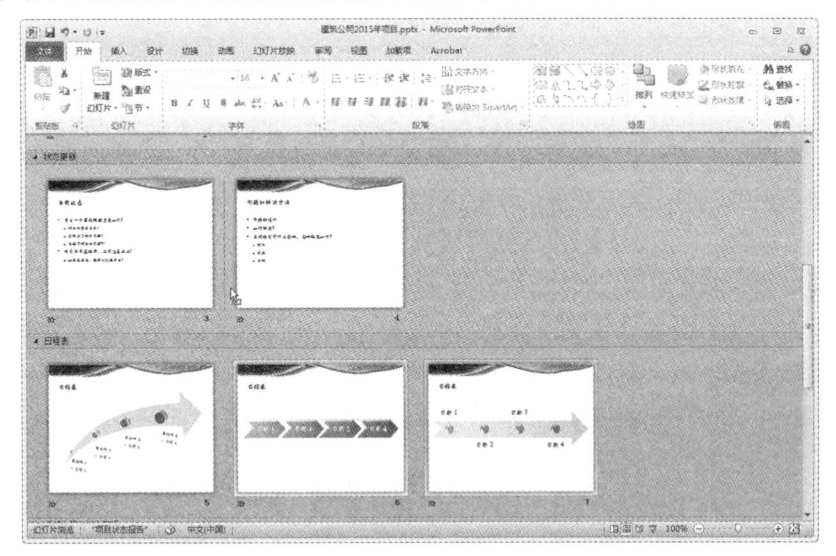

图 7-17　移动幻灯片

7.4.4　美化幻灯片

1．改变幻灯片的主题设计

主题是 PowerPoint 为帮助用户快速统一演示文稿而提供的一组设置好颜色、字体和图形外观效果的选择方案。利用这些主题，即使不会版式设计的用户，也可以制作出精美的演示文稿。

（1）更改主题样式

打开演示文稿，单击“设计”→“主题”组中的按钮，在“所有”主题列表中选择需要使用的主题，即可看到当前幻灯片的颜色、字体和图形效果等均发生了变化，如图 7-18 所示。

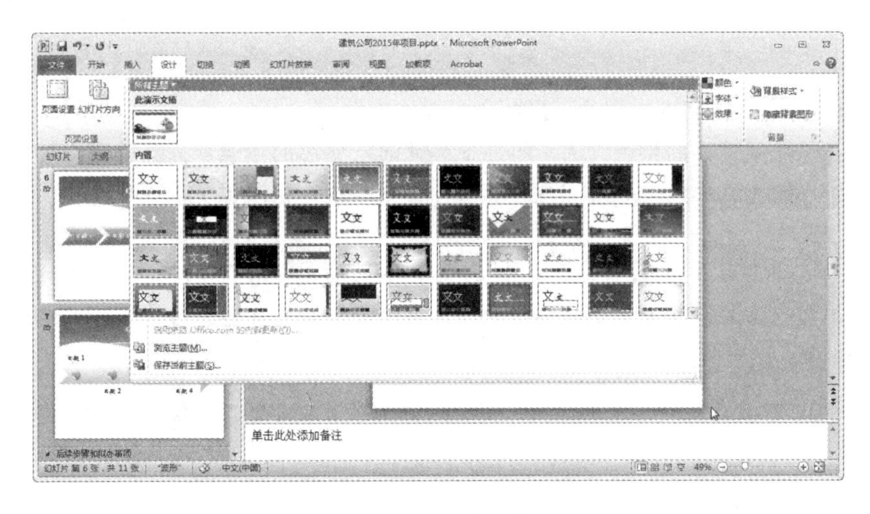

图 7-18　更改主题样式

小知识

如果想要整个演示文稿的所有幻灯片都更改为统一主题样式，可以在“所有”主题列表中右击所需使用的主题，选择“应用于所有幻灯片”命令。

（2）更改主题颜色、字体和效果

主题的颜色、字体和效果是构成主题的三大要素。修改主题的颜色可以快速更改演示文稿的主体色调，营造出不同的意境和气氛，它对演示文稿的更改效果最为显著。主题字体的修改可以为演示文稿配置新的个性化字体，满足不同用户的需求。主题效果是指应用于文件中元素的视觉属性集合，它可以指定如何将效果应用于图表、SmartArt 图形、表格、艺术字和文本等。打开需修改的演示文稿，单击“设计”→“主题”→“颜色”（字体或效果）按钮，然后在展开的库中选择所需要的“颜色”（字体或效果），即可将当前幻灯片更改为选定的“颜色”（字体或效果），如图 7-19 所示。

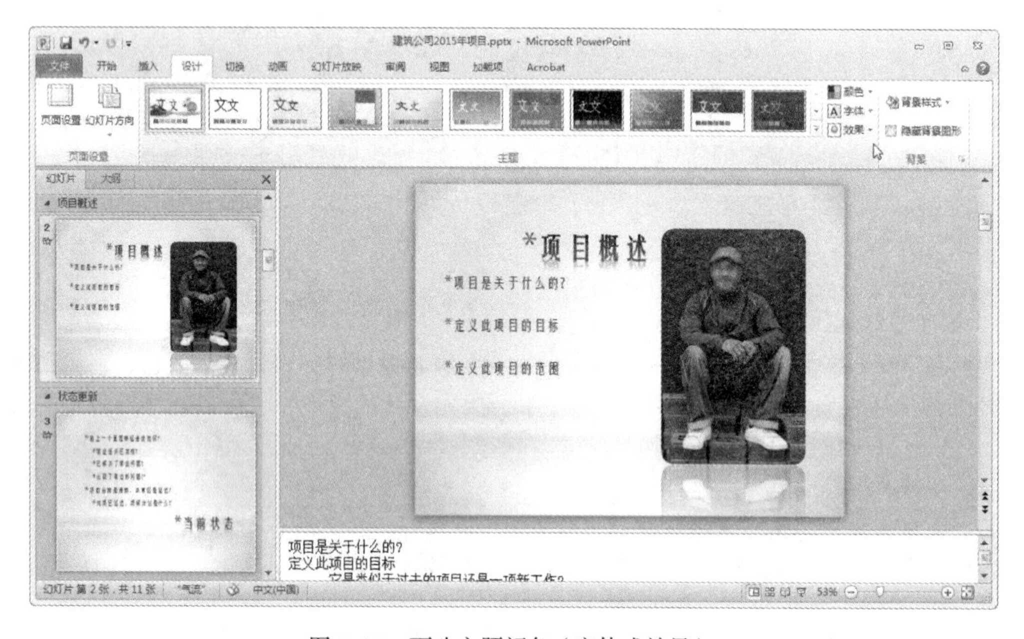

图 7-19　更改主题颜色（字体或效果）

2. 在幻灯片中插入文本、图片、形状和多媒体文件

图文并茂是演示文稿的特色，为了更好地表达演示文稿的主题和内容，用户可以在演示文稿中添加文本、图片、形状、声音和视频等多种媒体对象，使演示文稿更加丰富。

（1）添加文本

文本是幻灯片中不可或缺的一部分，在幻灯片中添加文本的方法与 Word 等其他文本编辑工具类似，不同的是幻灯片中需要先单击插入文本的占位符，才能进行输入，如图 7-20 所示。

小知识

如果幻灯片中没有占位符，则可以先单击“插入”→文本→“文本框”按钮，添加文本框作为占位符，再添加文本。

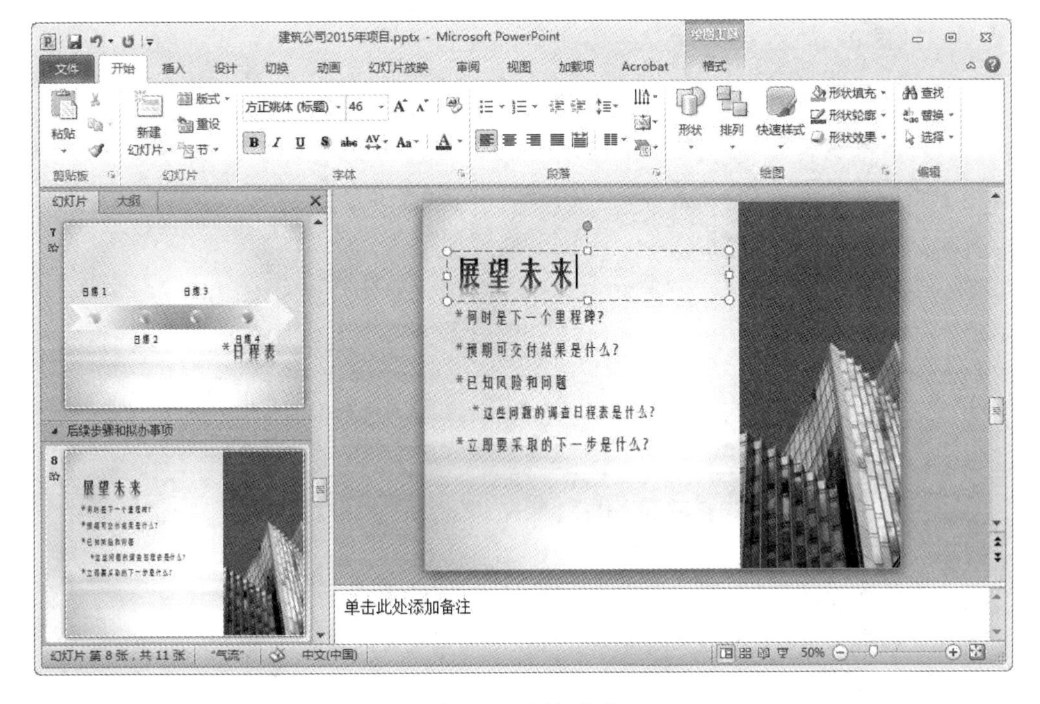

图 7–20　添加文本

（2）添加图片

在幻灯片中添加与表达内容相符的图片，可以让整个画面更加丰富，也使观众更加容易理解。图片的来源，可以是 PowerPoint 提供的剪贴画或自己准备的图片。单击“插入”→“图像”→“图片”按钮，在弹出的“插入图片”对话框中选择图片文件，然后单击“插入”按钮，即可插入图片，如图 7–21、图 7–22 所示。

图 7–21　添加图片

图 7–22　添加图片后效果

（3）添加形状

在进行幻灯片编辑时，经常会用到示意图形，如箭头、矩形和星形等，可以通过添加形状的方式来完成。单击“插入”→“插图”→“形状”按钮，在打开的“形状”列表中选择需要使用的形状即可，如图 7–23 所示。

图 7-23　添加形状

（4）添加声音或视频

在演示文稿中添加声音和视频等元素，可以增加观众对内容的认知，从而增强演示文稿的感染力。可以添加到 PowerPoint 中的声音文件格式有 MP3、WAV、MID、WMA 等。AVI、MPEG、ASF、MOV 等视频文件也可以插入到 PowerPoint 中。下面的实战 7-5 详细介绍了声音文件的添加和设置方法。（视频的添加和设置方法类似）

【实战 7-5】在幻灯片中添加背景音乐，并设置其跨幻灯片播放，放映时隐藏音频控制图标。

① 单击“插入”→“媒体”→“音频”按钮，从弹出的下拉列表中选择“文件中的声音”选项，在弹出的“插入音频”对话框中选择需要使用的背景音乐，单击“插入”按钮，如图 7-24 所示。

② 音频添加后，幻灯片中显示出一个小喇叭图片，如图 7-25 所示。

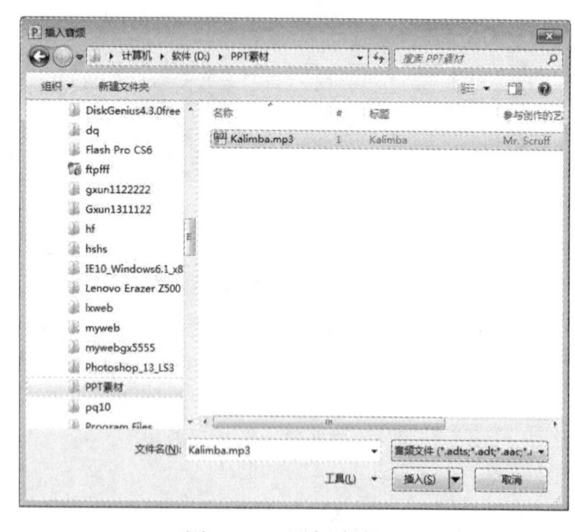

图 7-24　添加音频

图 7-25　添加音频后效果

③ 选中幻灯片中的小喇叭，单击“音频工具” →“播放”命令，将“开始”项设置为：跨幻灯片播放，选择“放映时隐藏”复选框，如图 7-26 所示。

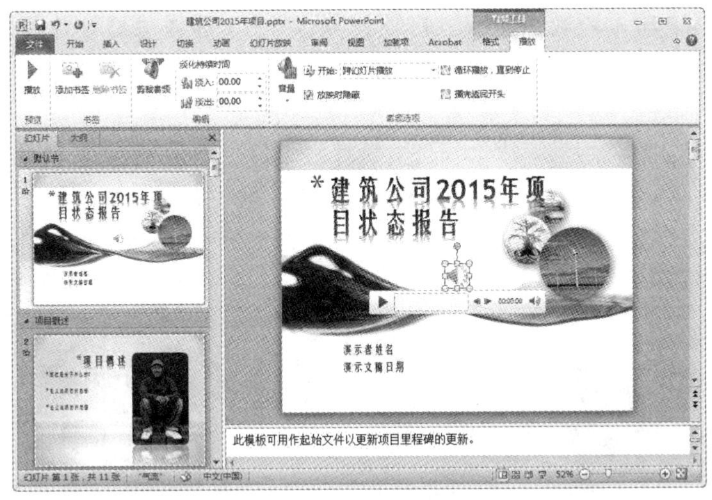

图 7–26　设置音频播放效果

3. 幻灯片母版

幻灯片的母版是幻灯片层次结构中的顶层幻灯片，用于存储有关演示文稿的主题和幻灯片版式信息，包括背景、颜色、字体、效果、占位符大小和位置。每个演示文稿至少包含一个幻灯片母版。修改和使用幻灯片母版可以对演示文稿中的每张幻灯片进行统一的样式更改。PowerPoint 中的母版分为幻灯片母版、讲义母版和备注母版 3 种，下面以幻灯片母版为例讲解母版的设置方法。

【实战 7-6】为“建筑公司 2015 年项目状态报告”演示文稿在左下角添加版权信息“版权所有：广西民族大学”。（第一张幻灯片为演示文稿封面，不添加版权信息）

① 单击“视图”→“母版视图”→“幻灯片母版”按钮，选中“幻灯片母版缩略图”，选择“插入”→“文本”→“文本框”→“横排文本框”选项，然后在幻灯片编辑窗口中创建一个输入版权信息的文本框，如图 7–27 所示。

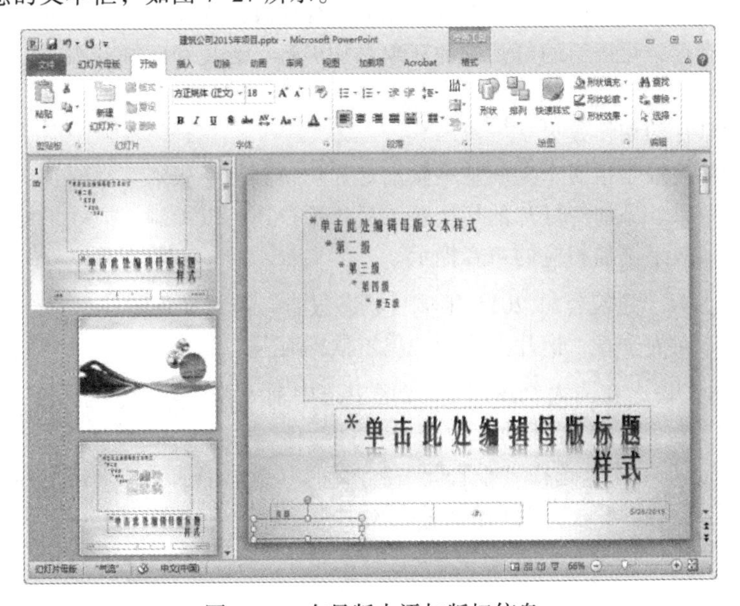

图 7–27　在母版中添加版权信息

② 在文本框中输入“版权所有：广西民族大学”，选择“幻灯片母版”选项卡，单击“关闭母版视图”按钮，即可看到除封面外的幻灯片均添加了版权信息，如图 7-28 所示。

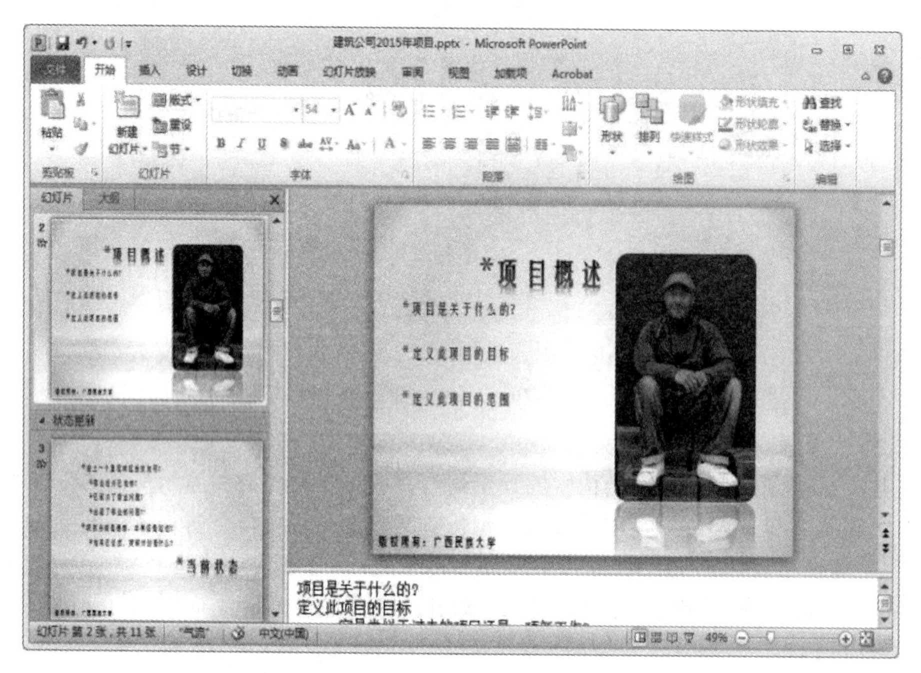

图 7-28　添加版权信息后的幻灯片

在幻灯片母版中设置标题，文本字体、字号和配色方案等方法跟幻灯片中的设置方法类似。

4. 幻灯片的动态效果设置

幻灯片中合理的文字、图形、图像等对象的布局能够给观众耳目一新的感觉。为了使演示过程更加生动、有趣，可以给幻灯片中的对象添加声音、影视和动画效果，以及设置幻灯片切换效果等。

（1）设置幻灯片的切换效果

幻灯片的切换效果是指演示期间从一张幻灯片切换到另一张幻灯片时在“幻灯片放映”视图中出现的动画效果。添加幻灯片的切换效果后，用户还可以控制切换效果的速度、出现的方向，也可以为切换效果添加相应的声音提示。

【实战 7-7】为“建筑公司 2015 年项目状态报告”演示文稿的前 5 张幻灯片设置“百叶窗”切换效果，方向为垂直，换片方式为“单击鼠标时”。

① 打开演示文稿，在“大纲/幻灯片“区中选中前 5 张幻灯片，单击“切换”→“切换到此幻灯片”中的按钮，在展开的库中选择“百叶窗”选项，如图 7-29 所示。

② 在“效果选项”中，选择“垂直”，在“计时”选项中选择“单击鼠标时”复选按钮。

③ 选择“幻灯片放映”→“开始放映幻灯片”→“从头开始”按钮，进入幻灯片放映视图，即可看到切换效果。

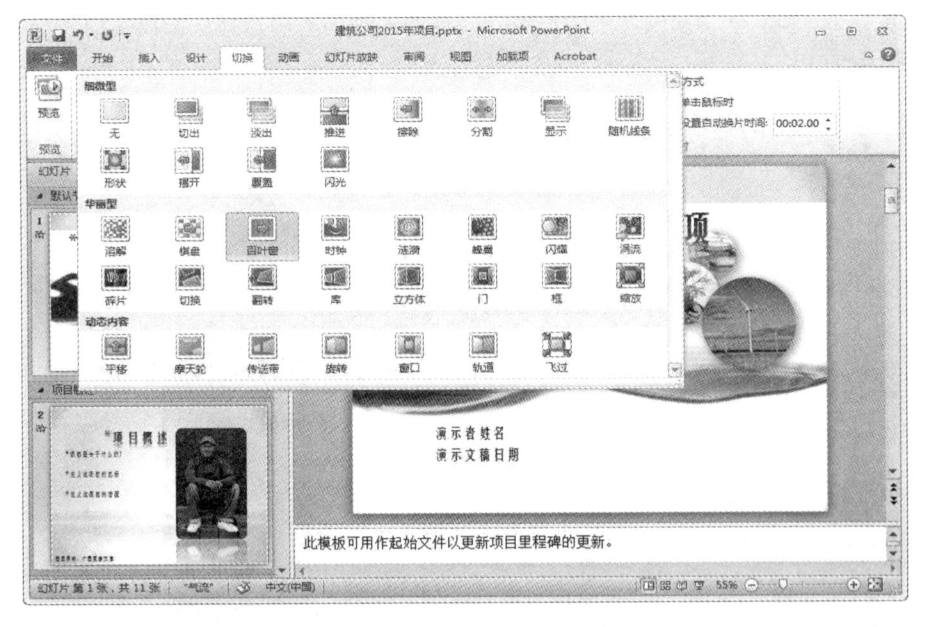

图 7–29　设置幻灯片的切换效果

（2）设置幻灯片的动画效果

在制作演示文稿的过程中，除了精心组织内容，合理安排布局，还需要应用动画效果控制幻灯片中的文本、声音、图像等各种对象的进入方式和顺序等，以突出重点，控制信息的流程，提高演示的趣味性。具体操作步骤如下：

① 在“大纲/幻灯片“区中选中幻灯片，在幻灯片编辑区中选定需要设置动画的对象，如图 7–30 所示。

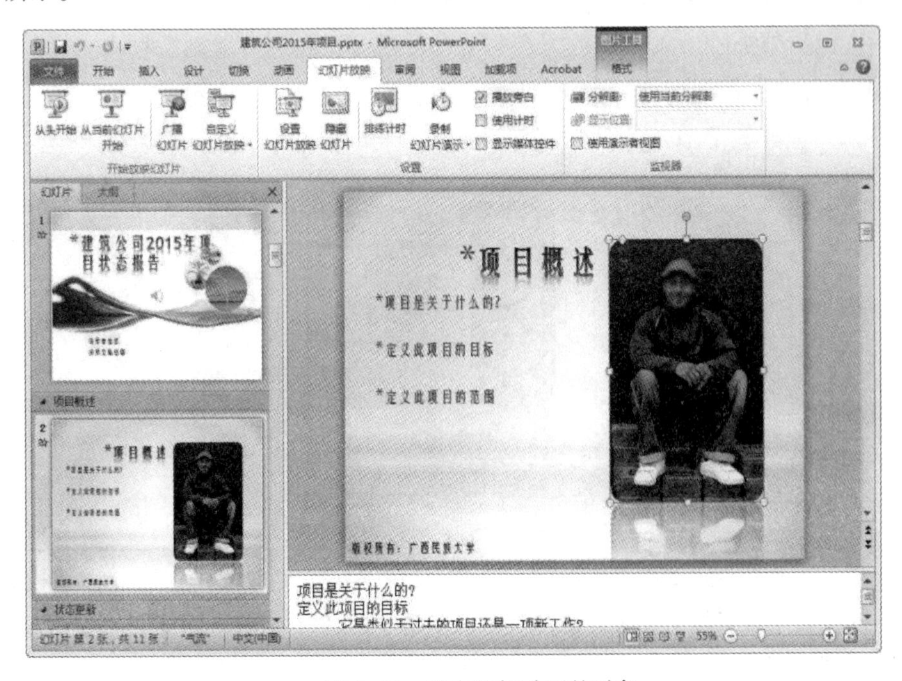

图 7–30　选中添加动画的对象

② 单击“动画”→“动画”中的按钮，在展开的动画库中选择所需设置的动画效果，如图 7-31 所示。

图 7-31　选择动画效果

③ 选中已经添加动画效果的对象，单击“动画窗格”按钮，在右侧的动画窗格中，右击刚添加的动画，在弹出的菜单中选择“效果选项”命令，弹出动画的具体效果设置对话框，如图 7-32、图 7-33 所示。

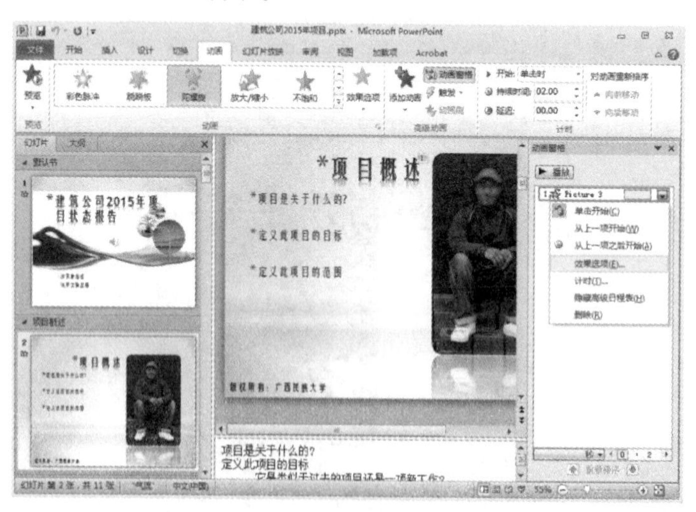

图 7-32　设置动画效果

图 7-33　动画效果设置框

④ 在动画效果设置框中设置动画的数量、平滑、声音等效果。

⑤ 如果要更改动画效果的开始方式，可以单击“计时”→“开始”下拉列表框右边的下三角按钮，从打开的下拉列表中选择一种方式。

“开始”下拉列表框中的具体选项说明如下：

- 单击时：选择此项，则当幻灯片放映到动画效果序列中的该动画时，单击才开始动画显示幻灯片的对象；否则将一直停在此位置以等待用户单击鼠标来激活。
- 同时：选择此项，则该动画效果和前一个动画效果同时发生，这时其序号将和前一个用单击来激活的动画效果的序号相同。
- 之后：选择此项，则该动画效果将在前一个动画效果播放完时发生，这时其序号将和前一个用单击来激活的动画效果的序号相同。

完成了所有的动画设置后，可以在“动画窗格”中单击“上移”按钮和“下移”按钮来调整动画的播放顺序。

5. 幻灯片的超链接

超链接是控制演示文稿播放的一种重要手段，利用超链接，可以跳转到当前演示文稿的某一张幻灯片或跳转到其他演示文稿、磁盘文件、网页、电子邮件地址和其他应用程序等。超链接可以建立在任何幻灯片对象上，如文本、形状、图片或图表等。

（1）建立超链接的操作步骤

① 选定需设置超链接的对象。

② 单击“插入”→“链接”→“超链接”按钮，弹出“插入超链接”对话框，如图 7-34 所示。

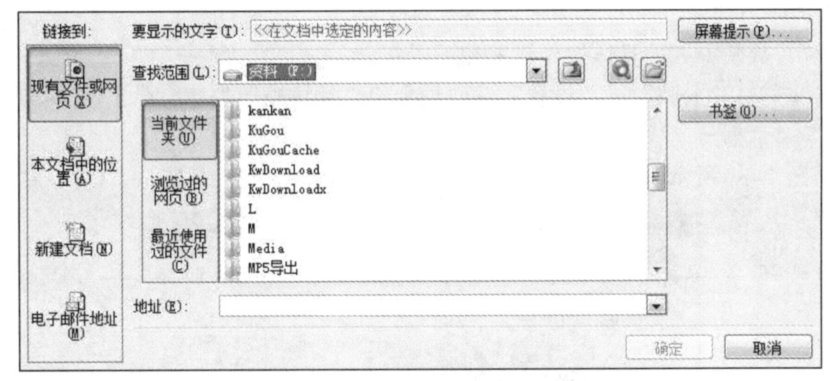

图 7-34 “插入超链接”对话框

在此对话框中可以完成如下设置。

- 现有文件或网页：超链接到其他文档、应用程序或有网站地址决定的网页。
- 本文档中的位置：超链接到本文档的其他幻灯片中。
- 新建文档：超链接到一个新的文档中。
- 电子邮件地址：超链接到一个电子邮件地址。

（2）利用动作设置创建超链接

操作步骤如下：

① 选定需设置超链接的对象。

② 单击“插入”→“链接”→“动作”按钮，弹出“动作设置”对话框，如图 7-35 所示。

③ 选择“超链接到”单选按钮，在打开的列表中选择链接位置即可，如图 7-36 所示。

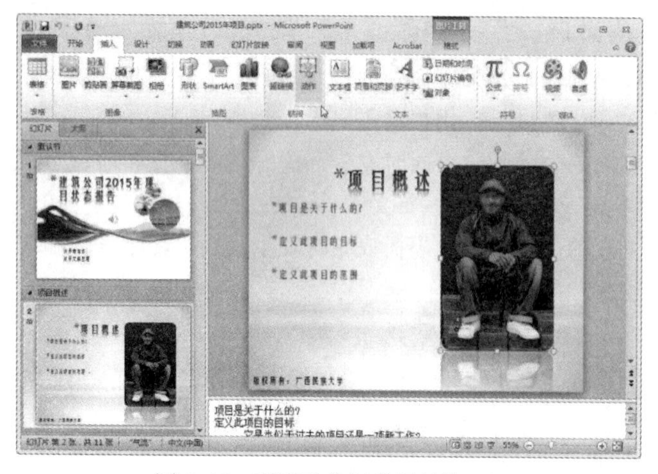

图 7-35　利用动作创建超链接

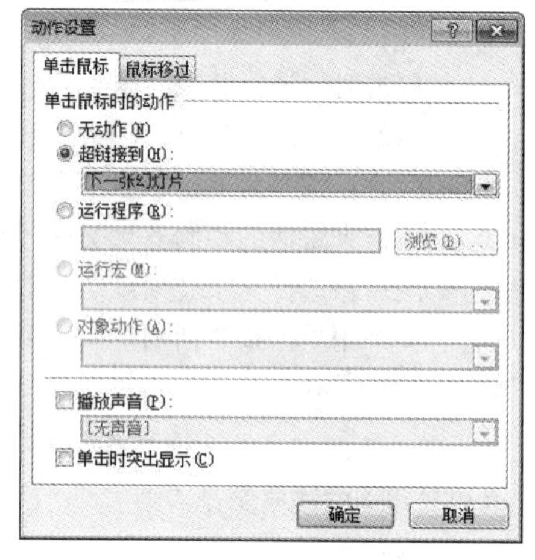

图 7-36　超链接位置设置对话框

(3) 删除超链接

在已设置超链接的对象上右击，弹出快捷菜单中选择“取消超链接”命令。

7.4.5　演示文稿的放映

制作演示文稿的最终目的是要放映或展示给观众，PowerPoint 提供了多种放映方式，可以根据创作的用途、放映环境或观众需求，选择合适的放映方式。

1. 设置放映方式

设置幻灯片放映方式的具体操作步骤如下：

① 单击“幻灯片放映”→“设置”→“设置幻灯片放映”按钮，弹出图 7-37 所示的“设置放映方式”对话框。

② 按照图 7-37 所示步骤进行。

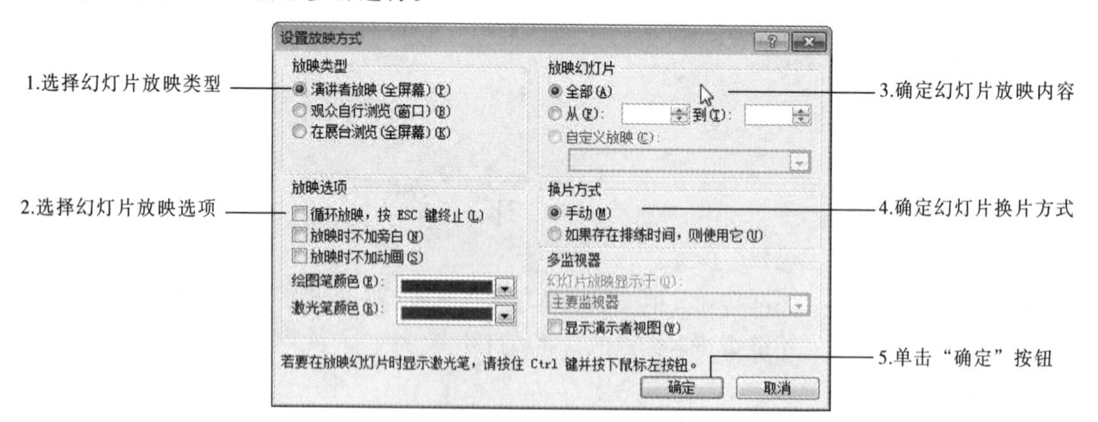

图 7-37　设置放映方式

③ 单击“幻灯片放映”→“开始放映幻灯片”→“从头开始”按钮或单击视图切换按钮，幻灯片就会放映，若要停止放映，则按<Esc>键或右击弹出快捷菜单，选择“停止放映”命令。

- “放映类型”选项组：可以选择演示文稿的不同放映形式，其中“演讲者放映”方式是默认的全屏幕放映方式，通常用于演讲者亲自讲解的场合。

- “放映选项”选项组：如果选中“循环放映，按 ESC 键终止”复选按钮，演示文稿将循环放映，直到按下<Esc>键才退出放映。
- “换片方式”选项组：如果选择“手动”单选按钮，则在放映中采用单击切换演示文稿；如选择“如果存在排练时间，则使用它”单选按钮，就可以使演示文稿按照设置的排练计时自动进行切换。
- “多监视器”选项组：可以设置演示文稿在多台监视器上放映。
- “性能”选项组：可以设置演示文稿的分辨率等放映效果。

2. 自定义放映幻灯片

所谓自定义放映，即由用户从演示文稿中挑选若干张幻灯片，组成一个较小的演示文稿，定义一个放映名称，作为独立的演示文稿来放映，其设置方法为：

① 选择“幻灯片放映”→“开始放映幻灯片”→“自定义幻灯片放映”→“自定义放映”选项，弹出图 7-38 所示的“自定义放映”对话框。

② 单击“新建”按钮，弹出图 7-39 所示的“定义自定义放映”对话框，按照图 7-39 所示的步骤进行操作。

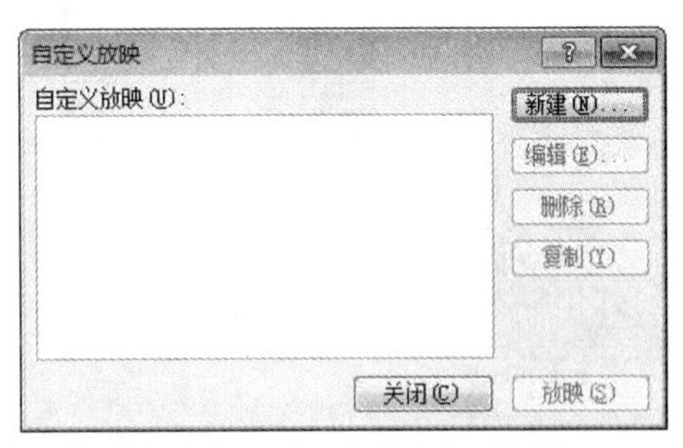

图 7-38 “自定义放映”对话框

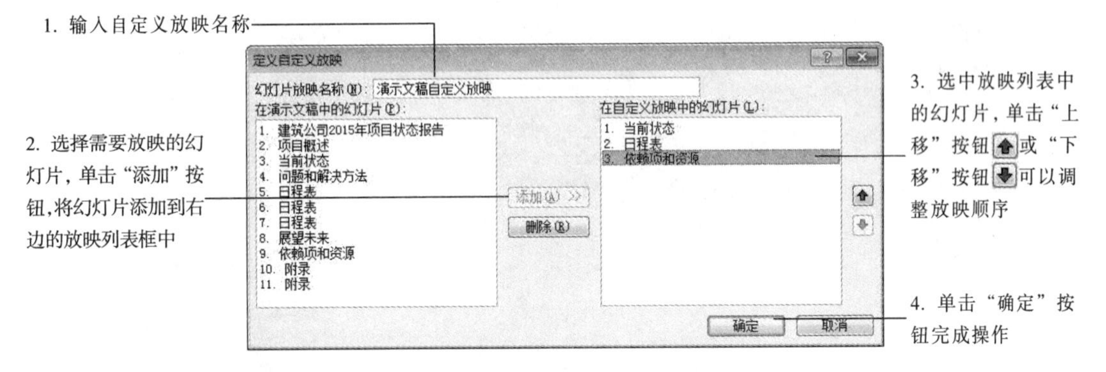

图 7-39 定义自定义放映

3. 设置排练计时

所谓“排练计时”，就是让讲演者在正式放映演示文稿之前先进行排练，预先放映演示文稿，PowerPoint 自动记录每张幻灯片的放映时间。在正式放映时，可以让演示文稿在无人控制的情况下按照排练时间进行自动播放。设置排练计时的操作步骤如下：

① 单击“幻灯片放映”→“设置”→“排练计时”按钮。

② 系统进入放映排练计时状态，幻灯片将全屏放映，同时打开“录制”工具栏并自动为该幻灯片计时，此时可单击或按<Enter>键放映下一个对象，如图 7-40 所示。

③ 系统按同样的方式对演示文稿中的每一张幻灯片放映时间进行计时，放映完毕后提示总共的排练计时时间，并询问是否保留幻灯片的排练时间，单击“是”按钮进行保存。

图 7–40　排练计时状态

④ PowerPoint 自动切换到“幻灯片浏览”视图中，并在每一张幻灯片的左下角显示放映该幻灯片所需的时间，如图 7–41 所示。

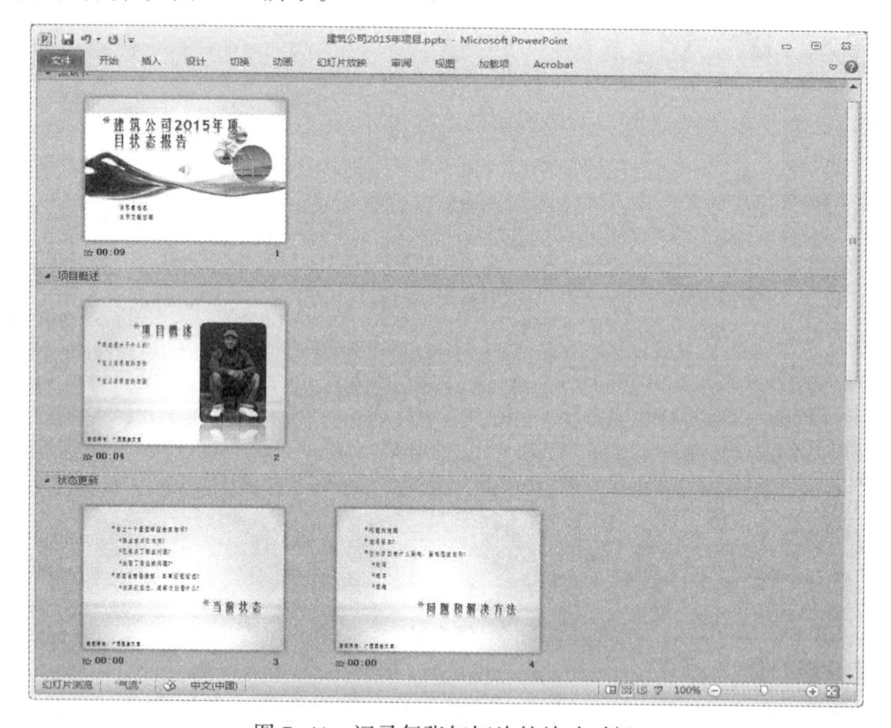

图 7–41　记录每张幻灯片的放映时间

⑤ 单击“幻灯片放映”→“设置”→“设置放映方式”按钮，在弹出的图 7–37 所示的“设置放映方式”对话框中的“换片方式”项中选择“如果存在排练时间，则使用它(U)”单选按钮。

⑥ 单击“幻灯片放映”→“开始放映幻灯片”→“从头开始”按钮，则按排练好的时间自动播放演示文稿。

7.4.6　演示文稿的打印

打印演示文稿就是将制作完成的演示文稿按照要求通过打印设备输出并呈现在纸张上，它

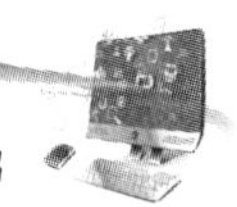

不仅方便观众更好地理解演示文稿所传达的信息，还有助于演讲者日后的回顾与整理。打印输出演示文稿前，需要进行页面设置和打印参数选项的设置。

1. 演示文稿的页面设置

① 单击“设计”→“页面设置”→“页面设置”按钮，弹出如图 7-42 所示的页面设置对话框。

② 在“页面设置”对话框中选择“幻灯片的大小”，设置打印的“幻灯片编号起始值”，确定幻灯片“备注、讲义和大纲”的打印方向等，确定即可。

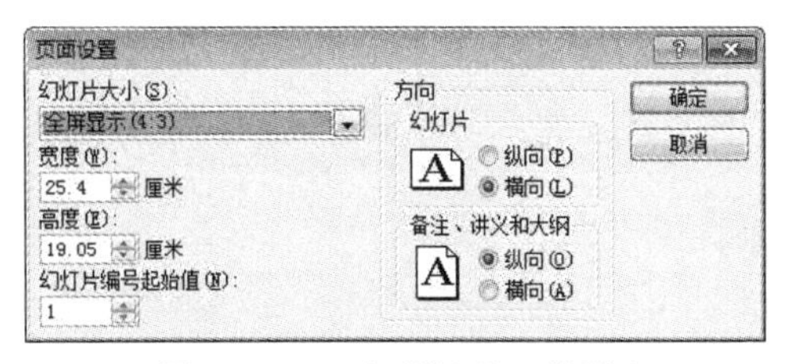

图 7-42　“页面设置”对话框

2. 设置打印参数选项

演示文稿的打印有幻灯片、讲义和大纲等多种形式，其操作方法是：

① 选择“文件”→“打印”选项，弹出如图 7-43 所示的打印设置窗口。

② 按照图 7-43 所示的步骤进行操作。

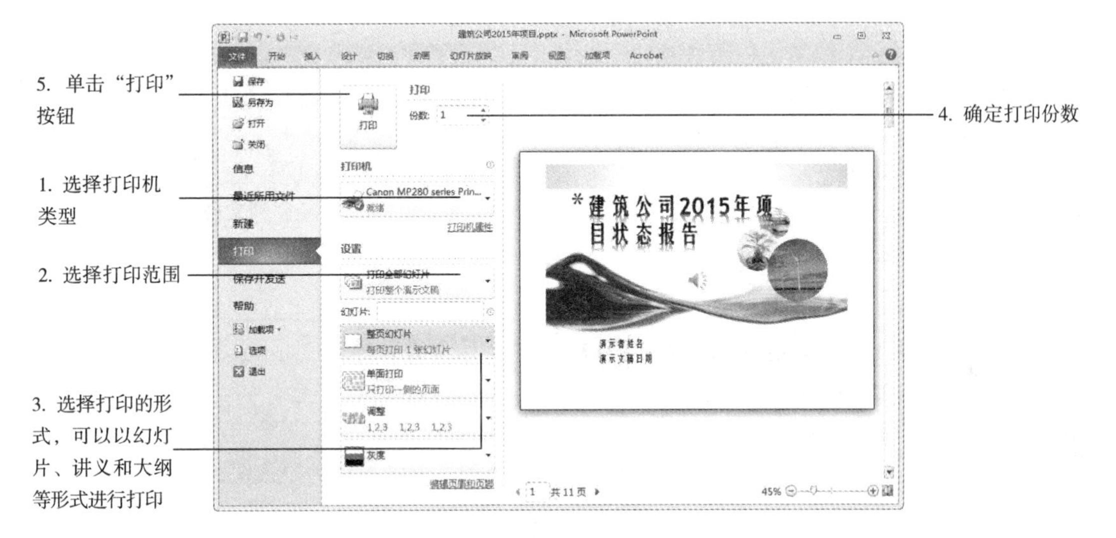

图 7-43　打印设置窗口

7.4.7　演示文稿的打包与网上发布

如果要在一台没有安装 PowerPoint 应用程序的计算机上放映幻灯片，可以使用打包功能打包。另外，还可以将演示文稿另存为网页，直接发布到网络上。

1. 演示文稿的打包

打包演示文稿分为将演示文稿压缩到 CD 或文件夹，其中压缩到 CD 要求计算机必须有刻录光驱，而打包成文件夹则只是将演示文稿打包成一个文件夹。对演示文稿进行打包的操作步骤如下：

① 打开需要打包的演示文稿。

② 单击“文件”→“保存并发送”→“将演示文稿打包成 CD”→“打包成 CD”按钮，弹出“打包成 CD”对话框，如图 7-44 所示。

③ 在“将 CD 命名为”文本框中输入打包后的文件名称。

④ 若还需要将其他的文件一并打包，单击“添加”按钮，在弹出的“添加文件”对话框中找到文件加入。

⑤ 若打包文件需要密码保护，可以单击“选项”按钮，在弹出的“选项”对话框中设置，如图 7-45 所示。

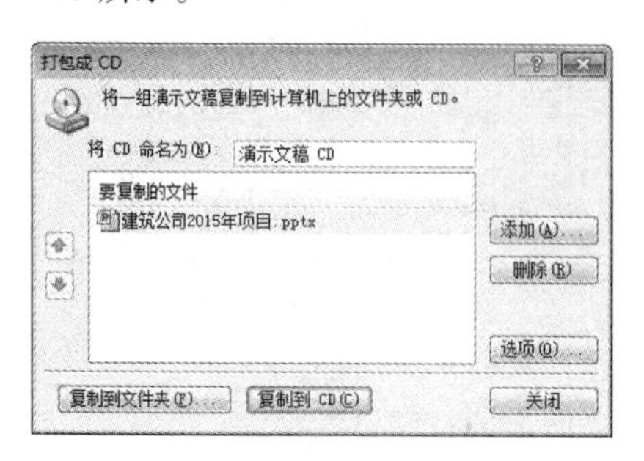

图 7-44 “打包成 CD”对话框

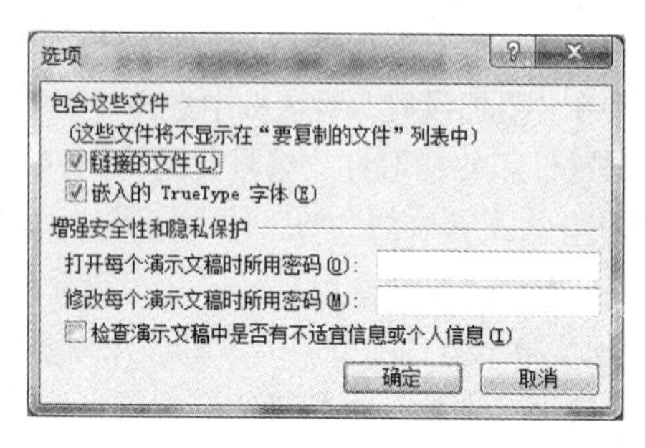

图 7-45 “选项”对话框

⑥ 如果单击“复制到 CD”按钮，系统将把所有选中的文件刻录到 CD 上（要求计算机上装有刻录光盘设备）。若单击“复制到文件夹”按钮，弹出图 7-46 所示的“复制到文件夹”对话框，输入文件夹名称及保存位置，单击“确定”按钮完成打包。

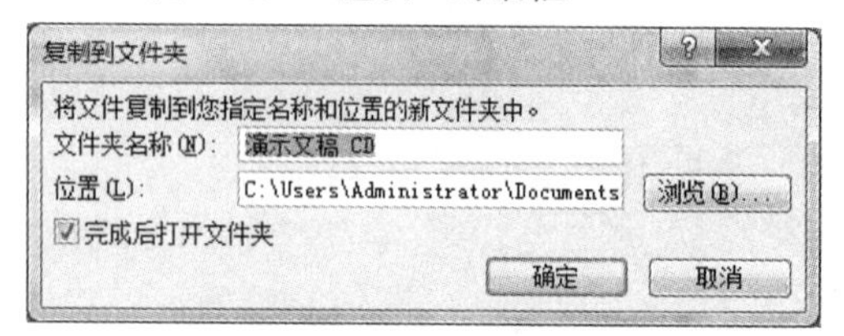

图 7-46 “复制到文件夹”对话框

2. 演示文稿转换成 Word 文档

在日常的工作中，经常需要将一些好的 PPT 幻灯片打印出来。如果直接在 PowerPoint 中打印可能效果不是很好，可以将演示文稿转换成 Word 文档，然后再将 Word 文档打印出来。将演示文稿转换成 Word 文档的操作步骤如下：

① 打开需要转换的演示文稿。

② 单击“文件”→“保存并发送”→“更改文件类型”→“另存为”按钮，如图 7-47 所示。

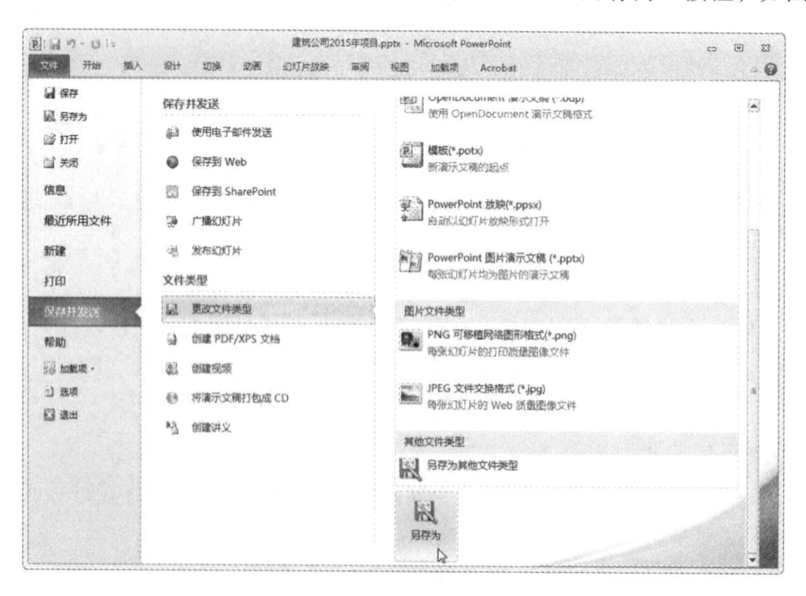

图 7-47 演示文稿转换成 Word 对话框

③ 在弹出的“另存为”对话框中，输入文件名，选择保存类型为“大纲/RTF”，单击“保存”按钮。

3. 演示文稿的网上发布

将已经制作好的演示文稿发布到网上，其操作步骤如下：

① 单击“文件”→“保存并发送”→“发布幻灯片”→“发布幻灯片”按钮，弹出图 7-48 所示的“发布幻灯片”对话框。

② 选择要发布的幻灯片，输入发布地址，单击“发布”按钮即可。

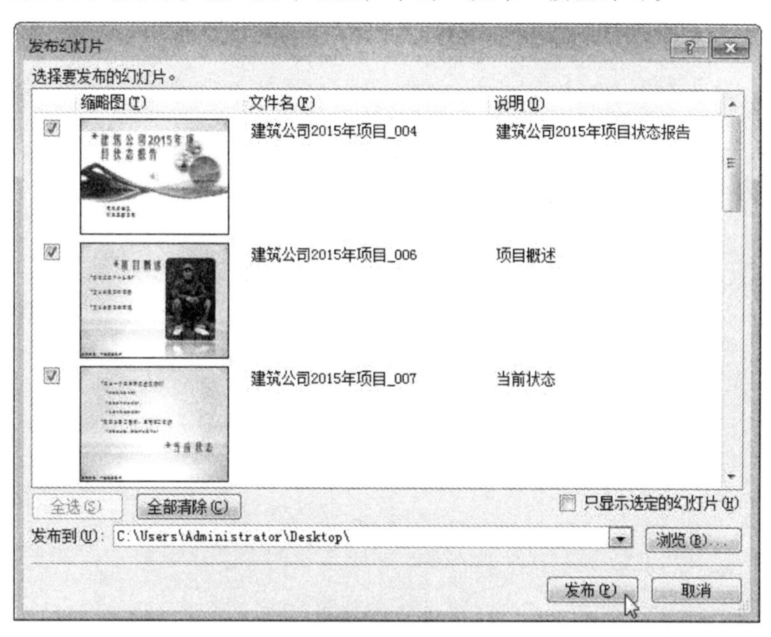

图 7-48　发布幻灯片

思考与练习

1. 什么是多媒体？什么是多媒体技术？多媒体技术具有哪些基本特性？
2. 简述多媒体信息处理的关键技术。
3. 声音的数字化需要经过哪些步骤？采样频率对音质有何影响？
4. 常见的声音压缩标准有哪些？常见的声音文件格式有哪些？
5. 视频信息的数字化需经过哪些主要过程？视频压缩有哪些标准？
6. 常见的视频文件格式有哪些？
7. 什么是矢量图？矢量图与位图有什么区别？
8. 图像的分辨率与屏幕的分辨率有何区别与联系？图像常用的色彩模式是什么？常用的图像文件格式有哪些？
9. 多媒体计算机的硬件系统主要包括什么？多媒体系统软件主要有哪些？
10. 演示文稿与幻灯片有什么区别与联系？
11. PowerPoint 有哪几种视图模式？如何切换不同的视图模式？
12. 创建演示文稿有哪几种方法？

13. 什么是幻灯片的主题？如何使整个演示文稿的所有幻灯片都更改为统一的主题？
14. 如何在幻灯片中添加文本、图片、形状、声音和视频等多种媒体对象？
15. PowerPoint 母版有哪几种？修改母版对演示文稿中的幻灯片有什么影响？
16. 如何设置幻灯片的切换效果？
17. 设置幻灯片动画效果的步骤是什么？
18. PowerPoint 的超链接可以跳转到哪些对象上？如何设置幻灯片的超链接？
19. 如何设置演示文稿的放映方式？怎样实现演示文稿在无人控制时自动播放？
20. 演示文稿打包的目的是什么？对演示文稿进行打包的步骤有哪些？

第 8 章

计算机网络基础与信息安全

教学目标：

通过学习本章内容，了解计算机网络的层次模型和通信协议，局域网和因特网的应用，信息安全与病毒等相关知识。

教学重点和难点：

- 计算机网络的分类及最常见的拓扑结构、网络介质
- 计算机网络的基础结构、协议、地址、域名
- 局域网、Internet 的应用技术
- 网络安全技术
- 计算机病毒的预防与查杀

过去数十年，计算机网络飞速发展，由最初的军事用途逐渐扩展到商用、民用，渗透至普通人生活的方方面面，在各个领域都发挥着巨大作用。网络的发展带动社会进入一个计算机互联的时代。

8.1 计算机网络概述

8.1.1 计算机网络的起源与发展

计算机网络是利用通信设备和传输介质，将分布在不同地理位置上的具有独立功能的计算机相互连接，在网络协议控制下进行信息交流，实现资源共享和协同工作的综合系统，以资源共享为主要目的。

计算机网络出现的历史不长，但发展很快，大致可分为如下 3 个阶段：

1. 面向终端的网络

20 世纪 60 年代初，面向终端的计算机网络就是用一台中央主机通过通信线路将分布在不同地理位置且不具备处理功能的终端互连起来的远程联机系统，网络功能以数据通信为主。当然，这种简单的计算机网络与后来发展的计算机网络相比有很大的区别，但它已具备了计算机网络的雏形。典型代表是 20 世纪 60 年代初美国航空公司投入使用的飞机票预订系统，它由一

台中心计算机和全美国范围内的 2 000 多个终端组成。

2. 计算机通信网

20 世纪 60 年代后期开始，出现了一些互连系统，也有了一些网络协议，实现了计算机与计算机之间的通信，但这些计算机之间不存在主从关系，因此这个时期的通信网络缺乏对资源的统一管理，属于计算机网络的低级形式，被称为计算机网络发展的第二阶段。

这一代计算机网络是以分组交换网为中心的网络。在网络内，具有自主处理能力的各计算机之间的连接必须经过通信控制处理机，网络功能以资源共享为主，用户可以共享网络内丰富的硬件和软件资源。分组交换是一种存储—转发交换方式，它将到达通信控制处理机的数据先送到处理机的存储器内暂时存储和处理，等到相应的输出线路空闲时再送出。这一代计算机网络成功的典型是美国国防部高级研究计划署在 1969 年创建的世界上第一个远程分组交换网 ARPANET，它在网络的概念、体系结构、设计和实现等方面奠定了计算机网络的基础。

3. 计算机网络

1970 年，以生产复印机而知名的施乐公司开始研究网络，并生产了世界上第一块网卡，标志着计算机网络发展的真正起点。

在 ARPANET 的影响下，不少公司都创建了自己的网络，推出了自己的网络体系结构。比较著名的有 IBM 公司的 SNA（Systems Network Architecture）和 DEC 公司的 DNA（Digital Network Architecture）。但由于各个公司的网络体系结构各不相同，网络协议也不一致，导致不同体系结构的网络设备难以实现互连。然而社会的发展迫使不同体系结构的网络之间都要能互连。国际标准化组织（International Standard Organization，ISO）经过多年的艰苦工作，于 1983 年提出一个使各种计算机能够互连的标准框架——开放系统互连参考模型（Open System Interconnection Reference Model，OSI/RM），为网络的发展提供了一个可以遵循的规则。从此，计算机网络进入了开放式标准化的时代。

20 世纪 90 年代，随着信息高速公路计划的提出与实施，Internet 被迅速地广泛应用，极大地促进了计算机网络技术的发展，当今世界进入了一个以网络为中心的多媒体信息高速通信时代。网络上传输的信息不再限于文字和数字等文本信息，越来越多的声音、图形、图像和视频等多媒体信息在网络上传输，网络的传输速率也得到极大的提高。如图 8-1 所示为一个简单的计算机网络系统，它将若干台计算机、打印机和其他外部设备互连成一个整体。

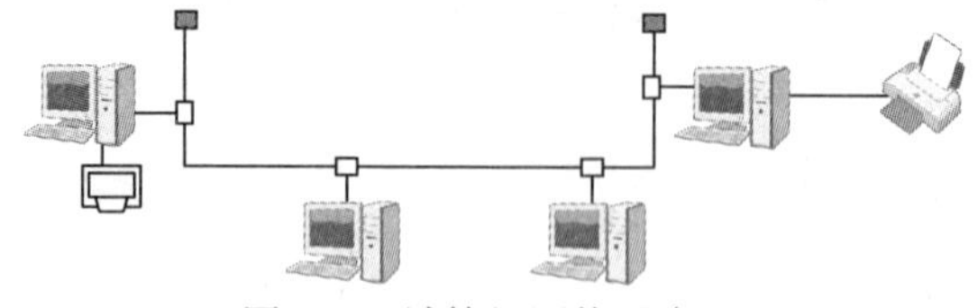

图 8-1　计算机网络示意图

小知识

一个开放式标准化网络的著名例子是 Internet，它对任何计算机系统开放，只要遵循 TCP/IP 标准，就可以接入 Internet。

8.1.2　计算机网络的基本功能

计算机网络的基本功能是实现资源共享、信息交流和协同工作。各种特定的计算机网络具有不同的功能，其主要功能集中在以下 4 个方面：

（1）资源共享

资源共享是指网络中的用户可以部分或全部使用计算机网络资源。计算机网络的资源指硬件资源、软件资源和信息资源。硬件资源有：交换设备、路由设备、存储设备、网络服务器等设备。例如，网络硬盘可以为用户免费提供数据存储空间。软件资源有：网站服务器（Web）、文件传输服务器（FTP）、邮件服务器（E-mail）等，它们为用户提供网络后台服务。信息资源有：网页、论坛、数据库、音频和视频文件等，它们为用户提供新闻浏览、电子商务等功能。资源共享可使网络用户对资源互通有无，大大提高网络资源的利用率。

（2）信息交流

计算机网络使用传输线路将各台计算机相互连接，完成网络中各个结点间的通信，为人们相互间交换信息提供快捷、方便的途径。信息交流的形式有很多种，如电话是一种远程信息交流方式，但是只有音频，没有视频；电视是一种具有音频和视频的远程信息传播方式，但是交互性不好。在计算机网络中，信息交流可以以交互方式进行，主要有网页、邮件、论坛、即时通信、IP 电话、视频点播等形式。

（3）分布式处理

分布式处理可以将大型综合性的复杂任务分配给网络系统内的多台计算机协同并行处理，从而平衡各计算机的负载，提高效率。对解决复杂问题来说，联合使用多台计算机并构成高性能的计算机体系，这种协同工作、并行处理所产生的开销要比单独购置高性能的大型计算机所产生的开销少得多。当某台计算机负载过重时，网络可将任务转交给空闲的计算机来完成，这样能均衡各计算机的负载，提高处理问题的能力。

（4）提高系统可靠性

在网络中的不同计算机中，同时存储比较重要的软件资源和数据资源，如果某台计算机出现故障，则可由网络其他计算机中的副本或由其他计算机代替工作，从而保障系统的可靠性和稳定性。

8.1.3　计算机网络的分类

计算机网络有多种分类方法，这些分类方法从不同角度体现了计算机网络的特点。最常见的分类方法是 IEEE（国际电子电气工程师协会）根据网络通信涉及的地理范围进行划分，将网络分为局域网（LAN）、城域网（MAN）和广域网（WAN）。

（1）局域网

局域网是在有限的地理区域内构成的计算机网络，通常在一幢建筑物内或相邻几幢建筑物之间，数据传输率不低于几兆比特/秒（Mbit/s）。光通信技术的发展使得局域网覆盖范围越来越大，往往将直径达数 km 的一个连续的园区网（如大学校园网、智能小区网）也归纳到局域网的范围。局域网技术广泛采用的以太网（Ethernet）技术，局域网的软件平台有 Windows 平台、UNIX 或 Linux 等。

（2）城域网

城域网是在整个城市范围内创建的计算机网络，往往由许多大型局域网组成，一个重要用途是作为骨干网，主要为个人用户、企业局域网用户提供网络接入，并将用户信号转发到因特网中。有线电视（CATV）网是传送电视节目的模拟信号城域网的典型例子。城域网和局域网应用如图 8-2 所示。

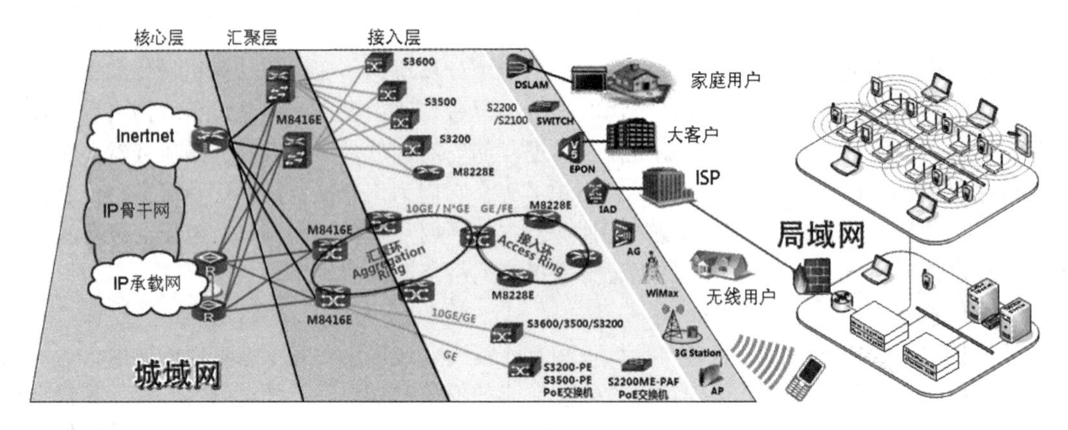

图 8-2　城域网和局域网应用案例示意图

（3）广域网

广域网覆盖范围通常在数千 km^2 以上，一般由在不同城市之间的局域网或者城域网互连而成。广域网一般采用光纤进行信号传输，网络主干线路数据传输速率非常高，网络结构较为复杂。Internet 就是全球最大的广域网。CERNET2 教育网基本结构如图 8-3 所示。

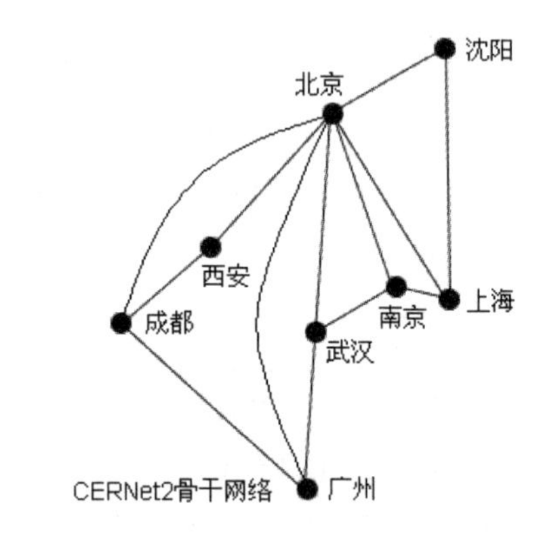

图 8-3　CERNET2 教育网基本结构示意图

计算机网络的分类还可以按以下方式划分：

① 按通信方式划分，计算机网络分为点对点传播网络和广播传播网络。

② 按传输介质划分，计算机网络分为有线网络和无线网络。

③ 按信号传输形式划分，计算机网络分为基带传输网络和宽带传输网络，基带传输网络上传输数字信号，宽带传输网络通常采用频分复用技术同时传输多路模拟信号。

8.1.4　计算机网络体系结构

计算机网络体系结构描述各个网络部件之间的逻辑关系和功能，从整体角度抽象地定义计算机网络的构成，并给出计算机网络协调工作的方法和必须遵守的规则。

1. 网络协议

在计算机网络中有一套关于信息传输顺序、信息格式和信息内容等的规则或约定，使得接入网络的各种类型的计算机之间能正确传输信息。这些规则、标准或约定称为网络协议。

网络协议的内容至少包含 3 个要素，即语法、语义和时序。语法规定数据与控制信息的结构或格式，解决“怎么讲”的问题；语义规定控制信息的具体内容，以及通信双方应当如何做，主要解决“讲什么”的问题；时序规定计算机操作的执行顺序，以及通信过程中的速度匹配，主要解决“顺序和速度”的问题。

2. 网络协议的分层

为了减小网络协议的复杂性，设计人员把网络通信问题划分为许多小问题，并为每一个小问题设计一个通信协议，这样使得每一个协议的设计、分析、编码和测试都比较容易。计算机

网络的协议分层则按照信息的流动过程，将网络的整体功能划分为多个不同的功能层。每一层之间有相应的通信协议，相邻层之间的通信约束称为接口。在分层处理后，相似的功能出现在同一层内，每一层仅与相邻上、下层之间通过接口通信，使用下一层提供的服务，并向它的上一层提供服务。

为避免协议分层带来负面影响，分层结构通常要遵循一些原则，层次数量不能过多，真正需要时才划分一个层次；层次数量也不能过少，要保证能从逻辑上将功能分开，不同的功能不要放在同一层，功能类似的服务应放在同一层。

3. 网络体系结构

网络协议的层次化结构模型和通信协议的集合称为网络体系结构。出于各种目的，许多计算机厂商在研究和发展计算机网络体系时，相继发布了自己的网络体系结构，其中一些在工程中得到了广泛应用，也有一些被国际标准化组织（ISO）采纳，成为计算机网络的国际标准。常见的计算机网络体系结构有 OSI/RM（开放系统互连参考模型）和 TCP/IP（传输控制协议/网际协议）等。

OSI/RM 是国际标准化组织提出的作为发展计算机网络的指导性标准，它只是技术规范，而不是工程规范。TCP/IP 是在 Internet 上采用的性能卓越的网络体系结构，并成为事实上的国际标准。图 8-4 所示为 OSI/RM 和 TCP/IP 层次结构模型和主要协议。

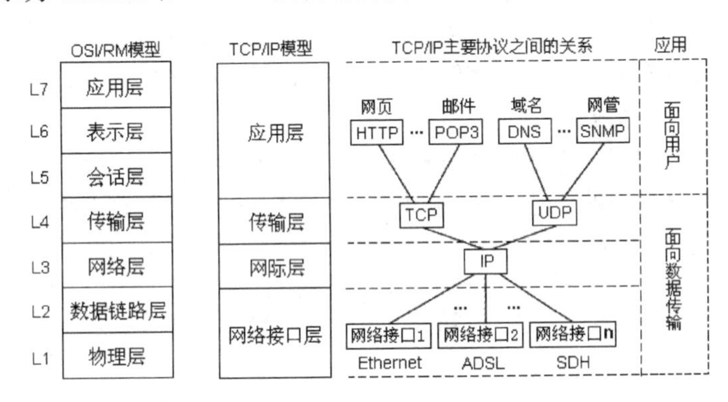

图 8-4　OSI/RM 和 TCP/IP 层次结构模型和主要协议

OSI/RM 各个功能层的基本功能如下：

① 物理层规定在一个结点内如何把计算机连接到通信介质上，规定了机械的、电气的功能。该层负责建立、保持和拆除物理链路；规定如何在此链路上传送原始比特流，比特如何编码，使用的电平、极性，连接插头、插座的插脚如何分配等。在物理层数据的传送单位是比特（bit）。

② 数据链路层在物理层提供比特流服务的基础上，建立相邻结点之间的数据链路，通过差错控制提供数据帧（Frame）在信道上无差错地传输，并进行各电路上的动作系列。该层的作用包括：物理地址寻址、数据的成帧、流量控制、数据的检错、重发等。

③ 网络层的任务就是选择合适的网间路由和交换结点，确保由数据链路层提供的帧封装的数据包及时传送。该层的作用包括地址解析、路由、拥塞控制、网际互连等。传送的信息单位是分组或包（Packet）。

④ 传输层为源主机与目的主机进程之间提供可靠的、透明的数据传输，并给端到端数据通信提供最佳性能。传输层传送的信息单位是报文（Message）。

⑤ 会话层提供包括访问验证和会话管理在内的建立且维护应用之间通信的机制。如服务

器验证用户登录便是由会话层完成的。

⑥ 表示层主要解决用户信息的语法表示问题，即提供格式化的表示和转换数据服务。如数据的压缩和解压缩、加密和解密等工作都由表示层负责。

⑦ 应用层处理用户的数据和信息，由用户程序（应用程序）组成，完成用户所希望的实际任务。

8.2 计算机网络组成

8.2.1 计算机网络系统的组成

计算机网络系统是计算机应用的高级形式，它是一个非常复杂的系统，根据网络应用范围、目的、规模、结构以及采用的技术不同，网络的组成也不相同。但对用户而言，计算机网络可看作一个透明的数据传输机构，用户在访问网络中的资源时不必考虑网络的存在。

1. 计算机网络的逻辑组成

从网络逻辑功能角度来看，所有的计算机网络系统都由两级子网组成，即资源子网和通信子网，如图 8-5 所示。两级子网有不同的结构，能够完成不同的功能。

通信子网处于网络的内层，它是由通信设备和通信线路组成的独立的数据通信系统，负责完成网络数据的传输和转发等通信处理任务，即将一台计算机的输出信息传送到另一台计算机。当前的通信子网一般由路由器、交换机和通信线路组成。

资源子网又称用户子网，它处于网络的外层，由主机、终端、外设、各种软件资源和信息资源等组成，负责网络外围的信息处理，向网络投入可供用户选用的资源。资源子网通过通信线路连接到通信子网。

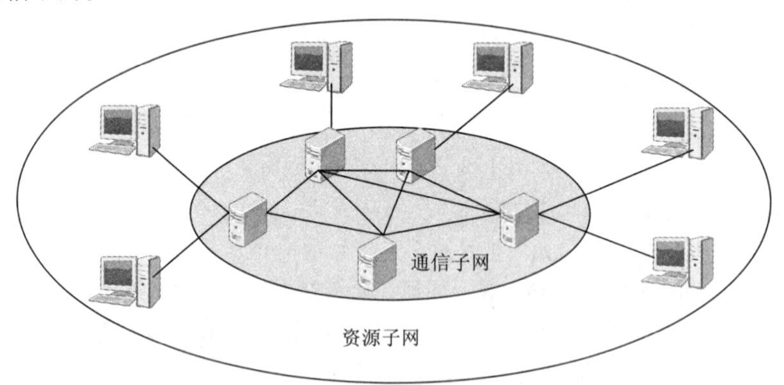

图 8-5 计算机网络的逻辑组成

2. 计算机网络的系统组成

计算机网络的系统组成可以划分为网络硬件和网络软件两部分。在网络系统中，硬件的选择对网络的性能起决定性的作用，而网络软件则是支持网络运行，利用网络资源的工具。

8.2.2 网络硬件

网络硬件是计算机网络系统的物质基础。要构成计算机网络系统，首先要将各网络硬件连接起来，实现物理连接。不同的计算机网络系统在硬件方面是有差别的。随着计算机技术和网

络技术的发展，网络硬件日趋多样化和复杂化，且功能越来越强大。常见的网络硬件有计算机、网络适配器、传输介质、网络互连设备、共享的外部设备和网络通信设备等。

1．网络中的计算机

网络环境中的计算机，可以是微机、大型机以及其他数据终端设备（如 ATM 机）。根据计算机在网络中的服务性质，可以将其划分为服务器和工作站两种。

服务器（Server）是指在计算机网络中担负一定的数据处理任务和向网络用户提供资源的计算机。服务器运行网络操作系统，是网络运行、管理和提供服务的中枢，它直接影响着网络的整体性能。除对等网外，每个独立的计算机网络系统中至少要有一台服务器。一般在大型网络中采用大型机、中型机和小型机作为服务器，以保证网络的性能。而对于网点不多，网络流量不大，且对数据安全可靠性要求不高的网络，也可使用高性能微型机作为服务器。根据担负的网络功能的不同，服务器可分为文件服务器、通信服务器、备份服务器和打印服务器等。在 Internet 环境中，常见的有 WWW 服务器、电子邮件服务器、FTP 服务器和 DNS 服务器等。

工作站（Workstation）是指连接到网络上的计算机，它可作为独立的计算机被用户使用，同时又可以访问服务器。工作站不同于服务器，服务器可以为整个网络提供服务并管理整个网络，而工作站只是一个接入网络的设备，它的接入和离开不会对网络系统产生影响。在不同网络中，工作站有时也称为“客户机（Client）”。

2．网络适配器

网络适配器（Net Interface Card，NIC）俗称网卡，用于将计算机与网络互连，通常插在计算机总线插槽内或连接到某个外部接口上，进行编码转换和收发信息。目前的计算机主板都集成了标准的以太网卡，不需要另外安装网卡。图 8-6 所示为计算机网络接口和网卡。

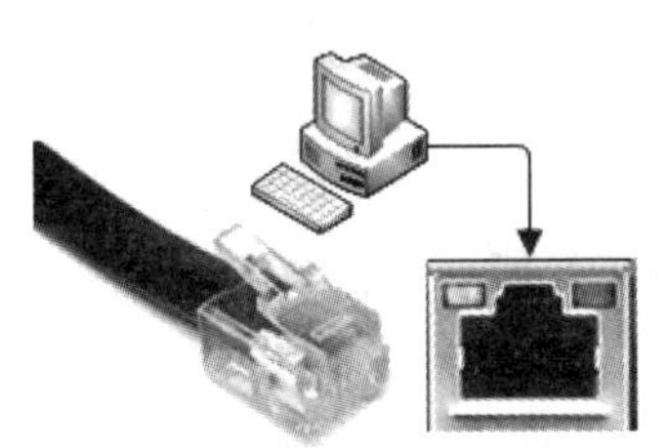

网线接头　主机RJ-45接口

主板集成网卡芯片

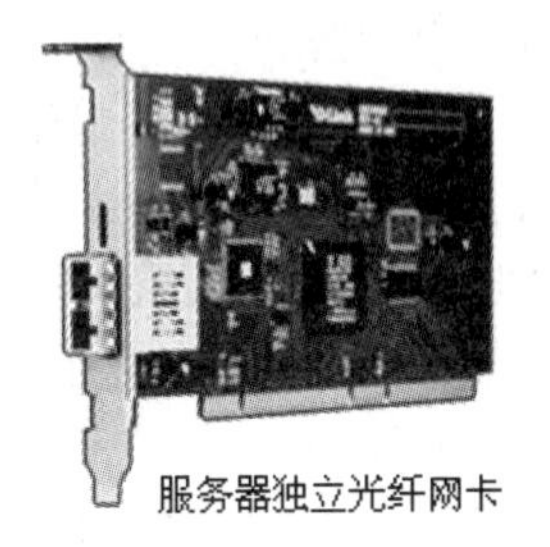

服务器独立光纤网卡

图 8-6　计算机网络接口和网卡

3．传输介质

传输介质（Transmission Medium）是将信息从一个结点向另一个结点传送的连接线路实体。

计算机网络中有多种物理介质可用于实际传输，它们可以支持不同的网络类型，具有不同的传输速率和传输距离。在组网时根据计算机网络的类型、性能、成本及使用环境等因素的不同，分别选用不同的传输介质。常用的传输介质有双绞线、同轴电缆、光纤和无线传输介质等 4 种。

（1）双绞线

双绞线由 4 对两根相互绝缘的铜线绞合在一起组成，如图 8-7（a）所示。双绞线价格便宜，易于安装，但在传输距离和传输速度等方面受到一定的限制。因为具有较高的性价比，目前被广泛使用。一般局域网中常见的网线是五类、超五类或者六类非屏蔽双绞线。双绞线的两端都必须安装 RJ-45 连接器（俗称水晶头）。

（2）同轴电缆

同轴电缆以硬铜线为芯，外包一层绝缘材料，如图 8-7（b）所示。这层绝缘材料用密织的网状导体环绕，网外覆盖一层保护性材料。同轴电缆比双绞线的抗干扰能力强，可进行更长距离的传输。同轴电缆按直径分为粗缆和细缆两种。

（3）光缆

光缆即光导纤维，采用非常细且透明度较高的石英玻璃纤维作为纤芯，外涂一层低折射率的包层和保护层，如图 8-7（c）所示。一组光纤组成光缆，光缆通信容量大，数据传输率高，抗干扰性和保密性好，传输距离长，在计算机网络布线中被广泛应用。光纤分为单模光纤和多模光纤两类。

（4）无线传输

无线传输常用于有线传输介质铺设不便的地理环境，或者作为地面通信的补充。无线传输有微波、红外线和激光等点对点通信，以及大范围的卫星通信。

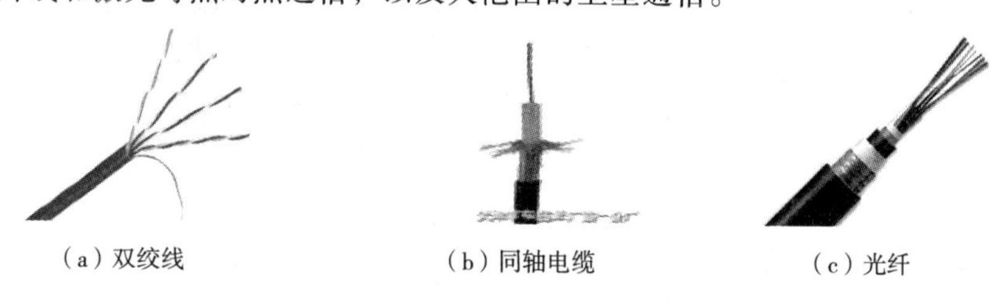

（a）双绞线　　（b）同轴电缆　　（c）光纤

图 8-7　几种常用的传输介质

4．网络互连设备

（1）中继器

中继器（Repeater）工作在 OSI 的物理层，用于连接使用相同介质访问和相同数据传输速率的局域网，如图 8-8（a）所示。它只具有信号放大、再生之类的功能。使用中继器是扩充网络距离最简单、最廉价的方法之一，但当负载增加时，其网络性能会急剧下降，所以只有在网络负载很少和网络延时要求不高的条件下才能使用。

（2）集线器

集线器（Hub）又称多端口中继器，作用是将一个端口接收到的所有信息分发到各个网段，如图 8-8（b）所示。它能提供多个端口服务，在各个端口间连接传输介质。

（3）网桥

网桥（Bridge）工作在 OSI 的数据链路层，又称桥接器，如图 8-8（c）所示。用于连接类型或结构相似的两个局域网，具有信号过滤和转发的功能。

（4）交换机

交换机（Switch）工作在 OSI 的数据链路层，用于连接类型或结构相似的多个局域网，如图 8-8（d）所示。它除了具有数据交换功能外，还增强了路由选择功能。交换机是目前较热门的网络设备之一，取代了集线器和网桥。

（5）路由器

路由器（Router）工作在 OSI 的网络层，为多个独立的子网之间提供连接服务的存储/转发设备，最主要的任务是选择路径，如图 8-8（e）所示。在实际应用中，路由器通常作为局域网

与广域网连接的设备。

（6）网关

网关（Gateway）工作在 OSI 的高层（传输层以上），又称协议转换器，是软件和硬件结合的产品，用于不同协议的网络之间的互联，在网络中起到高层协议转换的作用，它是最复杂的网络互连设备。目前，网关已网络上用户访问大型主机的通用工具。

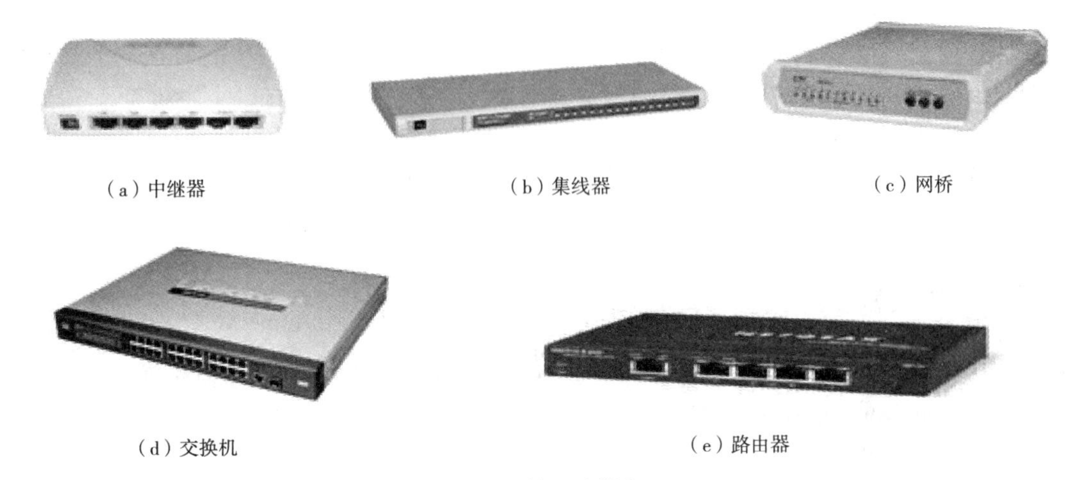

（a）中继器　（b）集线器　（c）网桥　（d）交换机　（e）路由器

图 8-8　网络互连设备

8.2.3　网络软件

网络软件指在计算机网络环境中，用于支持数据通信和各种网络活动的软件。网络软件能帮助用户方便、安全地使用网络；同时管理和调试网络资源，提供网络通信和用户所需的各种网络服务。计算机网络软件主要包括网络操作系统、网络协议、网络管理软件和网络应用软件等。

1. 网络操作系统

网络操作系统（Network Operating System，NOS）是网络系统管理软件和通信控制软件的集合，它负责整个网络软件、硬件资源的管理，以及网络通信和任务的调度，并提供用户与网络之间的接口。相对于单机操作系统，网络操作系统更复杂，具有更高的并行性和安全性。

网络操作系统主要分为两类，一类是端到端的对等式（Peer-To-Peer）网络操作系统，另一类是主从式（Client-Server）网络操作系统。在对等网络（工作组）中所有计算机都具有同等地位，没有主次之分，网络中任何一个结点拥有的资源都可作为网络资源，可被网络中其他结点的网络用户共享。在主从式网络中有几台计算机专门充当服务器，服务器需要运行操作系统的服务器版本。

小知识

目前，可作为专门的服务器网络操作系统的有 UNIX、Windows 2000 Server、Windows Server 2003、NetWare 和 Linux 等。UNIX 是唯一的跨微型机、小型机和大型机的网络操作系统。

2. 协议软件

网络协议是计算机网络工作的基础，两台计算机通信时必须使用相同的网络协议。目前流行的网络协议有：

（1）TCP/IP

TCP/IP 是一个包括 100 多个不同功能的协议族，其中最主要的是 TCP（Transmission Control Protocol，传输控制协议）和 IP（Internet Protocol，网际协议）。TCP 用于保证被传送信息的完整性，IP 负责将信息送达目的地。TCP/IP 是接入 Internet 的计算机必须安装的通信协议。多个局域网间的通信一般也使用 TCP/IP。

（2）NetBEUI

NetBEUI（NetBIOS Extend User Interface）是网络基本输入/输出系统扩展用户接口，它专门为几台到百余台 PC 所组成的单网段小型局域网而设计，是一个小而高效的通信协议，但不具备路由功能。

（3）IPX/SPX

IPX/SPX 是 Novell 公司为 NetWare 网络开发的通信协议。它在复杂环境下具有很强的适应性，安装方便，同时具有路由功能，可以实现多网段间的通信，适合大型网络使用。Microsoft 公司将其移植到 Windows 操作系统中，并更名为“IPX/SPX 兼容协议”。

（4）AppleTalk

AppleTalk 协议是 Macintosh（简称 Mac）机器之间联网使用的网络协议，服务器版的 Windows 操作系统中集成了 AppleTalk 协议，便于 Mac 机器与 Windows 服务器联网。

3. 网络管理软件

网络管理软件就是能够完成网络管理功能的网络管理系统，包括自动监控各个设备和线路的运行情况、网络流量及拥堵的程度、虚拟网络的配置和管理等。常用的网络管理软件种类很多，功能各异，具有代表性的国外有 HP 公司的 HP Open View，Cisco 公司的 Cisco Works，Novell 公司的 NetWare Manage Wise 和代表未来智能网络管理方向的 Cabletron 公司的 SPECTRUN。

4. 网络应用软件

网络应用软件是指能够为网络用户提供各种服务的软件，它用于提供或获取网络上的共享资源。如浏览软件、传输软件、远程登录软件，还包括网络上的各种数据库管理系统、办公自动化管理系统以及一些其他必要软件等。随着网络技术的发展，现在的各种应用软件都考虑到网络环境下的应用问题。

8.3 局 域 网

计算机局域网是指在某一区域内由多台计算机互联成的计算机组，一般是方圆几千米以内，是目前常见的一类计算机网络。

8.3.1 局域网概述

1. 局域网国际标准

计算机局域网是覆盖范围仅限于有限区域的计算机通信网络，为一个部门或单位所拥有，

具有规模小，网络结构多样，传输特性好，软、硬件有所简化，通常采用广播方式传输数据等特点。

计算机局域网标准采用 IEEE 802 标准，经国际标准化组织（ISO）确认后成为 ISO 802 标准。IEEE 802 标准由美国电气与电子工程师协会专门成立的一个计算机局域网标准化委员会（IEEE 802 委员会）提出。在 IEEE 802 系列标准中，目前局域网使用较为广泛的是 IEEE 802.3 以太网标准和 IEEE 802.11 无线局域网标准。

每台计算机内部都有一个全球唯一的物理地址，这个地址又称 MAC 地址。IEEE 802.3 标准规定的 MAC 地址为 48 位，这个 MAC 地址固化在计算机网卡中，用以标识全球不同的计算机。MAC 地址有 6 个字节的信息，常用十六进制数表示。前 3 个字节为网络设备生产厂商的代号，后 3 个字节为网络设备厂商自定义的序列号，如 00-26-22-55-60-D2。

在 Windows 操作系统中，可在“命令提示符”窗口中通过输入“ipconfig /all”命令查看所使用的计算机网卡的 MAC 地址信息，如图 8-9 所示。

图 8-9 利用 ipconfig 命令查看 MAC 地址

2. 以太网（Ethernet）

以太网是指各种采用 IEEE 802.3 标准组建的局域网。以太网是有线局域网，具有性能高、成本低、技术最为成熟和易于维护管理等优点，是目前应用较为广泛的一种计算机局域网。

IEEE 802.3 标准采用载波侦听多路访问/冲突检测（Carrier Sense Multiple Access/Collision Detect，CSMA/CD）控制策略工作，是一种常用的总线局域网标准。待发数据包的结点首先监听总线有无载波，若没有载波说明总线可用，该结点就将数据包发往总线。如果总线已被其他结点占用，则该结点须等待一定的时间，再次监听总线。当数据包发往总线时，该结点继续监听总线，以了解总线上数据是否有冲突，如果出现冲突将导致传输数据出错，须重发数据。

目前常用的计算机局域网是以 IEEE 802.3u 标准为基础的 100Base-T 快速以太网，如图 8-10 所示。它在物理上是以集线器/交换机为中心的星形拓扑结构，而在逻辑上是一种总线结构的以太网。它采用非屏蔽双绞线（UTP）连接，以基带信号（数字信号）传输，速率为 100Mbit/s，局域网中工作站到集线器或交换机的最大长度为100m。

以太网优点：网络廉价而高速。以太网以高达100、1 000 Mbit/s的速率（取决于所使用的电缆类型）传输数据。例如，从Internet下载10MB大小的照片，最佳条件下在10 Mbit/s网络上大概需要8s，在100 Mbit/s网络上大概需要1s，而在1000 Mbit/s网络上需要的时间不到1s。

以太网缺点：必须将以太网双绞线通过每台计算机，并连接到集线器、交换机或路由器。

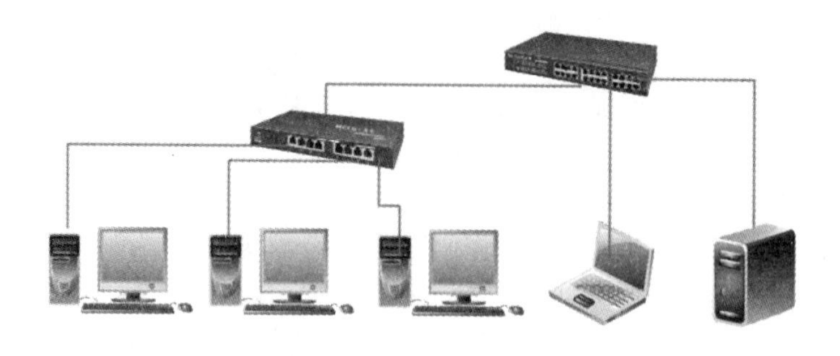

图8-10　100Base-T以太网

3. 无线局域网

无线局域网（Wireless LAN，WLAN）是指采用IEEE 802.11标准组建的局域网，它是局域网与无线通信技术相结合的产物。无线局域网采用的主要技术有蓝牙、红外、家庭射频和符合IEEE 802.11系列标准的无线射频技术等。其中，蓝牙、红外和家庭射频由于通信距离短，传输速率不高，主要用于覆盖范围更小的无线个人局域网（Wireless Personal Area Network，WPAN）。IEEE 802.11系列标准是无线局域网的主流，目前应用的多数无线局域网技术标准为IEEE 802.11g（兼容IEEE 802.11b，以最大速率54 Mbit/s传输数据）和IEEE 802.11n（兼容IEEE 802.11g，从理论上说，802.11n的数据传输速率可达150 Mbit/s、300 Mbitss、450 Mbit/s或600 Mbit/s）。无线局域网作为有线局域网的补充，在许多不适合布线的场合有较广泛的应用。

组建无线局域网需要的设备有无线网卡、无线接入点（AP）、计算机及其他有关设备。无线接入点是数据发送和接收的设备，如无线路由器等设备，通常一个接入点能够在几十米至上百米的范围内连接多个无线用户，如图8-11所示。

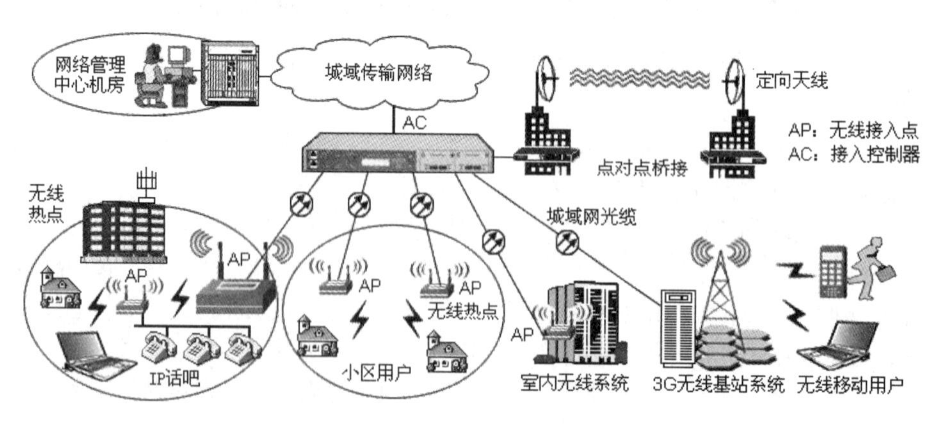

图8-11　无线网络应用

无线网络的优点：由于没有电缆的限制，因此移动计算机将十分方便；安装无线网络通常比安装以太网更容易。

无线网络的缺点：无线技术的速度通常比其他技术的速度慢，在所有情况（除理想情况之外）下，无线网络的速度通常大约是其标定速度的一半；无线网络可能会受到某些物体的干扰，如无绳电话、微波炉、墙壁、大型金属物品和管道等。

Wi-Fi（Wireless Fidelity 的缩写）是一个基于 IEEE 802.11 系列标准的无线网路通信技术的品牌，目的是改善基于 IEEE 802.11 标准的无线网络产品之间的互通性，由 Wi-Fi 联盟(Wi-Fi Alliance)所持有，是无线局域网中的一个技术。目前许多移动数码设备都支持 Wi-Fi，方便接入网络。

8.3.2 网络的拓扑结构

1. 网络拓扑结构的基本概念

在计算机网络中，如果把计算机、打印机或网络连接设备（如中继器和路由器）等实体抽象为“点”，把网络中的传输介质抽象为“线”，这样就可以将一个复杂的计算机网络系统，抽象成为由点和线组成的几何图形，这种图形称为网络拓扑结构。从网络拓扑的观点来看，计算机网络由一组结点和连接结点的通信链路组成。

2. 计算机网络拓扑结构的分类

拓扑结构影响着整个网络的设计、功能、可靠性和通信费用，是设计计算机网络时值得注意的问题。根据通信子网设计方式的不同，计算机网络划分成不同的拓扑结构。如图 8-12 所示，网络的基本拓扑结构有：星状结构、环状结构、总线状结构、树状结构、网状结构和蜂窝状结构。在实际设计网络时，大多数网络是这些基本拓扑结构的结合体。

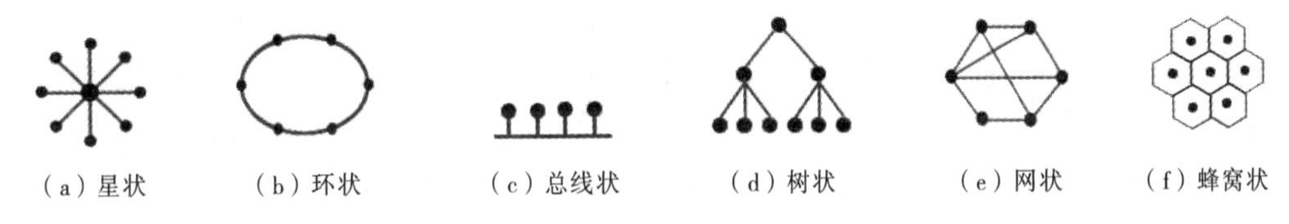

图 8-12 网络基本拓扑结构示意图

（1）星状拓扑结构

星状拓扑结构由一个中央控制结点与网络中的其他计算机或设备连接，如图 8-13 所示。这种结构比较简单，且易于管理和维护，但对中央结点要求高。目前星状网的中央结点多采用交换机等网络设备。

（2）环状拓扑结构

环状拓扑结构中所有设备被连接成环，信号沿着环传送，如图 8-14 所示。这种结构传输路径固定，数据传输速率高，但灵活性差，管理及维护困难。

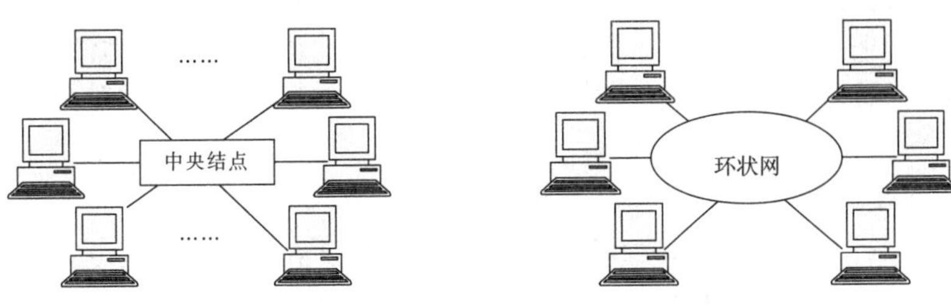

图 8-13 星状拓扑结构

图 8-14 环状拓扑结构

（3）总线状拓扑结构

总线状拓扑结构将网络中所有设备通过一根公共总线连接，通信时信号沿总线进行广播式传送，如图 8-15 所示。这种结构也较简单，增、删结点很容易，但是网络中任何结点产生故障时，都会造成网络瘫痪，因而可靠性不高。

（4）网状拓扑结构

网状拓扑结构将各网络结点与通信线路互连成不规则的形状，每个结点至少有两条链路与其他结点相连，如图 8-16 所示。冗余链路的存在提高网络可靠性，也导致网络结构复杂，线路成本高，不易管理和维护。

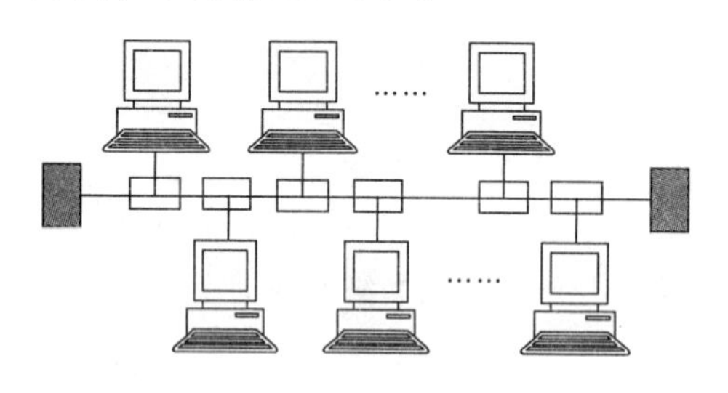

图 8-15　总线状拓扑结构

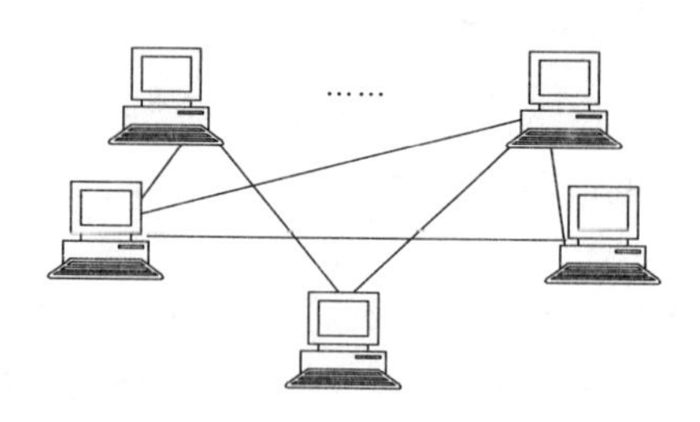

图 8-16　网状拓扑结构

8.3.3　局域网使用

局域网是我们接触最多的网络类型，家庭或宿舍中有两台或两台以上计算机可以组建以太网或者无线网络。在 Windows 7 系统中可以选择家庭网络、工作网络、公用网络等不同的网络位置。下面以家庭网络中实现共享文件和打印机为例，介绍局域网的使用。

家庭组可用于具有“家庭”网络位置的网络上，使用家庭组，可轻松地在家庭网络上与家庭组中的其他人共享图片、音乐、视频、文档以及打印机，并且可以设定其他人对共享内容的权限。使用家庭组是最简便的共享家庭网络上的文件和打印机的一种方法。按以下步骤配置和使用家庭组。

1. 前期设置

组建家庭网络时，一般要求：

① 以有管理员权限的账户登录。

② 所有入网的计算机在相同的网络 IP 段，比如 IP 地址都为 192.168.1.X(2≤X≤255)。

③ 所有入网的计算机在相同的工作组，比如都在 WORKGROUP 组。查看和修改工作组方法：右击“计算机”，选择“属性”命令，在弹出的对话框中的“计算机名称、域、工作组设置”下单击“更改设置”链接项，修改计算机所在工作组及计算机名。

④ 所有入网的计算机开启来宾账户，默认账户名为 guest。开启来宾账户方法：在控制面板中依次选择“管理工具”→“计算机管理”选项，在弹出的窗口中再选择“本地用户和组”→“用户”选项。接着，在右侧双击“Guest”，在弹出的对话框中取消“账户已禁用”复选按钮，再选择“密码永不过期”复选按钮。

2. 配置局域网参数

在控制面板中打开“网络和共享中心”，选择“选择家庭组和共享选项”→“更改高级共享设置”选项，展开“家庭或工作”网络，必须选择的项目如表 8-1 所示。

表 8-1　网络参数配置

项　　目	选　　择	说　　明
网络发现	启用	关闭则无法访问其他计算机
文件共享和打印	启用	关闭则其他计算机无法访问本机
公用文件夹共享	启用则方便网络用户可读取或写入公用文件夹中的文件	关闭则公用文件夹不共享
密码保护的共享	关闭密码共享	启用则相互访问需要密码
家庭组连接	允许 Windows 管理家庭级连接(推荐)	

其他的项目根据需要来选择。

3. 设置家庭网络、创建家庭组和加入家庭组

在某一计算机上创建家庭网络,作为家庭组的主机。在这台计算机上可以按以下方法进行操作:

① 在控制面板中打开“网络和共享中心”。

② 单击“查看活动网络”栏中的“公用网络”或“工作网络”。

③ 在出现的“设置网络位置”对话框中选择“家庭网络”选项。

④ 在随后出来的对话框中选择要共享的库文件夹。

⑤ 生成家庭组密码(记住这个密码，这是别人进入该家庭组的凭据，以后可以查看或者修改该密码)，完成设置家庭网络和创建家庭组的工作。

在网络上的某台计算机创建家庭组后，局域网的其他计算机就可以加入该家庭组。加入该家庭组时需要使用家庭组密码,用户可以从创建该家庭组的人那里获取该密码。加入家庭组后,计算机上的所有账户都可以成为该家庭组的成员。

若要加入家庭组，在希望将其添加到家庭组的计算机上执行下列步骤：依次单击“控制面板”→“家庭组”→“立即加入”按钮，然后依提示完成向导。如果未看到“立即加入”按钮，则可能是网络中还没有建立家庭组。

4. 共享本地文件和文件夹

在安装 Windows 7 时，系统会自动创建一个名为“公用”的用户，同时，还会在硬盘上创建名为“公用”的文件夹。在前面的设置中，允许了公用文件夹共享，因此家庭组内其他计算机都可访问这一文件夹。家庭组的文件共享是默认建立在库的基础上的。一般来说把需要共享的文件或文件夹包含到相应的已共享的视频、图片、文档等几个库文件夹中，则加入到此家庭组的其他计算机就自动可以访问这些文件和文件夹。其他更灵活的应用，就需要手动设置了。

在浏览文件夹时，在要共享的文件夹上右击，在弹出的快捷菜单上选择 “共享”→“家庭组(读取)”或“家庭组(读取/写入)”选项，就可以实现该文件夹共享了。如果选择的是“特定用户”，则可设置只允许家庭组内指定计算机上的账户按指定权限访问共享文件夹。

如果要对共享的文件夹按不同用户设置不同的共享权限，实现方法会稍微复杂。

① 首先要在共享文件夹所存在的计算机系统内添加所要的多个相应账户。依次单击“控制面板”→“管理工具”→“计算机管理”按钮，在弹出的管理窗口中展开左侧的“本地用户和组”→“用户”，单击“操作”→“新用户”按钮，在“用户名”后输入用户名并设置好密码。然后取消“用户下次登录时必须更改密码”复选按钮，同时选择“密码永不过期”复选按钮。最后单击“创建”按钮，即可生成一个“标准用户”级别的账户。同样方法，再创建其他几个账户。

② 然后完成对账户从网络访问时的权限分配。依次单击“控制面板”→“管理工具”→

“本地安全策略”按钮，在弹出的对话框中选择左侧的“安全设置”→“本地策略”→“用户权利分配”选项，在右侧找到“从网络访问此计算机”，并双击。接着，单击“添加用户和组”将以上几个账户添加进来。再选择“安全设置”→“本地策略”→“安全选项”选项，找到右侧的“网络访问：本地账户的共享和安全模式”，双击并选择“经典 - 本地用户以自己的身份验证”。

③ 接下来，在共享文件夹上分别对这多个账户进行权限设置。在要共享文件夹的“属性”→“共享”选项中选择“高级共享”→“共享此文件夹”选项，在“共享名”下输入一个名称，再单击“权限”→“添加”→“高级”→“立即查找”按钮，找到刚才创建的一个账户并单击即可将其添加进来，并设置相应权限（此外，还可以观察到名为 Everyone 的用户，而且具备完全控制权限，选择删除）。设置完成后，这几个账户登录并访问该文件夹时将拥有刚才所设置的权限。类似地，设置其他账户对该共享文件夹的权限。至此，共享设置全部完成。

5. 共享打印机

选择“开始”→“设备和打印机”选项，在弹出的窗口中找到想要设置共享的打印机。在该打印机上右击，在弹出的快捷菜单中选择“打印机属性”命令，在弹出的对话框中，选择“共享”选项卡，选择“共享这台打印机”复选框，并且设置一个在网络上的共享名。至此，完成打印机的共享。

6. 访问家庭组的共享资源

加入了某个家庭组后就可以访问整个家庭组内的共享文件夹、共享打印机等共享资源。查找文件或文件夹的步骤：依次选择“开始”→“自己的用户账户名”选项，在左窗格中，单击“家庭组”，然后单击要访问其文件或文件夹的用户的用户账户名称，双击要打开的库文件夹，即可访问共享的资源。

还可以使用网络文件夹查找文件或文件夹，步骤：依次选择“开始”→“自己的用户账户名”选项，在左窗格中，单击“网络”按钮，应该可以看到网络上的所有计算机和设备。双击要访问的计算机图标，即可查看可以访问的共享资源。（注意：如果当前登录到的计算机的用户名和密码与尝试访问的计算机的用户名和密码不同，可能会提示您输入登录信息。如果设置另一台计算机以允许网络上的任何人访问它，则访问时只具有来宾访问权限，一般只能访问公用文件夹中的文件。）

需要注意的是，局域网共享在具体使用时难免出现问题，这些问题一部分与所安装的防火墙软件设置有关，但更多是与计算机的相关系统服务是否启动有关。一般必须开启的系统服务有 Computer Browser、DHCP Client、DNS Client、Function Discovery Resource Publication、Remote Procedure Call、Remote Procedure Call（RPC）Locator、Server、SSDP Discovery、TCP/IP NetBIOSHelper、UPnP Device Host、Workstation 等。

众所周知，局域网共享在方便日常生活应用的同时，也成为了病毒传播的主要途径。因此在进行局域网共享设置时，请务必设定详细的访问权限。只有确保了共享安全，才能更好地利用局域网共享带来的便利。

8.4 因特网应用

因特网是“Internet”的中文译名，它是全世界范围内的资源共享网络，它为每一个网上用户提供信息。因特网覆盖了世界各地的各行各业，任何运行 TCP/IP 协议、愿意接入 Internet 的网络都可以成为 Internet 的一部分。

8.4.1 因特网概述

1. 因特网的发展

Internet 最早来源于美国国防部高级研究计划局的前身 ARPA 建立的 ARPAnet（阿帕网），该网于 1969 年投入使用，主要用于军事研究目的。进入 20 世纪 80 年代，计算机局域网得到了迅速发展。局域网依靠 TCP/IP，可以通过 ARPAnet 互联，使互联网络的规模迅速扩大。除了美国，世界上许多国家或地区通过远程通信将本地的计算机和网络接入 ARPAnet。后来随着许多商业部门和机构的加入，Internet 迅速发展，最终发展成当今世界范围内以信息资源共享及学术交流为目的的互联网络，成为事实上的全球电子信息的“信息高速公路”。

今天的 Internet 已不再是计算机人员和军事部门进行科研的领域，而是变成了一个开发和使用信息资源的覆盖全球的信息海洋。在 Internet 上，按从事的业务分类包括了广告公司、航空公司、农业生产公司、艺术、导航设备、书店、化工、通信、计算机、咨询、娱乐、财贸、各类商店和旅馆等等 100 多类，覆盖了社会生活的方方面面，构成了一个信息社会的缩影。

Internet 经过多年的发展，用户数量剧增和自身技术限制，使得 Internet 无法满足高带宽占用型应用的需要。为此，许多国家都在研究、开发和应用采用新技术的下一代宽带 Internet 2。Internet 2 与传统的 Internet 的区别在于它更大、更快、更安全、更及时以及更方便，网络速度大幅度提高，远程教育、远程医疗等成为最普遍的网络应用。

2. 因特网在我国的建设情况

因特网进入我国的时间虽然不长，但其发展却十分迅速。1993 年中国科学院高能物理所建成了与美国斯坦福线形加速器中心相连的高速通信专线，经美国能源网与因特网互联，成为我国第一家进入因特网的单位。1994 年 4 月，中关村地区教育与科研示范网络（中国科技网的前身）代表中国正式接入 Internet，并于当年 5 月建立 CN 主域名服务器设置，可全功能访问 Internet。2004 年 12 月，我国国家顶级域名 cn 服务器的 IPv6 地址成功登录到全球域名根服务器。

目前中国计算机互联网已形成骨干网、大区网和省市网的 3 级体系结构。任何部门和个人如果希望进行网络远程互连或接入 Internet，都必须通过骨干网。我国国家批准的骨干网络有中国科技网（CSTNET）、中国教育和科研计算机网（CERNET）、中国公用计算机互联网（ChinaNet）、中国金桥信息网（CHINAGBN）、中国联通计算机互联网（UNINET）、中国移动互联网（CMNET）等。

① 中国科学网 CSTnet（China Science and Technology Network）：

CSTnet 是在中科院主持下建立的计算机互联网，主要以科学研究为目的。

② 中国教育科研网 CERnet(China Education Research Network)：

CERnet 是在国家教委主持下建立的计算机互联网，总部设在清华大学网络中心，主要由清华大学、北京大学、上海交通大学、西安交通大学、华中理工大学、电子科技大学、华南理工大学、东南大学等十所大学承建。CERnet 上内容丰富，用户主要是高校的教师和学生，主要服务于教学科研，以公益型经营为主，采用免费服务或低收费方式，并非商业网。

③ 中国公用计算机互联网 Chinanet（China Network）：

Chinanet 是在邮电部主持下建立的中国公用互联网，主要面向个人和商业用户，以满足全国各地用户连接 Internet 的迫切需求。Chinanet 目前已经覆盖了全国各个省市，是一个面向社会各界的商业网,为全社会提供 Internet 的各种服务。Chinanet 已在全国一些大城市建立了中心站，开通了 163 漫游专号，这些城市的用户只需通过当地的电信局等通讯部门办理入网手续即可上网，十分方便。目前，我国大多数用户都是通过 Chinanet 连入 Internet 的。

④ 中国金桥信息网 ChinaGBN(China Golden Bridge Network)：

ChinaGBN 是我国第二个用于商业服务领域的计算机互联网，覆盖了全国各个省市和自治区。

我国在实施国家基础设施建设计划的同时，也积极参与 Internet 2 的研究与建设。由教育科研网牵头，以现有网络设施为依托，建设并开通了基于 IPv6 的中国第一个下一代互联网示范工程（CNGI）核心网之一的 CERNET 2 主干网。

3. 因特网常见专业术语

（1）Web 页与 Web 网站

用户在 WWW 浏览中所看到的页面称为网页，又称 Web 页。多个相关的 Web 页组合在一起便成为一个 Web 站点。放置 Web 站点的计算机称为 Web 服务器。一个 Web 站点的所有 Web 页中，最重要的是网站的首页，称为主页（Home Page）。从主页出发可以访问本网站的其他 Web 页，也可以访问其他网站。

Web 页采用超文本的格式。它除了包含文本、图像、声音和视频等内容外，还包含指向其他 Web 页的超链接，通过标记为“超链接”的文本或图形，直接访问其他 Web 站点，浏览这些站点上丰富的信息资源。

（2）超链接

超链接是指从一个网页内的文本、图形等指向一个目标的连接关系，这个目标可以是网页、图片、视频、电子邮件地址、文件或者应用程序等任何形式的文件。超链接是网页之间和 Web 站点的主要导航方法。

在网页中，当移动指针到超链接对象上时，指针会变成小手形状，这时单击已经链接的文字或图片后，链接目标将显示在浏览器上，并且根据目标的类型来打开或运行，目标可以是同一网页内的某个位置，或打开一个新的网页，或打开某一个新的 WWW 网站中的网页。

（3）统一资源定位器（URL）

全球有数亿个网站，一个网站有成千上万个网页，为了使这些网页调用不发生错误，就必须对每一个信息资源（如网页、下载文件等）都规定了一个全球唯一的网络地址，该网络地址称为 URL（全球统一资源定位）。URL 用来确定信息资源的位置，方便用户通过应用软件查阅这些信息资源。URL 的完整格式为：

协议类型://主机名[:端口号]/路径/[;参数][?查询][#信息片段]　　　　（[ ]内为可选项）

其中，协议类型指定访问该信息资源时使用的传输协议，常用的有 HTTP、FTP、HTTPS 协议等。端口号用数字表示，通常是默认的，如 WWW 服务器使用 80，一般不需要给出。路径/文件名是网页在服务器中的位置和文件名（若 URL 未明确给出文件名，则表示是 Web 站点的主页文件，一般是 index.html 或者 default.html）。

（4）超文本传输协议（HTTP）

超文本传输协议 HTTP 是 Hypertext Transfer Protocol 的缩写，是一种发布和接收 HTML 页面的方法，是 WWW 服务程序所用的网络传输协议。所有的 WWW 文件都必须遵守这个标准，这是一组面向对象的协议，为了保证 WWW 客户机与 WWW 服务器之间通信不会产生歧义，HTTP

精确定义了请求报文和相应报文的格式。下面是两个基于 http 协议的 URL 地址。

http://119.75.217.56/　　//访问 IP 地址为 119.75.217.56 的网站（百度）

http://library.gxun.edu.cn/info/1013/1374.htm　　//访问广西民族大学图书馆

（5）超文本置标语言 HTML 与可扩展置标语言 XML

超文本置标语言 HTML 是 Hypertext Markup Language 的缩写，它的作用是定义超文本文档的结构和格式，经常用来创建 Web 页面。HTML 文件是带有格式标识符和超文本链接的内嵌代码的 ASCII 文本文件，能使众多、风格各异的 WWW 文档都能在 Internet 上的不同机器上显示出来，同时能告诉用户在哪里存在超链接。

可扩展置标语言 XML 是 Extensible Markup Language 的缩写，它与 HTML 一样，都是标准通用标记语言（Standard Generalized Markup Language，SGML）。XML 是 Internet 环境中跨平台的、依赖于内容的技术，是当前处理结构化文档信息的有力工具。XML 比较简单，易于掌握和使用。

XML 与 HTML 为不同的目的而设计：HTML 被设计用来定义数据，焦点在数据的外观，旨在显示信息；XML 被设计用来传输和存储数据，旨在传输信息。

8.4.2　TCP/IP 协议与网络地址

目前,基于 TCP/IP 的 Internet 已逐步发展为当今世界上规模较大的计算机网络,因此 TCP/IP 也成为事实上的工业标准，并且 TCP/IP 网络已成为当代计算机网络的主流。

1. TCP/IP 协议

在因特网内,不同的网络采用不同的网络技术，每个网络技术又都采用不同的通信协议。在网络中传输数据时为了保证数据安全可靠地到达指定目的地，因特网采用一种统一的计算机网络协议，即 TCP（传输控制协议）和 IP（网际协议）。这样不管网络结构是否相同，只要遵守 TCP/IP 协议就可以互相通信，交流信息。TCP/IP 协议与 OSI 参考模型不符合，大致上 TCP 协议对应着 OSI 参考模型的传输层，IP 协议对应着网络层。虽然 OSI 参考模型是计算机网络协议的标准，但因其开销太大，真正采用的并不多，而 TCP/IP 因它的实用、简洁得到广泛应用。TCP/IP 协议的层次结构如表 8-2 所示。

表 8-2　TCP/IP 的层次结构

名　称	功　能
应用层	直接支持用户的通信协议
传输层	传输控制协议
网际层	网际协议
网络接口层	访问具体的 LAN

传输控制协议 TCP 可在众多的网络上工作，提供虚拟电路服务和面向数据流的传送服务。TCP 是一种面向数据流的协议，用户之间交换信息时，TCP 先把数据存放在缓冲器里，将数据分成若干段发送。

网际协议 IP 是网络层的重要协议,基本功能是无连接的数据包传送和数据包的路由选择，通过 IP 地址，操作系统可以方便地在网络中识别不同的计算机，在 TCP/IP 协议中提供了称为域名解析服务（DNS）的方案，它可以将 IP 地址转化为用文字表示的计算机名称，例如 www.microsoft.com，这种用文字表示主机的方法，可以使用户更加容易理解 IP 地址所代表的含义或者拥有该地址的计算机所代表的公司或提供服务的领域，避免了纯数字的枯燥乏味。另外，TCP/IP 协议是一种可以路由的协议，通过识别子网掩码，可以在多个网络间传递和复制信息。

2. IP 地址及结构

在接入 TCP/IP 网络中的任何一台计算机，都被指定了唯一的编号，这个编号称为 IP 地址。IP 地址统一由 Internet 网络信息中心（InterNIC）分配。

目前 Internet 中仍采用第 4 版的 IP 地址，即 IPv4。IPv4 规定 IP 地址由 32 位二进制数组成，一般采用“点-分十进制”的方法表示，即将这组 IP 地址的 32 位二进制数分成 4 组，每组 8 位，用小数点将它们隔开，然后把每一组数都翻译成相应的十进制数，每一组数范围为 0 ~ 255。例如点-分十进制 IP 地址（210.168.1.36），实际上是 32 位二进制数（11010010101010000000000100100100），如表 8-3 所示。

表 8-3　IP 地址“点-分”十进制转换

32 位二进制的 IP 地址	11010010　10101000　00000001　00100100
各自译为十进制	210　168　1　36
“点-分”十进制的 IP 地址	210.168.1.36

IP 地址的结构可以视为网络标识号码与主机标识号码两部分，一部分为网络地址，另一部分为主机地址。在 Internet 上寻址时，先按 IP 地址中的网络标识号找到相应的网络，再在这个网络中利用主机标识号找到相应的主机。

3. IP 地址的分类

为了充分利用 IP 地址空间，Internet 委员会定义了 A、B、C、D、E 5 类 IP 地址类型，由 InterNIC（国际互联网络信息中心）在全球范围内统一分配。它们适用的类型分别为：大型网络；中型网络；小型网络；多目地址；备用。常用的是 B 和 C 两类。

在 IPv4 协议下，A 类地址第一位以 0 开头，或者十进制中第一段数字小于 128；B 类地址前两位以 10 开头，或者十进制中第一段数字范围在 128～191；C 类地址前 3 位以 110 开头，或者十进制中第一段数字范围在 192～223。Internet 整个 IP 地址空间的情况如表 8-4 所示，表中“N”由 NIC 指定，H 由网络所有者的网络工程师指定。

表 8-4　Internet 的 IP 地址空间容量

类型	IP 地址格式	IP 地址结构				段 1 取值范围	网络个数	每个网络最多主机数
		段 1	段 2	段 3	段 4			
A	网络号.主机.主机. 主机	N.	H.	H.	H	1～126	126	1 677 万
B	网络号.网络号.主机.主机	N.	N.	H.	H	128～191	1.6 万	6.5 万
C	网络号.网络号.网络号.主机	N.	N.	N.	H	192～223	209 万	254

例如，对 IP 地址为 210.36.64.25 的主机来说，第一段数字为 210，范围为 192 ~ 223，是小型网络（C 类）中的主机，其 IP 地址由如下两部分组成：

① 网络地址：210.36.64（或写成 210.36.64.0）。

② 本网主机地址：25。

两者结合起来得到唯一标识这台主机的 IP 地址：210.36.64.25。

除了 A、B、C 三种主要类型的 IP 地址外，还有几种有特殊用途的 IP 地址。如第一字节以 1110 开始的地址是 D 类地址，为多点广播地址；第一字节以 11110 开始的地址是 E 类地址，保留使用；用于局域网而不能在 Internet 上使用的 A 类私网地址（10.0.0.0～10.255.255.255）、B 类私网地址（172.16.0.0～172.31.255.255）和 C 类私网地址（192.168.0.0～192.168.255.255）；用于本机测试的保留地址（127.0.0.0～127.255.255.255）等。

4. IPv6

IPv6 是 TCP/IP 协议第 6 版，新一代的 Internet 2 采用的协议。IPv6 是为了解决 IPv4 所存在的一些问题和不足而提出的，同时它还在许多方面进行了改进，例如路由方面、自动配置方面等。它最明显的特征是采用 128 位长度的 IP 地址，拥有 2 128 个 IP 地址空间。扩大了下一代互联网的地址容量。

IPv6 采用冒号十六进制表示：每 16 位划分成一组，128 位分成 8 组，每组被转换成一个 4 位十六进制数，并用冒号分隔。例如 B621:46C2:9801:BADF:2035:CA01:37B3:BB67。在经过一个较长的 IPv4 和 IPv6 共存的时期后，IPv6 最终会完全取代 IPv4。

2004 年 1 月 15 日，Internet 2、GEANT 网和 CERNET 2 这 3 个全球最大的学术互联网同时开通了全球 IPv6 互联网服务。

5. 域名系统

（1）域名系统（DNS）

数字式的 IP 地址（如 112.80.248.73）难于记忆，如果使用易于记忆的符号地址（如 www.baidu.com）来表示，就可以大大减轻用户的负担。这就需要一个数字地址与符号地址相互转换的机制，这就是因特网域名系统（DNS）。

域名系统（DNS）是一个分布在因特网上的主机信息数据库系统，它采用客户端/服务器工作模式。域名系统的基本任务是将域名翻译成 IP 协议能够理解的 IP 地址格式，这个工作过程称为域名解析。域名解析工作由域名服务器来完成，域名服务器分布在不同的地方，它们之间通过特定的方式进行联络，这样可以保证用户可以通过本地域名服务器查找到因特网上所有的域名信息。

因特网域名系统规定，域名格式为：结点名.三级域名.二级域名.顶级域名。

（2）顶级域名

所有顶级域名由 INIC（国际因特网信息中心）控制。顶级域名目前分为两类：行业性顶级域名和地域性顶级域名，如表 8-5 所示。

表 8-5　常见顶级域名

行业性顶级域名				地域性顶级域名	
早期顶级域名	机构性质	新增顶级域名	机构性质	域　名	国家或地区
com	商业组织	firm	公司企业	au	澳大利亚
edu	教育机构	shop	销售企业	ca	加拿大
net	网络中心	web	因特网网站	cn	中国
gov	政府组织	arts	文化艺术	de	德国
mil	军事组织	rec	消遣娱乐	jp	日本
org	非营利性组织	info	信息服务	fr	法国
Int	国际组织	nom	个人	uk	英国

美国没有国别顶级域名，通常见到的是采用行业领域的顶级域名。

因特网域名系统逐层、逐级由大到小进行划分，DNS结构形状如同一棵倒挂的树，树根在最上面，而且没有名字。域名级数通常不多于5级，这样既提高了域名解析的效率，同时也保证了主机域名的唯一性。

（3）根域名服务器

根域名服务器是因特网的基础设施，它是因特网域名解析系统（DNS）中最高级别的域名服务器。全球共有13台根域名服务器，这13台根域名服务器的名字分别为“A”至“M”，其中10台设置在美国，另外各有一台设置于英国、瑞典和日本。部分根域名服务器在全球设有多个镜像点，因此可以抵抗针对根域名服务器进行的分布式拒绝服务攻击（DDoS）。根域名服务器中虽然没有每个域名的具体信息，但储存了负责每个域（如COM、NET、ORG等）解析域名服务器的地址信息。

8.4.3 因特网服务

1. 接入 Internet

（1）Internet 服务提供商

Internet服务提供商简称ISP，计算机接入Internet时，并不直接连接到Internet，而是采用某种方式与ISP提供的某台服务器连接起来，通过它再接入Internet。

目前，我国的几大骨干网，各自拥有自己的国际信道和基本用户群，其他的Internet服务提供商属于二级ISP。这些ISP为众多企业和个人用户提供接入Internet的服务。选择ISP时应注意其提供的接入方式、收费标准、网络质量和网络服务等。

（2）接入 Internet 方式

Internet接入方式按组网架构可分为单机直接接入和局域网接入。

单机直接接入方式是一种简单、方便的方式，适用于个人、家庭用计算机。连接线路可以根据计算机所在的通信线路状况而选择普通电话线、ADSL、有线电视网和宽带线路等。连接线路不同，要求的硬件设备也有所不同，如用普通电话线拨号上网时，除了需要电话线和计算机外，还需要Modem（调制解调器）。单机接入到Internet后，在使用之前要向ISP申请一个账号。用户申请成功后，会从该ISP得到合法的账号与密码等有关信息。

采用局域网接入方式，大部分政府机关、企业和学校都组建了自己的有线或无线局域网，只要局域网与Internet的一台主机已连接，局域网内的用户无须增加设备就能访问Internet。局域网与Internet连接一般使用专线接入，如采用ADSL、DDN和帧中继等相对固定不变的通信线路，以保证局域网上的每一个用户都能正常使用Internet资源。

（3）代理服务器

代理服务器（Proxy Server）是介于用户的计算机和网络服务器之间的一台服务器，它是接入Internet时非常重要的一项技术。用户通过代理服务器上网浏览时，用户计算机不是直接到网络服务器取回信息，而是向代理服务器发出请求，由代理服务器取回所需要的信息，并传送给用户的计算机。

代理服务器是Internet链路级网关所提供的一种重要的安全功能，它的工作主要在开放系统互连模型（OSI）的对话层，主要功能是为其他不具有IP地址的计算机提供访问Internet的代理服务；提供缓存功能，提高访问Internet速度；为使用代理服务器的网络提供安全保障。

2. 因特网基本服务

因特网的资源主要体现在它的服务，有WWW、文件传输、电子邮件等众多服务。

（1）万维网（WWW）

万维网 WWW（World Wide Web），简称 Web，万维网可让用户方便地访问各种信息，包括文本、图形图像、声音视频等等。万维网工作在客户/服务器模式下，客户机和服务器之间采用超文本传输协议 HTTP（Hyper Text Transfer Protocol）进行对话。目前，Internet 的其他各种服务逐步被网页设计者集成到网页中，用户大都以 WWW 作为访问 Internet 的主要工具。

（2）文件传输（FTP）服务

文件传输（FTP）服务是因特网上用户把文件从一台计算机传送到另一台计算机的服务。通过文件传输（FTP）服务，可进行文字和非文字信息的传输，如计算机程序、动画信息等。FTP 服务实际上是把各种可用资源都放在 FTP 主机上，屏蔽计算机所处位置、连接方式以及操作系统等细节，使 Internet 上的计算机之间实现文件的传送。

（3）电子邮件服务（E-mail）

电子邮件是因特网上使用最广泛的功能之一。电子邮件是利用计算机网络交换的电子媒体信件，它不仅可以传送文本信息，还可以传送图像、声音等各种多媒体信息。它是一种传递迅速和费用低廉的通信手段，利用它能够快速而方便地收发各类信息。

（4）信息发布 BBS 和论坛

在网络上进行信息发布的方式主要有 BBS、网络论坛、博客、微博等。BBS 是电子公告板系统（Bulletin Board System）的英文缩写，它提供一块公共电子白板，每个用户都可以在上面书写，可发布信息或提出看法。有时 BBS 也泛指网络论坛或网络社群。用户在 BBS 或论坛上可以获得发布信息、进行讨论和聊天等信息服务。

博客（Blog）是基于个人的信息发布平台。播客（Podcast）则是以音频和视频信息为主要表现形式的博客。相对于强调版面布置的博客来说，微博（MicroBlog）则是微型博客，内容短小，要求没有博客那么高，更加简单易用。

（5）电子商务

电子商务是在 Internet 开放的网络环境下进行的商贸活动，是一种新型商业运营模式。交易中买卖双方不需见面，通过网上购物、商户之间的网上交易和在线电子支付以及各种商务活动、交易活动、金融活动及相关综合服务活动实现。

（6）即时通信

即时通信（IM）服务也称为“聊天”服务，它可以在因特网上进行即时的文字信息、语音信息、视频信息、电子白板等方式的交流，还可以传输各种文件。在个人用户和企业用户网络服务中，即时通信起到了越来越重要的作用。即时通信软件分为服务器软件和客户端软件，用户只需要安装客户端软件。即时通信软件非常多，常用的客户端软件主要有我国腾讯公司的 QQ 和美国微软公司的 MSN。QQ 主要用于在国内进行即时通信，而 MSN 可以用于国际因特网的即时通信。2011 年 1 月 21 日，腾讯公司推出微信（WeChat），它是一个为智能终端提供即时通信服务的免费应用程序，成为目前亚洲地区最大用户群体的移动即时通讯软件。

8.4.4　网络应用软件

Internet 中的 WWW 信息资源分布在全球成千上万个 Web 服务器站点上，这些资源由提供信息的专门机构进行管理和更新。网络应用软件非常多，以下介绍用户浏览信息、上传下载文件、收发电子邮件的常用工具。

1. 浏览器

浏览器是指可以显示网页服务器或者文件系统的HTML文件内容，并让用户与这些文件交互的网络软件。它用来显示在万维网或局域网等内的文字、图像及其他信息。这些文字或图像，可以是连接其他网址的超链接，用户可迅速及轻易地浏览各种信息。

浏览器软件很多，常见的有Internet Explorer（简称IE）、Firefox、Opera、Chrome和Safari等不同独立内核的浏览器，还有其他以IE为内核的浏览器，如360安全浏览器、傲游浏览器、搜狗浏览器、腾讯TT浏览器、世界之窗浏览器等。IE为Windows系统自带的浏览器，其他浏览器需要用户自行安装。各浏览器的基本功能和操作大同小异，具体使用哪个浏览器，可根据个人喜好而定。下面以IE为例介绍使用浏览器浏览网页时的方法和技巧。

（1）浏览网站

启动IE后，在地址栏中输入相应的网址，按<Enter>键即可访问该网站。如果要浏览其他网站，只要在地址栏输入新的网址即可。浏览器会自动记忆用户最近浏览过的网址，当用户再次浏览这些网址时，不需要重新输入，只要单击地址栏右端的下拉按钮，从弹出的下拉列表中直接选取要浏览的地址即可。

浏览网页时，当指针移动到某些内容（如文字和图片等）上时，若出现一个手形，则说明该处是一个超链接，单击它可链接到另一个页面，或者从一个网站跳转到另一个网站。

有时为了方便浏览，希望用新打开的窗口浏览链接页面内容。链接新窗口有些是网页设计者指定自动打开的。如果没有自动打开新窗口，可以右击超链接，在快捷菜单中选择“在新窗口中打开”。

（2）保存浏览的信息

在Internet中浏览时，对一些感兴趣的网页内容，可以将它们保存下来。要想保存当前浏览的网页，可以选择“文件”→“另存为”选项，在弹出的对话框中指定保存到的文件夹、文件名和保存类型，单击“保存”按钮即可。保存时有以下4种可选类型，如表8-6所示。

表8-6　网页保存的类型

保存类型	说　明
网页，全部	对整个网页进行保存，包括页面结构、图片、文本和超链接信息等，页面中的嵌入文件被保存在一个和网页文件同名的文件夹内
Web档案，单个文件	保存整个网页的文本和图片为一个MHT类型文件中（不保存链接点和窗体结构）
网页，仅HTML	仅保存当前页的提示信息，例如标题、所用文字编码和界面框架等信息，而不保存当前页的图片等可视信息
文本文件	只对当前页中的文本信息进行保存

如果只想保存网页的部分文字到文本文件中，可以先选定文本块，选择“编辑”→“复制”选项，然后打开Word或“记事本”程序，选择“编辑”→“粘贴”选项，再选择“文件”→“另存为”选项，在弹出的对话框中指定保存的文件夹和文件名，并单击“保存”按钮即可。

小知识

要想保存网页中的某张图片，可在该图片上右击，在弹出的快捷菜单中选择“图片另存为”命令，在弹出的对话框中指定保存到的文件夹、文件名和类型，并单击“保存”按钮。

（3）更改浏览器的设置

浏览器的设置里能够设置浏览器的很多操作，如主页、安全、隐私、连接等等，也能解决

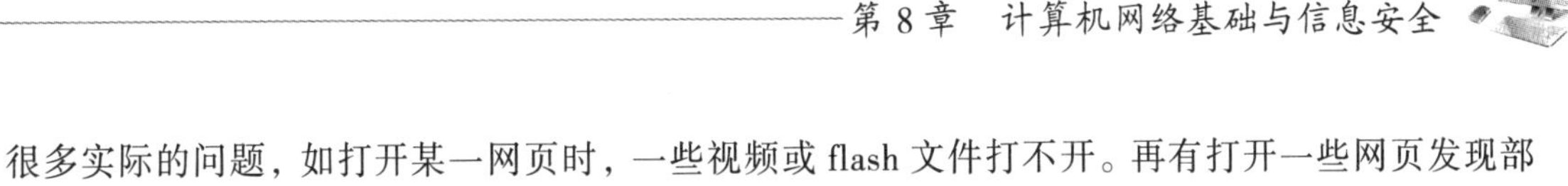

很多实际的问题，如打开某一网页时，一些视频或 flash 文件打不开。再有打开一些网页发现部分控件无法使用，如网银登录时只出现账号录入，却没看到密码输入的地方等等，这些可能和你的浏览器密切相关。下面以 IE 为例，简单介绍更改浏览器设置。

首次启动 IE 浏览器时打开的是微软的欢迎主页。用户可以根据自己的喜好，将自己喜欢的主页设为默认主页。这样，每次启动浏览器时，首先显示的就是自己喜爱的主页。

【实战 8-1】设置浏览器主页。

① 在 IE 浏览器中选择菜单栏中的“工具”→“Internet 选项”选项，在弹出的对话框中选择“常规”选项卡，如图 8-17 所示。

② 在“主页”选项区域中单击“使用当前页”按钮或在“地址”文本框中直接输入网址，最后单击“确定”按钮。

浏览器在用户浏览网页的过程中会自动将浏览过的图片、动画和 Cookies 文本等数据信息保留在硬盘的某个文件夹内，这样做的目的是便于下次访问该网页时迅速调用已保存在硬盘中的文件，从而加快浏览网页的速度。随着浏览时间增长，临时文件夹容量也越来越大，容易导致磁盘碎片的产生，影响系统的正常运行。因此，最好定期清除临时文件，或将保存临时文件的路径移到某个使用频率低的磁盘分区中，这样可减小系统的负担。

【实战 8-2】管理浏览器的临时文件。

① 在 IE 浏览器中选择“工具”→“Internet 选项”选项，在弹出的对话框中选择“常规”选项卡。

② 单击“删除”按钮，可分别将本机上的 Internet 临时文件和 Cookies 删除。

③ 单击“设置”按钮，可以移动存放临时文件的文件夹，改变临时文件夹的容量大小，如图 8-18 所示，然后单击“确定”按钮。

图 8-17　“Internet 选项”对话框

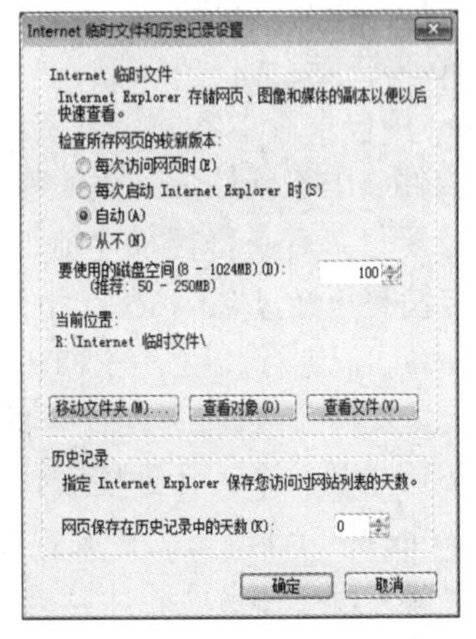

图 8-18　临时文件夹设置

小知识

网页中常常有图形、图像、动画和声音等多媒体信息，它们的信息量相当大，导致网络中传输速度变慢。如果只需查看文字信息，可以设置浏览器不显示动画、图像和不播放声音，从而提高浏览网页的速度和效率。

【实战 8-3】改变浏览网页时的多媒体选项。

① 在“Internet 选项”对话框中选择“高级”选项卡。

② 拖动“设置”列表框右侧的滚动条至“多媒体”选项区域，选择需要的复选按钮，取消选中不需要的复选按钮，然后单击“确定”按钮，如图 8-19 所示。

（4）使用浏览器的收藏夹

当浏览到有感兴趣信息的网站时，为方便以后使用，可以收藏该网站的网址。当需要再次访问这些网站时，可以直接从收藏夹中选择收藏的网址。如果收藏夹内收藏的网址比较多后，还可以通过整理收藏夹对它们管理。

【实战 8-4】用浏览器收藏网址。

① 选择“收藏”→“添加到收藏夹”选项，弹出图 8-20 所示的对话框。

② 在该对话框中给收藏的网站设置一个名字。

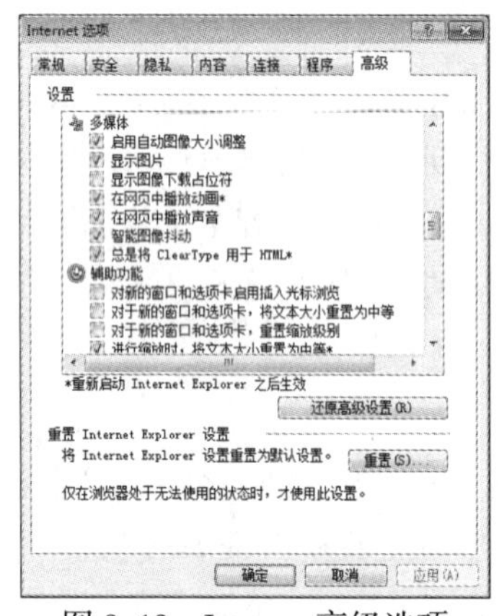

图 8-19　Internet 高级选项

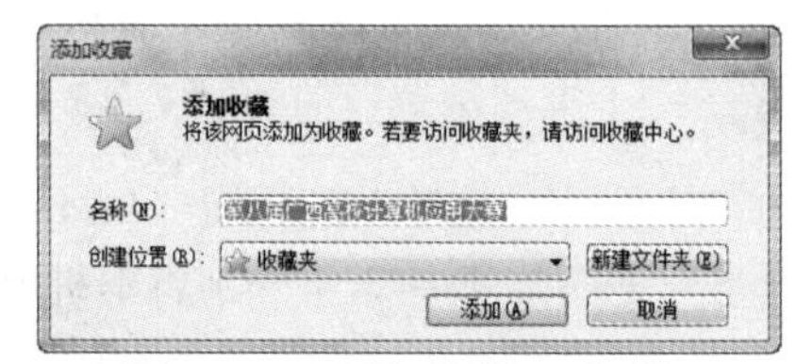

图 8-20　“添加收藏”对话框

③ 单击“添加”按钮，即可将网址收藏到收藏夹中。

2. 下载文件

Internet 中包含有丰富的软件资源，各种各样的免费试用软件可供用户下载，如系统软件、网络工具软件、压缩软件、图像处理软件、音频文件和视频文件等。除了免费的文件资源外，还有许多需要付费后获得授权才能下载的有偿资源。下载的过程就是进行文件传输。

文件传输是指经过 Internet 互相传送文件的过程。传输过程必须按照文件传输协议 FTP（File Transfer Protocol）进行，用户与 FTP 服务器建立连接，从而将本地计算机文件传送到远程计算机（称为上传文件），或将远程计算机上的文件复制到本地计算机中（称为下载文件）。FTP 是 TCP/IP 协议族中的一个，凡是接入到 Internet 的计算机，都可以进行文件传输。

在 Internet 中，许多主机存放着可供用户下载的文件，并运行 FTP 服务程序，这些主机称为 FTP 服务器；用户在自己的计算机上运行 FTP 客户程序，由 FTP 客户程序与服务程序协同工作来完成文件传输。

在文件传输服务中一般使用较多的是下载文件，因为对于上传文件，许多 FTP 服务器是有限制的，需要相应的权限。在 Internet 中，大多数的 FTP 服务器支持匿名下载文件。

（1）使用浏览器下载文件

在浏览网页时，用户可以通过网页上的文字或图片链接，下载网站提供的各类文件。

【实战 8-5】使用浏览器下载页面文件。

① 在浏览器中打开某个页面，将鼠标指针置于相应的文字或图片上并右击，弹出图 8-21

所示的快捷菜单。

② 选择“目标另存为”命令，弹出“另存为”对话框，根据需要输入适当的文件名并选择存放的目标文件夹，然后保存即可。

也可用浏览器直接访问 FTP 服务器，在地址栏中输入 FTP 服务器的 URL，格式为：

ftp://账号:密码@FTP 服务器［:端口］

对于允许匿名访问的 FTP 服务器，则不需要账号和密码。如输入 ftp://ftp.pku.edu.cn/（北京大学的免费 FTP 服务器）后打开如图 8-22 所示的界面，可对要传输的文件或文件夹进行如同本地计算机一样的复制和粘贴操作，实现文件传输。要查找更多的 FTP 服务器，可以百度“FTP 服务器资源”。

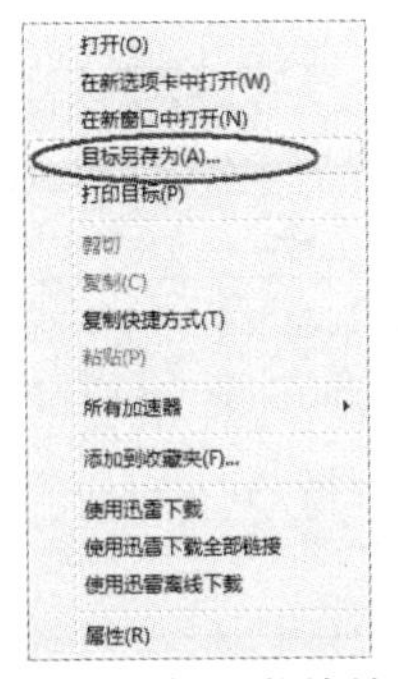

图 8-21　文件下载快捷菜单

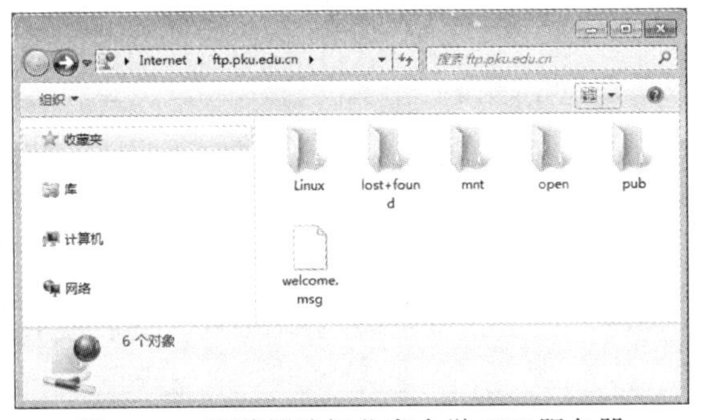

图 8-22　浏览器访问北京大学 FTP 服务器

（2）使用 FTP 工具

使用 FTP 工具软件下载文件，相比浏览器而言，具有界面友好、操作简便、支持断点续传（需要 FTP 服务器支持）和传输速度快等特点。常用的 FTP 工具软件有 CuteFTP、LeapFTP 和 FlashFXP 等，这些都是共享软件，需要注册才能使用其全部功能。

利用 FTP 工具软件提供的站点管理功能，可以对常用的 FTP 站点进行管理，方便以后使用。以 CuteFTP 8.2.0 为例，Professional 中的“站点管理器”窗格如图 8-23 所示。

成功接入 ftp.pku.edu.cn 后，主界面如图 8-24 所示，在工作窗口中，左侧窗格显示本地计算机的文件夹结构，右侧窗格显示 FTP 服务器的文件夹结构和显示连接及命令信息的状态栏，下方窗格显示要传输的文件队列。拖动左侧窗格和右侧窗格中的文件或文件夹，到下方队列窗口中，然后在工具栏单击“上传”或“下载”按钮，即可完成文件的传输操作。

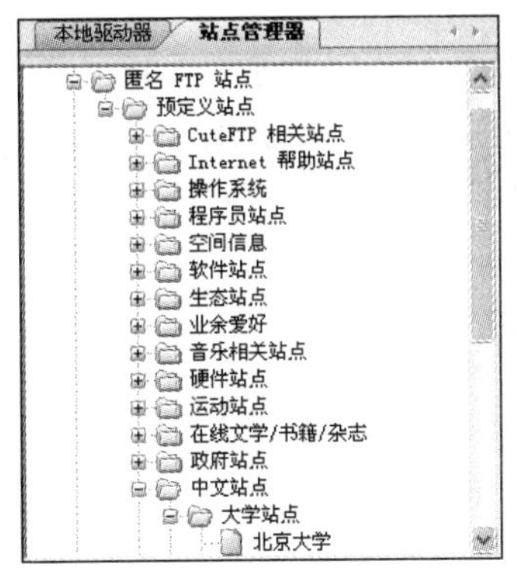

图 8-23　CuteFTP 站点管理器

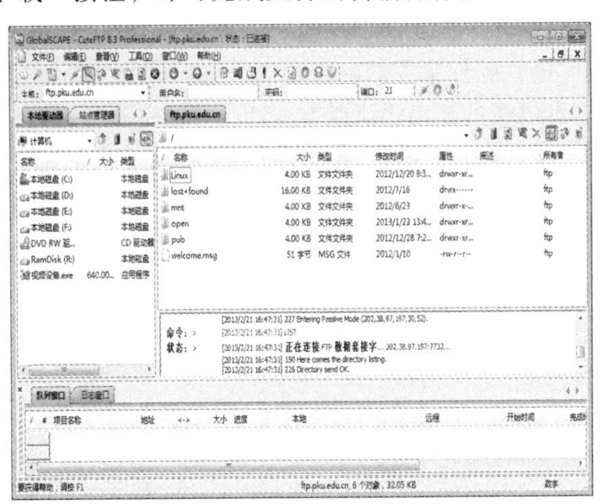

图 8-24　CuteFTP 主界面

（3）使用网络下载工具

用浏览器下载文件，方法简单但花费时间长，有时还会因为中途断线而不得不重新下载，很不方便。要解决这个问题，可以使用专门的文件下载工具，常用的下载工具及其特点如表 8-7 所示。

表 8-7　常用下载工具及特点

下载工具	软件特点
网际快车（FlashGet）	使用率很高的一款免费的专用下载工具软件。其主要特点是采用多线程技术，把一个文件分割成几个部分，而且可从不同的站点同时下载，支持断点续传，从而成倍地提高下载速度；还能对下载的文件进行分类管理，支持改名和查找等功能。
电驴 eMule	开源免费的软件，目前世界上较大、较可靠的点对点文件共享客户端之一。它是基于开源协议 GNU 通用公共许可证发布的，任何组织和个人都可以在遵守 GNU GPL 的基础上下载使用其源代码，对 eMule 进行修改并发布，并且必须遵守开源协议。于是出现了许多修改版，这些修改版通称为 eMulc MOD。
迅雷	新型的基于多资源超线程技术的下载软件。迅雷使用的多资源超线程技术基于网格原理，能够将网络上存在的服务器和计算机资源进行有效的整合，构成独特的迅雷网络，通过迅雷网络各种数据文件能够以较快的速度进行传输
BT 下载 BitTorrent	多点下载的源码公开的 P2P 软件，使用非常方便。BitTorrent 下载工具软件采用多点对多点的传输原理，其特点是下载的用户越多，速度越快。

3．电子邮件客户端软件

电子邮件（E-mail）是—种用电子手段提供信息交换的通信方式，是互联网应用最广的服务。通过网络的电子邮件系统，用户可以以非常低廉的价格（不管发送到哪里，都只需负担网费）、非常快速的方式（几秒钟之内可以发送到世界上任何指定的目的地），与世界上任何一个角落的网络用户联系。电子邮件不仅能传递文字、图像、声音和视频等多种形式的信息，还可以得到大量免费的新闻、专题邮件，并实现轻松的信息搜索。

（1）电子邮件的收/发过程

电子邮件系统采用客户机/服务器模式，由邮件服务器端与邮件客户端两部分组成。邮件服务器端包括发送邮件服务器和接收邮件服务器。

① 发送邮件服务器：当发信人发出一份电子邮件时，邮件由发送邮件服务器负责发送，它将电子邮件送到收信人的接收服务器内相应的电子邮箱中。发送邮件服务器遵循简单邮件传输协议（Simple Mail Transfer Protocol，SMTP），故发送邮件服务器又称 SMTP 服务器。

② 接收邮件服务器：当收信人将自己的计算机连接到接收邮件服务器并发出接收请求后，接收方可以通过邮局协议版本 3（Post Office Protocol 3，POP3）或 Internet 消息访问协议（Internet Message Access Protocol，IMAP）读取电子邮箱内的邮件，因此接收邮件服务器又称 POP 或 IMAP 服务器。接收邮件服务器用于暂时存放收信人收到的邮件。用户可以随时读取。

图 8-25 所示为电子邮件的收/发过程，常见的邮件通信协议如表 8-8 所示。

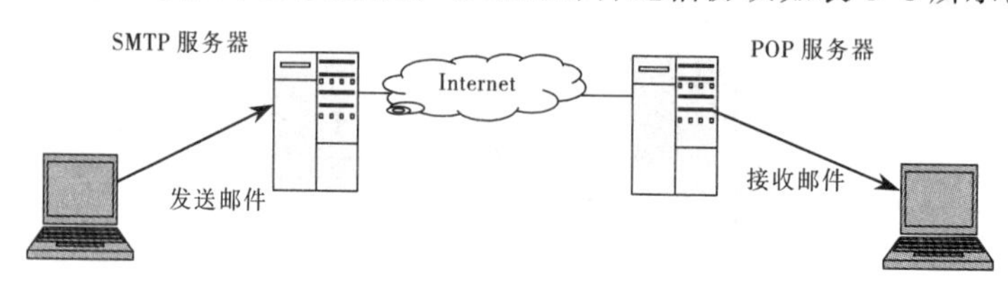

图 8-25　电子邮件的收/发过程

表 8-8　常见的邮件通信协议

协　议	说　　明
POP3	负责接收工作，可以将邮件服务器中对应邮箱的所有邮件下载到计算机中，以供收件人阅读
SMTP	负责发送工作，将邮件发送到收信人的接收邮件服务器中
IMAP	与 POP3 相似，同样是负责收取邮件，不过此协议可供收件人在服务器中选择想要下载的邮件，或者通过远程控制，直接在 IMAP 主机阅读或编辑邮件
HTTP	可使收件人通过浏览器来收/发与编辑邮件，此收件方式也称为 Web Based Mail

（2）电子邮件的收发方式

收发电子邮件有两种方式：服务器端的浏览器方式和客户机端的专用工具方式。

① 浏览器方式：大多数的邮箱都支持浏览器方式收取信件，并且都提供一个友好的管理界面，只要在提供免费邮箱的网站登录界面，输入自己的用户名和口令，就可以收发信件并进行邮件的管理。浏览器方式需要你每次都去登陆邮件服务器，从服务器读取邮件，很不方便。

② 专用邮箱工具方式：就是用一个邮件管理软件来收发邮件，直接在客户端收发，可以将邮件从服务器上下载到本地保存，查阅方便。

（3）电子邮件地址

不管使用哪种方式来收发电子邮件，必须先拥有一个合法的电子邮箱。当前电子邮箱主要有收费电子邮箱和免费电子邮箱两类。收费电子邮箱要求用户交纳一定的费用，安全性较好。同时，Internet 中有许多 ISP 提供免费电子邮箱服务。提供免费电子邮箱服务的网站很多，如 QQ、网易、Yahoo 和新浪等。

每个电子邮箱都用一个电子邮件地址来标识，以便与其他电子邮箱进行区分。全球的电子邮件地址是不重复的。电子邮件的典型地址格式如下：

用户名@邮件服务器名

例如：gxunjsj@163.com，@符号前面的字母表示邮箱的用户名，@符号后面表示邮箱的域名。用户名可以自己设置，它是用户在电子邮件服务机构注册时获得的名称，邮件服务器名由网络服务商提供，是存放电子邮件的计算机主机域名。

（4）邮件客户端软件使用

使用客户端软件收/发邮件，登录时不用下载网站页面内容，免去登录网页邮箱的烦恼，速度更快；使用客户端软件收到的和发送过的邮件都保存在用户的计算机中，不用打开网页就可以对旧邮件进行阅读和管理。正是由于邮件客户端软件的种种优点，它已成为人们工作和生活中必不可少的交流工具之一。

常用的邮件客户端软件有 Foxmail、Outlook Express 和 Windows Live Mail 等。Foxmail 是一款国产的优秀邮件客户端软件，它运行稳定，速度快，使用方便，其最大的特色是具备强大的反垃圾邮件功能。Windows Live Mail 是微软推出的一款邮件客户端软件，支持多用户、多账号，具有数字签名、邮件加密以及反垃圾邮件等功能，而且具有很好的安全性。

【实战 8-6】使用客户端软件 Foxmail 收发电子邮件。

在邮件客户端软件中首次使用新的电子邮箱时，需要在软件中添加申请到的电子邮箱，指定正确的接收服务器（如 POP3）和发送服务器（如 SMTP）名称或地址，并指定访问这些服务器时的有关参数，才能与邮件服务器联系，正确地接收和发送邮件。步骤如下：

① 用浏览器方式登录邮箱，在邮箱的设置中开启客户端协议服务（接收电子邮件的常用

协议是 POP3 和 IMAP，发送电子邮件的常用协议是 SMTP），如图 8-26 所示。

② 下载并运行 Foxmail，它是免费软件，网络下载安装即可。

③ 首次运行，弹出“建立新的用户帐户”向导。填写步骤①中设置的邮箱地址和密码，如图 8-27 所示，单击“下一步”按钮。

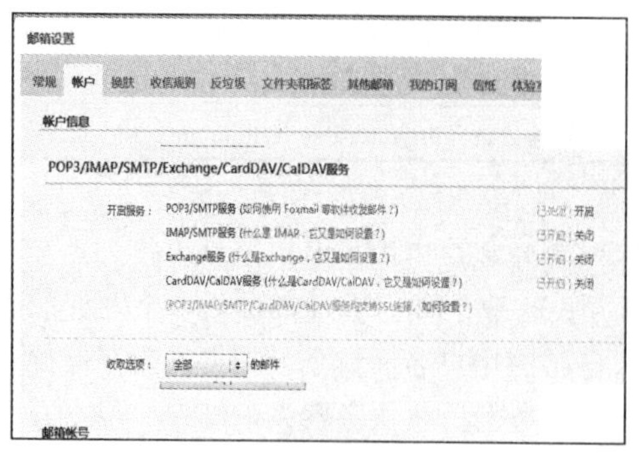

图 8-26 邮箱设置

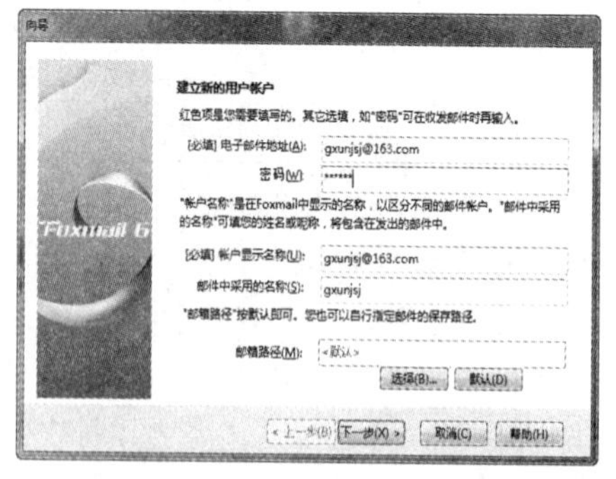

图 8-27 建立用户帐户向导

④ 填写邮件服务器，Foxmail 会自动给出（有些客户端软件需用户自行填写），如图 8-28 所示，单击“下一步”按钮。

⑤ 在完成对话框单击“测试”按钮，测试通过如图 8-29 所示，关闭测试框。单击“完成”按钮。

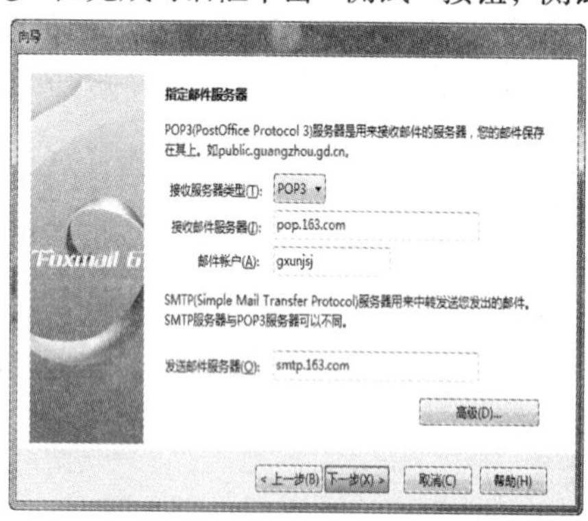

图 8-28 设置邮件服务器

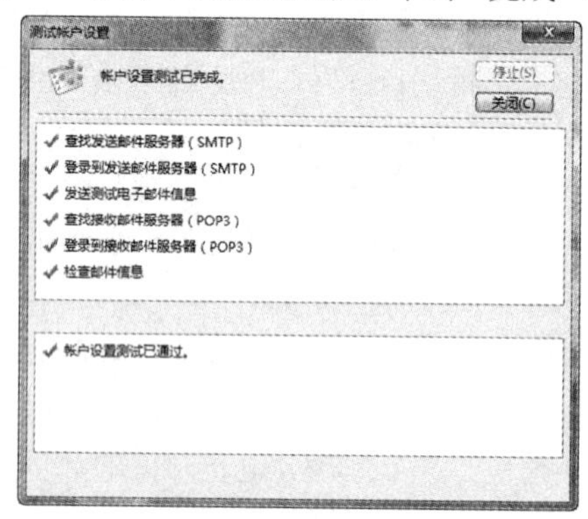

图 8-29 测试帐户设置

⑥ 至此帐户设置完成，如图 8-30 所示。单击“收取”或“发送”按钮可以直接收发电子邮件。

⑦ 若要修改或有多个邮箱需要添加新的帐户，可以选择卡“邮箱”→“新建邮箱帐户”选项，如图 8-31 所示，重复步骤③④⑤即可。

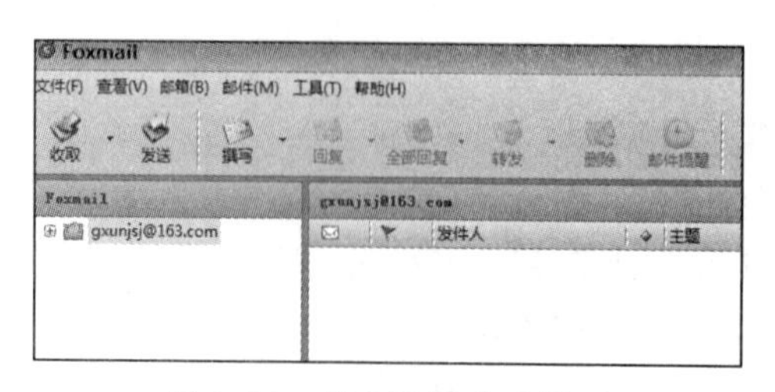

图 8-30 帐户设置成功界面

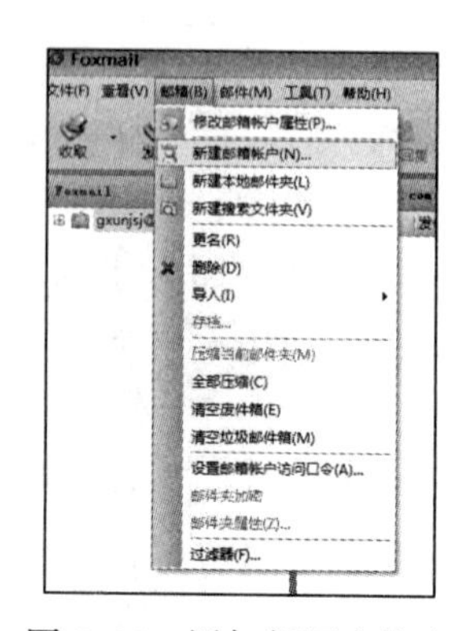

图 8-31 添加新用户帐户

目前，电子邮件客户端软件几乎可运行在任何硬件与软件平台上，它们提供的功能基本相同，都可以完成创建和发送电子邮件，接收、阅读和管理电子邮件，账号、邮箱和通讯簿管理等操作。

8.5　计算机信息安全

计算机信息网络的应用遍及国家的政府、军事、科技、文教、金融、财税、社会公共服务等各个领域，人们的工作、生活、娱乐也越来越多依赖于计算机网络。基于计算机网络的信息安全，保障网络系统安全和数据安全成为计算机研究与应用中的一个重要课题。

8.5.1　计算机信息安全的重要性

在当今时代，信息作为一种资源和财富，关系到社会的进步、经济的发展及国家的强盛，因此信息安全越来越受到关注。

1. 计算机信息安全的威胁因素

计算机作为主要的信息处理系统，其脆弱性主要表现在硬件、软件及数据 3 个方面。计算机的硬件对环境及各种条件的要求极为严格。计算机的软件在某些方面或多或少存在漏洞而易被人利用。在数据方面，由于信息系统具有开放性和资源共享等特点，因此很容易受到各种各样的非法入侵行为的威胁。归纳起来，针对网络信息安全的威胁主要有：

① 软件漏洞：每一个操作系统或网络软件的出现都不可能是无缺陷和漏洞的。这就使我们的计算机处于危险的境地，一旦连接入网，将成为众矢之的。

② 配置不当：安全配置不当造成安全漏洞，例如，防火墙软件的配置不正确，那么它根本不起作用。对特定的网络应用程序，当它启动时，就打开了一系列的安全缺口，许多与该软件捆绑在一起的应用软件也会被启用。除非用户禁止该程序或对其进行正确配置。否则，安全隐患始终存在。

③ 安全意识不强：用户口令选择不慎，或将自己的账号随意转借他人或与别人共享等都会对网络安全带来威胁。

④ 病毒：目前数据安全的头号大敌是计算机病毒，它是编制者在计算机程序中插入的破坏计算机功能或数据，影响计算机软件、硬件的正常运行并且能够自我复制的一组计算机指令或程序代码。计算机病毒具有传染性、寄生性、隐蔽性、触发性、破坏性等特点。因此，提高对病毒的防范刻不容缓。

⑤ 黑客：对于计算机数据安全构成威胁的另一个方面是来自计算机黑客（backer）。计算机黑客利用系统中的安全漏洞非法进入他人计算机系统，其危害性非常大。从某种意义上讲，黑客对信息安全的危害甚至比一般的计算机病毒更为严重。

2. 计算机信息安全的基本要求

信息安全通常强调所谓 CIA 三元组的目标，即保密性、完整性和可用性。CIA 概念的阐述源自信息技术安全评估标准（Information Technology Security Evaluation Criteria，ITSEC），它也是信息安全的基本要素和安全建设所应遵循的基本原则。

① 保密性（Confidentiality）：确保信息在存储、使用、传输过程中不会泄露给非授权用户或实体。

② 完整性（Integrity）：确保信息在存储、使用、传输过程中不会被非授权用户篡改，同时还要防止授权用户对系统及信息进行不恰当的篡改，保持信息内、外部表示的一致性。

③ 可用性（Availability）：确保授权用户或实体对信息及资源的正常使用不会被异常拒绝，允许其可靠而及时地访问信息及资源。

3. 计算机信息安全的重要性

社会对计算机网络信息系统的依赖越来越大，安全可靠的网络空间已经成为支撑国民经济、关键性基础设施以及国防的支柱。随着全球安全事件的逐年增多，确保网络信息系统的安全已引起世人的关注，信息安全在各国都受到了前所未有的重视。

计算机网络作为信息系统的信息传输系统，由于网络本身的开放性，以及现有网络协议和软件系统固有的安全缺陷，信息系统不可避免地存在一定的安全隐患和风险。数据库系统是常用的信息存储系统，数据库也面临文件本身的安全、未授权用户窃取和误操作等安全威胁。

在网络化、数字化的信息时代，计算机病毒、网络黑客及网络犯罪对信息安全形成直接危害。计算机病毒对计算机系统安全的威胁日益严重，黑客非法入侵或攻击计算机网络，特别是网络犯罪——在计算机网络上实施触犯刑法的严重危害社会的行为。网络犯罪表现形式主要有：网络窃密，是指利用网络窃取科技、军事和商业情报等，这是网络犯罪最常见的一类；制作、传播网络病毒；高技术侵害，是一种旨在使整个计算机网络陷入瘫痪，以造成最大破坏性为目的的攻击行为；高技术污染，是指利用信息网络传播有害数据、发布虚假信息、滥发商业广告、侮辱诽谤他人的犯罪行为。

面对计算机信息安全遇到的严重威胁，必须加强对计算信息安全的意识的普及教育，检讨计算机系统本身的缺陷和弱点，在立法、执法、教育、技术等方面多管齐下，制定有效的防控管理策略，不断提升安全管理应用水平，构筑计算机信息安全的防护网，促进计算机丰富信息的综合应用、安全传输，创设显著的经济效益与社会效益。

8.5.2 计算机信息安全技术

计算机信息安全技术分为计算机系统安全和计算机数据安全两个层次，针对两个不同层次，可以采取不同的安全技术。

1. 计算机系统安全技术

计算机系统安全技术是信息安全的宏观措施，在一定程度上能起到防止信息泄露、被截获或被非法篡改，防止非法侵入系统或非法调用，以及减少系统被人为或非人为破坏等作用。

系统安全技术可分成两个部分：一个是物理安全技术，另一个是网络安全技术。

① 物理安全技术：研究影响系统保密性、完整性及可用性的外部因素和应采取的防护措施。通常采取的措施包括减少自然灾害对计算机系统的破坏；减少外界环境对计算机软/硬件系统可靠性造成不良影响；减少计算机系统电磁辐射造成信息泄露；减少非授权用户对计算机系统的访问和使用等。

② 网络安全技术：研究保证网络中信息的保密性、完整性、可用性、可控性及可审查性应采取的技术。

使用最广泛的网络安全技术是防火墙技术。防火墙指的是一个由软件和硬件设备组合而成、在内部网和外部网之间、专用网与公共网之间的界面上构造的保护屏障。

防火墙是一种保护计算机网络安全的技术性措施，它通过在网络边界上建立相应的网络通信监控系统来隔离内部和外部网络，以阻挡来自外部的网络入侵。防火墙可以按照用户事先制定的方案控制信息的流入和流出，降低受到黑客攻击的可能性，使用户可以安全地使用网络。防火墙可分为网络防火墙和计算机防火墙。网络防火墙是指在外部网络和内部网络之间设置网络防火墙。计算机防火墙是指在外部网络和用户计算机之间设置防火墙。图 8-32 所示为防火墙的示意图。

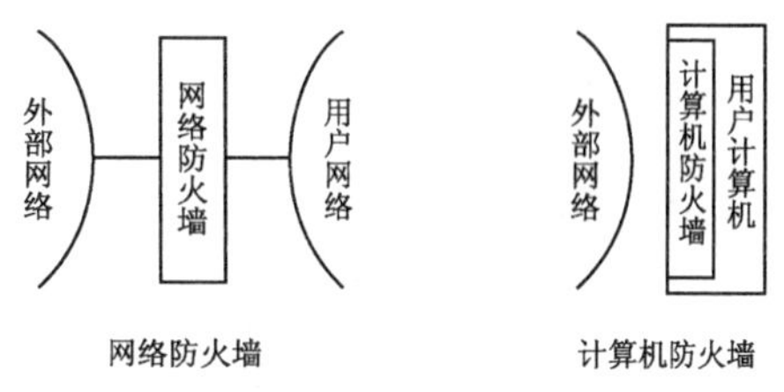

图 8-32　防火墙示意图

防火墙的基本功能有包过滤和代理等。包过滤就是对所传递的数据进行有选择的放行。代理就是防火墙截取内网主机与外网通信，然后由防火墙本身完成与外网主机的通信，并把结果传回给内网主机，这样隐藏了内部网络，提高了安全性。

防火墙有许多形式，有以软件形式运行在普通计算机上的，也有以固件形式设计在路由器中的。按照防火墙在网络工作的不同层次，防火墙可分为 4 类，即网络级防火墙、应用级防火墙、电路级防火墙和规则检查防火墙。目前市场上流行的防火墙大多属于规则检查防火墙。

在 Windows 操作系统中自带了一个防火墙，用于阻止未授权用户通过 Internet 或网络访问用户计算机，从而帮助保护用户的计算机。

网络安全技术还有鉴别技术（鉴别信息的完整性和用户身份的真实性）、访问控制技术（保证网络资源不被非法或越权访问）、入侵检测技术和安全审计技术等几种。

2．计算机数据安全技术

计算机数据安全技术主要是数据加密技术，数据加密是保证数据安全行之有效的方法。对数据进行加密后，即使被非法入侵系统者窃取到信息，也不会被窃取者读懂信息和利用系统资源，消除信息被窃取或丢失后带来的隐患。

信息在网络传输过程中会受到各种安全威胁，如被非法监听、被篡改及被伪造等。对数据信息进行加密，可以有效地提高数据传输的安全性。信息加密传输的过程如图 8-33 所示。

根据加密和解密使用的密钥是否相同，可以将加密技术分为对称加密技术和非对称加密技术。

（1）对称加密技术

采用单钥密码系统的加密方法，同一个密钥可以同时用作信息的加密和解密，这种加密方法称为对称加密。对称加密算法的优点是算法公开、计算量小、加密速度快、加密效率高。缺点是在数据传送前，发送方和接收方必须商定并保存好秘钥。如果一方的秘钥被泄露，那么加密信息也就不安全了。另外，每对用户每次使用对称加密算法时，都需要使用其他人不知道的唯一秘钥，这会使得收、发双方所拥有的钥匙数量巨大，密钥管理成为双方的负担。

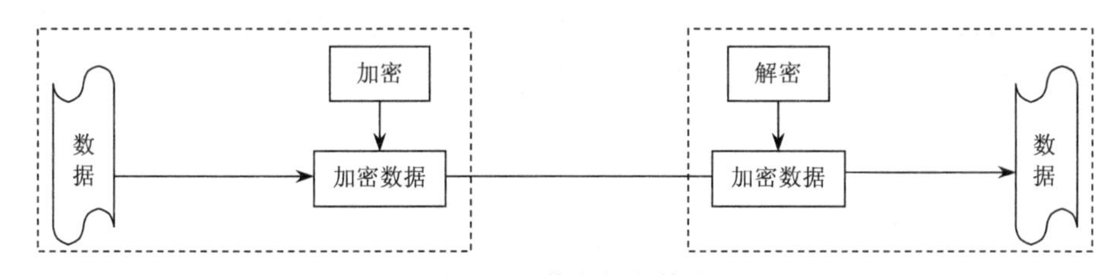

图 8-33　信息加密传输

（2）非对称加密技术

非对称加密技术采用一对密钥，即公开密钥（简称公钥）和私有密钥（简称私钥）。其中公钥是公开的，任何人都可以获取其他人的公钥，而私钥由密钥所有人保存，公钥与私钥互为加密、解密的密钥。非对称加密算法主要有 Diffie-Hellman、RSA 和 ECC 等。目前 RSA 算法被广泛用于数字签名和保密通信。

非对称加密技术的优点是通信双方不需要交换密钥，缺点是加密和解密速度慢。

8.5.3 网络黑客及防范

黑客（Hacker）原指热心于计算机技术、水平高超的计算机专家，尤其是程序设计人员，通常指那些寻找并利用信息系统中的漏洞进行信息窃取和攻击信息系统的人员。

1. 黑客的攻击形式

一般黑客确定了攻击目标后，会先利用相关的网络协议或实用程序进行信息收集，探测并分析目标系统的安全弱点，设法获取攻击目标系统的非法访问权，最后实施攻击，如清除入侵痕迹、窃取信息、毁坏重要数据以致破坏整个网络系统。黑客通常采用以下几种典型的攻击形式：

（1）报文窃听

报文窃听指攻击者使用报文获取软件或设备，从传输的数据流中获取数据，并进行分析，以获取用户名、口令等敏感信息。在因特网数据传输过程中，存在时间上的延迟，更存在地理位置上的跨越，要避免数据不受窃听，基本不可能。在共享式的以太网环境中，所有用户都能获取其他用户所传输的报文。对付报文窃听主要采用加密技术。

（2）密码窃取和破解

黑客先获取系统的口令文件，再用黑客字典进行匹配比较，由于计算机运算速度提高，匹配速度也很快，而且大多数用户的口令采用人名、常见单词或数字的组合等，所以字典攻击成功率比较高。

黑客经常设计一个与系统登录画面一样的程序，并嵌入相关网页中，以骗取他人的账号和密码。当用户在假的登录程序上输入账号和密码后，该程序会记录下所输入的信息。

（3）地址欺骗

黑客常用的网络欺骗方式有：IP 地址欺骗、路由欺骗、DNS 欺骗、ARP（地址转换协议）欺骗以及 Web 网站欺骗等。IP 地址欺骗指攻击者通过改变自己的 IP 地址，伪装成内部网用户或可信任的外部网用户，发送特定的报文，扰乱正常的网络数据传输；或者伪造一些可接受的路由报文来更改路由，以窃取信息。

（4）钓鱼网站

钓鱼网站通常指伪装成银行及电子商务网站，窃取用户提交的银行账号、密码等私密信息。典型的“钓鱼”网站欺骗原理是：黑客先建立一个网站副本（见图 8-34），使它具有与真网站一样的页面和链接。由于黑客控制了钓鱼网站，用户与网站之间的所有信息交换全被黑客所获取，如用户访问网站时提供的账号、口令等信息。黑客可以假冒用户给服务器发送数据，也可以假冒服务器给用户发送消息，从而监视和控制整个通信过程。

图 8-34 相似度极高的钓鱼网站（左）和真实网站（右）

（5）拒绝服务（DoS）

拒绝服务（Denial of Service，DoS）攻击由来已久，自从有因特网后就有了 DoS 攻击方法。美国最新安全损失调查报告指出，DoS 攻击造成的经济损失已经跃居第一。

用户访问网站时，客户端会向网站服务器发送一条信息要求建立连接，只有当服务器确认该请求合法，并将访问许可返回给用户时，用户才可对该服务器进行访问。DoS 攻击的方法是：攻击者会向服务器发送大量连接请求，使服务器呈满负载状态，并将所有请求的返回地址进行伪造。这样，在服务器企图将认证结果返回给用户时，无法找到这些用户。服务器只好等待，有时可能会等上 1 分钟才关闭此连接。可怕的是，在服务器关闭连接后，攻击者又会发送新的一批虚假请求，重复上一过程，直到服务器因过载而拒绝提供服务。这些攻击事件并没有入侵网站，也没有篡改或破坏资料，只是利用程序在瞬间产生大量的数据包，让对方的网络及主机瘫痪，使用户无法获得网站及时的服务。

（6）寻找系统漏洞

许多系统都有这样那样的安全漏洞（Bugs），其中某些是操作系统或应用软件本身具有的，这些漏洞在补丁开发出来之前一般很难防御黑客的破坏，还有一些漏洞是由于系统管理员配置错误引起的，这会给黑客带来可乘之机。

（7）端口扫描

利用端口扫描软件对目标主机进行端口扫描，查看哪些端口是开放的，再通过这些开放端口发送木马程序到目标主机上，利用木马来控制目标主机。

2．防范黑客攻击的策略

黑客的攻击往往是利用了系统的安全漏洞、通信协议的安全漏洞或是系统的管理漏洞才得以实施的，因而对黑客的防范要从以下几个方面入手：

① 任何系统都会有安全漏洞，面对不断被发现的各种漏洞，应该及时了解最新漏洞信息并定期给系统打补丁。此外，还应该及时更新防病毒软件，定期更改密码并提高密码的复杂程度，安装防火墙来保证系统安全，对于不使用的端口应该及时关闭。

② 为解决通信协议的不安全问题，网络服务应尽量采用新的安全协议，如 SSL/TLS 协议等。

③ 从理论上讲，要完全防范黑客的攻击是不可能的。我们所能做的是建立完善的安全体系结构，如采用认证、访问控制、入侵检测及安全审计等多种安全技术来尽可能地防范黑客的攻击。

8.5.4　计算机信息安全道德规范与法规

随着计算机在应用领域的深入和计算机网络的普及，给人们带来了一种新的工作与生活方式。在计算机给人们带来极大方便的同时，也不可避免地造成了一些社会问题，同时也对人们提出了一些新的道德规范和行为规范要求。我国人大常委会、国务院颁布了一系列有关的法律、条例，国家有关部委也制定并颁布了相应的规定、决定和实施办法。

1．网络行为规范

网络文化给社会带来积极和消极两个方面的影响。为消除其消极影响，应当培养公民的网络道德，规范网络行为，发挥网络的正面效应，营造和谐的网络环境。在使用计算机时应该抱着诚实的态度和无恶意的行为，并要求自身在智力和道德意识方面取得进步。以下是一些人们普遍认可的行为规范：

① 不能利用电子邮件做广播型的宣传，这种强加于人的做法会使别人的信箱充满无用的信息而影响正常工作。

② 不应该使用他人的计算机资源，除非得到了准许或者做出了补偿。

③ 不应该利用计算机去伤害别人。

④ 不能私自阅读他人的通信文件（如电子邮件），不得私自复制不属于自己的软件资源。

⑤ 不应该窥探他人的计算机，不应该蓄意破译别人的口令。

除了依靠社会道德来引导人们的行为规范，各个国家都制定了相应的法律法规，以约束人们使用计算机以及在计算机网络上的行为。例如，我国公安部发布的《计算机信息网络国际联网安全保护管理办法》中规定，任何单位和个人不得利用国际互联网制作、复制、查阅和传播下列信息：

① 破坏宪法和法律、行政法规实施的。

② 煽动民族仇恨、破坏民族团结的。

③ 煽动颠覆国家政权、推翻社会主义制度的。

④ 煽动分裂国家、破坏国家统一的。

⑤ 捏造或者歪曲事实，散布谣言，扰乱社会秩序的。

⑥ 宣扬封建迷信、淫秽、色情、赌博、暴力、凶杀、恐怖、教唆犯罪的。

⑦ 公然侮辱他人或者捏造事实诽谤他人的。

⑧ 损害国家机关信誉的。

⑨ 其他违反宪法和法律、行政法规的。

2. 有关知识产权的法规和行为规范

我国有关知识产权的重要法规有以下几个：

① 专利法。中国专利法自 1985 年 4 月 1 日施行。依法建立的专利制度保护发明创造专利权。发明创造包括发明、实用新型和外观设计等。

② 商标法。中国商标法自 1985 年 3 月施行。1993 年 2 月 22 日进行了修正，扩大了商标的保护范围，除商品商标外，增加了服务商标注册和管理的规定；在形式审查中增加了补正程序，在实质审查中建立了审查意见书制度。

③ 著作权法。《中华人民共和国著作权法》自 1991 年 6 月 1 日起施行。2001 年 10 月进行了修正。

④ 计算机软件保护条例。2002 年 1 月 1 日实行《计算机软件保护条例》，对计算机软件的定义、软件著作权、计算机软件的登记管理及其法律责任做了较为详细的阐述。

人们在使用计算机软件或数据时，应遵守国家有关法律规定，尊重其作品的版权，这是使用计算机的基本道德规范。建议人们养成良好的道德规范，具体是：

① 应该使用正版软件，坚决抵制盗版，尊重软件作者的知识产权。

② 不对软件进行非法复制。

③ 不要为了保护自己的软件资源而编制病毒保护程序。

④ 不要擅自篡改他人计算机内的系统信息资源。

3. 有关计算机信息系统安全的法规和行为规范

我国在 1994 年颁布施行的《中华人民共和国计算机信息系统安全保护条例》以及在 1997 年出台的新《刑法》中增加了对制作和传播计算机病毒进行处罚的条款。之后，公安部又颁布施行了《计算机病毒防治管理办法》。为维护计算机系统的安全，防止病毒的入侵，应该注意以

下几个方面：

① 不要蓄意破坏他人的计算机系统设备及资源。

② 不要制造病毒程序，不要使用带病毒的软件，更不要有意传播病毒给其他计算机系统。

③ 要采取预防措施，在计算机内安装防病毒软件，定期检查计算机系统内的文件是否有病毒，如发现病毒，应及时用杀毒软件清除。

④ 维持计算机的正常运行，保护计算机系统数据的安全。

⑤ 被授权者对自己享用的资源负有保护责任，口令密码不得泄露给外人。

8.6　计算机病毒

8.6.1　计算机病毒的特征

计算机病毒（Computer Virus）在《中华人民共和国计算机信息系统安全保护条例》中被明确定义，病毒指“编制者在计算机程序中插入的破坏计算机功能或者破坏数据，影响计算机使用并且能够自我复制的一组计算机指令或者程序代码”。

由于计算机软、硬件所固有的脆弱性，这些程序能通过某种途径潜伏在计算机存储介质或程序中，当达到某种条件时即被激活，它用修改其他正常程序的方法去传播和破坏，从而对计算机资源进行破坏。

计算机病毒存在于一定的存储介质中。如果计算机病毒只是存在于外部存储介质中，如硬盘、光盘和闪存盘，是不具有传染和破坏能力的。而当计算机病毒被加载到内存后就处于活动状态，此时病毒如果获得系统控制权就可以破坏系统或传播病毒。对于正在运行的病毒，只有通过杀毒软件或手工方法将其清除。

计算机病毒与普通的计算机程序相比，具有以下几个主要的特征：

（1）繁殖性

计算机病毒可以像生物病毒一样进行繁殖，当正常程序运行时，它也进行运行自身复制，是否具有繁殖、感染的特征是判断某段程序为计算机病毒的首要条件。

（2）破坏性

计算机中毒后，可能会导致正常的程序无法运行，把计算机内的文件删除或受到不同程度的损坏。破坏引导扇区及 BIOS，硬件环境破坏。

（3）传染性

计算机病毒传染性是指计算机病毒通过修改别的程序将自身的复制品或其变体传染到其它无毒的对象上，这些对象可以是一个程序也可以是系统中的某一个部件。一台计算机的病毒可以在几个星期内扩散到数百台乃至数千台计算机中，传播速度极快。在计算机网络中，用户带病毒操作时，病毒传播速度更快。

（4）隐蔽性

病毒总是寄生隐藏在其他合法的程序和文件中，因而不易被人察觉和发现，以达到其非法入侵系统进行破坏的目的。

（5）可激活性

计算机病毒的发作要有一定的条件，只要满足了这些特定的条件，病毒就会被激活并发起攻击。这些触发条件是由病毒制作者设置的，如某个时间或日期、特定用户标识符的出现、特定文件的出现或使用、用户的安全保密等级或者一个文件使用的次数等。如果不满足触发条件，病毒会继续潜伏下来。

编制计算机病毒的人熟悉计算机系统的软/硬件结构，并具有很高的编程技术。但必须指出，有意制作和施放计算机病毒是一种犯罪行为，这种行为已成为当今计算机犯罪（Computer Crime）的重要形式之一，受到社会的普遍谴责。

8.6.2 计算机病毒的分类

计算机病毒种类繁多，按照不同的划分标准，计算机病毒大致可以分为以下几类：

1. 按破坏性分类

（1）良性病毒

这种病毒只是为了表现其存在，不直接破坏计算机的软/硬件，如减少内存、显示图像、发出声音及同类影响，对系统危害较小。

（2）恶性病毒

这类病毒对计算机系统的软/硬件进行恶意的攻击，使系统遭到不同程度的破坏，如破坏数据、删除文件、格式化磁盘、破坏主板、清除系统内存区和操作系统中重要的信息导致系统死机或使网络瘫痪等。多数计算机病毒为恶性病毒。

2. 按病毒存在的媒体分类

（1）引导型病毒

这类病毒寄生在磁盘引导区或主引导区中。由于引导记录正确是磁盘正常使用的先决条件，因此，这类病毒在系统运行一开始（如系统启动）就能获得控制权。其传染性很强，但查杀这类病毒也较容易，多数杀毒软件都能查杀这类病毒。常见的引导型病毒有大麻病毒、米开朗基罗病毒及 Girl 病毒等。

（2）文件型病毒

这类病毒通常寄生在以.exe 和.com 为扩展名的可执行文件中。一旦程序被执行，病毒也就被激活。病毒程序首先被执行，并将自身驻留在内存中，然后根据设置的触发条件进行传染。近期也有一些病毒传染以.dll、.ovl 和.sys 为扩展名的文件。感染了文件型病毒的文件执行速度会明显变慢，有时甚至无法执行。

（3）网络型病毒

通过计算机网络传播感染网络中的可执行文件。计算机病毒一旦在网络上传播，速度快，危害性很大。

（4）混合型病毒

这类病毒是结合了以上三种情况的混合型，例如：多型病毒（文件和引导型）感染文件和引导扇区两种目标，这样的病毒通常都具有复杂的算法，它们使用非常规的办法侵入系统，同时使用了加密和变形算法。

3. 几种常见的病毒

随着计算机技术的不断发展，计算机病毒也在不断更新、变化。下面介绍目前流行的几类特殊病毒。

（1）宏病毒（Macro Virus）和脚本病毒

宏病毒是一种寄生在文档或模板的宏中的计算机病毒。一旦打开这样的文档，其中的宏就

会被执行，于是宏病毒就会被激活，转移到计算机上，并驻留在 Normal 模板上。此后，所有自动保存的文档都会感染上这种宏病毒。如果其他用户打开了感染病毒的文档，宏病毒又会转移到该用户的计算机上。

凡是具有写宏能力的软件都可能存在宏病毒，如 Word 和 Excel 等软件。由于宏病毒用 VBA 编写，制作方便，而且隐蔽性较强，传播速度较快，难以防治，所以对用户数据和计算机系统的破坏性较大。脚本病毒是用脚本语言（如 VB Script）编写的病毒，目前网络上流行的许多病毒都属于脚本病毒。

（2）特洛伊木马（Trojan Horse）

“特洛伊木马”简称“木马（wooden horse）”，名称来源于希腊神话《木马屠城记》，如今黑客程序借用其名，有“一经潜入，后患无穷”之意。特洛伊木马没有复制能力，它的特点是伪装成一个实用工具或者一个可爱的游戏，诱使用户将其安装在 PC 或者服务器上，吸引用户下载并执行，从而使施种者可以任意毁坏和窃取目标用户的各种信息，甚至远程操控目标用户的计算机。木马病毒盗取网游账号、网银信息和个人身份等信息，甚至使客户机沦为“肉鸡”，变为黑客手中的工具，所以它的危害极大。

（3）蠕虫病毒（Worm Virus）

与一般病毒不同，蠕虫病毒不需要将自身附着到宿主程序，是一种独立程序。它通过复制自身在计算机网络环境中进行传播，其传染对象是网络内的所有计算机。局域网中的共享文件夹、电子邮件和大量存在着漏洞的服务器等都成为蠕虫传播的良好途径。网络的发展也使得蠕虫病毒可以在几个小时内蔓延全球，而且蠕虫病毒的主动攻击性和突然暴发性会使人们手足无策。在 QQ 群下载的分享文件打开后会跳转到色情网站，这是流行的 QQ 群蠕虫病毒，不仅会感染 PC，安卓手机甚至 iPhone 和 iPad 也无法幸免。

（4）逻辑炸弹（Logic Bomb）

计算机中的“逻辑炸弹”是指在特定逻辑条件满足时，实施破坏的计算机程序，该程序触发后造成计算机数据丢失、计算机不能从硬盘或者软盘引导，甚至会使整个系统瘫痪，并出现物理损坏的虚假现象。最常见的激活一个逻辑炸弹是一个日期，如一个编辑程序，平时运行得很好，但当系统时间为 13 日又为星期五时，逻辑炸弹被激活并执行它的代码。它就会删除系统中所有的文件，这种程序就是一种逻辑炸弹。

8.6.3　计算机病毒的防治

计算机的不断普及和网络的发展，伴随而来的计算机病毒传播问题越来越引人关注。1999 年的 CIH 病毒大爆发带来了巨大损失，2003 年的“冲击波”，2008 年的“灰鸽子”等病毒也在计算机用户中造成了恐慌。计算机病毒已经构成了对计算机系统和网络的严重威胁。

1. 计算机病毒的症状

病毒入侵计算机后，如果没有发作很难被发现，但病毒发作时还是可以察觉一些症状。计算机病毒发作时，通常会出现以下情况：

① 计算机显示异常，如屏幕上出现不应有的特殊字符或图像、字符无规则变动或脱落、静止、滚动、雪花、跳动、小球亮点、莫名其妙的信息提示等。

② 计算机启动异常，经常无法正常启动或反复重新启动。

③ 计算机性能异常，如运行速度明显下降，或者经常出现内存不足和磁盘驱动器以及其

他设备无缘无故地变成无效设备等现象。

④ 计算机程序异常，经常出现出错信息，文件无故变大、失踪或被改乱、可执行文件(exe)变得无法运行等。

⑤ 网络应用异常，如收到来历不明的电子邮件、自动链接到陌生的网站、自动发送电子邮件等。

当发现计算机运行异常后，不要急于下断言，在杀毒软件也不能解决的情况下，应仔细分析异常情况的特征，排除软件、硬件及人为的可能性。

2. 计算机病毒的预防

计算机病毒防护的关键是做好预防工作，即防患于未然。平时应该留意计算机的异常现象并及时做出反应，尽早发现，尽早清除，这样既可以减小病毒继续传染的可能性，还可以将病毒的危害降到最低。从用户的角度来看，要做好计算机病毒的预防工作，制订一系列的安全措施，应从以下方面着手：

① 定期安装所用软件的补丁程序，以修补软件中的安全漏洞。

② 安装杀毒软件、防火墙，并经常进行检测与更新。

③ 堵塞计算机病毒的传染途径，如不运行来历不明的程序，不浏览恶意网页，不使用盗版软件，下载软件先查再用，不打开未知的邮件等。

④ 备份重要文件和数据，如硬盘分区表、引导扇区等关键数据，定期备份重要数据文件，尽可能将数据和应用程序分别保存。在任何情况下，总应保留一张写保护的、无计算机病毒的、带有常用命令文件的系统启动U盘，用以清除计算机病毒和维护系统。

3. 杀毒软件介绍

经过多年与计算机病毒的较量，许多杀毒软件在功能上已趋于相同，都可有效清除绝大部分已知病毒，在病毒处理速度、病毒清除能力、病毒误报率和资源占用率等主要技术指标上都有新的突破，但各个杀毒软件又都有自己的特色。以下是几种流行的杀毒软件。

(1) 360杀毒软件

360杀毒软件内核采用了罗马尼亚的BitDefender病毒查杀引擎，以及360安全中心研发的云查杀引擎。360杀毒软件完全免费，无需激活码，占用系统资源较小，误杀率也较低。360杀毒软件可以全面防御U盘病毒，阻止病毒从U盘运行，切断病毒传播链。360杀毒软件可免费快速升级，可以使用户及时获得最新病毒库及病毒防护能力。

(2) 瑞星杀毒软件

瑞星杀毒软件由北京瑞星科技股份有限公司研发，该公司成立于1997年，其前身是1991年成立的北京瑞星电脑科技开发部，是中国最早从事计算机病毒防治与研究的大型专业企业。瑞星杀毒软件是基于新一代虚拟机脱壳引擎、采用三层主动防御策略开发的新一代信息安全产品。它具有帐号保险柜和主动防御构架，可以有效保护热门网游、股票和网上银行类软件以及QQ、MSN等常用聊天软件的账号信息。同时，它采用木马强杀、病毒DNA识别、恶意行为检测等核心技术，可有效查杀各种加壳、混合型及家族式木马病毒。

(3) 卡巴斯基杀毒软件

卡巴斯基杀毒软件由卡巴斯基实验室研发，卡巴斯基实验室成立于1997年，总部设在俄罗斯莫斯科。但早在1989年，该公司的病毒研究负责人E. Kaspersky就已经开始领导开发卡巴斯基反病毒系列产品。卡巴斯基杀毒软件是世界上最优秀的网络杀毒软件之一，具有超强的中心

管理和杀毒能力，能实现带毒杀毒功能，并提供了一个广泛的抗病毒解决方案。它不仅提供了抗病毒扫描仪、完全检验、E-mail 通路和防火墙等强大功能，还支持几乎所有的操作系统。卡巴斯基公司致力于为个人和各种规模的企业用户提供全面而有效的信息安全保护。

（4）诺顿杀毒软件

诺顿杀毒软件由赛门铁克公司研发，该公司成立于 1982 年，总部位于加利福尼亚州的 Cupertino。诺顿杀毒软件具有电子邮件扫描、反网络钓鱼、在线身份信息防护、网站验证、防火墙防护、自动备份和恢复、自动更新、PC 性能优化等功能，可以帮助用户保护基础架构、信息和交互。

思考与练习

1. 什么是计算机网络？它的主要功能有哪些？
2. 从网络逻辑功能角度来看，计算机网络可分为哪两个部分？
3. 从网络的分布范围来看，计算机网络如何分类？
4. 什么是计算机网络的拓扑结构？常用的拓扑结构有哪些？
5. 网络协议是什么？什么是 OSI 参考模型？
6. 常用的网络硬件设备有哪些？其功能是什么？
7. IP 地址有什么作用，如何表示？
8. Internet 上使用什么网络协议？
9. 在 Windows 局域网环境下如何设置共享？
10. 什么是 ISP？接入 Internet 有哪些方式？
11. 浏览网页时如何保存网页中的图片？
12. 什么是 FTP？常用的 FTP 工具有哪些？
13. 电子邮件的地址有什么规定？在电子邮件客户端需要设置哪些内容？
14. 计算机信息安全技术分为哪两个层次？
15. 什么是网络黑客？黑客常用的攻击方法有哪些？
16. 什么是计算机病毒？它有哪些特点？
17. 计算机病毒按破坏程度可分为哪几类？
18. 计算机病毒的预防应从哪几方面着手？

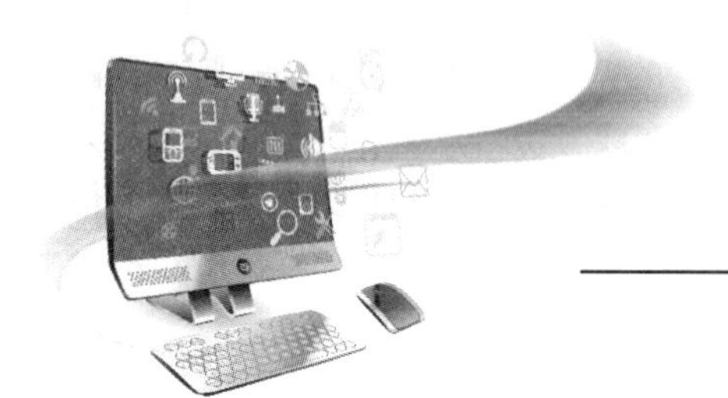

第 9 章 网络信息检索与发布

教学目标：

通过本章的学习，了解网络信息资源的基本概念及种类，掌握网络信息的基本检索方法和信息发布技术，熟悉常用的搜索引擎，培养敏锐的信息意识，增强自学能力和独立研究能力，掌握网页的设计与制作技术，创建自己的网站和网页。

教学重点和难点：

- 检索词的构造和搜索引擎的使用
- 网页设计流程
- 网页元素的编辑和网页布局

因特网是一组全球信息资源的总汇，是一个信息资源和资源共享的集合。随着信息对人类社会的影响越来越大，信息的获取和发布，已经成为生活在信息社会的人们必备的一项基本技能。

9.1 信 息 概 述

在信息时代，如果将信息比喻为知识的海洋，信息素质（Information Literacy，又称信息素养）则是驶入知识海洋的船，更是实现终身学习的必经之路。

9.1.1 信息的定义和主要特征

人类通过获得、识别自然界和社会的不同信息来区别不同事物，得以认识和改造世界。信息时代，信息已经与物质和能源一起成为当代社会的三大资源，它们是推动科技进步和社会发展的决定性因素。

1. 信息的含义

信息的含义非常宽泛，在不同的学科领域有不同的定义，社会的进步也丰富了信息的内涵。在信息论中常常把消息中有意义的内容称为信息。1948 年，美国数学家、信息论的创始人仙农在题为“通讯的数学理论”的论文中指出：“信息是用来消除随机不定性的东西。”同年，美国著名数学家、控制论的创始人维纳在《控制论》一书中指出：“信息就是信息，既非物质，也非能量。”

通常说来，信息指经过加工的、有一定意义和价值，且具有特定形式的数据。这些数据能反映出客观世界事物的表面现象或内在联系及本质，从而影响信息获取者的行为或决策。更广泛的说法是："信息不是事物的本身，而是由事物发出的消息、情报、指令、数据和信号等当中所包含的内容。"信息、知识、情报和文献之间的关系如图 9-1 所示。

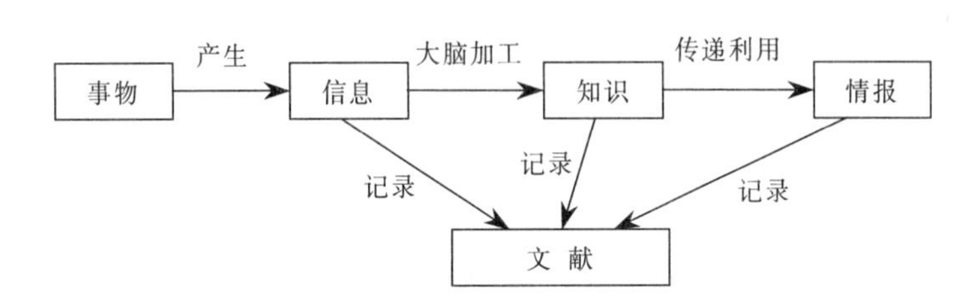

图 9-1　信息、知识、情报和文献之间的关系

2. 信息的特性

从信息的定义来看，数据是信息的载体，而信息则是数据加工的结果。以下是多数研究者认可的信息基本特性：

① 客观性。信息的存在可以被人们感知、获取、传递和利用，其存在不以人的意志为转移。

② 可存储性。信息必须依附一定的载体（如纸张、化学材料、磁性材料和激光产品等）才能流通和传递，否则就不能体现其价值。

③ 可传递性。信息可以通过计算机、人际交流、文献交流或大众传媒等手段传递给用户，从而实现信息资源共享的全球化。

④ 可塑性。在信息流通和使用过程中，可以对其进行综合、分析及加工处理。计算机的出现揭开了当代信息处理技术的新篇章。

⑤ 可扩散性。信息可以通过各种渠道迅速扩散。

⑥ 可压缩性。信息可以集中、综合和概括，以便于处理。

⑦ 共享性。科学研究要在前人知识的基础上进行新的创造，信息共享可以提高信息的利用率，避免重复研究。

9.1.2　信息素质

随着社会信息化进程的加快，各种形式的信息接踵而至，对人们提出新的要求。我们需要什么样的信息，如何高效获取信息，如何鉴别信息的真伪与价值等等，因此信息素质已经成为继科学素质和人文素质之后，大学生基本素质的又一重要组成部分。

1. 信息素质的含义

信息素质的概念由图书检索技能演变而来，目前文献中普遍认为该词最早由美国信息产业协会主席保罗·泽可斯基在 1974 年给美国国家图书馆与信息科学委员会的一份报告中提出。较有影响且引述较多的是美国图书馆协会信息素质委员会所下的定义。1989 年 1 月 10 日，该委员会在一份关于信息素质的最终报告中对信息素质做了这样的描述："作为有信息素质的人，必须知道何时需要信息，并具有确定、评价和有效利用信息的能力。"也就是说，信息素质可以定义为一种能力，它能够确定、查找、评估、组织和有效地生产、使用和交流信息，并解决面临的问题。

2000 年，美国大学和研究型图书馆协会批准了《高等教育信息素质能力标准》（以下简称《标准》），旨在指导和评估在高等院校开展的信息素质教育，《标准》中给出了类似的定义：

"信息素质是一套能力，这种能力要求人们能够认识到何时需要信息，并且有确定、评价和有效利用信息的能力。"

《标准》中描述信息素质包括3个层面，分别是信息意识，即人的信息敏感性；信息技能，它反映利用信息完成一个具体任务的能力；信息道德，它反映一个人在检索、利用和发布信息的过程中的道德品质。

2. 信息素质的评价标准

《高等教育信息素质能力标准》由美国大学和研究型图书馆协会制定，强调了大学生在信息素质方面应该具备的5项能力和22项具体的评价标准，如表9-1所示。

表9-1 信息素质能力及评价标准

能　力	评　价　标　准
明确信息需求的内容与范围	① 明确了解信息需求；② 识别各种类型和格式的信息源；③ 能评价获得信息的成本与效益；④ 能重新评价所需信息与范围
高效地获取所需信息	① 能选择适当的调查方法或信息检索系统获取所需信息；② 能构建与实施有效的检索策略；③ 能利用联机检索终端或采用不同的方法检索所需信息；④ 必要时能调整检索策略；⑤ 能提取、记录和管理信息及信息源
评价并遴选信息与信息源	① 能从获取信息中提炼信息主题；② 能采用有关标准评价信息及信息源；③ 能综合信息要点形成新的概念；④ 能通过新、旧知识的比较确定信息的增加值；⑤ 能确定新的知识对个人价值体系的影响，并使其融于个人的价值体系中；⑥ 能通过与他人的交流了解自己是否能表达所获取的信息；⑦ 能决定是否修订初始的查询方式
有效利用信息实现特定的目标	① 能够运用新的和以前的信息开发新的产品或项目；② 能调整开发产品的过程或项目过程；③ 能有效地将开发的产品或项目情况与他人沟通
自觉遵守道德规范和有关法律	① 了解信息与信息技术使用的相关道德、法律、经济和社会问题；② 在存/取和使用信息资源时能够遵守法律法规和信息资源提供的规定以及一些约定俗成的规则；③ 遵守知识产权法，合法使用文献

3. 提高信息素质的途径

信息素质的核心是信息能力，包括信息的获取、分析、整理和利用。要想在信息的海洋里乘风破浪，就要在树立信息意识和信息道德的基础上逐步培养并增强信息能力。

通过网络搜索可以培养一定的信息素质，但未经训练的盲目搜索效率很低。更快捷有效的方法是学习信息检索课或类似的课程，系统地了解检索系统及原理，结合研究的实际问题，上网查阅文献数据库资料，提取有用的材料。

9.1.3 信息获取

信息获取必须根据信息问题的不同特点选择相应的信息源进行查询。一次完整的信息获取过程可归结为5步，即界定问题，选择信息源，制定策略并实施检索，评价信息，分析和利用信息。

界定问题是信息获取的第1步，包括分析研究问题，建立背景知识，拟定主题概念及相关词。

界定问题之后，第2步考虑如何选择信息源。信息源可分为期刊、各类文献数据库、网页、图书、杂志和报纸等几个大类。

信息获取必须根据信息问题的不同特点选择相应的信息源进行查询，大致思路如表9-2所

示。此外，信息获取应首先获取题录信息，在对题录信息进行阅读并获得对该问题的现有研究思路及结果的全面把握之后，选取其中最有价值的题录，再设法获取全文，才能全面、准确且迅速地完成信息的获取。

表 9-2　信息获取的全局思路

信息问题特点	信息源	策略
一般性且相对粗浅的信息	网页	直接搜索阅读网页
研究性问题	数据库	检索学术数据库以获得更全面和系统的研究成果
现有数据库中无法获取全文	印刷型资源	咨询图书馆或各地文献情报机构以获取文献原文传递服务或者上门借阅印刷型资源

评价信息是在对不同信息源进行检索之后，采用一定的评价方法对信息进行筛选，找到来源可靠而且内容相关且详尽的文献，剔除错误、过时和不相关的信息。

分析和利用信息是对筛选后的信息加以整理和有效组织，提炼出自己需要的信息，最终解决问题或者形成自己的研究成果。

9.1.4　信息发布

信息发布是指通过电视、广播、网络、书刊、报纸、传单和宣传画等手段，向社会推介产品、网站、技术和人才（如大学毕业生求职简历）等信息。按照信息发布的途径可分为传统信息发布和网络信息发布。现在，网络信息发布已经对人们的工作和生活产生了巨大的影响。

1．发布信息应该遵守的道德规范

① 不得发布虚假信息和有害信息，如攻击、谩骂别人的言论以及黄、赌、毒方面的信息。

② 不得向别人发送垃圾邮件、带病毒的邮件或者诈骗信息。

③ 不能侵犯知识产权，不经授权随意转载别人的文章或资料。

④ 不得发布有损国家形象的信息，不得泄露国家机密。

2．互联网上信息发布的常见方式

① 发布网站：将需要发布的所有信息（如观点、成果等）做成网页发布到互联网上，让全世界的互联网用户都能通过网址访问该信息。

② 利用博客、微博、播客等发布信息：可以在新浪、网易、腾讯等各大网站注册用户后开通自己的博客、微博或播客等，发表评论、文章、照片或视频。用户既可以作为观众浏览感兴趣的信息，也可以作为发布者，发布内容供他人浏览。利用这种平台可随时随地与朋友分享新鲜事并保持联络。

博客是一种通常由个人管理、不定期张贴新文章的网络空间，博客上的文章通常根据张贴时间，以倒序方式从新到旧排列；微博是一个信息分享、传播以及获取的沟通平台，用户可以通过 WEB、WAP 等各种客户端组建个人社区，以不超过 140 字的文字更新信息，并实现即时分享；播客是数字广播技术的一种，允许用户自己制作音频或视频节目，并将其上传到网上与广大网友分享。

③ 即时通信：通过 QQ、MSN、微信、旺旺和网络会议等实现一对一、一对多或多对多的在线交流，这是目前网络上非常流行的信息发布与交流的方式。

④ 电子邮件：电子邮件（简称 E-mail）是一种用电子手段提供信息交换的通信方式，也是 Internet 应用最广泛的服务之一，发送的电子邮件可以是文字、图像、声音等方式。

⑤ 论坛和新闻组：论坛（又称 BBS 或电子公告板）是计算机网络上用户发表意见、讨论问题、交流信息的一个平台，国内著名的论坛有百度贴吧、天涯社区、猫扑、开心网、人人网、西祠胡同等。利用网络技术论坛可以发布有关学术方面的信息并交流学习体会。图 9-2 所示为一个电脑爱好者俱乐部论坛。新闻组（NewsGroup)，简单地说就是一个基于网络的计算机组合，这些计算机被称为新闻服务器，不同的用户通过一些软件可连接到新闻服务器上，阅读其他人的消息并可以参与讨论。新闻组是一个完全交互式的超级电子论坛，是任何一个网络用户都能进行相互交流的工具，在国外比较流行。

图 9-2　电脑爱好者俱乐部论坛 http://bbs.cfanclub.net

9.2　网络信息资源获取

网络信息资源已逐渐成为人们日常学习和生活首选的信息源，与其他类型的信息资源相比，其信息量巨大、内容丰富、便于共享。信息有很多来源，除网络外，还有图书资料、影视资源光盘及声音资源等。

9.2.1　网络信息资源的获取途径和检索方式

当我们对一个棘手的问题束手无策的时候，常用的一种处理方法就是上网搜索，打开浏览器，进入搜索引擎页面，输入关键词后按<Enter>键，很快就会得到成千上万条搜索结果。但网络信息资源的组织管理既没有统一的标准和规范，而且地址、链接及内容也处于经常变动之中，网页内容质量参差不齐。如何多途径获得更为有效的网络信息资源呢？

1. 网络信息资源的获取途径

如何在信息如汪洋大海的因特网上，以最快的速度获得更多的、更有价值的信息，是用户最为关心的问题。常用的网络信息资源获取途径有 3 种。

（1）用搜索引擎查找网络资源

Internet 拥有一个包罗万象的信息库，要在其中搜寻想要的信息，需要有一个强劲的信息检索工具，搜索引擎就是这样一个工具。现在既有大型的综合性搜索引擎，也有针对特定领域的专业性搜索

引擎。国内外优秀的搜索引擎有百度、搜狗、360 搜索、迅雷搜索、Google、YAHOO、 Bing 等。

（2）寻找网络免费学术资源，从中获得学术信息

常用的免费学术资源有：

① 虚拟图书馆：虚拟图书馆针对研究者的需要，将互联网上与某一个学科或领域有关的各种资源线索（如研究机构、实验室、电子书籍、学术期刊、会议论坛和专家学者等网站的网址）系统地组织起来，存放在某一个网站内供用户浏览或者检索。

② 重点学科网络资源导航门户（http://202.117.24.168，见图 9-3）：国家“十五”重点建设项目之一，收集到的资源按照教育部正式颁布的学科分类作为资源分类的基础，提供了一个重要学术网站的导航和免费学术资源的导航。

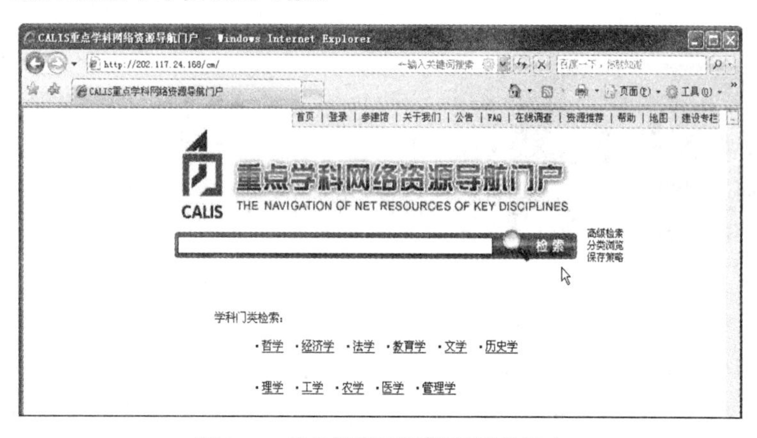

图 9-3　重点学科网络资源导航门户

③ 开放获取资源 OA（Open Access，开放存取）：一种学术信息共享的自由理念和出版机制，有 OA 期刊和 OA 文档两种发布方式。在 OA 出版模式下，学术成果可以无障碍地进行传播，任何研究人员都可以在任何地点和任何时间不受经济状况的影响免费获取和使用学术成果。常用的 OA 资源有：

- 中国科技论文在线（http://www.paper.edu.cn）：打破传统出版物的概念，免去传统的评审、修改、编辑和印刷等程序，提供及时发表新成果和新观点的有效渠道，从而使新成果得到及时推广，科研创新思想得到及时交流。
- 豆丁（http://www.docin.com）：该网站拥有分类广泛的实用文档、众多出版物、行业研究报告、以及数千位行业名人贡献的专业文件，各类读物总数据超过两亿。

④ 免费专利资源：各行各业对专利信息的需求非常大，商业性的专利检索系统价格非常昂贵，搜索一些免费专利资源也能满足一般的检索需求。如中国国家知识产权局（http://www.sipo.gov.cn），它提供全部中国专利的题录、文摘、说明书全文和法律状态信息。数据库每周更新一次，资源完全免费下载。

（3）利用专业学术数据库直接获取专业知识

搜索引擎和虚拟图书馆是两种获取网络信息资源的重要途径，前者主要考虑检全率，后者主要考虑检准率。而专业学术资源数据库兼顾检全率和检准率，能够向用户提供相对全面和准确的网络资源。

2. 网络信息资源的检索方式

（1）搜索引擎方式（输入检索方式）

所有的搜索引擎和网络信息资源数据库都提供检索功能，在主页上的检索输入框可输入检

索词，如图 9-4 所示。

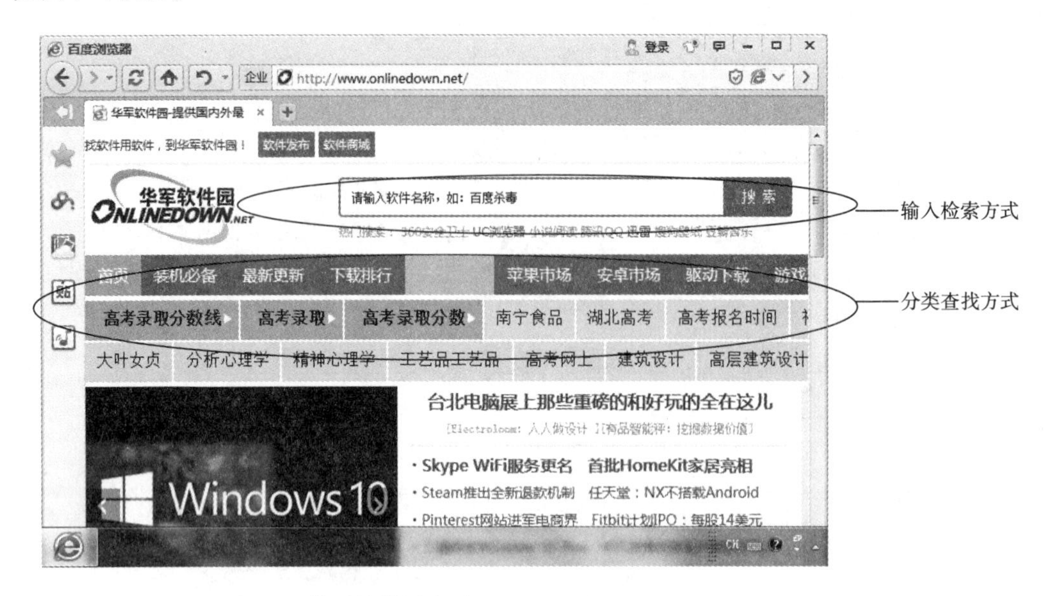

图 9-4　华军软件园主页 http://www.onlinedown.net/

（2）基于 Web 的分类浏览方式和超链接嵌套方式

在进入特定资源网站后，如软件下载可进入华军软件园（http://www.onlinedown.net/），天空软件站（http://www.skycn.com/），太平洋下载（http://dl.pconline.com.cn/）等网站，如果对具体查找的对象不确定，这时可使用分类浏览方式，如图 9-4 所示。超链接嵌套方式以查找到的相关网站作为线索，可以通过该网站提供的网络导航信息获得新的站点线索。例如，连接到中国教育和科研计算机网（http://www.edu.cn/）后会发现很多教育科学研究方面的站点列表，如图 9-5 所示，再以这些站点为线索，会发现其他的站点资源。这种检索方式的原理与引文索引类似。

图 9-5　中国教育和科研计算机网 http://www.edu.cn/

（3）基于 Web 的联机数据库检索

在学术研究中，如何能有效、快捷地找到所需的信息，聚焦自己所关注的问题而不受其他无关信息的干扰？如果仅仅依靠搜索的免费网络资源远远不够，此时可使用基于 Web 的联机数据库检索。基于 Web 的联机数据库一般是付费的专业学术资源，包括期刊全文数据库、图书数据库、会议论文数据库、学位论文数据库及相应的文摘库等。

9.2.2　WWW 搜索引擎的分类与关键技术

万维网 WWW（World Wide Web）是一个基于 Internet 的信息资源系统。它将全球范围内的信息通过超文本和超媒体技术连接在一起，目前已经成为 Internet 上使用最广泛的“世界上最大的百科全书”。

大量信息带给人类便利的同时也造成了一系列的问题：第一，海量的记录；第二，信息真假难以辨别；第三，搜索到的信息只有一部分能用来分析；第四，搜索过程中不考虑特性、冗余、噪声等问题。同时，人们也希望能自动地、智能地将数据转化为有用的信息和知识。面对现实的信息检索困境，搜索引擎（Search Engine）应运而生。搜索引擎是基于万维网的信息检索系统，搜索引擎根据相关策略，在万维网中运行指定程序对网络信息进行搜集，并对得到的信息进行分类和处理，满足用户对信息检索的需求。

1. 搜索引擎分类

（1）全文搜索引擎（Full Text Search Engine）

全文搜索引擎是指程序从互联网提取各个网站的信息，建立网页数据库。用户搜索时检索与用户查询条件尽量匹配的相关数据库记录，然后根据关联度高低等原则将结果返回给用户。国内全文搜索引擎的代表是百度，国外全文搜索引擎的代表是谷歌。

（2）目录搜索引擎（Search Index/Directory）

目录索引类搜索引擎是一种目录型检索工具，也称网络目录、专题目录、主题指南和站点导航系统等。它是网站级的检索。相比于全文搜索引擎，目录搜索引擎采用半自动方式或者是人工方式收集网站，将网站以主题目录形式置于事先确定的分类框架中。严格意义上看，目录搜索引擎不能称为真正的搜索引擎，只是按目录分类的网站链接列表而已。在中国目录搜索引擎中最具有代表性的就是 hao123。

（3）元搜索引擎（Meta Search Engine）

元搜索引擎就是通过一个统一的用户界面帮助用户在多个搜索引擎中选择和利用合适的（甚至是同时利用若干个）搜索引擎来实现检索操作，是对分布于网络的多种检索工具的全局控制机制。目前主要的中文元搜索引擎有好搜、搜星等，好搜由 360 综合搜索发展而来，360 搜索于 2015 年 1 月 6 日正式推出独立品牌“好搜”，提供一站式的实用工具综合查询入口，首页如图 9-6 所示。国外比较著名的元搜索引擎有 InfoSpace、Dogpile、Vivisimo 等。

（4）其他搜索引擎

除了上述搜索引擎外，还有垂直搜索引擎、集合式搜索引擎、门户搜索引擎等，不同搜索引擎对同一搜索关键词会返回不同的结果，各有各的特点。

图 9-6　元搜索引擎之好搜

2. 搜索引擎的关键技术

（1）机器人（Robot）技术

Robot 也称“网络机器人”或“网络蜘蛛”。所谓网络机器人，就是一个在网络上检索文件且自动跟踪该文件的超文本结构并循环检索被参照的所有文件的程序。可以将整个网络看作一个蜘蛛网，将每个网页看作蜘蛛网上的每一个结点，而 URL 相当于蛛网当中链接各个结点的蛛丝，网络机器人所要做的就是遍历蛛网上的每一个结点，因此也被称为“蜘蛛”。网络机器人工作步骤如下：

① 机器人程序在 URL 列表中提取一个 URL 并对相关网页进行分析；

② 将网页分析得到的相关信息存储到数据库中；

③ 从得到的相关信息中提取指向其他页面的 URL 并添加到 URL 列表中。

重复以上 3 个步骤，直到没有新的 URL 指向其他页面。最终将得到的索引发送给客户。

（2）索引技术

索引技术是搜索引擎技术的核心技术之一。索引技术的主要作用是分析机器人程序检索到的网页信息，同时建立数据库以供用户查询使用。现阶段索引多采用 Non—Clustered 方法。

（3）处理技术

通过搜索引擎获得的检索结果往往成百上千，为了得到有用的信息，常用的方法是按网页的重要性或相关性给网页评级，通过检索器进行相关性排序。检索器的主要功能是根据用户输入的关键词在索引器形成的倒排表中进行检索，同时完成页面与检索之间的相关度评价，对将要输出的结果进行排序，并实现某种用户相关性的反馈机制。

9.2.3　常用搜索引擎的使用

搜索引擎是一种十分便捷的查询系统，主要通过对网络上的信息进行索引并整理后呈现给用户。互联网发展早期，主要是以雅虎为代表的网站分类目录查询，由人工整理维护网站分类目录，精选互联网上的优秀网站，并简要描述，分类放置到不同目录下。用户查询时，通过一层层的点击来查找自己想找的网站。从严格意义上讲，这种基于目录的检索服务网站还不是真正的搜索引擎。随着因特网信息按几何式增长，出现了真正意义上的搜索引擎，这些搜索引擎知道网站上每

一页的开始，随后遍历因特网上的超级链接，把代表超级链接的所有词汇放入一个数据库，最后呈现给用户。以下介绍目前国内外流行的 4 个搜索引擎：百度、搜狗、谷歌、雅虎。

1．百度（Baidu）（http://www.baidu.com）

百度是中国的两位海外留学生李彦宏和徐勇博士创建的中文搜索引擎，2000 年 1 月，百度公司在中国成立了它的全资子公司百度网络技术（北京）有限公司，随后于同年 10 月成立了深圳分公司，2001 年 6 月又在上海成立了上海办事处。2005 年百度在美国纳斯达克上市,成为当年全球资本市场上最为引人注目的上市公司，百度由此进入一个崭新的发展阶段。

百度搜索引擎拥有目前世界上最大的中文信息库，使用了高性能的“网络蜘蛛”程序自动地在互联网中搜索信息，可定制，高扩展性的调度算法，使得搜索器能在极短的时间内收集到最大数量的互联网信息。百度在中国各地和美国均设有服务器，搜索范围涵盖了中国大陆，香港，台湾，澳门，新加坡等华语地区以及北美，欧洲的部分站点。除网页搜索外，百度还提供新闻、MP3、地图、视频等多样化的搜索服务，率先创建了以百度贴吧、百度知道和百度百科为代表的搜索社区，将无数网民头脑中的智慧融入了搜索。

百度搜索非常简单、方便。完成一次查询，只需要在搜索框内输入需要查询的内容，按<Enter>键或者单击搜索框右侧的“百度一下”按钮，就可以搜索到最符合查询要求的网页内容。但是检索结果往往数百万计，所以要想提高检索效率，还需要掌握一些常用的检索方法和策略。

（1）如何选择合适的关键词

最基本同时也最有效的搜索技巧就是选择合适的关键词。选择关键词是一种经验的积累，表述问题的准确程度、关键词与主题的关联程度，用词的简练程度都会影响搜索结果。

① 使用关键词提示和相关搜索。百度深刻理解中文用户搜索习惯，开发出关键词自动提示:用户输入拼音，就能获得中文关键词正确提示。当输入关键词时，搜索框会打开下拉提示框，动态向用户提示与所输入关键词最接近的热门查询词。如果在提示框中看到所要查询的关键词，直接单击或用键盘选择即可链接到搜索结果页。有了关键词提示，就可以快速输入或调整关键词，如图 9-7 所示。

当第一次输入关键词进行搜索时，若搜索结果不佳，可以通过参考别人的搜索方法来获得一些启发。百度的“相关搜索”就是和本次搜索很相似的一系列查询词。百度相关搜索排布在搜索结果页的下方，按搜索热门度排序。

图 9-8 所示为“手机”的相关搜索，单击这些词，可以直接链接到它们的搜索结果页。

图 9-7　百度关键词提示

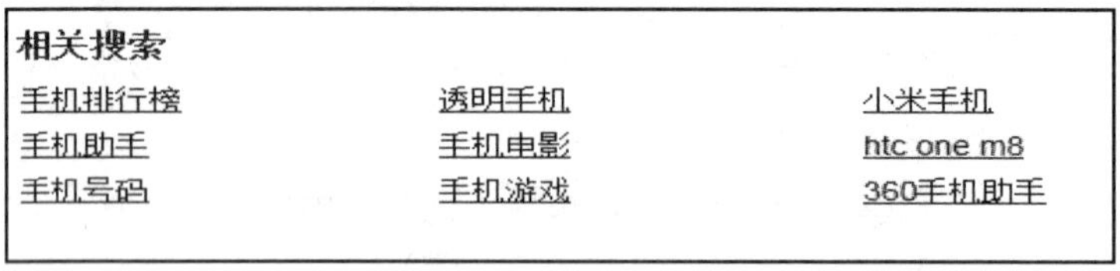

相关搜索

手机排行榜	透明手机	小米手机
手机助手	手机电影	htc one m8
手机号码	手机游戏	360手机助手

图 9-8　百度相关搜索

② 使用特定符号实现精确查询。默认情况，百度使用模糊查询给出搜索结果，搜索结果中的关键词可能是拆分的。如果要精确匹配这一串词，可以尝试给关键词加以下特定符号。

- "+"号或空格，在词语间加"+"号或空格可以分多个词进行查询。
- 双引号，双引号要求查询结果要精确匹配，不包括演变形式。例如在搜索引擎的文本框中输入""电传""（注意输入时带双引号），它就会返回网页中有"电传"关键字的网址，而不会返回诸如"电话传真"之类的网页。

③ 利用减号（-）使搜索结果中不含特定的关键词。如果希望搜索结果中不包含特定的关键词，可用减号语法去除所有这些含有特定关键词的网页。例如，在搜索引擎中输入"电视台 -中央电视台"（注意输入时不带双引号），它就表示最后的查询结果中一定不包含"中央电视台"。需要注意的是，前一个关键词和减号之间必须有空格，否则，减号会被当成连字符处理，而失去减号语法功能。减号和后一个关键词之间有无空格均可。

（2）使用高级搜索语法

① 在指定站点内搜索。在查询内容的后面加上"site:站点域名"，可以限制只搜索某个具体网站、网站频道或某域名内的内容。

② 在网页标题中搜索。在关键词中的关键部分之前加入"intitle:"，可以限制只搜索网页标题中含有这些关键词的网页，有时能获得很好的效果。

③ 在 URL 中搜索。在"inurl:"后面加上 URL 中的文字，可以限制只搜索 URL 中含有这些文字的网页。

④ 专业文档搜索。很多有价值的资料在互联网上并不是普通的网页，而是以 Word、PowerPoint 或 PDF 等格式存在的。在普通的关键词后面加上一个"filetype:"文档类型限定即可搜索这类文档。"filetype:"后可以跟以下文件格式，如 DOC、XLS、PPT、PDF、RTF 和 ALL。其中 ALL 表示搜索所有这些文件类型。

⑤ IE 搜索伴侣。IE 搜索伴侣使 IE 浏览器地址栏增加了百度搜索引擎功能，用户无须登录百度网站，直接利用浏览器地址栏快速访问相关网站或快速获得百度搜索结果。

【实战 9-1】使用高级语法完成如表 9-3 所示的 4 个查询要求。

① 打开 IE 浏览器。

② 在地址栏输入 http://www.baidu.com。

③ 在搜索框中输入表 9-3 中的"输入检索词"这一列的文字"打字 site:www.skycn.com"，单击"百度一下"按钮，在结果中单击所要的条目，找到下载按钮即可下载。（注意：site 前面要有空格）

④ 其他 3 个查找要求重复第③步，在搜索框中输入表 9-3 中对应的检索词即可。

表 9-3　检索词举例

查　询　要　求	输　入　检　索　词
1. 在天空网下载打字软件	打字 site:www.skycn.com
2. 搜索标题中有“搜索技巧”的百度相关网页	百度 inTitle: " 搜索技巧 "
3. 查找关于 Photoshop 的使用技巧	photoshop inurl:jiqiao
4. 查找美国大学教育方面的论文	美国 大学教育 filetype:doc

（3）使用高级搜索设置

单击百度主页中百度一下的“设置”按钮，可以根据自己的习惯，改变百度默认的搜索设定，如搜索框提示的设置，每页搜索结果数量等，图 9-9 所示为百度高级搜索设置页面。

不同的搜索引擎提供的查询功能和实现方法大同小异，更多的搜索技巧可进入该网站的“帮助”中学习。

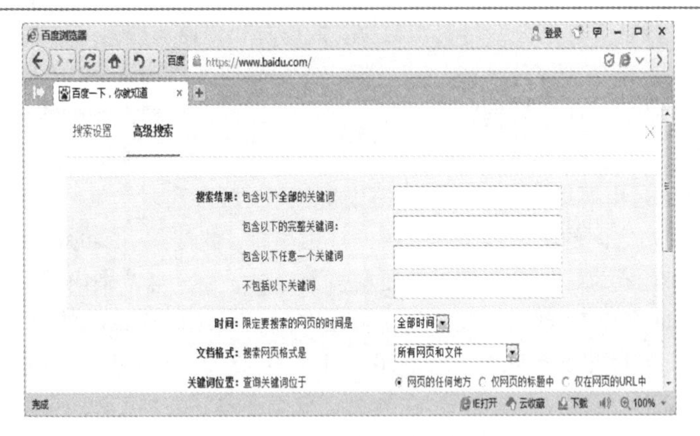

图 9-9　百度高级搜索设置

（4）百度识图

搜索引擎除了用关键字进行搜索，还可以按图片进行搜索，实现以图找图、以图搜图。以百度为例，百度识图通过图像识别和检索技术,为用户提供全网海量、实时的图片信息。

在百度主页中单击“更多产品”下的“全部产品”（或直接输入网址：stu.baidu.com），如图 9-10 所示。单击其中“百度识图”链接，如图 9-11 所示，用户可以通过上传,粘贴图片网址等方式寻找目标图片的高清大图,相似美图；通过猜词了解和认知图片内容。

图 9-10　百度产品大全

图 9-11　百度识图

2．搜狗搜索（http://www.sogou.com）

搜狗搜索是搜狐公司于 2004 年 8 月推出的互动式中文搜索引擎，历经十余年，搜狗搜索在 PC 端搜索、移动搜索两方面有了长足进步。随着 2013 年腾讯 SOSO 的并入，搜狗搜索结合腾讯资源，打造微信搜索，推出本地生活、扫码比价、微信头条等独特功能。其特色之一是搜狗微信公众平台搜索，接入数百万微信公众号资源数据，能够提供“通用搜索”和“微信公众平台搜索”服务，全面覆盖网页、微信等媒体形态。其特色之二是移动客户端 app，具有本地生活、扫码比价、微信头条三大功能，基于大数据智慧计算，可以根据用户兴趣推荐个性化阅读内容。

3．Google 搜索

Google 搜索项目是由斯坦福大学的理学博士生拉里·佩奇和谢尔盖·布林在 1996 年创建的，他们开发了一个对网站之间的关系做精确分析的搜索引擎，此搜索引擎的精确度胜于当时使用的基本搜索技术，现在它成为了世界上最大的搜索引擎之一，在全球范围内拥有无数的用户。2006 年 4 月 12 日，Google 全球 CEO 埃里克·施密特在中国北京宣布 Google 的中文名字为“谷歌”，推出 Google.cn，Google 自此正式进入中国；2010 年 3 月 23 日，Google 宣布退出中国大陆。

4．雅虎（Yahoo）

Yahoo（http://www.yahoo.com）是分类搜索引擎的典型，由斯坦福大学的博士研究生大卫·费洛和杨致远于 1994 年创建。雅虎有中文、英文等 10 余种语言的版本，每个版本的内容互不一样。可以说，每一种不同的版本都是一种不同的、相对独立的搜索引擎。中国雅虎是雅虎于 1999 年 9 月在中国开通的门户搜索网站。它开创性地将全球领先的互联网技术与中国本地运营相结合，成为中国互联网界位居前列的搜索引擎社区与资讯服务提供商。

Yahoo 提供 3 种信息检索方式：

① 归类信息方式：如最新消息和当前热点信息等。

② 专题浏览方式：将所有普通信息分为若干个大类，每个大类又分为若干个子类，通过某个子类进一步链接到更加细化的下一级类目，可单击超链接词进入相关专题，最后得到一个与特定主题相关的实际网页的列表。

③ 关键词检索方式：在 Yahoo 主页的搜索框内输入要搜索的信息主题词，然后单击“搜索”按钮即可搜索出结果。

5．其他搜索引擎

搜索引擎作为互联网里从出生到壮大的传奇，谱写着互联网神话。它已经改变了最初网民的上网方式，所带来的搜索力经济已经成为互联网经济链条中十分重要的部分。除了上述几个著名搜索引擎之外，还有许多公司开发了属于自己的搜索引擎，如搜狐搜狗、微软必应、新浪爱问、中搜、网易有道、114 优化搜索、搜乐等。

9.2.4　科技查新与专业学术资源检索

科技促进发展，创新更是一个民族生存与发展的灵魂。在准备科研立项、科技成果鉴定、评估、验收、奖励、专利申请和技术交易等活动时，检索专业学术资源可以为我们提供可靠的信息。

1. 科技查新

科技查新（简称查新）是指具有查新业务资质的查新机构根据查新委托人提供的需要查证其新颖性的科学技术内容，按照《科技查新规范》进行操作，并给出结论（查新报告）。查新工作为评价科技立项、成果验收与鉴定，专利的新颖性、先进性和实用性提供文献信息依据的咨询性服务。科技查新对象包括：

① 申请国家技术发明奖，国家科技进步奖。

② 申请国家 863、973 等高技术研究发展计划项目。

③ 申请国家自然科学基金项目，省、市自然科学基金项目和一般科技项目立项。

④ 科技成果验收、评估、转化。

⑤ 科技成果转让。

⑥ 申报新产品。

⑦ 申请国家发明专利。

⑧ 国家重点实验室评估。

⑨ 博士生课题开题报告。

⑩ 其他国家、地方或企事业单位有关规定要求查新的。

查新咨询服务的结果是为被查课题出具一份查新报告，称为“科技成果查新证明书”。该证明书包括封面、正文及签名盖章等内容。正文为证明书的核心，包括 3 项内容：

① 课题的技术要点：根据用户提供的研究报告及其他技术资料写出课题的概要，重点表述主要技术特征、参数、指标、发明点、创新点、技术进步点等。

② 检索过程与检索结果：包括对应于查新课题选用的检索系统、数据库、检索年限、检索词、检索式及检索命中的结果。

③ 查新结果：对查新课题与以上命中的结果进行新颖性及先进性对比分析，最后得出查新结论。

科技查新是文献检索和情报调研相结合的情报研究工作，以文献为基础，以文献检索和情报调研为手段，以检出结果为依据，通过综合分析，对查新项目的新颖性进行情报学审查，并写出有依据、有分析、有对比、有结论的查新报告。也就是说，查新是通过检出文献的客观事实来对项目的新颖性做出结论。因此，查新有较严格的年限、范围和程序规定，有查全、查准的严格要求，要求给出明确的结论。查新结论具有客观性和鉴证性，但不是全面的成果评审结论。这些都是单纯的文献检索所不具备的，也有别于专家评审。

2. 专业学术资源检索

目前科技查新主要利用的信息检索系统有中国知识基础设施工程（CNKI）、万方数据资源系统和国家科技图书文献中心（NSTL）等。

（1）中国知识基础设施工程（CNKI）

CNKI（China National Knowledge Infrastructure）又称中国知网，始建于 1999 年 6 月，是中国知识基础设施工程。CNKI 的信息内容是经过深度加工、编辑、整合、以数据库形式进行有序管理的，内容有明确的来源、出处，可信可靠，比如期刊杂志、报纸、博士硕士论文、会议论文、图书、专利等。因此，CNKI 的内容有极高的文献收藏价值和使用价值，可以作为学术研究、科学决策的依据。表 9-4 所示为 CNKI 包含的部分数据库收录情况。查看所有数据库详情可登录 http://www.cnki.net。

表 9-4　CNKI 部分源数据库

CNKI 源数据库名称	收　录　情　况
中国期刊全文数据库	1994 年至今
中国优秀博硕士学位论文全文数据库	1999 年至今
中国重要报纸全文数据库	2000 年至今
中国重要会议论文全文数据库	2000 年至今
中国图书全文数据库	1949 年至今
中国年鉴全文数据库	1912 年至今
中国精品文艺作品期刊文献库	1994 年至今
中国工具书网络出版总库	4 000 余部工具书、1 500 万词条

目前，高校图书馆的馆藏资源均包含纸质文献和电子资源两部分，可从本校图书馆的电子资源列表查看是否有中国知网，若有，则利用学校提供的用户名和密码登录，如图 9-12 所示，选择相应的数据库，按检索项输入检索词，找到文章标题后即可下载全文。

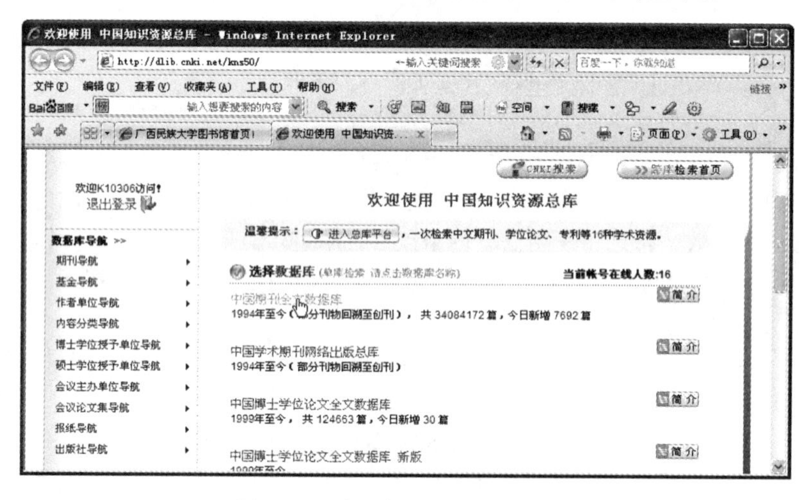

图 9-12　中国知网登录后的界面

（2）万方数据资源系统

万方数据资源系统（http://wanfangdata.com.cn/）是 1997 年 8 月由中国科技信息研究所和万方数据集团公司联合开发的网上数据库联机检索系统。万方数据库包括商务信息子系统、科技信息子系统、数字化期刊子系统三大部分。万方数据库内容涉及自然科学和社会科学的各个专业领域，收录范围包括期刊、会议、文献、书目、题录、报告、论文、标准专利、连续出版物和工具书等，包含 30 个行业国内著名的数据库，可以实现按行业需求检索的功能。

（3）国家科技图书文献中心

国家科技图书文献中心（National Science and Technology library，简称 NSTL），网址 http://www.nstl.gov.cn，主页如图 9-13 所示。中心是一个基于网络环境的科技信息资源服务机构，由中国科学院文献情报中心、中国科学技术信息研究所、机械工业信息研究院、冶金工业信息标准研究院、中国化工信息中心、中国农业科学院农业信息研究所、中国医学科学院医学信息研究所、中国标准化研究院标准馆和中国计量科学研究院文献馆组成。

NSTL 目前已为全国非营利机构的科技用户免费开通网络版全文期刊现刊 703 种，其中 400 余种为 SCI 收录期刊，学科以基础科学和医药卫生为主，开通了 4 个事实型数据库，即美国冷泉港试验室出版社-试验方案指南、IGI Global 出版社-信息科学与技术词典、美国医师协会-循证医学资料库、英国医药出版社-药物数据库。此外，NSTL 目前已为全国非营利机构免费开通 Springer、Nature、OUP、IOP、Turpion 等 11 个知名出版社网络版回溯期刊 1581 种。

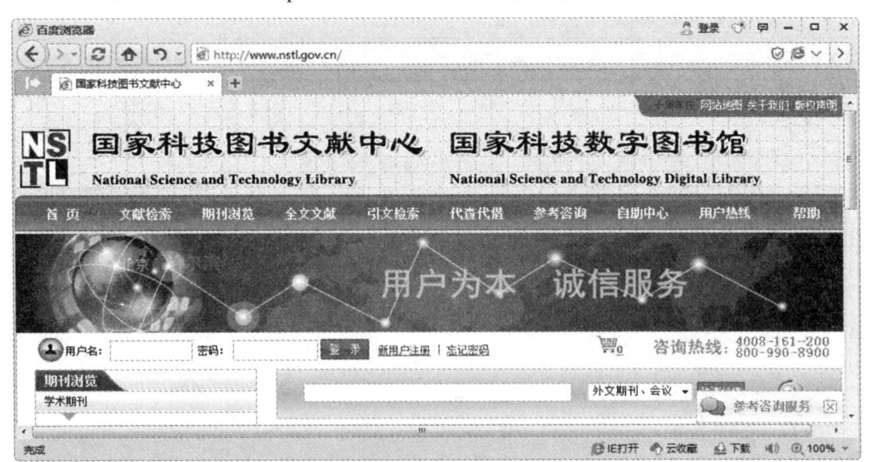

图 9-13　国家科技图书文献中心主页

9.3　网页设计基础

网络的发展与普及给人们的生活带来了巨大的变化，随着各种网络用户数量的急剧增加，网站已成为政府、企业和个人对外宣传、信息沟通方便快捷的桥梁。越来越多的单位和个人在网络上创建自己的网站和网页，网页的设计与制作成为许多人迫切掌握的技能之一。

9.3.1　网页、站点与网站

1. 网页

网页是用 HTML 或 XHTML 等编写的，通过 WWW 传输，并被 Web 浏览器翻译成可以显示出来的页面文件，它通常包含文本、图片、声音和数字电影等信息。网页最常见的功能组件元素包括站标、导航栏和广告条等，而色彩、表格等造型要素和文本、表单等内容要素是网页最基本的信息形式和表现手段。如果设计精致得体，网页组件将起到画龙点睛的作用。常见的网页组件及其功能说明如表 9-5 所示。

表 9-5　常见的网页组件

组　件	功　能　说　明
站标	站标（logo）是一个网站的标志，通常位于主页面的左上角
导航栏	导航栏直观地反映出网页的具体内容，带领浏览者顺利访问网页。导航栏要放在明显的位置。导航栏有一排、两排、多排、图片导航和框架快捷导航等类型。另外还有一些动态的导航栏，如 Flash 导航

续表

组　件	功　能　说　明
按钮	在网页中，按钮的形式比较灵活，任何一个板块内容都可以设计成按钮形式。制作按钮时要注意与网页整体协调，按钮上的文字要清晰，图案色彩要简单
文本	文本通常是网页中最多的内容，要注意文字颜色、字体和字号的选择
图像	图像是表现和美化网页的最佳元素。图像的位置比较灵活，但网页中不宜放置太多图像，否则会让人觉得杂乱，也会影响网速。网页可以使用多种图像格式
表格	表格一般用来控制网页布局的方式，比较明显的是横竖分明的网页布局
表单	表单是用来收集信息或实现一些交互作用的表。例如，注册163账户时要填写的表单

2. 站点与网站

网站由一定数量的网页组成，网站内的网页通过超链接（Hyperlink）的方式连接在一起。通常，把在本地计算机创建的尚未发布的网站称为站点。站点经过测试和发布等步骤获得相应的网络访问地址，便成了网站。

当进入一个网站时，所看到的第1个网页称为该网站的主页（Home Page），主页通常设有网站的导航栏，其他的网页称为Web Page，其结构如图9-14所示。

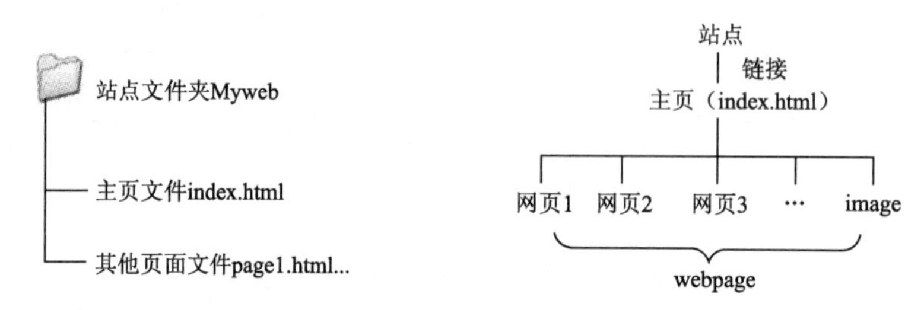

图9-14　网站存储结构和逻辑结构示意图

一个网站的设计与实施一般来说需要4个步骤，即网站的规划与设计、站点建设、网站发布与推广和网站的管理与维护。

（1）网站的规划与设计

一个网站的成功与否与建站前的网站规划有着密切的关系。在创建网站前应明确建设网站的目的，确定网站的功能，确定网站的规模和投入费用，进行必要的市场分析等。详细的规划可以避免网站建设中的很多问题，使网站建设顺利进行。网站的规划与设计可分为4个环节，如图9-15所示。

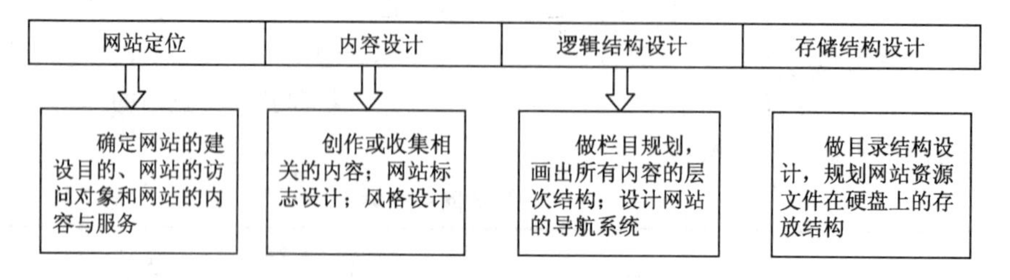

图9-15　网站规划设计环节

（2）站点建设

在网站的规划与设计完成之后，就可以着手进行站点建设的工作了。站点建设又分为四部

分，分别为域名确定与注册、网站配置、网页制作和网站测试。

① 域名确定与注册。通常，用户通过域名访问网站，确定好网站的域名后，需要经过注册域名才真正有效。注册域名可以到域名管理中心或其授权的公司进行办理。中国的域名管理中心是中国互联网络信息中心（http://www.cnnic.net.cn/），可以在这里或者在它授权的域名认证注册服务机构进行域名注册。

② 网站配置。网站配置要根据站点对访问的承受能力选择适合网站规模的各种软/硬件资源，包括硬件服务器及其他需要的硬件（如防火墙、路由器和接入线路等）、操作系统、WWW服务器软件、动态网页服务器软件及数据库服务器软件等。

③ 网页制作。人们可以使用 HTML（Hypertext Markup Language，超文本置标语言）和 XHTML（The Extensible Hypertext Markup Language，可扩展标记语言）等来编写网页，也可以使用可视化网页制作工具软件来完成大多数网页的编写工作，使网站的创建更加简单。从当初简单的 HTML 技术到现在，网页制作技术经历了从简单到复杂、从静态到动态、从客户端到服务器的巨大变化。

④ 网站测试。为了保证在网站发布之后所有的用户都能正常地浏览网页和使用网站所提供的服务，在正式对外发布网站之前，一定要进行网站测试，详细的测试过程见 9.4.5 小节。

（3）网站发布与推广

网站测试通过之后即可发布网站，以便让所有的因特网用户都能通过因特网访问这个网站。网站发布最基本的工作就是到 WWW 服务器上申请网站空间，然后上传自己的网站，详细的发布过程见 9.4.5 小节。网站发布后，为提高网站的访问率，通常使用搜索引擎、广告、BBS 和电子邮件等对网站进行推广。

（4）网站管理与维护

网站发布后，需要不断地更新和补充网页的内容，并确保网站的安全。网站管理工作主要包括 Web 服务器管理、数据库服务管理、日志管理、网站性能的管理、网站安全的管理和网站文件的管理等。网站的维护工作主要涉及网站安全的维护、网站页面外观维护、网站内容维护、网站数据库的维护和网站运行程序的维护等。

9.3.2 HTML 与可视化网页设计工具

1. HTML

HTML 是 WWW 上描述网页中内容和显示方式的一种语言。用 HTML 书写的文件采用标准的 ASCII 文件存储结构，扩展名为.HTM 或.HTML。HTML 的结构包括头部（Head）、主体（Body）两大部分，其中头部描述浏览器所需的信息，而主体则包含所要说明的具体内容。从结构上讲，HTML 文件由元素（Element）组成，组成 HTML 文件的元素有许多种，用于组织文件的内容和指导文件的输出格式。绝大多数元素是“容器”，即它有起始标记和结尾标记，如<TITLE>网页标题</TITLE>。元素的起始标记称做起始链接签（start tag），元素结束标记称做结尾链接签（End Tag），在起始链接签和结尾链接签中间的部分是元素体。每一个元素都有名称和可选择的属性，元素的名称和属性都在起始链接签内标明。HTML 的元素表示方法主要有下列三种：

① <元素名>文件或超文本</元素名>，如<TITLE>网页标题</TITLE>。

② <元素名 属性名=属性值...>文本或超文本</元素名>，如<BODY BGCOLOR=YELLOW>背景颜色 </BODY>。

③ <元素名>，如<P>。

第 3 种写法仅用于一些特殊的元素，如分段元素<P>，它仅通知 WWW 浏览器在此处分段，因而不需要界定作用范围，所以它可以没有结尾标记。一般来说，一个 HTML 文件应具有下面最基本的结构：

```
<HTML>
<HEAD>
<TITLE>网页标题</TITLE>
</HEAD>
<BODY>
网页内容
</BODY>
</HTML>
```

HTML 文件以<HTML>开始，以</HTML>结束。<HEAD>和</HEAD>之间的内容是头部信息。<TITLE>和</TITLE>之间是网页标题，它将出现在浏览器窗口的标题栏中。<BODY>和</BODY>之间的内容出现在浏览器网页中。HTML 在普通文本的基础上加上一系列的标记描述其格式和颜色，再加上图像、声音、动画和视频等，通过浏览器的解释，形成精彩的画面。常用的 HTML 标记及其功能和用法如表 9-6 所示。

表 9-6　HTML 的常用标记及其功能和用法

标　记	功　能	用　法
<HTML>	声明这是 HTML 文件	<HTML>...</HTML>
<HEAD>	声明这是文件头部信息	<HEAD>...</HEAD>
<TITLE>	定义网页标题	<TITLE>网页标题</TITLE>
<BODY>	声明这是文件主体信息	<BODY 属性名=属性值>...</BODY>，可加入背景等属性
 	换行标记，创建一个回车换行	
<P>	段落标记，分段	<P>
<FONT>	控制输出文本的字体和颜色等	<FONT 属性名=属性值>文本</FONT>，可加入文本字体、颜色等属性
<IMG>	插入图像及设定图像属性	<IMG SRC= "图像路径和文件名" 属性名=属性值>，可加入对齐等属性
<A>	插入超链接	<A HREF= "URL" >链接源</A>
<EMBED>	播放音频和视频文件	<EMBED SRC= "音频或视频文件路径和文件名" >
<TABLE>	声明这是一个表格	<TABLE 属性名=属性值>...</TABLE>，可加入边框色和背景色等属性
<TR>	行标记，用于创建表格的每一行	<TR 属性名=属性值>...</TR>，可设置对齐方式等属性
<TD>	用于设置某一单元格的属性	<TD 属性名=属性值>...</TD>，可设置单元格宽度等属性
<FORM>	声明这是一个表单	<FORM 属性名=属性值>...</FORM>，可加入程序名和表单名等属性
<MARQUEE>	控制滚动文字的方向和步伐等	<MARQUEE 属性名=属性值>...</MARQUEE>，可加入文字方向等属性

2．可视化网页设计工具

使用 HTML 编辑网页需要编写大量的代码，要求网页制作人员有一定的编程基础，所以用 HTML 设计一个网页并不容易。随着 Dreamweaver 和 FrontPage 等可视化网页设计工具的出现，

网页设计变得轻松自如。这些网页设计软件的最大优点是“所见即所得”(what you see is what you get，WYSIWYG)，也就是说在编辑工具中所看到的网页和在浏览器中所看到的网页是基本一致的。在编辑窗口设置的文字格式、动画效果及添加的图片和表格等网页元素，软件系统会自动生成相应的 HTML 控制字符。通过这些可视化网页设计软件，即使是非专业人员也能制作出精美、漂亮的网页。

9.4　Dreamweaver 入门

Dreamweaver 是网页设计与制作领域中用户较多、应用较广、功能较强大的软件。它集网页设计、网站开发和站点管理功能于一体，具有可视化、支持多平台和跨浏览器的特性，是目前网站设计、开发和制作的首选工具。本节以 Dreamweaver CS6 版本作为讲解对象。

9.4.1　Dreamweaver 的工作环境

1．Dreamweaver 的启动

选择“开始”→“所有程序”→“Adobe　Dreamweaver CS6”选项，即可启动 Dreamweaver CS6 软件。

2．Dreamweaver 的工作界面

当新建或打开网页时将出现网页编辑主窗口，如图 9-16 所示，左侧是用于网页设计的主窗口，右侧是辅助设计的浮动面板组。

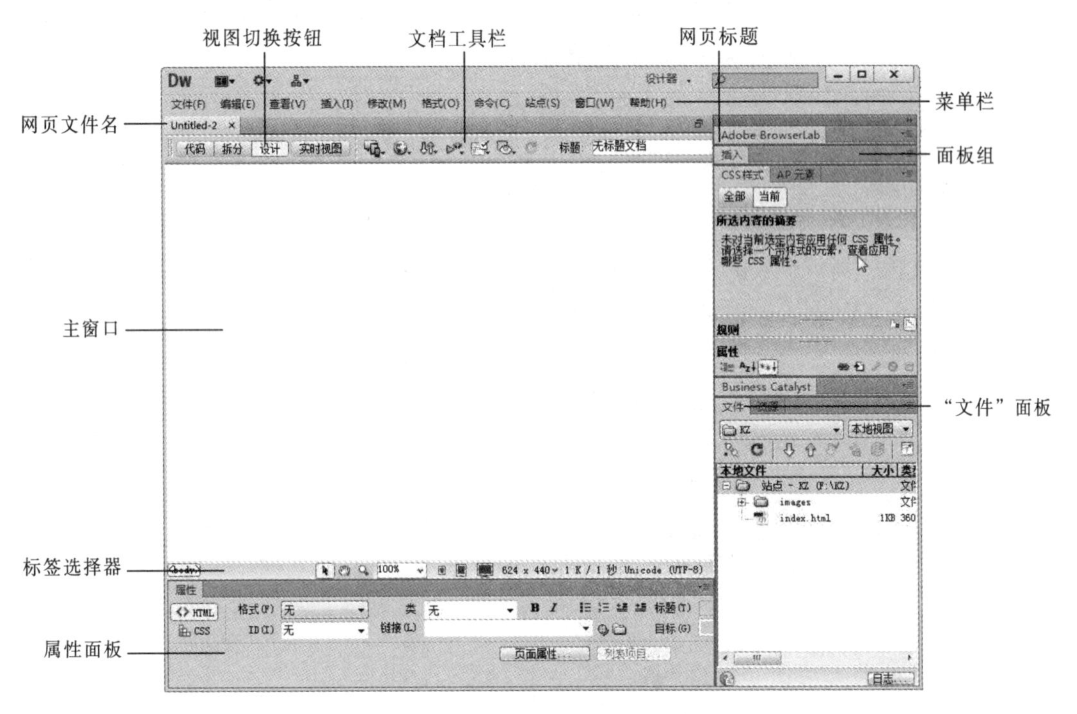

图 9-16　Dreamweaver CS6 的工作界面

（1）文档工具栏

文档工具栏位于文档标签下方，它包含按钮和弹出式菜单，提供代码视图、拆分视图、设

计视图和实时视图，此外还提供各种查看选项和常用的操作按钮。4 种视图模式的含义如下：

①“设计”视图：显示网页编辑界面，查看网页的设计效果，是默认的视图模式。

②“代码”视图：显示文档的源代码。

③“拆分”视图：同时显示“代码”视图和“设计”视图，上面的部分为源代码界面，下面的部分为网页编辑界面。

④ 单击“实时视图”按钮，可模拟在浏览器中浏览的网页效果，再次单击该按钮将返回网页编辑状态。

（2）主窗口

主窗口是网页设计的主要工作场所，在这里可以设计出各式各样的网页。在 Dreamweaver 中允许同时打开多个文档窗口进行编辑。

（3）“属性”面板

用于查看和更改所选对象的各种属性，每个对象都对应不同的属性。

（4）“文件”面板

类似于 Windows 的资源管理器，用于管理网站的各种资源，同时还可以访问本地磁盘中的文件。

9.4.2 网页文档操作

1. 创建本地站点

要创建一个网站，一般先要在本地计算机上创建站点，然后再上传到网络上的虚拟空间中。

【实战 9-2】在 D:\新建一个本地站点 Myweb。

① 在 D 盘新建一个文件夹 Myweb，在 Myweb 文件夹中再创建一个子文件夹 Images，把网页制作所用到的图片素材复制到 Images 中。

② 启动 Dreamweaver，选择“站点”→“新建站点”选项，输入入站点名称，如：web1，选择“本地站点文件夹”为 D:\ Myweb，单击“保存”按钮”，如图 9-17 所示。

③ 在“文件”面板中右击“站点-Myweb”，在弹出的快捷菜单中选择“新建文件”命令，将新建的文件命名为 index.html，如图 9-18 所示。

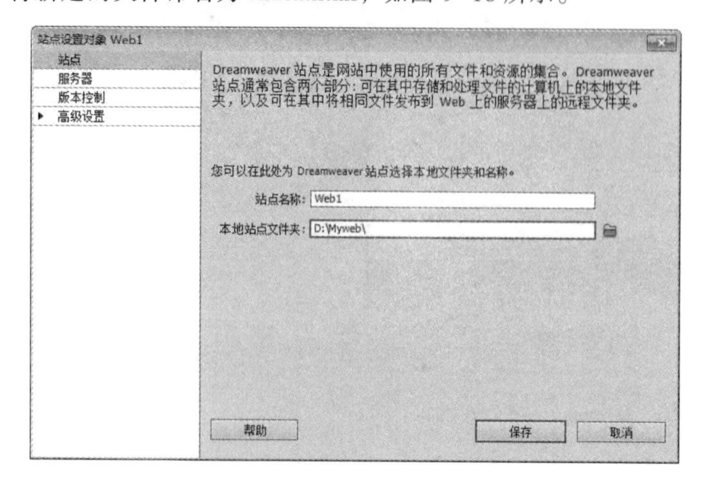

图 9-17　新建站点

图 9-18　新建网页文件

小知识

严格来说，网页和主页是两个不同的概念，每一个 HTML 文件都是网页。而在网站中，一般指定其中的一个网页作为网站的首页（即主页），并将该主页文件命名为 index.html、index.htm、default.html 或 default.htm 等。

2．网页属性设置

创建了网页文档后，可以通过设置其页面属性来确定网页页面的整体风格。双击打开网页文件后，选择“修改”→“页面属性”命令，弹出如图 9-19 所示的“页面属性”对话框。

“页面属性”对话框的主要选项含义如下：

①“外观”：设置页面字体和背景等外观属性。

②“链接”：设置超链接文字的字体、颜色和格式等。

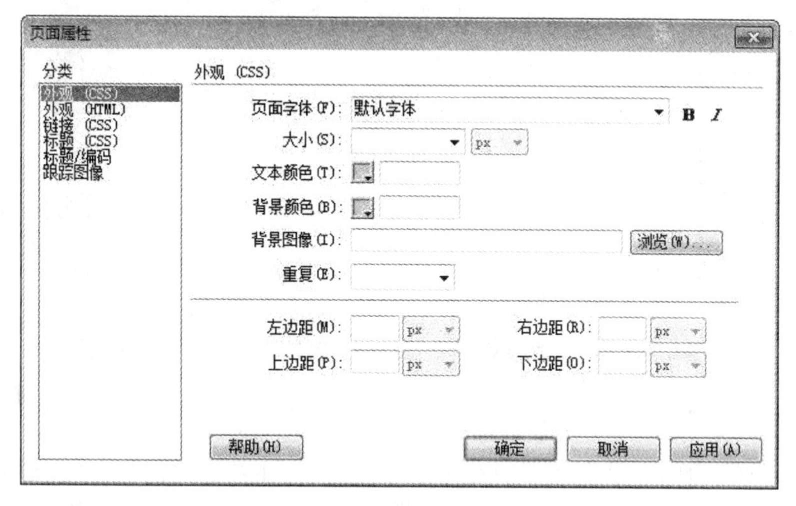

图 9-19 “页面属性”对话框

③“标题”：设置 6 级标题的样式属性。

④“标题/编码”：设定文档标题和编码，编码默认是 Unicode（UTF-8）。

9.4.3 CSS

1．CSS 简介

CSS（Cascading Stylesheet），即“层叠样式表”，用于控制 Web 页面的外观。它可以有效地对页面的布局、字体、颜色、背景和其他效果实现更加精确的控制。通过使用 CSS 样式设置页面的格式，可将页面的内容与表现形式分离，而且易于实现一个网站整体风格的一致性。页面内容存放在 HTML 文档中，而用于定义表现形式的 CSS 规则则存放在另一个文件中或 HTML 文档的文件头部分。将数据与表现形式分离，是未来网页设计的发展方向。

2．CSS 的语法结构

CSS 样式表由“选择器、属性和属性值三部分构成，其一般格式为：

选择器{属性：值}

如：body { background-color: #06C}　　　/*设置页面背景为蓝色*/

这个语句中，选择器为 body，属性为 background-color（定义页面背景），属性值为：#06C（蓝色），/*设置页面背景为蓝色*/为注释语句，用/*...*/把内容括住。选择器可以是 HTML 标签，如 body、table、title 等，也可以是定义了 ID 或 Class 的标签。

3. CSS 样式在网页中的应用

将 CSS 样式应用到网页中主要有三种形式：

（1）内联样式表

内联样式表将 CSS 样式所定义的内容写在 HTML 代码行内，如

```
<body style="background-color: #06C ">    /*设置页面背景为蓝色*/
```

（2）内部样式表

将 CSS 样式统一放置在页面的一个固定位置，与 HTML 的具体标签分离开来，从而可以实现对整个页面范围的内容显示进行统一的控制与管理。一般放置在<head>... </head>区段中，图 9-20 是一个应用了内部样式表的网页。

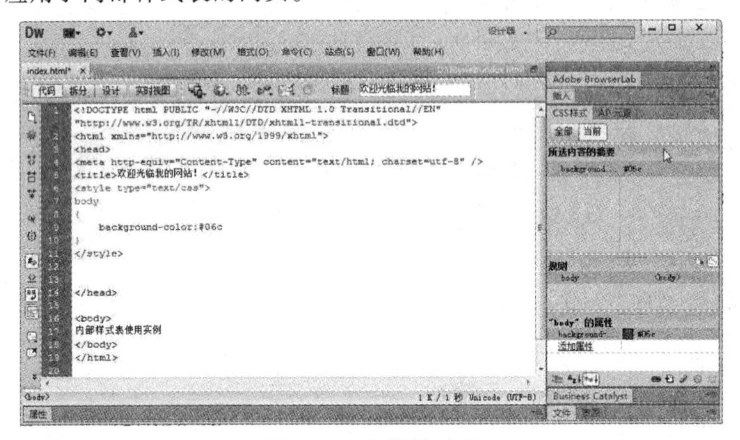

图 9-20　内部样式表

（3）外部样式表

用户在设计网页时，可以将整个网页的外观定义等写在一个 CSS 文件（扩展名为.css）中，然后通过 HTML 的 LINK 元素连接到 HTML 文档，这样的 CSS 样式表称为外部样式表，如图 9-21 所示。外部样式表将管理整个 Web 页的外观，它可以被整个网站的所有网页使用。连接 CSS 文件的语句格式一般为：<Link href="wbysb.css" rel="stylesheet" type="text/css">。其中，wbysb.css 为独立的 css 文件，如图 9-22 所示。

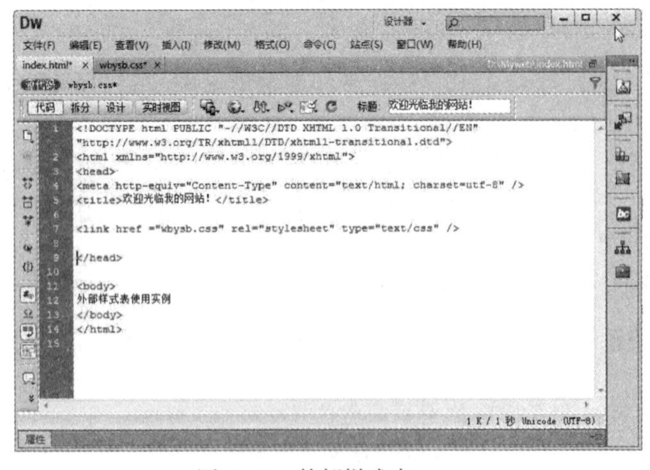

图 9-21　外部样式表

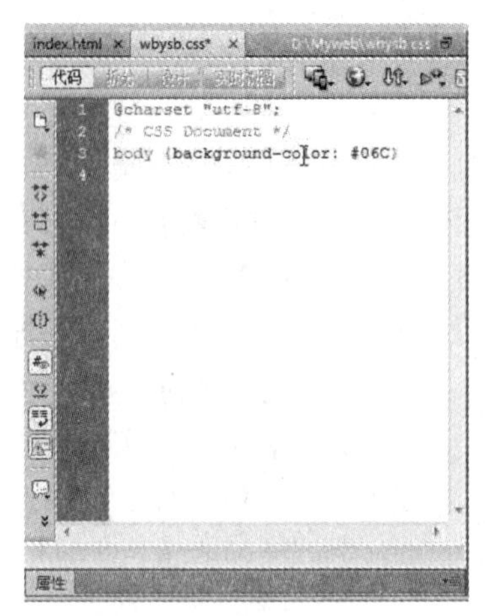

图 9-22　外部 CSS 文件

9.4.4　网页元素的编辑

创建完网页后，即可在其中添加包括文本、图像、超链接、音频、动画、视频、表单和行为等网页元素。

1. 文本

在网页中插入文本与 Word 等其他文字处理软件类似，可以直接输入，也可以通过复制后粘贴插入。文字输入后，可以通过其 CSS 属性检查器设置文本的各种属性。操作方法；选中文字后，单击在其“属性”面板左上角的“CSS”，在 CSS 属性面板的“目标规则”中选择“新内联样式”即可设置其大小、颜色、字体、加粗等。

2. 图像

将光标置于需插入图像的位置，选择“插入”→“图像”选项，将弹出图 9-23 所示的“选择图像源文件”对话框，选择需要插入的图像，单击“确定”按钮。如果所选择的图像文件不在当前站点，就会弹出一个是否复制文件到当前站点的对话框，单击“是”按钮，将弹出“复制文件”对话框，如图 9-24 所示，单击“保存”按钮即可将该图片复制到网站中。

插入图像后，可以在其“属性”面板中对图像进行调整大小、裁剪和锐化等操作。

图 9-23　“选择图像源文件”对话框

图 9-24　“复制图像”对话框

3. 超链接

超链接是网页最具特色的元素之一，通过它可以把 Internet 上不同地理位置的网页联系起来。在 Dreamweaver 中使用较多的超链接主要有文本和图像超链接、锚点超链接及图像热点超链接。

（1）文本和图像超链接

文本和图像超链接是常见的链接方式，这种超链接通常以文本或图像作为链接源，链接的目标可以是站内网页、外部网页、电子邮件、Word 文档、压缩包或空链接等。

【实战 9-3】创建文本或图像超链接。

① 在网页页面中选中作为链接源的文本或图像。

② 在其“属性”面板中按照如图 9-25 所示的步骤进行操作。

图 9–25　插入超链接

（2）锚点超链接

锚点超链接是指链接到同一网页或不同网页的指定位置的超链接。当浏览的网页较长时，就需要在网页内部进行跳转，使用锚点超链接可以实现此功能。

【实战 9-4】创建锚点超链接。

① 把光标定位在需放置锚点的位置，选择“插入”→“命名锚记”选项，输入锚记的名称如 label1，在锚记位置将会多出一个锚记图标。

② 选中“链接源”后，在其 HTML“属性”面板中的“链接”文本框中输入“#”号和锚记名称，如“#label1”。

（3）图像热点超链接

要在同一个图像的不同区域上创建不同的超链接，可以使用图像热点超链接。

【实战 9-5】创建图像热点超链接。

① 选中图像，利用图像 HTML“属性”面板中的热点绘制工具在图像上绘制热点。

② 选中刚才绘制的热点，在其 HTML“属性”面板中的“链接”文本框中输入链接目的地址即可。

小知识

选中链接源，在其“属性”面板中拖动链接域右边的“指向文件”按钮，使其指向链接目标（文档、图像或锚点），也可创建超链接。

4. 播放音频

音效在网页动画中起着画龙点睛的作用，可以使网页给访问者留下深刻的印象。

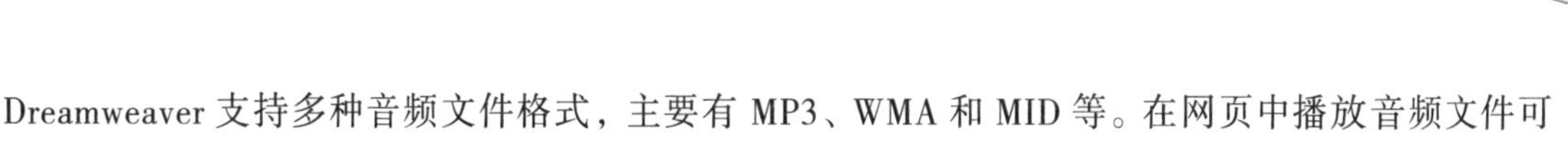

Dreamweaver 支持多种音频文件格式，主要有 MP3、WMA 和 MID 等。在网页中播放音频文件可以使用“链接到音频文件”和“嵌入音频文件”等方式。

【实战 9-6】链接到音频文件。

① 选中需创建超链接的文字或图片等。

② 在其 HTML“属性”面板中单击“链接”文本框右侧的“浏览文件”按钮，弹出图 9-26 所示的“选择文件”对话框，选择需播放的音频文件并单击“确定”按钮。预览时只要单击该超链接即可播放音频文件。

【实战 9-7】嵌入音频文件。

① 将光标定位在嵌入音频文件的位置，选择“插入”→“媒体”→“插件”选项，弹出图 9-26 所示的“选择文件”对话框。

② 选择需播放的音频文件并单击“确定”按钮，即可将音频文件嵌入网页中。

图 9-26　“选择文件”对话框

需要注意的是嵌入音频是直接将声音插入页面中，只有浏览器安装了适当的插件后才可以播放声音。

5. 播放视频

Dreamweaver 支持多种视频文件格式，主要有 MPEG、WMV 和 RM 等。在网页中播放视频文件同样可以使用【实战 9-6】的“链接法”和【实战 9-7】的“嵌入法”，只不过在“选择文件”对话框中选择的是需播放的视频文件。并且，使用【实战 9-7】的“嵌入法”时，在“属性”面板中应将插件的宽和高改大些，如 300×200，以使控制按钮和视频均可显示。嵌入视频是直接将视频插入页面中，只有浏览器安装了适当的插件后才可以播放视频。

另外，Dreamweaver 还提供了一个专门播放 FLV 流媒体的插件 Flash Video，大大缩短了 FLV 流媒体视频文件的播放等待时间。

【实战 9-8】播放 FLV 视频文件。

将光标置于需播放 FLV 视频文件的位置，选择“插入”→“媒体”→“FLV”选项，弹出“插入 FLV”对话框，按照如图 9-27 所示的步骤进行操作。

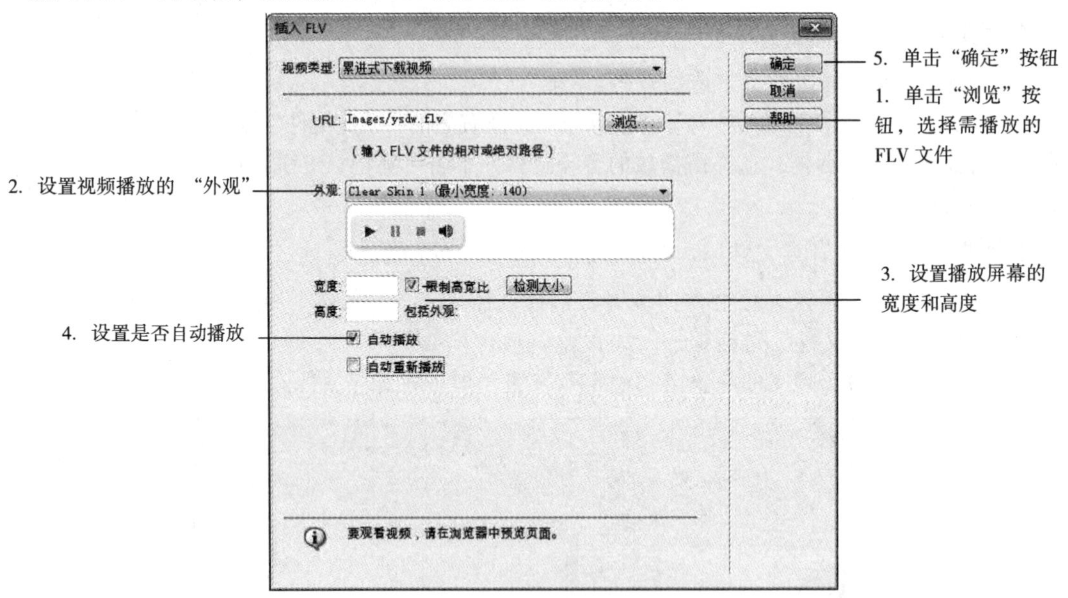

图 9-27　“插入 FLV”对话框

6. 插入动画

Flash 是 Macromedia 公司出品的动态交互式多媒体技术，它制作的 Flash 动画文件所占的存储空间小，内容丰富，并且可以边下载边播放，是制作网页动画的首选。

【实战 9-9】插入 Flash 动画。

① 将光标置于需插入 Flash 动画的位置，选择“插入”→“媒体”→“SWF”选项，弹出“选择 SWF”对话框，选择需插入的 Flash 动画并单击“确定”按钮，如图 9-28 和图 9-29 所示。

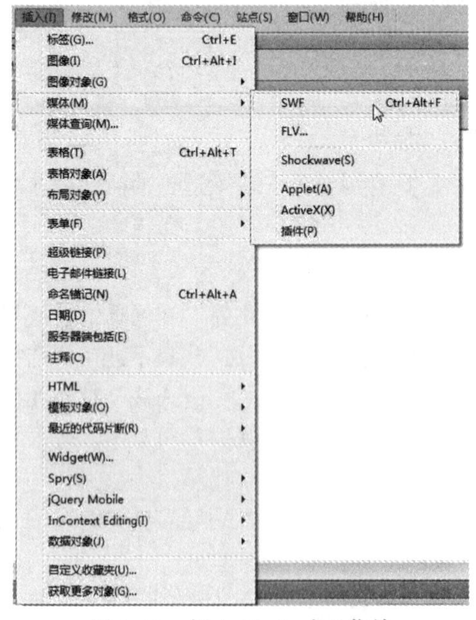

图 9-28　插入 Flash 动画菜单

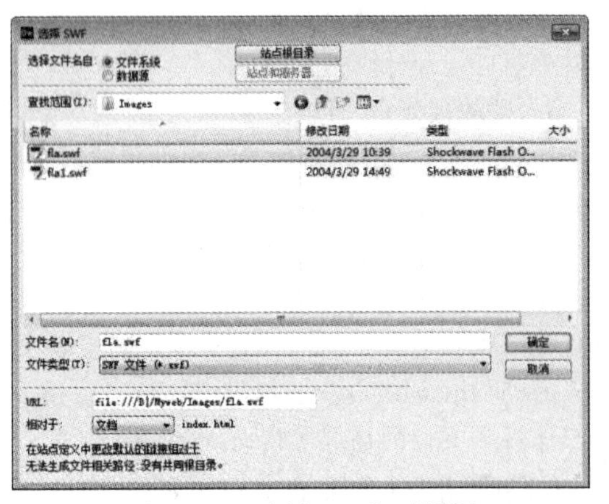

图 9-29　“选择 SWF”对话框

② 在其“属性”面板中设置播放屏幕的宽度和高度，以及是否自动播放和播放品质等参数，如图 9-30 所示。

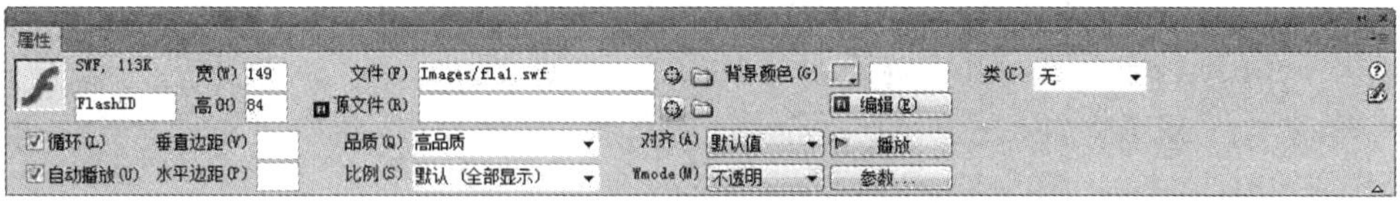

图 9-30　Flash 动画属性面板

7. 表单

表单在网页中主要负责数据采集功能。一个表单由表单标签、表单域和表单按钮三个基本部分组成，如图 9-31 所示。表单标签包含了处理表单数据所用 CGI 程序的 URL 以及数据提交到服务器的方法。表单域包括文本框、密码框、隐藏域、多行文本框、复选框、单选框、下拉选择框和文件上传框等。表单按钮包括提交按钮、复位按钮和一般按钮等，主要用于确认数据的输入或者取消输入，还可以用表单按钮来控制其他定义了处理脚本的处理工作。常见的表单域使用说明如下：

① 文本区域：文本域中的一种，允许输入多行信息。

② 复选框：允许用户从多个选项中选择一个或者多个。

③ 单选按钮：用户只能从一组选项中选择一个选项，例如性别。一般配合标签一起使用。

④ 列表/菜单：列出一组可供用户选择的值（项目）。可以将其设置为弹出菜单或者列表框。

⑤ 跳转菜单：跳转菜单可建立 URL（网址等）与菜单列表中的选项之间的链接。

⑥ 按钮：用于执行提交表单到服务器或重置表单数据的命令，也可以与页面脚本语言配合实现自定义的功能。

⑦ 图像域：设置图像作为按钮的图标，此外它还可以配合脚本程序实现更多的交互功能。

⑧ 文件域：文件域使用户可以将本地计算机上的文件上传到服务器。

⑨ 隐藏域：页面中不可见，不接受任何用户的输入，主要用于存储并提交非用户输入的信息。

图 9-31　表单

【实战 9-10】创建一个跳转菜单，链接到广西几所著名高校。

① 单击“插入”→“表单”→“表单”按钮。

② 单击“插入”→“表单”→“跳转菜单”按钮，在弹出的“插入跳转菜单”对话框中的“文本”一项中，输入“--友情链接--”，如图 9-32 所示。

③ 单击“+”按钮，插入一个新的菜单项，在“文本”一项中，输入“广西大学”，在“选择时，转到 URL”一项中输入 http://www.gxu.edu.cn。

④ 重复第③步，分别插入“广西民族大学”(http://www.gxun.edu.cn)、“广西师范大学”(http://www.gxnu.edu.cn)和“广西医科大学”(http://www.gxmu.edu.cn)等菜单项，单击“确定”按钮，最终预览效果如图 9-33 所示。

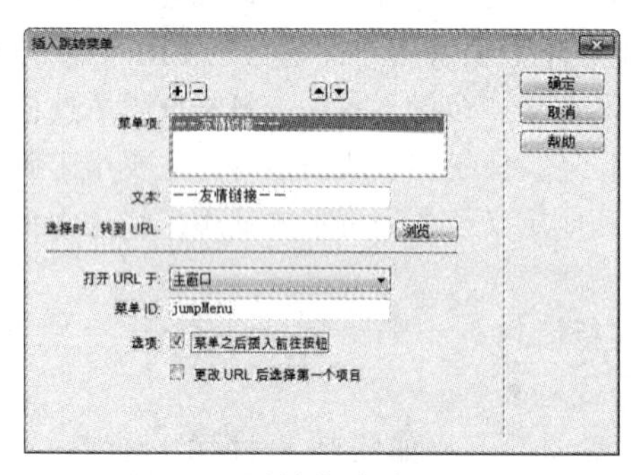

图 9-32 跳转菜单设置对话框

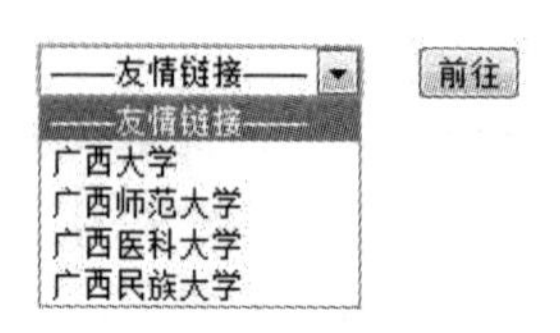

图 9-33 跳转菜单预览效果

8. 行为

行为是用于动态响应用户操作和改变当前页面效果或执行特定任务的一种方法。行为由事件和动作组成，事件是指发生在网页页面上的事情，如单击(OnClick)、鼠标离开 (OnMouseOut) 等。动作指事件发生后所执行的操作，如打开对话框和改变属性等。

【实战 9-11】为图片 sl 添加行为，单击图片时，弹出信息“欢迎光临!”。

① 选择“窗口” →“行为”选项，打开“行为”面板。

② 选中图片 sl，单击“行为”面板中的“添加行为”按钮 +。

③ 在弹出的行为菜单中选择“弹出信息”命令，在弹出的“弹出信息”对话框中输入“欢迎光临!”，单击“确定”按钮。

④ 在“行为”面板中单击下三角按钮，在下拉列表中选择所需的事件 onClick，如图 9-34 所示。

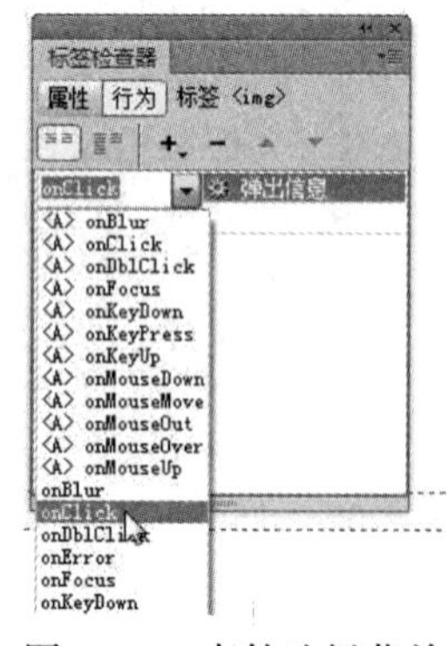

图 9-34 事件选择菜单

小知识

在行为菜单中，所有当前不可用的命令都以灰色显示，只有满足一定的条件转为黑色后才能使用。

9.4.5 网页布局

网页布局是网页设计的重要部分，布局的好坏不仅影响网页的美观程度，也会影响网站的处理速度和性能。网页布局就是把网页的各种构成元素（文字、图像、图表和菜单等）有效地

排列起来，使其具有和谐的比例和较好艺术效果。在 Dreamweaver CS6 中，常用的网页布局工具有表格、AP Div 和框架 3 种。

1．表格

使用表格布局可以使大量的网页元素整齐地展现在网页中，用户不用担心不同元素之间的影响，而且表格在定位图片和文本上比用其他方式布局更加方便。因此，表格已经成为大多数网站布局的首选工具。表格布局的缺点是，使用的表格过多时，页面下载速度会受到影响。

（1）创建表格

将光标定位到需插入表格的位置，选择“插入”→“表格”选项，输入表格的行数和列数，单击“确定”按钮即可在网页中创建一个表格。

（2）设置表格和单元格属性

选中表格或单元格后，可以在其“属性”面板中对相关属性进行修改；还可以合并或拆分单元格，其操作方法同文字处理软件 Word 的表格操作方法类似，都遵循“先选定操作对象，再设置其属性”的原则。单元格的“属性”面板如图 9-35 所示。

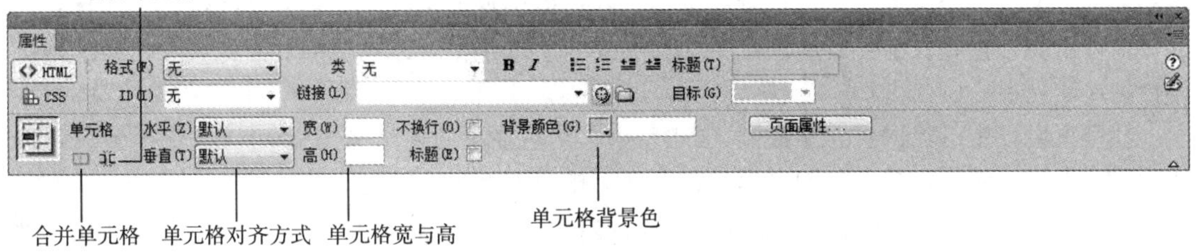

图 9-35　单元格“属性”面板

【实战 9-12】利用“表格”工具布局网站“筷子”的主页，如图 9-36 所示。

① 在页面的最上方插入一个 2 行 1 列的表格，设置表格的对齐方式为居中对齐。

② 将表格的宽设置为 761 像素，上下两个单元格的高度分别设置为 80 像素和 54 像素，将第 2 行的单元格拆分成 1 行 3 列共 3 个单元格，如图 9-37 所示。

③ 在第 1 个表格的下方插入一个 2 行 1 列的表格，设置表格的对齐方式为居中对齐。

④ 将表格的宽设置为 761 像素，将第 1 行的单元格高度设置为 269 像素，并将其拆分成 1 行 3 列共 3 个单元格，如图 9-38 所示。

图 9-36　“筷子”网站主页

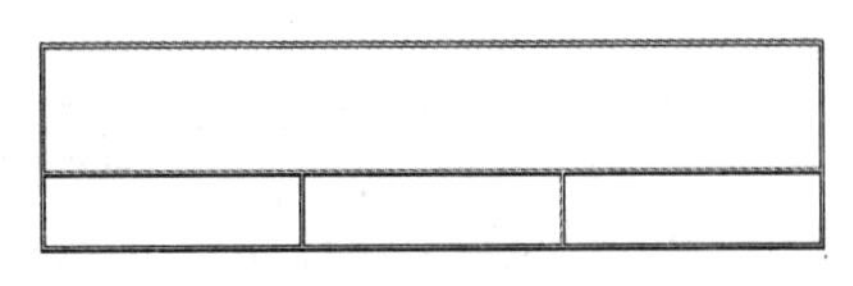

图 9-37　顶端布局表格

⑤ 表格整体布局完成后的效果如图 9-39 所示，对照“筷子”网站的主页要求，在相应的位置插入图片并输入文字，添加超链接，适当调整表格和单元格的宽度和高度，即可得到如图 9-36 所示的效果。

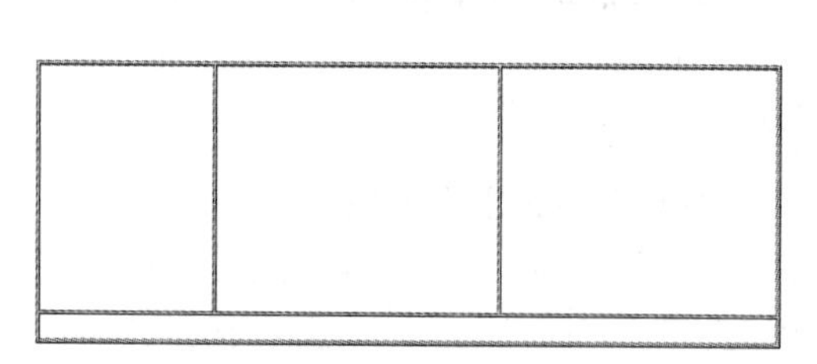

图 9-38　下方布局表格

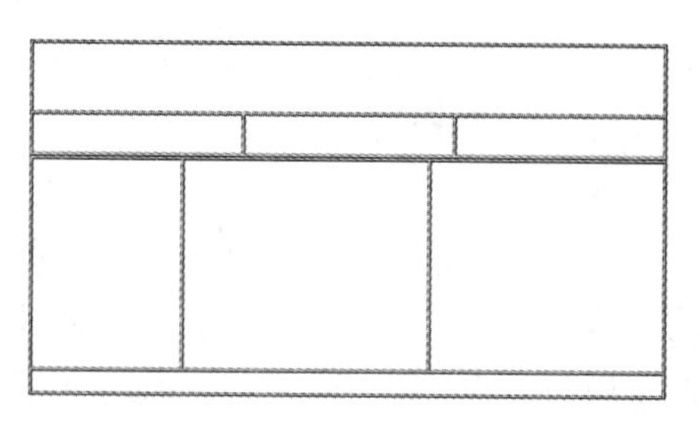

图 9-39　整体布局表格

小知识

在表格中插入图片等对象时，必须注意表格或单元格的尺寸和图片的尺寸，两者尺寸最好一致，这样才能防止表格或单元格被图片“撑大”，保证布局的页面效果。如果图片的尺寸过大或过小，可利用 Photoshop 或 Fireworks 等软件处理后，再插入网页中。

2. AP Div

Dreamweaver CS6 中的“AP Div”就是 Dreamweaver 旧版本中的“层”。AP Div 可以理解为浮动在网页上的一个页面，可以放置在页面中的任何位置，可以随意移动这些位置，而且它们的位置可以相互重叠，也可以任意控制 AP Div 的前后位置、显示与隐藏，因此大大加强了网页设计的灵活性。

在网页设计中，将网页元素放到 AP Div 中，然后在页面中精确定位 AP Div 的位置，可以实现网页内容的精确定位，使网页内容在页面上排列得整齐、美观、井井有条。

将光标置于需放置 AP Div 的位置，选择“插入”→“布局对象”→“ AP Div”选项，即可在网页中插入一个“AP Div”，如图 9-40 所示。

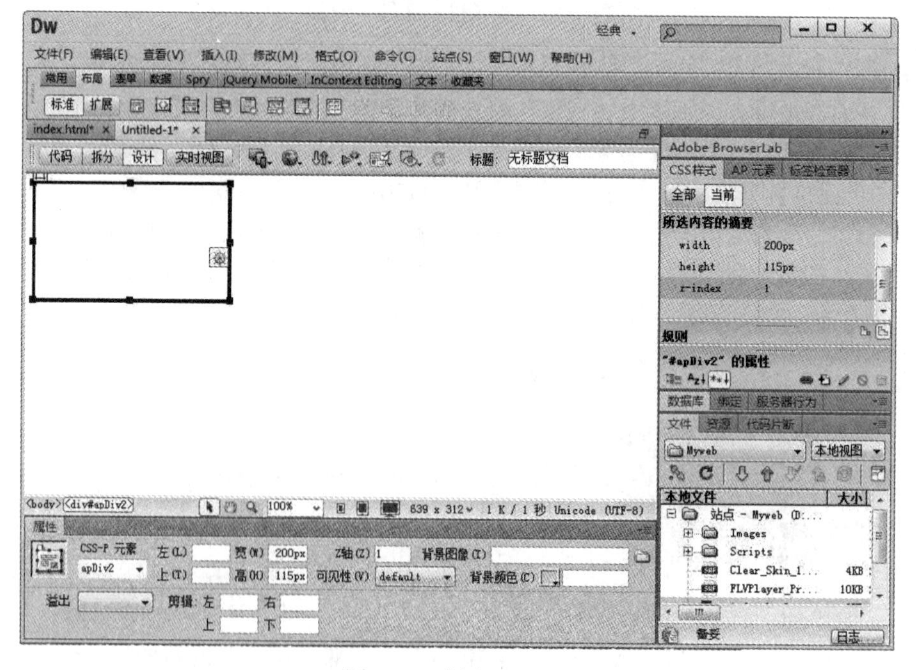

图 9-40　插入 AP Div

AP Div 创建后，可以缩放，可以在其中插入文字、图片和动画等网页元素。选中“AP Div”后即可在其“属性”面板中设置相关参数，各参数的含义如表 9-7 所示。如果有多个 AP Div 需要编辑时，可以使用“AP Div”面板进行控制。

表 9-7 “AP Div”属性说明

属　性	说　明
CSS-P 元素	指定一个名称标识 AP Div，该名称不能与其他 AP Div 的名称相同
Z 轴	指定 AP Div 的叠放顺序，值较大的 AP Div 在上，*Z* 轴的值可正可负，也可以为 0
可见性	设置 AP Div 是否可见
溢出	用于设置 AP Div 中的内容超出 AP Div 的大小时，溢出部分的处理方式，有 4 个选项：visible 向右向下扩展 AP Div 的大小，使溢出部分可以显示；hidden 保持 AP Div 的大小，裁掉溢出的部分；scroll 保持 AP Div 的大小，为 AP Div 添加滚动条，不管是否需要；auto 在 AP Div 的内容超出边界时，添加滚动条
剪辑	定义 AP Div 的可见区域，在上、下、左、右文本框中输入一个值来指定距离 AP Div 边界的距离

3. 框架

（1）框架简介

框架的作用就是在一个浏览器窗口中把网页分割成几个不同的区域，实现在一个浏览器窗口中显示多个页面，并可以动态更新浏览器中局部区域的显示内容。使用框架布局的优点就是层次简单、链接方便。但它的模式较为固定（如上下型、左右型和左中右型等），缺乏灵活性。

在老版本中（如 Dreamweaver 8.0），新建文件可以直接创建框架集页面，非常直观。但在 Dreamweaver CS6 中，减少了对框架的支持，在新建页面的时候没有直接新建框架集的功能。如果需要使用框架，需要新建一个空白页，然后单击“插入”→“HTML”→“框架”按钮，选择一个分割模式，如图 9-41 所示，为每一个框架指定标题，确定即可。

（2）嵌套框架

在框架之中还可以嵌套框架，这样可以使页面分割更加灵活方便。把光标定位到一个准备嵌套入另一个框架的里面，单击“插入”→“HTML”→“框架”按钮，选择一个分割模式，如图 9-41 所示，为每一个框架指定标题，确定即可。

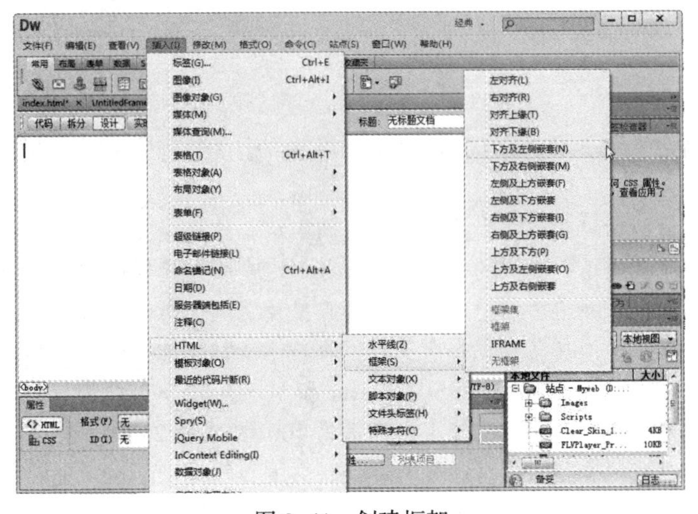

图 9-41　创建框架

（3）保存框架

保存框架和框架集时需要注意，框架集表示整个框架，如果需要保存框架整体，可以单击“文件”→“保存全部”按钮。如果需要保存正在编辑的子框架，可以选择“文件”→“保存框架”选项即可。

9.4.6 网站测试与发布

网站制作完成后，需要对网站进行测试，然后再将整个网站上传到网络空间中（即发布），才能成为一个可在网络上浏览的网站。

1. 网站测试

网站的测试主要包括“检查链接”、“检查目标浏览器”和“验证标记”等工作。打开需检查的网页，选择“文件”→“检查页”选项，可打开如图 9-42 所示的检查页菜单，选择相应的检查项目（如“检查链接”）后，可在下方查看检查的结果，如图 9-43 所示。双击出现问题的超链接即可定位到该超链接，以便对其进行修改。

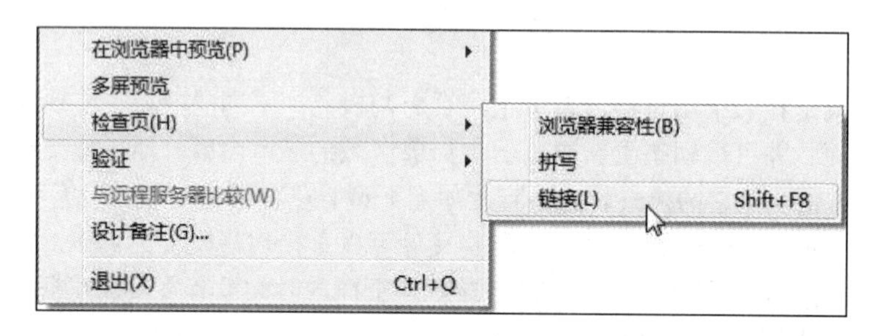

图 9-42 检查页菜单

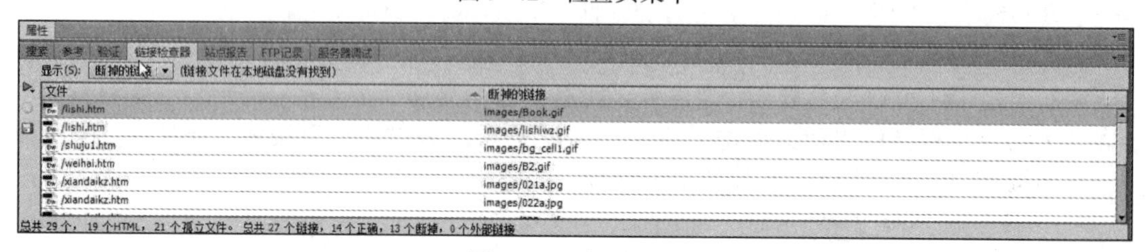

图 9-43 检查链接

2. 网站发布

一般而言，网站的发布（上传）需经过空间申请、定义远程服务器和发布等步骤。

（1）空间申请

网络空间的申请包括付费空间申请和免费空间申请，这里主要介绍免费空间申请。免费空间是因特网服务商对普通用户提供的一项免费服务，这个服务让任何一个用户都能很容易地在因特网上创建自己的个人网站。但是，也正因为它是免费的，所以通常只提供最基本的网站功能，只支持 HTML 网页，而在各种动态服务器网页技术支持（如 ASP、JSP 和 PHP 等）和数据库支持（如 Microsoft Access、Microsoft SQL Server 和 MySQL 等）方面都有一定的限制。另外，免费空间所提供的免费存储空间也比较小，通常为 100MB 或者 200MB 等。

如果不知道哪里有免费空间，可通过 Google、百度等软件来搜索。不同的免费空间其申请方法和过程可能会有所不同，但总的来说都是类似的，都非常简单。

（2）定义远程服务器

成功申请免费空间后，可以使用 Dreamweaver 自带的工具上传网页。单击“文件”面板右部的“展开以显示本地和远端站点”按钮，即可将辅助面板扩展显示，如图 9-44 所示。单击“定义远程服务器”链接，打开定义远程服务器扩展面板，如图 9-45 所示。单击左下角的添加新服务器按钮“+”号，弹出远程服务器信息设置对话框，如图 9-46 所示，在其中填写远程服务器的具体信息，单击“保存”按钮。

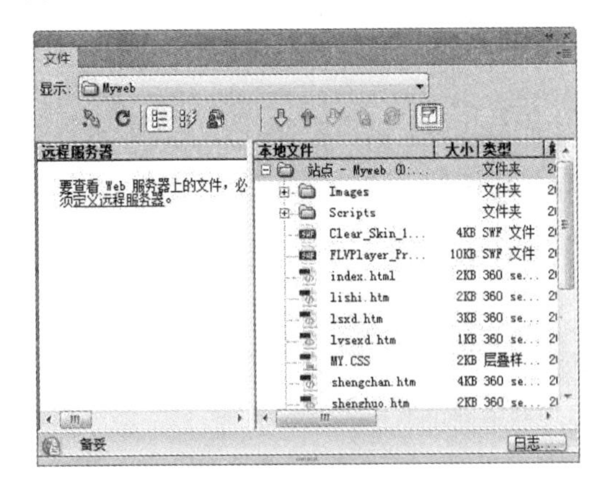

图 9-44　定义远程服务器辅助面板

图 9-45　定义远程服务器扩展面板

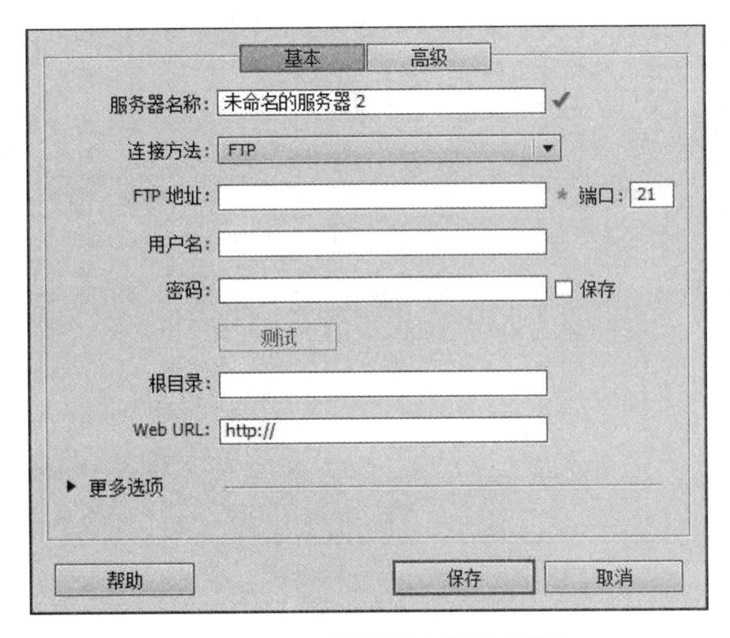

图 9-46　远程服务器信息设置对话框

（3）发布站点

确认本机已连接到 Internet 后，在站点窗口中单击“连接到远端主机”按钮，与远端服务器建立连接。连接成功后单击“上传”按钮即可上传站点。

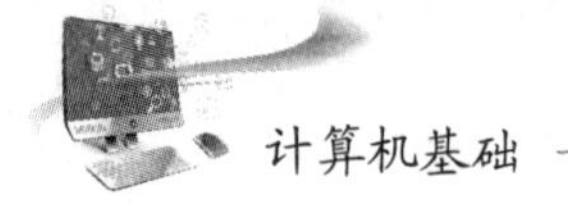

思考与练习

1. 什么是信息？简述信息形成文献的过程。

2. 信息素质有什么含义？信息素质能力包括哪几个方面？

3. 如何针对信息问题的特点选取信息获取的策略？

4. 现实生活中有哪些信息发布方式？

5. 以中国雅虎（http://www.yahoo.com）的主题分类为例，简述门户网站按主题分类的方式。

6. 常用的搜索引擎有哪几类？各有什么特点？

7. 在百度上搜索与自己学校校长有关的网页，找出校徽的照片并保存。

8. 全文搜索引擎系统由哪几部分组成？基本工作过程是什么？

9. 进入本校的图书馆主页，如广西民族大学图书馆首页（http://library.gxun.cn/），查看有哪些电子资源，并搜索与自己所学专业某个主题相关的文献。

10. 网页和网站指的是什么？它们有何区别？

11. 一般来说，一个 HTML 文件应具有的基本结构是什么？

12. 常用的可视化网页设计工具有哪些？它们各有什么特点？

13. 简述新建一个本地站点的主要步骤。

14. 在网页中可以添加的网页元素主要有哪些？

15. 在 Dreamweaver CS6 中，常用的网页布局工具主要有哪些？

16. 网站的测试主要包括什么工作？

17. 一般而言，网站的发布需经过哪些步骤？

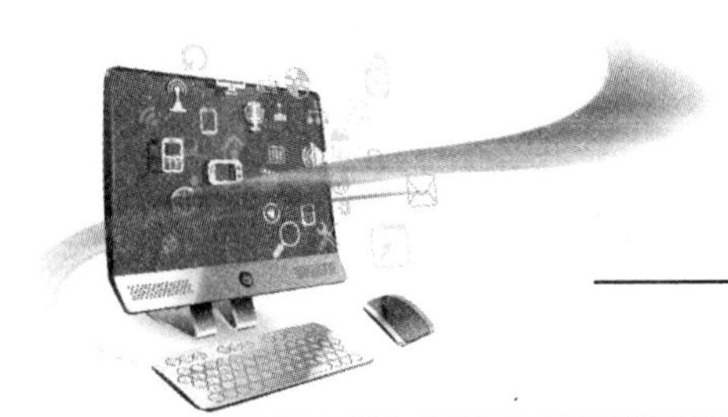

附录 A 7 位 ASCII 代码表

$d_6d_5d_4$ / $d_3d_2d_1d_0$	000	001	010	011	100	101	110	111
0000	NUL	DLE	SP	0	@	P	`	p
0001	SOH	DC1	!	1	A	Q	a	q
0010	STX	DC2	"	2	B	R	b	r
0011	EXT	DC3	#	3	C	S	c	s
0100	EOT	DC4	$	4	D	T	d	t
0101	ENQ	NAK	%	5	E	U	e	u
0110	ACK	SYN	&	6	F	V	f	v
0111	BEL	ETB	'	7	G	W	g	w
1000	BS	CAN	(	8	H	X	h	x
1001	HT	EM	)	9	I	Y	i	y
1010	LF	SUB	*	:	J	Z	j	z
1011	VT	ESC	+	;	K	[	k	{
1100	FF	FS	,	<	L	\	l	|
1101	CR	GS	-	=	M	]	m	}
1110	SO	RS	.	>	N	^	n	~
1111	SI	US	/	?	O	_	o	DEL

常用的控制字符的作用如下：

BS（backspace）：退格

LF（line feed）：换行

FF（form feed）：换页

CAN（cancel）：作废

SP（space）：空格

HT（horizontal table）：水平制表

VT（vertical table）：垂直制表

CR（carriage return）：回车

ESC（escape）：换码

DEL（delete）：删除

参 考 文 献

[1] 余益，柳永念. 大学计算机基础[M]. 北京：中国铁道出版社，2014.
[2] 周娅，唐汉雄. 大学计算机基础[M]. 桂林：广西师范大学出版社，2013.
[3] 徐辉. 大学计算机应用基础[M]. 北京：北京理工大学出版社，2013.
[4] 冯博琴. 计算机文化基础[M]. 北京：清华大学出版社，2015.
[5] 谢希仁. 计算机网络[M]. 6版. 北京：电子工业出版社，2013.
[6] 张开成. 大学计算机基础[M]. 北京：清华大学出版社，2014.